普通高等教育“十一五”国家级规划教材

优秀畅销书

数 字 电 子 技 术

(第四版)

主　编　江晓安　周慧鑫

副主编　付少锋

西安电子科技大学出版社

内 容 简 介

本书为第四版，是在普通高等教育"十一五"国家级规划教材(第三版)的基础上修订而成的，内容更加简明、实用。

本书共有9章，内容包括数制与编码、基本逻辑运算及集成逻辑门、布尔代数与逻辑函数化简、组合逻辑电路、触发器、时序逻辑电路、脉冲波形的产生与变换、数/模与模/数转换、半导体存储器和可编程逻辑器件等。每章均有一定量的例题和练习题。

本书配有由西安电子科技大学出版社出版的《数字电子技术学习指导与题解》，可供读者学习时使用。

编者集40多年的教学经验，综合有关专业的大纲要求编写了本教材。本书适应面较宽，适用于高等工科院校有关专业本科生、高职高专学生及自考生，也可供电子技术领域的工程技术人员学习参考。

图书在版编目(CIP)数据

数字电子技术/江晓安，周慧鑫主编. —4版.
—西安：西安电子科技大学出版社，2015.2(2016.11重印)
普通高等教育"十一五"国家级规划教材
ISBN 978-7-5606-3549-1

Ⅰ.① 数… Ⅱ.① 江… ② 周… Ⅲ.① 数字电路—电子技术—高等学校—教材 Ⅳ.① TN79

中国版本图书馆CIP数据核字(2015)第018194号

策　　划　毛红兵　李惠萍
责任编辑　李惠萍　毛红兵
出版发行　西安电子科技大学出版社(西安市太白南路2号)
电　　话　(029)88242885　88201467　　邮　　编　710071
网　　址　www.xduph.com　　电子邮箱　xdupfxb001@163.com
经　　销　新华书店
印刷单位　陕西华沐印刷科技有限责任公司
版　　次　2015年2月第4版　2016年11月第41次印刷
开　　本　787毫米×1092毫米　1/16　印张15.5
字　　数　362千字
印　　数　298 001～303 000册
定　　价　32.00元
ISBN 978-7-5606-3549-1/TN
XDUP　3841004-41

前　言

本次修订是在前三版的基础上进行的。本版仍保持原书通俗易懂、重点突出、突出中规模集成电路的应用、内容少而精的特点，对各章进行适当整理并修订了部分内容。此次修订的主要部分如下：

第一章，变动不大，主要是对内容的描述和例题进行了适当变动，使其更易学好懂。

第二章，主要变动是集成逻辑门部分，针对我们主要应用的是集成逻辑门电路，突出外特性和参数的描述、双极型三极管门电路和单极型 MOS 管门电路的性能比较以及应用较广泛的开路门和三态门电路，对集成逻辑门电路的内部电路基本不涉及。

第三章，基本没有变动。

第四章，在全加器的应用举例中，增加补码运算部分的内容和集成译码器应用的举例。

第五章，基本没有变动。

第六章，重新编写了序列信号产生电路，突出了移位型和计数型这两种序列信号产生电路的设计和分析。

第七章，基本没有变动。

第八章，增加了 $\Sigma-\Delta$ABC 转换电路。

第九章，考虑许多学校开设了相关的 EDA 课程，如“硬件描述语言”、“FPLD”、“可编程逻辑器件”等，本章对可编程器件部分仅作了一般的介绍。

参加此次修订的有西安电子科技大学江晓安教授、周慧鑫教授和付少锋副教授。

本书适合作为高等学校相关专业本科、高职学生“数字电子技术”或“数字逻辑电路”课程的教材，也可供自学考试、夜大、函大和远程教学相关专业选用。

由于编者水平有限，书中一定存在一些不妥之处，欢迎读者指正。

编　者

2014 年 9 月

第三版前言

“电子技术”课程(含“模拟电子技术”和“数字电子技术”)是电子信息类专业重要的专业基础课，它不仅是相关后续课程的基础，同时也是今后工作中十分重要的技能基础。因此，学好“电子技术”课程，对于电子信息类专业的学生而言是十分重要的。

由于“电子技术”课程是电子类专业的必修课，不管本科或高职，对该课程的基本要求是一致的，只是在深度和广度上有些不同，因此编写本书时总的思路是：精选内容，讲清基本概念、基本电路的工作原理和基本分析方法。

本书在具体内容上突出了集成电路的原理和应用，如集成组合逻辑电路、集成计数器、集成移位寄存器的应用等，而较大地削弱了用门电路实现组合电路、用触发器实现时序电路的内容。

在具体教学实施过程中，建议同时开设EDA(电子设计自动化)仿真系统课程，使学生掌握如何在计算机上实现相关的数字系统，了解新的数字系统的设计方法，这样有利于该课程的学习和掌握。

为便于读者学习，笔者同时还编写了《数字电子技术学习指导书》(已由西安电子科技大学出版社出版)，配合本教材使用。

该书的此次修订版被列选为普通高等教育“十一五”国家级规划教材。修订中笔者对相关内容进行了调整和整合，责任编辑对书稿进行了重新编辑加工，修正了错误，规范了文字及其它细节。参加此次修订的有西安电子科技大学教授兼西安欧亚学院教授江晓安、杨颂华和西安电子科技大学副教授董秀峰。

本书适合作为高等学校相关专业本科、高职学生“数字电子技术”课程的教材，也可供自学考试、夜大、函大和远程教学相关专业的学生选用。

由于编者水平有限，书中一定存在错误和不妥之处，欢迎读者指正。

编　者

2008年3月

第二版前言

本书是在《数字电子技术》(第一版)(江晓安等编著，1993年由西安电子科技大学出版社出版)的基础上，经过总结、提高、修改而成的。书中保留了《数字电子技术》(第一版)的特征，并作了如下调整：

——将原第六、七章合为一章，即现在的第六章“时序逻辑电路”；

——增加了可编程逻辑器件的内容。考虑到课时数的限制，这一章主要介绍可编程逻辑器件的发展及相关器件的原理。对于如何应用这些器件，本书未作详细介绍，读者如若需要，可参阅其它参考资料。为适应科学技术的发展，建议另开一门“可编程器件原理和应用”课。

全书共9章，第一、二、八章由董秀峰负责修订，其它章由江晓安负责修订，杨颂华参加了第九章的修订，最后由江晓安统稿与定稿。

为满足不同专业的需求，有的内容加了*号，供相关专业选用。

由于“数字电路”课程是一门主干专业基础课，故本科、专科对本门课程的基本要求是一致的，只是在深度和广度上有所区别，教师在讲授时应掌握好尺度。

本书既可作为高等学校电子信息类专业本科生“数字电子技术”课程的教材，也可作为高职高专学校相关专业的教材，同时还可用作自考、夜大、函大相应专业的教材。2002年本书被陕西省高等教育自学考试委员会办公室指定为陕西省自学考试电子技术、医用电器和通信技术三个专业的“数字电路”课程的使用教材。

本书再版得到了陕西省高等教育自学考试委员会办公室王浩、王巨勇同志和西安电子科技大学出版社领导的大力支持；编辑刘巧艳进行了认真、负责的工作，在此对他们表示感谢。

对于书中存在的缺点和错误，敬希读者批评指正。

编 者

2002年4月

第一版前言

电子技术分为模拟电子技术和数字电子技术。数字电子技术是当前发展最快的学科之一。就逻辑器件而言，已经从20世纪40年代的电子管、20世纪50年代的晶体管、20世纪60年代的小规模集成电路(SSI)，发展到现在的中规模集成电路(MSI)、大规模集成电路(LSI)和超大规模集成电路(VLSI)。近几年又出现了可编程逻辑器件，为数字电路设计提供了更加完善、方便的器件。相应地，数字电路的设计过程和方法也在不断地演变和发展。由于半导体技术的迅速发展，微型计算机的广泛应用，使得数字电子技术在现代科学技术领域中占有很重要的地位，在各个领域中得到了广泛的应用。

本书共分11章。第一章讲解了数字电路中所用的数制和编码；第二章讲述了TTL和MOS门电路；第三章是全书的学习基础，讲述了数字技术的数学基础——布尔代数及逻辑函数的化简；第四章讲述组合逻辑电路的分析与设计，重点介绍常用组合逻辑部件(MSI)的原理和应用；第五章为触发器，它是学习时序电路的基础；第六章为同步时序电路的分析与设计；第七章介绍常用的时序逻辑部件，主要讲述了计数器和移位寄存器的设计、分析及集成计数器、移位寄存器的应用；第八章讲述脉冲产生电路和定时电路，主要讲述555定时电路及其应用；第九章为数/模、模/数转换电路；第十章介绍了大规模集成电路ROM和PLA在数字电路中的应用，第十一章介绍了可编程逻辑器件(PLD)。

本书在内容选取和安排上，注重突出基本概念、基本理论和基本方法，并为读者提供独立分析和设计逻辑电路的工具，主要讲述分析和设计的方法，不追求系统性和完整性。例如对于逻辑函数的标准式，只讲述常用的最小项标准式，而最大项的概念就不引入；对于时序电路，我们只讲述同步时序电路的分析与设计，而异步时序电路的分析与设计就不介绍。为了适应科学技术的发展，本书除了讲述传统的逻辑技术外，还用较多的篇幅讲述了MSI和LSI在数字技术中的应用。

为便于读者自学，着重讲清思路，交待方法，并附有一定量的例题和练习题，文字上力求叙述流畅，说理清楚。同时，我们还编写了《数字电子技术学习指导与题解》，可配合本书使用。

本书适合作为高等工科院校有关专业本科生教材，也可作为专科生“数字电子技术”课程的教材，还适合自学考试、夜大、函大、职大的学生选用。

本书的出版得到了西安电子科技大学王和平同志、吕建伟同志、付长进同志的支持和帮助，在此表示谢意。

由于编者水平有限，时间又较紧，书中一定有不少错误和不妥之处，欢迎读者指正。

编　者

1993年3月

目　　录

第一章　数制与编码

第二章　基本逻辑运算及集成逻辑门

第三章　布尔代数与逻辑函数化简

第四章　组合逻辑电路

第五章　触　发　器

第六章 时序逻辑电路

第七章 脉冲波形的产生与变换

第一章 数制与编码

数字设备及计算机存在两种不同类型的运算：逻辑运算和算术运算。逻辑运算实际上是实现某种控制功能，而算术运算是对数据进行加工。算术运算的对象是数据，因此对数的基本特征和性质应有所了解。同时，数字设备中采用二进制数，因而，在数字设备中表示的数、字母、符号等等都要以特定的二进制码来表示——这就是二进制编码。所以本章将对数制的一些基本知识进行介绍，同时还将介绍一些常用的编码。

1.1 进位计数制

目前计数通常采用进位计数法。进位计数法是将数划分为不同的数位，按位进行累计，累计到一定数量之后，又从零开始，同时向高位进位。由于位数不同，因此同样的数码在不同的数位中所表示的数值是不同的，低位数值小，高位数值大。进位计数法使用较少的数码就能表示较大的数。

每个数位规定使用的数码符号的总数，称为进位基数，又称进位模数，用 R 表示。若每位数码用 a_i 表示，n 为整数的位数，m 为小数的位数，则进位计数制表示数的式子为

$$N = a_{n-1}a_{n-2}\cdots a_i\cdots a_1 a_0 a_{-1}a_{-2}\cdots a_{-m}$$

当某位的数码为 1 时所表征的数值，称为该数位的权值。权值随数位的增加呈指数规律增加，最低位的权值为 1，第 i 位的权值为 R^i。这样，第 i 位数码 a_i 所表示的绝对值就是数码 a_i 乘上该位数的权值，即 $a_i \times R^i$。故上式可写成下述按权展开式

$$N = a_{n-1}R^{n-1} + \cdots + a_iR^i + \cdots + a_0R^0 + a_{-1}R^{-1} + \cdots + a_{-m}R^{-m}$$

该式对任何进位制均是适用的。

1.1.1 十进制

十进制是人们最熟悉的一种数制，它的进位规则是“逢十进一”。每位数码用下列十个符号之一表示，即 0，1，2，3，4，5，6，7，8，9。

例如一个多位十进制数为

$$N = (1989.524)_D$$

下标 D 表示十进制数。根据位权的概念写出按权展开式：

$$N = 1\times 10^3 + 9\times 10^2 + 8\times 10^1 + 9\times 10^0 + 5\times 10^{-1} + 2\times 10^{-2} + 4\times 10^{-3}$$

在数字设备中一般都不直接采用十进制，因为要用 10 个不同的电路状态来表示十进

制的 10 个数码，既困难，又不经济。

1.1.2　二进制

二进制是目前数字设备、计算机采用的数制。它的进位规则是“逢二进一”，每位数码只有下列两个符号：0，1。而表示两种状态的电路是很容易实现的，例如，三极管的导通与截止，节点电位的高与低，继电器的闭合与断开等。

一个多位二进制数表示如下：

$$N = (1101.01)_B$$

下标 B 表示为二进制。其按权展开式为

$$N = 1 \times 2^3 + 1 \times 2^2 + 0 \times 2^1 + 1 \times 2^0 + 0 \times 2^{-1} + 1 \times 2^{-2}$$

为便于理解和熟悉二进制，下面列出十进制数和二进制数的关系式：

$$\begin{aligned}(1101.01)_B &= 1 \times 2^3 + 1 \times 2^2 + 1 \times 2^0 + 1 \times 2^{-2} \\ &= 8 + 4 + 1 + 0.25 = (13.25)_D\end{aligned}$$

二进制书写起来太长，故在数字设备和计算机中，常采用八进制或十六进制，可有效地缩短字长。因 $8=2^3$，$16=2^4$，故一位八进制数相当于三位二进制数，一位十六进制数相当于四位二进制数，这样就分别将字长缩短为原来的 1/3 和 1/4。

1.1.3　八进制和十六进制

八进制的进位规则是“逢八进一”，每位数码用下列八个符号之一表示：0，1，2，3，4，5，6，7。

一个多位八进制数表示如下：

$$N = (37.4)_O$$

下标 O 表示为八进制。其按权展开式为

$$\begin{aligned}N &= 3 \times 8^1 + 7 \times 8^0 + 4 \times 8^{-1} \\ &= 24 + 7 + 0.5 = (31.5)_O\end{aligned}$$

十六进制的进位规则是“逢十六进一”，每位数码用下列 16 个符号之一表示：0，1，2，3，4，5，6，7，8，9，A，B，C，D，E，F。

一个多位十六进制数表示如下：

$$N = (9A.8)_H$$

下标 H 表示为十六进制。其按权展开式为

$$\begin{aligned}N &= 9 \times 16^1 + A \times 16^0 + 8 \times 16^{-1} \\ &= 144 + 10 + 0.5 = (154.5)_D\end{aligned}$$

为便于比较，表 1-1 列出不同数制的对照关系。由表可以十分方便写出二进制与八进制、十六进制的关系：

$$10101100.1001 = (254.44)_O = (AC.9)_H$$

由于二进制机器实现起来十分容易，而十进制为人们熟悉，八进制和十六进制可压缩字长，因此，这几种数制都会用到，这样必然会遇到不同数制之间的转换问题。

表 1-1 几种进位制对照表

十进制数	二进制数	八进制数	十六进制数	十进制数	二进制数	八进制数	十六进制数
0	0	0	0	11	1011	13	B
1	1	1	1	12	1100	14	C
2	10	2	2	13	1101	15	D
3	11	3	3	14	1110	16	E
4	100	4	4	15	1111	17	F
5	101	5	5	16	10000	20	10
6	110	6	6	17	10001	21	11
7	111	7	7	20	10100	24	14
8	1000	10	8	32	100000	40	20
9	1001	11	9	100	1100100	144	64
10	1010	12	A				

1.2 数制转换

1.2.1 其它进制数与十进制数相互转换

1. 其它进制数转换为十进制数

其它进制数转换为十进制数用加权法，即将其它进制数写成按权展开式，然后各项相加，则得相应的十进制数。

[例 1] $N=(1011.011)_B=(?)_D$

按权展开

$$N = 1\times 2^3 + 0\times 2^2 + 1\times 2^1 + 1\times 2^0 + 0\times 2^{-1} + 1\times 2^{-2} + 1\times 2^{-3}$$
$$= 8 + 2 + 1 + 0.25 + 0.125 = (11.375)_D$$

今后数码为 0 的那些项可以不写。

[例 2] $N=(153.07)_O=(?)_D$

$$N = 1\times 8^2 + 5\times 8^1 + 3\times 8^0 + 7\times 8^{-2}$$
$$= 64 + 40 + 3 + 0.109\,375$$
$$= (107.109\,375)_D$$

[例 3] $N=(\mathrm{E93.A})_H$

$$N = 14\times 16^2 + 9\times 16^1 + 3\times 16^0 + 10\times 16^{-1}$$
$$= 3584 + 144 + 3 + 0.625$$
$$= (3731.625)_D$$

2. 十进制数转换为其它进制数

十进制数分为整数和小数两部分，它们的转换方法不同。

整数转换，采用基数除法，即将待转换的十进制数除以将转换为新进位制的基数，取其余数，其步骤如下：

(1) 将待转换十进制数除以新进位制基数 R，其余数作为新进位制数的最低位(LSB)；

(2) 将前步所得之商再除以新进位制基数 R，记下余数，作为新进位制数的次低位；

(3) 重复步骤(2)，将每次所得之商除以新进位制基数，记下余数，得到新进位制数相应的各位，直到最后相除之商为0，这时的余数即为新进位制数的最高位(MSB)。

[例 4] $(241)_D=(?)_B=(?)_O=(?)_H$

除数	被除数		余数		
2	241	……… 余数为	1	LSB	b_0
2	120	………………	0		b_1
2	60	………………	0		b_2
2	30	………………	0		b_3
2	15	………………	1		b_4
2	7	………………	1		b_5
2	3	………………	1		b_6
2	1	………………	1	MSB	b_7
	0				

除数	被除数		余数		
8	241	……… 余数为	1	LSB	o_0
8	30	………………	6		o_1
8	3	………………	3	MSB	o_2
	0				

除数	被除数		余数		
16	241	……… 余数为	1	LSB	h_0
16	15	………………	15	MSB	h_1
	0				

即

$$(241)_D=(11110001)_B=(361)_O=(F1)_H$$

当得到二进制数后，可直接通过二进制数写出八进制和十六进制数。

纯小数部分的转换，采用基数乘法，即将待转换的十进制的纯小数，逐次乘以新进位制基数 R，取乘积的整数部分作为新进位制的有关数位。步骤如下：

(1) 将待转换的十进制纯小数乘以新进位制基数 R，取其整数部分作为新进位制纯小数的最高位；

(2) 将前步所得小数部分再乘以新进位制基数 R，取其积的整数部分作为新进位制小数的次高位；

(3) 重复前一步，直到小数部分变成0时，转换结束。或者小数部分虽未变成0，但新进位制小数的位数已达到预定的要求(如位数的要求或者精度的要求)时，转换也可结束。

[例 5] $(0.875)_D=(?)_B$

运算		整数	
0.875 × 2 = 1.750	……… 整为	1	b_{-1}
0.750 × 2 = 1.500	………………	1	b_{-2}
0.500 × 2 = 1.000	………………	1	b_{-3}

即 $$(0.875)_D=(0.111)_B$$

［例 6］ $(0.39)_D=(?)_B$

$$
\begin{array}{ll}
0.39\times2=0.78 & b_{-1}=0\\
0.78\times2=1.56 & b_{-2}=1\\
0.56\times2=1.12 & b_{-3}=1\\
0.12\times2=0.24 & b_{-4}=0\\
0.24\times2=0.48 & b_{-5}=0\\
0.48\times2=0.96 & b_{-6}=0\\
0.96\times2=1.92 & b_{-7}=1\\
0.92\times2=1.84 & b_{-8}=1\\
0.84\times2=1.68 & b_{-9}=1\\
0.68\times2=1.36 & b_{-10}=1\\
\vdots &
\end{array}
$$

即 $$(0.39)_D=(0.0110001111\cdots)_B$$

此例中不能用有限位数实现准确的转换。转换后的小数究竟取多少位合适呢？实际中常用指定转换位数，如指定转换为八位，则 $(0.39)_D=(0.01100011)_B$；也可根据转换精度确定位数。如此例要求转换精度优于 0.1%，即引入一个小于 $1/2^{10}=1/1024$ 的舍入误差，则转换到第十位时，转换结束。

如果是一个有整数又有小数的数，则整数小数应分开转换，再相加得转换结果。

［例 7］ $(52.375)_D=(?)_B$

整数为 52，按整数转换方法——基数除法进行转换。

$$
\begin{array}{r|l}
2 & 52 \quad \cdots\cdots\cdots\cdots\cdots\cdots\ 0 \quad b_0=0\\
2 & 26 \quad \cdots\cdots\cdots\cdots\cdots\cdots\ 0 \quad b_1=0\\
2 & 13 \quad \cdots\cdots\cdots\cdots\cdots\cdots\ 1 \quad b_2=1\\
2 & 6 \quad \cdots\cdots\cdots\cdots\cdots\cdots\ 0 \quad b_3=0\\
2 & 3 \quad \cdots\cdots\cdots\cdots\cdots\cdots\ 1 \quad b_4=1\\
2 & 1 \quad \cdots\cdots\cdots\cdots\cdots\cdots\ 1 \quad b_5=1\\
 & 0
\end{array}
$$

即 $$(52)_D=(110100)_B$$

小数为 0.375，按基数乘法转换

$$
\begin{array}{ll}
0.375\times2=0.75 & b_{-1}=0\\
0.75\times2=1.5 & b_{-2}=1\\
0.5\times2=1.0 & b_{-3}=1
\end{array}
$$

所以 $$(0.375)_D=(0.011)_B$$

即 $$(52.375)_D=(110100.011)_B$$

1.2.2 二进制数与八进制数、十六进制数的相互转换

由于二进制数与八进制数和十六进制数之间正好满足 2^3 和 2^4 关系，因此它们之间的转换十分方便。

二进制数转换为八进制数、十六进制数时，将二进制数由低位向高位每三位或每四位一组，若最高位一组不足位，则整数在有效位左边加0，小数在有效位的右边加0，然后按每组二进制数转换为八进制数或十六进制数。

［例8］ $(111010101.110)_B=(?)_O=(?)_H$

$$(111010101.110)_B=111/010/101.110=(725.6)_O$$
$$=0001/1101/0101.1100=(1D5.C)_H$$

八进制数、十六进制数转为二进制数是上述的逆过程，分别将每位八进制数或十六进制数用二进制代码写出来，然后写成相应的二进制数。

［例9］ $(563)_O=(?)_B$，$(563)_H=(?)_B$

$$(563)_O=101/110/011=(101110011)_B$$
$$(563)_H=0101/0110/0011=(10101100011)_B$$

当要求将八进制数和十六进制数相互转换时，可通过二进制来完成。

［例10］ $(8FC)_H=(?)_O$

$$(8FC)_H=1000/1111/1100=(100011111100)_B$$
$$=100/011/111/100$$
$$=(4374)_O$$

1.3 编　　码

在数字设备中，任何数据和信息都是用代码来表示的。在二进制中只有两个符号，如有 n 位二进制，它可有 2^n 种不同的组合，即可以代表 2^n 种不同的信息。指定某一组合去代表某个给定的信息，这一过程就是编码，而将表示给定信息的这组符号叫做码或代码。实际上，前面讨论数制时，我们用一组符号来表示数，这就是编码过程。由于指定可以是任意的，故存在多种多样的编码方案。本节将讨论几种常用的编码。

1.3.1 二—十进制(BCD)码

由于二进制机器容易实现，所以数字调和中广泛采用二进制。但是，人们对十进制熟悉，对二进制不习惯。兼顾两者，我们用一组二进制数符来表示十进制数，这就是用二进制码表示的十进制数，简称BCD码(Binary Coded Decimal的缩写)。它具有二进制数的形式，却又具有十进制数的特点。它可以作为人与数字系统联系的一种中间表示。

一位十进制数有0～9十个数符，必须用四位二进制数来表示，而四位二进制数有十六种组态，指定其中的任意10个组态来表示十进制的十个数，其编码方案是很多的，即

$$A_{16}^{10}=\frac{16!}{(16-10)!}\approx 2.9\times 10^{10}$$

而目前使用的编码还未到十种。BCD编码大致分为有权BCD码和无权BCD码。从十六种组合中取出10种组合，组成BCD码，余下的6种组合对应的代码为非法码，不允许出现，否则将产生错误。

1. 有权BCD码

在有权BCD码中，每一个十进制数符均用一个四位二进制码来表示，这四位二进制码

中的每一位均有固定权，即表示固定的数值。常见的有权 BCD 码如表 1－2 前三列所示。

表 1－2　常见的几种 BCD 码

十进制数＼权值	8421	5421	2421	余 3 码	格雷码
0	0000	0000	0000	0011	0000
1	0001	0001	0001	0100	0001
2	0010	0010	0010	0101	0011
3	0011	0011	0011	0110	0010
4	0100	0100	0110	0111	0110
5	0101	1000	1011	1000	0111
6	0110	1001	1100	1001	0101
7	0111	1010	1101	10101	0100
8	1000	1011	1110	1011	1100
9	1001	1100	1111	1100	1000

表中所列权值就是该编码方式相应各位的权，如 8421BCD 码，它们的权值由高到低各位权值为 8、4、2、1。代码为 1001，其值为 8＋1＝9。而同一代码 1001，对应其它代码所表示的数就不同。5421 码为 6；2421 码为 3，其原因是权值不同。有权码的按权展开式为

$$N = a_3W_3 + a_2W_2 + a_1W_1 + a_0W_0$$

式中 $a_3 \sim a_0$ 为各位的代码，$W_3 \sim W_0$ 为各位的权值。按上式可以由给定编码方案，求出各位的权值；也可由给定的权值，求出其编码方案。有权 BCD 码中用得最多的是 8421BCD 码，因为它最直观，取四位二进制的前十种代码，能很容易地实现 8421BCD 到十进制数的相互转换。如十进制数 586.13 用 8421BCD 码表示为

$$586.13 = 0101\ \ 1000\ \ 0110.0001\ \ 0011$$

同样地，要将 8421BCD 码转换为十进制数，则只要从最低位开始，将 BCD 码按四位一组，然后按 8421BCD 码的权值写出十进制数即可。如

$$(0011011110010110)_{8421BCD} = 0011/0111/1001/0110$$
$$= 3796$$

如要将 BCD 码转为十进制数、八进制数、十六进制数，则首先应将 BCD 码转为十进制数，然后再按前节所讲的十进制与其它进制的转换方法进行转换。

2. 无权 BCD 码

余 3 代码是一种无权码，四位二进制中每一位均无固定的权位，它与 8421BCD 有如下的关系：

余 3BCD＝8421BCD＋3

如余 3BCD 的 1100 所代表的十进制数为 8＋4－3＝9。

1.3.2 可靠性代码

代码在产生和传输的过程中难免发生错误。为减少错误的发生，或者在发生错误时能迅速地发现或纠正，广泛采用了可靠性编码技术。利用该技术编制出来的代码叫可靠性代码，最常用的有格雷码和奇偶校验码。

1. 格雷(Gray)码

具有如下特点的代码叫格雷码：任何相邻的两个码组(包括首、尾两个码组)中，只有一个码元不同。

在编码技术中，把两个码组中不同码元的个数叫做这两个码组的距离，简称码距。由于格雷码的任意相邻的两个码组的距离均为1，故又称之为单位距离码。另外，由于首、尾两个码组也具有单位距离特性，因而格雷码也叫循环码。格雷码属于无权码。

下面列出二、三、四位格雷码，从中可找出一定的规律。

	二位格雷码	三位格雷码	四位格雷码
0	0 0	0 0 0	0 0 0 0
1	0 1	0 0 1	0 0 0 1
2	1 1	0 1 1	0 0 1 1
3	1 0	0 1 0	0 0 1 0
4		1 1 0	0 1 1 0
5		1 1 1	0 1 1 1
6		1 0 1	0 1 0 1
7		1 0 0	0 1 0 0
8			1 1 0 0
9			1 1 0 1
10			1 1 1 1
11			1 1 1 0
12			1 0 1 0
13			1 0 1 1
14			1 0 0 1
15			1 0 0 0

(表中以虚线为界，上方为"倒数"，下方为"顺写"。)

其规律如下：以虚线为界，将高位0改为1，其余各位倒着往上数，顺着往下写，即得格雷码。按此规律可以写出更多位的格雷码。

格雷码的单位距离特性可以降低其产生错误的概率，并且能提高其运行速度。例如，为完成十进制数7加1的运算，当采用四位自然二进制码时，计数器应由0111变为1000，由于计数器中各元件特性不可能完全相同，因而各位数码不可能同时发生变化，可能会瞬间出现过程性的错码。变化过程可能为0111→1111→1011→1001→1000。虽然最终结果是正确的，但在运算过程中出现了错码1111、1011、1001，这会造成数字系统的逻辑错误，而且使运算速度降低。若采用格雷码，由7变成8，0100→1100只有一位发生变化，就不会出现上述错码，而且运算速度会明显提高。格雷码也可组成BCD码，如表1-2所示。

2. 奇偶校验码

奇偶校验码是一种可以检测一位错误的代码，它由信息位和校验位两部分组成。

信息位可以是任何一种二进制代码，它代表着要传输的原始信息。

校验位仅有一位，它可以放在信息位的前面，也可以放在信息位的后面。其编码方式有两种：

(1) 使每一个码组中信息位和校验位的"1"的个数为奇数，称为奇校验。

(2) 使每一个码组中信息位和校验位的"1"的个数为偶数，称为偶校验。

表 1 - 3 给出了 8421BCD 奇偶校验码。

表 1 - 3　带奇偶校验的 8421BCD 码

十进制数	8421BCD 奇校验码		8421BCD 偶校验码	
	信息位	校验位	信息位	校验位
0	0000	1	0000	0
1	0001	0	0001	1
2	0010	0	0010	1
3	0011	1	0011	0
4	0100	0	0100	1
5	0101	1	0101	0
6	0110	1	0110	0
7	0111	0	0111	1
8	1000	0	1000	1
9	1001	1	1001	0

接收方对接收到的奇偶校验码要进行检测，看每个码组中"1"的个数是否与约定相符。若不相符，则为错码。

奇偶校验码只能检测一位错码，但不能测定哪一位出错，也不能自行纠正错误。若代码中同时出现多位错误，则奇偶校验码无法检测。但是，由于多位同时出错的概率要比一位出错的概率小得多，并且奇偶校验码容易实现，因而奇偶校验码被广泛采用。

1.3.3　字符代码

由各个字母和符号编制的代码叫字符代码。字符代码的种类繁多，目前在计算机和数字通信系统中被广泛采用的是 ASCII 码(American Standard Code for Information Interchange，美国信息交换标准代码)，其编码表如表 1 - 4 所示。

表 1-4　ASCII 码

行序	列序 $B_7B_6B_5$ 列码 / $B_4B_3B_2B_1$ 行码	0 000	1 001	2 010	3 011	4 100	5 101	6 110	7 111
0	0000	NUL	DLE	Sp	0	@	P	′	p
1	0001	SOH	DC1	!	1	A	Q	a	q
2	0010	STX	DC2	″	2	B	R	b	r
3	0011	ETX	DC3	#	3	C	S	c	s
4	0100	EOT	DC4	$	4	D	T	d	t
5	0101	ENQ	NAK	%	5	E	U	e	u
6	0110	ACK	SYN	&	6	F	V	f	v
7	0111	BEL	ETB	′	7	G	W	g	w
8	1000	BS	CAN	(	8	H	X	h	x
9	1001	HT	EM	)	9	I	Y	i	y
A	1010	LF	SUB	*	:	J	Z	j	z
B	1011	VT	ESC	+	;	K	[	k	{
C	1100	FF	FS	,	<	L	\	l	|
D	1101	CR	GS	—	=	M	]	m	}
E	1110	SO	RS	·	>	N	^	n	~
F	1111	SI	US	/	?	O	—	o	DEL

读码时，先读列码 $B_7B_6B_5$，再读行码 $B_4B_3B_2B_1$，则 $B_7B_6B_5B_4B_3B_2B_1$ 即为某字符的七位 ASCII 码。例如字母 K 的列码是 100，行码是 1011，所以 K 的七位 ASCII 码是 1001011。注意，表中最左边一列的 A、B、…、F 是十六进制数的六个数码。

练　习　题

1. 何谓进位计数制？进位计数制包含哪两个基本因素？

2. 为什么在数字设备中通常采用二进制？

3. 在数字设备中为什么要使用八进制和十六进制？

4. 将下列十进制数转换为二进制数、八进制数、十六进制数。

(1) 35.625　　(2) 0.4375　　(3) 100

5. 将下列二进制数转换为八进制数、十进制数、十六进制数。

(1) 11000101　　(2) 0.01001　　(3) 1010101.101

6. 将下列八进制数转换为二进制数、十进制数、十六进制数。

(1) $(376.2)_O$　　(2) $(207.5)_O$

7. 将下列十六进制数转换为二进制数、八进制数、十进制数。

(1) $(78.8)_H$　　(2) $(3AF.E)_H$

8. 求下列 BCD 码代表的十进制数：

(1) $(100001110101.10010011)_{8421BCD}$

(2) $(100001110101.10010011)_{余3BCD}$

9. 将下列8421BCD码转换成二进制数：

(1) 01111001.011000100101

(2) 00111000

10. 求下列二进制代码的奇校验位：

(1) 1010101　　(2) 100100100　　(3) 1111110

11. 实现如下代码转换：

(1) $(1011.1110)_{2421BCD}=(?)_{余3BCD}$

(2) $(1000.1011)_{5421BCD}=(?)_{8421BCD}$

12. 实现如下代码转换：

$(53)_{O}=(?)_{8421BCD}=(?)_{5421BCD}=(?)_{余3BCD}$

13. 实现如下代码转换：

$(5A)_{H}=(?)_{8421BCD}=(?)_{5421BCD}=(?)_{余3BCD}$

第二章　基本逻辑运算及集成逻辑门

这一章我们将讨论数字设备进行逻辑运算的基本知识——基本逻辑运算及实现这些基本逻辑运算的集成电路——集成逻辑门。

“逻辑”一词首先见于逻辑学。逻辑学属于哲学领域，它研究逻辑思维与逻辑推理的规律。逻辑代数是在逻辑学的基础上发展的一门学科，它采用一套符号来描述逻辑思维，并将复杂的逻辑问题抽象为一种简单的符号演算，摆脱了冗繁的文学描述。

2.1　基本概念

2.1.1　逻辑变量与逻辑函数

人们对某些事情进行判断(即进行逻辑推理)，总是根据一些前提是否成立来作出决定的。如决定“能上课吗”，则根据如下一些前提：“教师来了”，“学生来了”，“教室有了”，“教材到了”。只有上述前提均满足方能上课，否则不能上课。又如设计一个锅炉报警系统，则根据如下前提：“温度过高”，“锅炉缺水”，“蒸汽压力过高”。只要其中某一个前提成立，则必须报警。上述推理过程如用逻辑语言来说明，我们将前提称为逻辑命题，如该命题成立则是逻辑真，不成立便是逻辑假，结论也是一种逻辑命题，但是该命题与前提具有因果关系，只有前提满足一定的条件，结论方才成立。这种关系就是逻辑函数。必须说明的是，所有逻辑命题必须满足二值律，则逻辑命题只能有两种逻辑值，不是逻辑真就是逻辑假，不存在第三种似是而非的值。在讨论数字系统时，我们将逻辑命题这一术语称为逻辑变量，用字母 A、B、C、X、Y 等来表示。在数字系统中选择 0、1 来代表两种逻辑值，如令 0 代表逻辑假，则 1 代表逻辑真，当然也可反过来 1 代表假，0 代表真，这仅仅是不同的逻辑规定而已。显然 0 和 1 没有任何数量的概念，它们仅仅被定义为两种逻辑值，是用来判断真伪的形式符号，所以它们无大小和正负之分。这点要与前章介绍的数制中二进制数的 0、1 区分开来。

定义了逻辑变量，则可写出逻辑函数的表示形式。如前述的“能上课吗”就是所有前提的函数，可写成

$$F = f(A,\ B,\ C,\ D)$$

由于引入了 0、1 两个符号，我们就可以用类似代数的方法去分析逻辑运算问题。当然逻辑运算有其自身的规律，这就是逻辑代数要讨论的问题。这将在第三章进行介绍。

2.1.2　真值表

由于逻辑变量只有两种取值 0 或 1，因此，可以用一种很简单的表格来描述函数的全

部真、伪关系，所以称这种表是真值表。真值表左边一栏列出逻辑变量的所有组合。显然，组合的数与变量 有关，一个变量有两种组合 0、1；二个变量有四种组合 00、01、10、11；三个变量有八种组合 000、001、010、011、10 101、110、111。不难推出，n 个逻辑变量有 2^n 种组合。真值表右边一栏为对应每种逻辑变量组合的逻辑函数。为了不漏掉一种组合，逻辑变量的取值按二进制数大小顺序排列。

［例 1］ 列出前述"能上课吗"问题的真值表。设前提满足为 1，不满足为 0，结论能成立为 1，不成立为 0，则其真值表如表 2-1 所示。

表 2-1　例 1 真值表

A	B	C	D	F	A	B	C	D	F
0	0	0	0	0	1	0	0	0	0
0	0	0	1	0	1	0	0	1	0
0	0	1	0	0	1	0	1	0	0
0	0	1	1	0	1	0	1	1	0
0	1	0	0	0	1	1	0	0	0
0	1	0	1	0	1	1	0	1	0
0	1	1	0	0	1	1	1	0	0
0	1	1	1	0	1	1	1	1	1

［例 2］ 列出前述"锅炉报警"问题的真值表。设"温度过高"为 1，反之为 0；"锅炉缺水"为 1，不缺水为 0；"蒸汽压力过高"为 1，反之为 0。其真值表如表 2-2 所示。

表 2-2　例 2 真值表

A	B	C	F
0	0	0	0
0	0	1	1
0	1	0	1
0	1	1	1
1	0	0	1
1	0	1	1
1	1	0	1
1	1	1	1

真值表详尽地记录了逻辑问题的功能，是一种十分有用的逻辑工具，在分析或设计逻辑电路时，经常要用到它。

2.2　三种基本逻辑运算

在实际中可能遇到的逻辑问题是千变万化的，有的数字系统如计算机还十分复杂。但仔细分析，它们都可用三种基本的逻辑运算综合出来。这三种基本运算就是：逻辑乘——"与运算"；逻辑加——"或运算"；逻辑非——"非运算"。在此基础上本节还将介绍"与非"、"或非"、"与或非"、"异或"、"同或"几种用得较多的复合逻辑。实现上述运算的电路称为逻辑电路，常常又称为"门电路"。进行与运算的电路称为"与门"，进行与非运算的电路则称为"与非门"，其它类推。

2.2.1 与逻辑(与运算、逻辑乘)

逻辑乘指出，必须所有前提条件同时具备，结论方能成立。以开关控制灯的情况为例，如图 2-1 所示，由二个串联开关 A、B 控制灯 F 的亮和灭。显然，只有当开关 A 与 B 同时合上灯才亮，否则灯是灭的。将这种控制过程进行逻辑描述，作如下规定：

开关 A 或 B 断开为 0；

开关 A 或 B 合上为 1；

灯 F 灭为 0；灯 F 亮为 1。

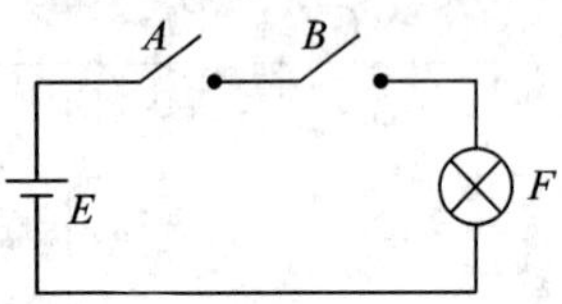

图 2-1　与逻辑实例

表 2-3　与逻辑真值表

A	B	F
0	0	0
0	1	0
1	0	0
1	1	1

其真值表如表 2-3 所示。与逻辑的逻辑函数表达式为

$$F = A \cdot B = (A \cap B) = (A \wedge B)$$

观察例 1 的情况，它也是一种与运算，其逻辑函数式为

$$F = ABCD$$

实现"与"运算的器件叫做与门，它的逻辑符号有圆型和方型三种，如图 2-2 所示。本书采用国际标准，见图 2-2(c)。

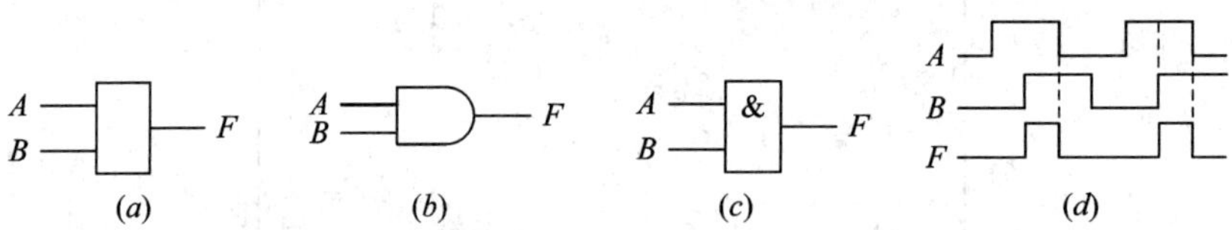

图 2-2　"与"门逻辑符号及波形图

(a) 过去常用符号；(b) 国外流行符号；(c) 国标符号；(d) 波形图

运用"与"逻辑函数式，可将两逻辑变量的运算结果表示如下：

$$0 \cdot 0 = 0 \qquad 0 \cdot 1 = 0 \qquad A \cdot 0 = 0 \qquad A \cdot 1 = A$$

$$1 \cdot 0 = 0 \qquad 1 \cdot 1 = 1 \qquad A \cdot A = A \qquad A \cdot \overline{A} = 0$$

如已知"与"门输入的波形，则可根据"与"运算的逻辑功能画出输出 F 的波形，即输出波形是输入逻辑变量经过"与"运算的结果，如图 2-2(d)所示。我们规定高电平为"1"，低电平为"0"。

2.2.2 或逻辑(或运算、逻辑加)

"或"运算表示的逻辑关系是：只要一个前提条件具备了，结论就成立。我们仍然用开关控制灯为例，如图 2-3 所示，由两个关联的开关 A、B 控制灯 F。显然只要开关 A 或 B 合上，或者 A、B 均合上，灯 F 都亮，只有当 A、B 均断开才灭。仍规定：开关合上为 1；开关断开为 0；灯亮为 1；灯灭为 0。或运算的真值表如表 2-4 所示。

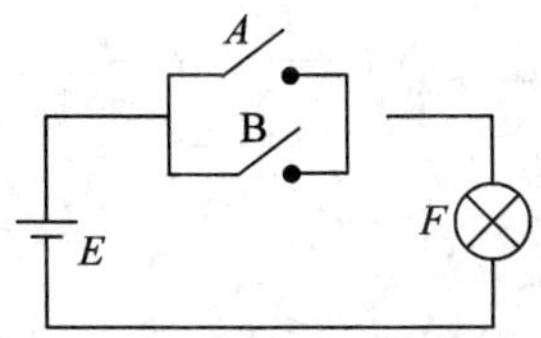

图 2-3 “或”逻辑实例

表 2-4 “或”运算真值表

A	B	F
0	0	0
0	1	1
1	0	1
1	1	1

“或”逻辑的逻辑函数表达式为

$$F = A + B = A \cup B = A \vee B$$

例 2 就是一种“或”逻辑运算，其逻辑函数关系为

$$F = A + B + C$$

实现“或”运算的器件叫做“或”门。其逻辑符号如图 2-4 所示。

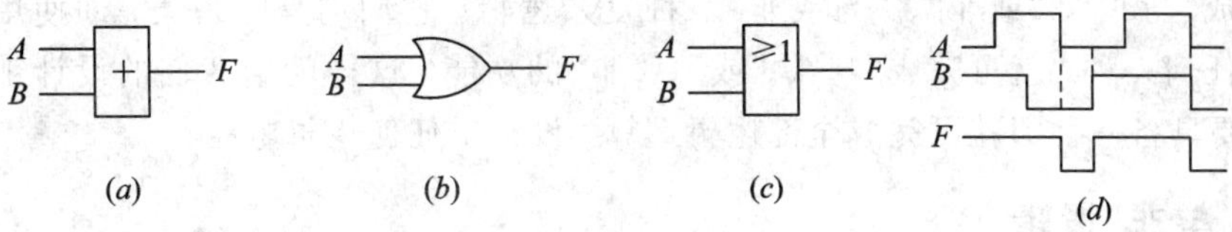

图 2-4 或门逻辑符号及波形图

(a) 过去常用符号；(b) 国外流行符号；(c) 国标符号；(d) 波形图

利用或逻辑函数式可将两逻辑变量的运算结果表示如下：

$$0+0=0 \qquad 0+1=1 \qquad 0+A=A \qquad 1+A=1$$

$$1+0=1 \qquad 1+1=1 \qquad A+A=A \qquad A+\overline{A}=1$$

如已知“或”门输入波形，则可根据“或”运算的逻辑功能画出输出 F 的波形，如图 2-4(c) 所示。

2.2.3 非逻辑(非运算、逻辑反)

“非”运算表示逻辑否定，它是逻辑运算中一种特有的开式，在逻辑代数中起着十分重要的作用。

仍以开关控制灯的过程来说明，如图 2-5 所示。开关位置和灯的情况仍按上述规定。显然开关合上灯灭，开关断开灯亮。其真值表如表 2-5 所示。其逻辑函数表达式为

$$F = \overline{A}$$

完成其逻辑功能的器件称为“非”门。其逻辑符号如图 2-6 所示。

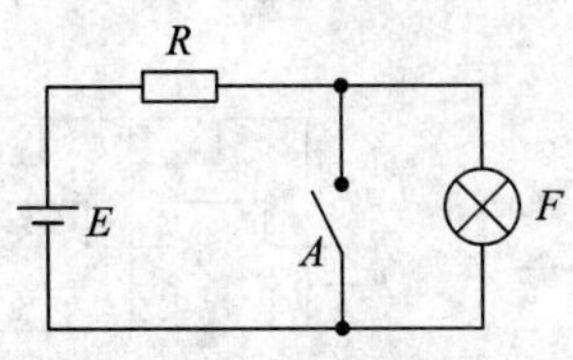

图 2-5 “非”门实例

表 2-5 “非”逻辑真值表

A	F
0	1
1	0

显然，当 $A=0$ 时，$F=\overline{A}=\overline{0}=1$；当 $A=1$ 时，$F=\overline{A}=\overline{1}=0$。我们将 A 叫做原变量，$\overline{A}$ 叫做反变量，A 和 $\overline{A}$ 是一个变量的两种形式。(有的书上用 A' 表示 $\overline{A}$)

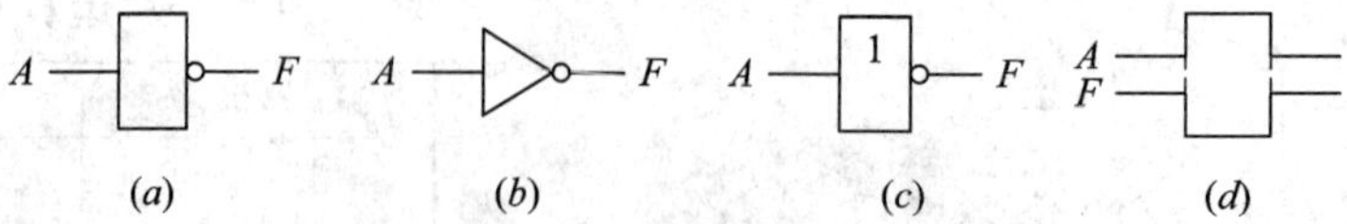

图 2-6　非门的逻辑符号及波形图

(a) 过去常用符号；(b) 国外流行符号；(c) 国标符号；(d) 波形图

2.3　常用的复合逻辑

“与”、“或”、“非”是逻辑代数中最基本的三种运算，任何复杂的逻辑函数都可以通过“与”、“或”、“非”的组合来构成。我们称“与”、“或”、“非”是一个完备集。但是它不是最好的完备集，因为它要使用三种不同规格的逻辑门。人们希望用较少种类的门来完成更多的功能。分析表明，构成完备集不能缺少逻辑非。这种逻辑非与其它两种逻辑组合起来，可以分别组成“与非”、“或非”、“与或非”三种复杂逻辑。它们均是完备集，即使用这三种复合逻辑的任何一种，就可完成“与”、“或”、“非”的功能。这样就给我们的设计工作带来了方便，只要具备一种门就可完成全部逻辑运算，设计出任何逻辑电路。

2.3.1　“与非”逻辑

“与非”逻辑是“与”逻辑和“非”逻辑的组合，先“与”再“非”。其表达式为

$$F = \overline{A \cdot B}$$

实现“与非”逻辑运算的电路叫“与非门”。其逻辑符号和波形图如图 2-7 所示。其关系可总结为：输入见“0”，输出为“1”；输入全“1”，输出为“0”。

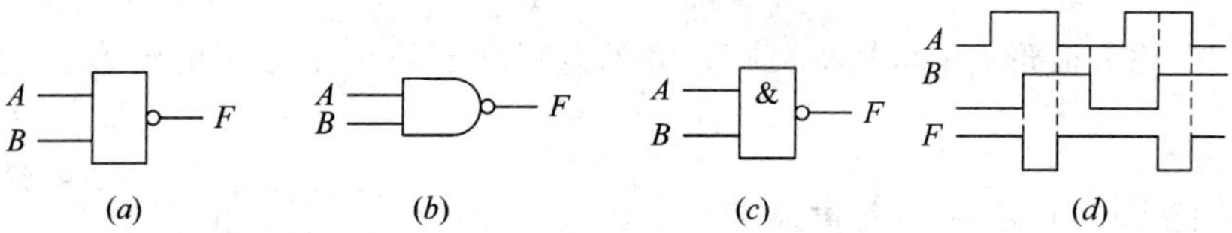

图 2-7　与非门的逻辑符号及波形图

(a) 常用符号；(b) 国外流行符号；(c) 国标符号；(d) 波形图

2.3.2　“或非”逻辑

“或非”逻辑是“或”逻辑和“非”逻辑的组合，先“或”后“非”。其表达式为：

$$F = \overline{A + B}$$

实现“或非”逻辑运算的电路叫“或非门”。其逻辑符号和波形图如图 2-8 所示。其关系总结为：输入见“1”，输出为“0”；输入全“0”，输出为“1”。

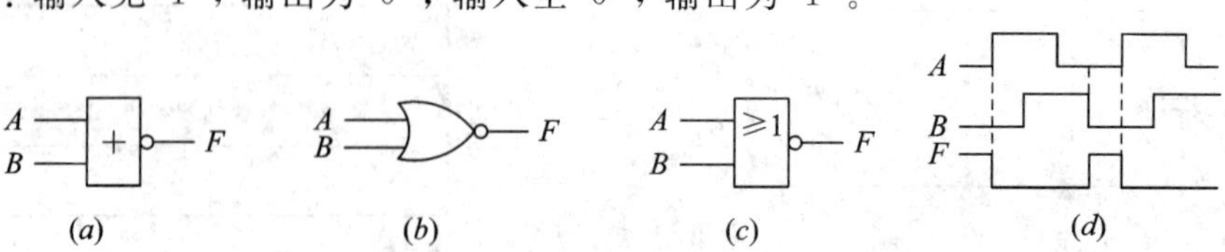

图 2-8　或非门的逻辑符号及波形图

(a) 常用符号；(b) 国外流行符号；(c) 国标符号；(d) 波形图

2.3.3 “与或非”逻辑

“与或非”逻辑是“与”、“或”、“非”三种基本逻辑的组合，先“与”再“或”最后“非”。其表达式为：

$$F=\overline{AB+CD}$$

实现“与或非”逻辑运算的电路叫“与或非门”。其逻辑符号如图 2－9 所示。

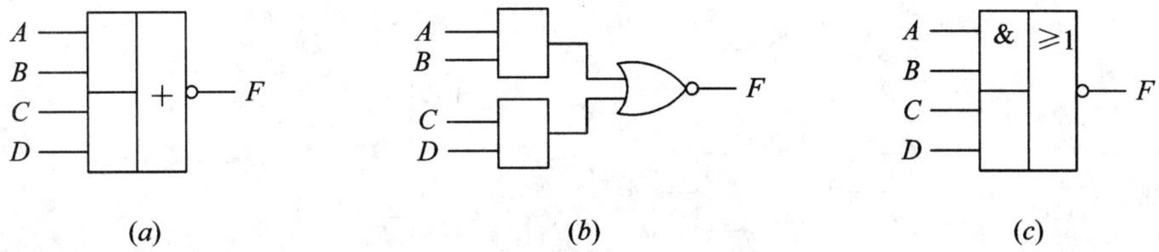

图 2－9　与或非门的逻辑符号

(a) 常用符号；(b) 国外流行符号；(c) 国标符号

2.3.4 “异或”逻辑与“同或”逻辑

1. 二变量的“异或”与“同或”逻辑

除了上述三种复合逻辑外，还有两种十分有用的复合逻辑，即“异或”逻辑和“同或”逻辑(有的资料上将“同或”逻辑又称为“符合”逻辑)。它们都是两变量的逻辑函数。

“异或”逻辑是指输入在二变量的情况下，输入两变量相异时输出为“1”；相同时输出为“0”。其逻辑函数式为

$$F_1=A\overline{B}+\overline{A}B=A\oplus B$$

表 2－6　“异或”及“同或”逻辑真值表

A　B	$F_1=A\oplus B$	$F_2=A\odot B$
0　0	0	1
0　1	1	0
1　0	1	0
1　1	0	1

“同或”逻辑是指输入在两变量的情况下，输入两变量相同时输出为“1”；相异时输出为“0”。其逻辑函数式为

$$F_2=AB+\overline{A}\,\overline{B}=A\odot B$$

它们的真值表如表 2－6 所示。实现“异或”逻辑和“同或”逻辑的电路分别称为“异或”门和“同或”门，它们的逻辑符号及波形图如图 2－10、图 2－11 所示。

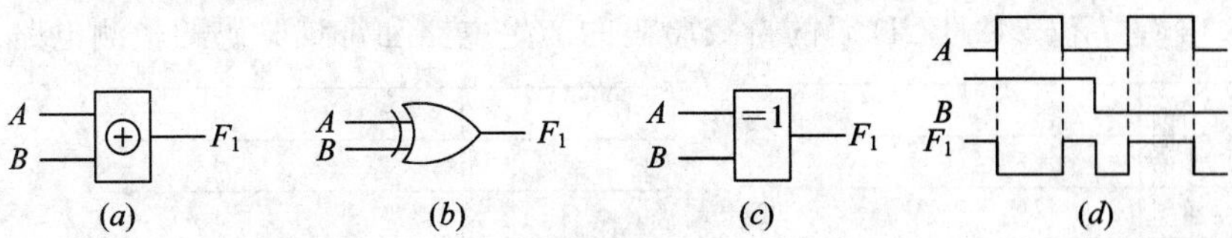

图 2－10　异或门的逻辑符号及波形图

(a) 过去常用符号；(b) 国外流行符号；(c) 国标符号；(d) 波形图

由表 2－6 可知，两变量的“异或逻辑”和“同或逻辑”互为反函数，即

$$A\oplus B=\overline{A\odot B}\qquad A\odot B=\overline{A\oplus B}$$

$$\overline{A}B+A\overline{B}=\overline{\overline{A}\overline{B}+AB}\qquad \overline{A}\overline{B}+AB=\overline{\overline{A}B+A\overline{B}}$$

多变量的“异或”或“同或”运算，要利用两变量的“异或门”或“同或门”来实现。如 $F=$

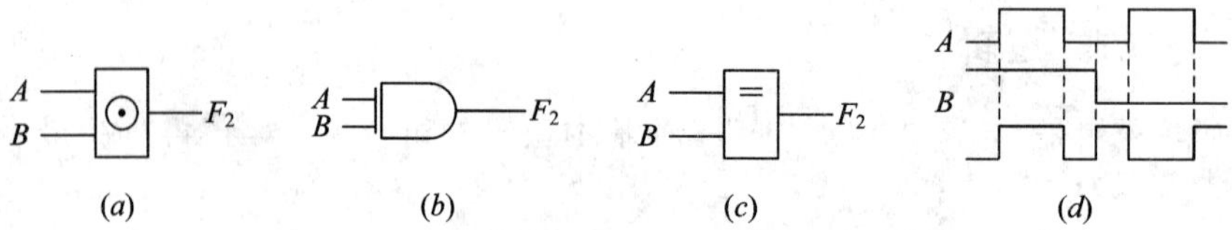

图 2-11　同或门的逻辑符号及波形图

（a）过去常用符号；（b）国外流行符号；（c）国标符号；（d）波形图

$A\oplus B\oplus C$，$Y=A\odot B\odot C$，实现电路分别如图 2-12 和图 2-13 所示。

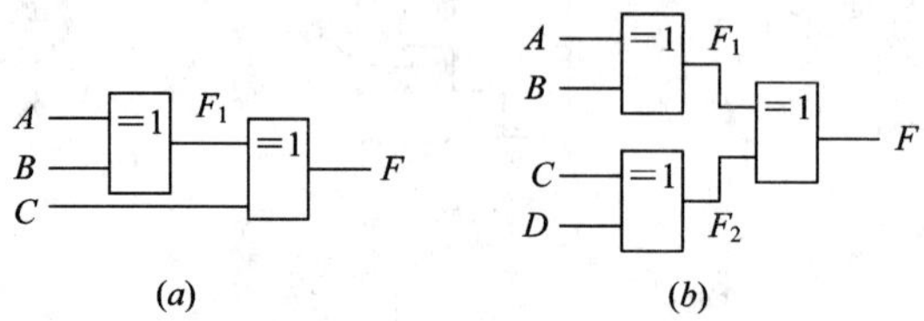

图 2-12　多变量的“异或”电路

（a）$F=A\oplus B\oplus C$；（b）$F=A\oplus B\oplus C\oplus D$

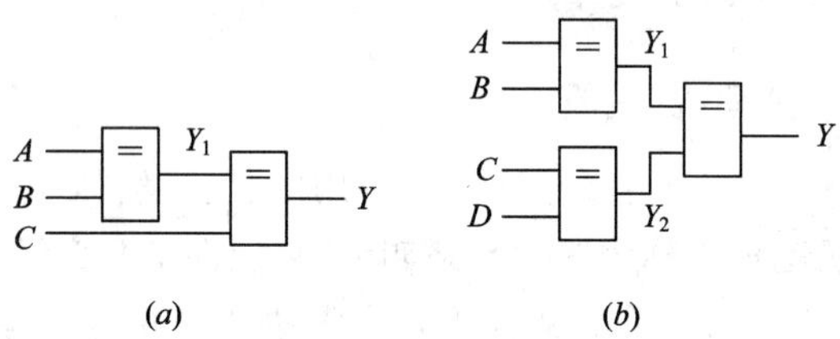

图 2-13　多变量的“同或”电路

（a）$Y=A\odot B\odot C$；（b）$Y=A\odot B\odot C\odot D$

多变量的“异或”及“同或”逻辑功能，必须以两变量的“异或”及“同或”逻辑的定义为依据进行推证。将 0，1 值代入多变量的异或式中可得出如下结论：

2. 奇偶特性

奇数个“1”相异或结果为 1；偶数个 1 相异或结果为 0。利用此特性，可作为奇偶校验码校验位的产生电路，也可以用作奇校验码的接收端的检测电路。当它输出“0”时，表示输入代码有错码；当它输出“1”时，表示输入代码基本无错码。该电路也可用于偶校验码产生电路和偶校验码错码检测，只是其输出值“1”和“0”的含义与检测奇校验码时相反。

图 2-14 是一位 8421BCD 码的奇校验码的产生电路和奇校验码的检测电路。

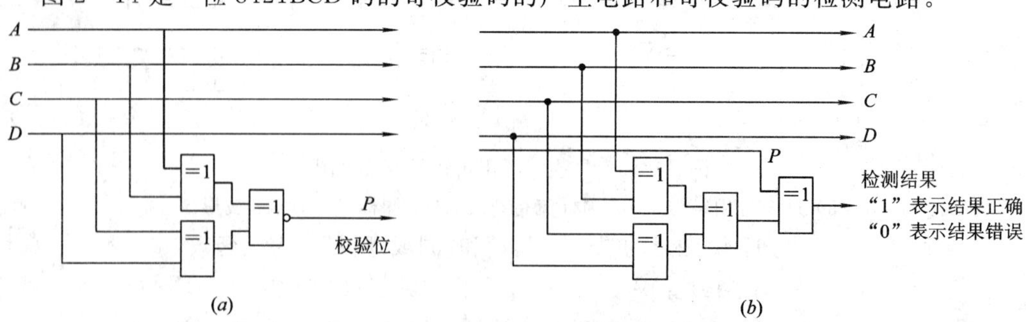

图 2-14　奇偶校验码的产生电路和检测电路

（a）奇校验码产生电路；（b）奇偶校验码的检测电路

3. 原码、反码控制电路

实际电路中，有时需要变量的原变量，有时又需要其反变量。利用异或电路的如下特性可以方便实现：

$0 \oplus 0 = 0$　　$0 \oplus 1 = 1$　　$1 \oplus 0 = 1$　　$1 \oplus A = 0$

$A \oplus A = 0$　　$A \oplus \overline{A} = 1$　　$0 \oplus A = A$　　$1 \oplus A = \overline{A}$

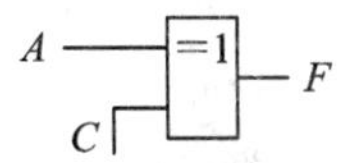

图2－15　原码、反码控制电路

电路图 2－15 即为利用异或门组成的原码、反码控制电路

$C = 0$　　$F = A$　　$C = 1$　　$F = \overline{A}$

2.3.5　正负逻辑

在数字系统中，逻辑值是用逻辑电平表示的。若用逻辑高电平 U_H 表示逻辑“真”，用逻辑低电平 U_L 表示逻辑“假”，则称为正逻辑；反之，则称为负逻辑。本教材采用正逻辑。

当规定“真”记作“1”，“假”记作“0”时，正逻辑可描述为：若 U_H 代表“1”，U_L 代表“0”，则为正逻辑；反之，则为负逻辑。

正负逻辑关系如下：某电路输入的高低电平如表 2－7(a)所示，如按正逻辑定义，由表 2－7(b)可看出是与非逻辑，如按负逻辑定义，如表 2－7(c)所示，它又是或非逻辑，即正与非逻辑与负或非逻辑相等。

表 2－7　电位关系与正、负逻辑

(a) 电位关系		(b) 正逻辑		(c) 负逻辑	
U_A　U_B	U_F	A　B	F	A　B	F
U_L　U_L	U_H	0　0	1	1　1	0
U_L　U_H	U_H	0　1	1	1　0	0
U_H　U_L	U_H	1　0	1	0　1	0
U_H　U_H	U_L	1　1	0	0　0	1

采用同样的方法可得到，正与等于负或，正异或等于负同或。

2.4　集成逻辑门电路

用以实现基本逻辑运算和复合逻辑运算的单元电路称为门电路。与上一章里所讲的基本逻辑运算和复合逻辑运算相对应，常用的逻辑门电路有与门、或门、非门、与非门、或非门、与或非门、异或门等。

在最初的数字逻辑电路中，门电路都是用若干个分立的半导体器件和电阻连接而成的。由这种分立元件组成的门电路要组成大规模数字电路十分困难。随着集成电路工艺水平的不断提高，现在可以把大量的门电路用工艺的方法制造在一块很小的半导体芯片上，给数字电路的应用开拓了广阔的天地。

把若干个有源器件和无源器件及其连线，按照一定的功能要求，制作在同一块半导体基片上，这样的产品叫集成电路。若它完成的功能是逻辑功能或数字功能，则称为逻辑集成电路或数字集成电路。最简单的数字集成电路是集成逻辑门。

集成逻辑门，按照其组成的有源器件的不同可分为两大类：一类是双极性晶体管逻辑门；另一类是单极性绝缘栅场效应管逻辑门，简称 MOS 门。

双极性晶体管逻辑门主要有 TTL 门(晶体管－晶体管逻辑门)、ECL 门(射极耦合逻辑门)和 I^2L 门(集成注入逻辑门)等。

单极性 MOS 门主要有 PMOS 门(P 沟道增强型 MOS 管构成的逻辑门)、NMOS 门(N 沟道增强型 MOS 管构成的逻辑门)和 CMOS 门(利用 PMOS 管和 NMOS 管形成的互补电路构成的门电路，故又叫做互补 MOS 门)。

由于我们主要是应用集成电路，不是去设计集成电路，所以我们主要关心集成电路的外特性，如何使用集成电路以及各种集成电路的性能比较。对集成电路内部电路的分析、计算，我们不涉及。如需了解，可参阅有关资料。

2.4.1 TTL 集成逻辑门电路

目前使用的双极型数字集成电路是 TTL 和 ECL 系列、I^2L 系列。TTL 是应用最早，技术比较成熟的集成电路，曾被广泛使用。大规模集成电路的发展要求每个逻辑单元电路的结构简单，并且功耗低。TTL 电路不能满足这个条件，因此逐渐被 CMOS 电路取代，退出其主导地位。由于 TTL 技术在整个数字集成电路设计领域中的历史地位和影响，很多数字系统设计技术仍采用 TTL 技术，特别是从小规模到中规模数字系统的集成。之后推出了新型的低功耗和高速 TTL 器件，这种新型的 TTL 使用肖特基势垒二极管，以避免双极型晶体管工作在饱和状态，从而提高工作速度。

最早的 TTL 门电路是 74 系列。后来出现了改进型的 74H 系列，其工作速度提高了，但功耗却增加了。而 74L 系列的功耗降低了很多，但工作速度也降低了。为了解决功耗和速度之间的矛盾，推出了低功耗和高速的 74S 系列，它使用肖特基晶体三极管，使电路的工作速度和功耗均得到改善。之后又生产出 74LS 系列，其速度与 74 系列相当，但功耗却降低到 74 系列的 1/5。74LS 系列广泛应用于中、小规模集成电路。随着集成电路的发展，生产出进一步改进的 74AS 和 74ALS 系列。74AS 系列与 74S 系列相比，功耗相当，但速度却提高了两倍。74ALS 系列将 74LS 系列的速度和功耗又进一步提高。而 74F 系列的速度和功耗介于 74AS 和 74ALS 之间，广泛应用于速度要求较高的 TTL 逻辑电路。

ECL 也是一种双极型数字集成电路，其基本器件是差分对管。饱和型的 TTL 电路中，晶体三极管作为开关在饱和区和截止区切换，其退出饱和区需要的时间较长。而 ECL 电路中晶体三极管不工作在饱和区，因此工作速度极高。但 ECL 器件功耗比较高，不适合制成大规模集成电路，因此不像 CMOS 或 TTL 系列被广泛使用。ECL 电路主要用于高速或超高速数字系统或设备中。

砷化镓是继锗和硅之后发展起来的新一代半导体材料。由于砷化镓器件中载流子的迁移率非常高，因而其工作速度比硅器件快得多，并且具有功耗低和抗辐射的特点，已成为光纤通信、移动通信以及全球定位系统等应用的首选电路。

I^2L 电路是 20 世纪 70 年代发展起来的一种双极型晶体管逻辑电路，它具有如下优点：

(1) 它的电路结构简单，集成度高。

(2) 各逻辑单元之间不需要隔离。

(3) I^2L 电路能够在低电压、微电流下工作，故功耗低。

但是 I^2L 电路也存在两个严重的缺点：

(1) 抗干扰能力差。

(2) 开关速度慢。

目前 I^2L 电路主要用于制作大规模集成电路的内部逻辑电路，很少用来制作中、小规模集成电路产品。

TTL 电路存在的最大问题是功耗较大。因此它只能制作小规模集成电路(Small Scale Integration，简称 SSI，其中仅包含 10 个以内的门电路)和中规模集成电路(Medium Scale Integratin，简称 MSI，其中包含 10～100 个门电路)，而无法制作成大规模集成电路(Large Scale Integration，简称 LSI，其中包含 100～10 000 个门电路)和超大规模集成电路(Very Large Scale Integration，简称 VLSI，其中包含 10 000 个以上的门电路)。

2.4.2 CMOS 集成逻辑门电路

CMOS 逻辑门电路是在 TTL 电路之后出现的一种广泛应用的数字集成器件。按照器件结构的不同形式，可以分为 NMOS、PMOS 和 CMOS 三种逻辑门电路。由于制造工艺的不断改进，CMOS 电路已成为占主导地位的逻辑器件，其工作速度已经赶上甚至超过 TTL 电路，它的功耗和抗干扰能力则远优于 TTL。因此，几乎所有的超大规模存储器以及 PLD (可编程逻辑器件)器件都采用 CMOS 工艺制造，且费用较低。

早期生产的 CMOS 门电路为 4000 系列，后来发展为 4000B 系列，其工作速度较慢，与 TTL 不兼容，但它具有功耗低、工作电压范围宽、抗干扰能力强的特点。随后出现了高速 CMOS 器件 74HC 和 74HCT 系列。与 4000B 系列相比，其工作速度快，带负载能力强。74HCT 系列与 TTL 兼容，可与 TTL 器件交换使用。另一种新型 CMOS 系列是 74VHC 和 74VHCT 系列，其工作速度达到了 74HC 和 74HCT 系列的两倍。对于 54 系列产品，其引脚编号及逻辑功能与 74 系列基本相同，所不同的是 54 系列是军用产品，适用的温度范围更宽，测试和筛选标准更严格。

近年来，随着便携式设备(例如平板电脑、数字相机、手机等)的发展，要求使用体积小、功耗低、电池耗电小的半导体器件，因此先后推出了低电压 CMOS 器件 74LVC 系列，以及超低电压 CMOS 器件 74AUC 系列，并且半导体制造工艺可以使它们的成本更低、速度更快，同时大多数低电压器件的输入输出电平可以与 5 V 电源的 CMOS 或 TTL 电平兼容。不同的 CMOS 系列器件对电源电压要求不一样。

CMOS 是数字逻辑电路的主流工艺技术，但 CMOS 技术却不适合用在射频和模拟电路中。因此 BiMOS 成为射频系统中用得最多的工艺技术。BiMOS 集成电路将双极型晶体管的高速性能和高驱动能力，以及 CMOS 的高密度、低功耗和低成本等优点结合起来，并且既可用于数字集成电路，也可用于模拟集成电路。BiMOS 技术主要用于高性能集成电路的生产。

2.4.3 集成逻辑门电路的特性与参数

在实际应用中，一般根据生产厂家所提供的器件手册选取逻辑门电路，手册中一般会给出器件的特性和技术参数。如传输特性、输入和输出高低电平、噪声容限等。下面分别进行介绍。

1. 传输特性

电压传输特性是指其输出电压 u_o 随输入电压 u_i 变化的曲线，反相器的电压传输特性如图 2-16 所示。

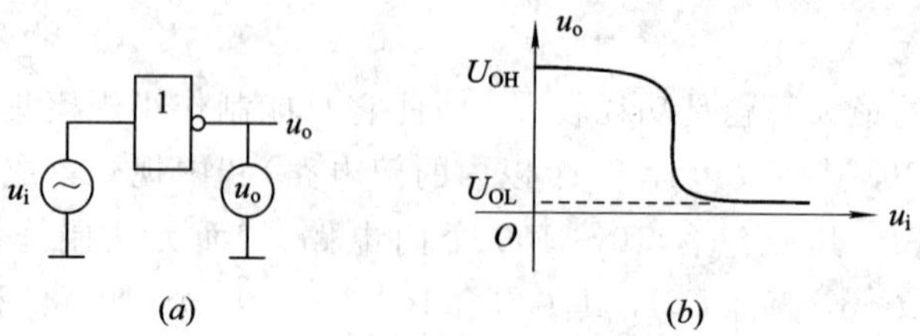

图 2-16 逻辑门电路的传输特性

(a) 电压传输测试图；(b) 电压传输特性

TTL 和 CMOS 的电压传输特性有所不同，但趋势基本一致。从传输特性可以读出逻辑门电路的参数。

2. 输出高电平 U_{OH}、输出低电平 U_{OL}

从电压传输特性曲线(如图 2-16(b)所示)，可读出 U_{OH} 和 U_{OL} 值，不同的门电路，由于内部结构的差异，其值也有所不同。

对 TTL 门电路，U_{OH}：3.6～2.6 V；U_{OL}：0.2～0.35 V。

对于典型工作电压为 5 V 的 74HC 系列的 CMOS 逻辑电路，$U_{OH}=5$ V，$U_{OL}=0$ V。

3. 噪声容限

噪声容限表示门电路的抗干扰能力。从传输特性曲线可以看出，无论输出高电平，还是低电平，都允许输入信号在一定范围内变化，而输出电平基本不变化。超过这个范围，输出电平将发生变化。由传输特性可确定其噪声容限。由图 2-17 可求出：当输出低电平时，其输入高电平的噪声容限为

$$U_{NH}=U_{IH}-U_{Imin}$$

当输出高电平时，其输入低电平的噪声容限为

$$U_{NL}=U_{Imax}-U_{IL}$$

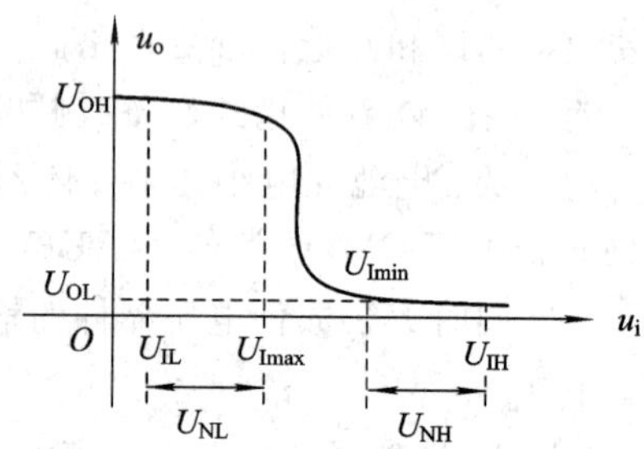

图 2-17 噪声容限

由于前一级驱动门电路的输出就是后一级负载门电路的输入，故噪声容限又可通过下式求出：

$$U_{NH}=U_{OHmin}-U_{Imin}$$

$$U_{NL}=U_{ILmax}-U_{OLmax}$$

4. 传输延迟时间

传输延迟时间是表征门电路开关速度的参数，它说明门电路在输入脉冲波形的作用下，其输出波形相对于输入波形延迟了多长的时间。当门电路的输入端加入一脉冲波形时，其相应的输出波形如图 2-18 所示。通常输出波形下降沿、上升沿的中点与输入波形对应沿中点之间的时间间隔，分别用 t_{pLH} 和 t_{pHL} 表示，由于 CMOS 门电路输出级的互补对

称性，其 t_{pLH} 和 t_{pHL} 相等。有时也采用平均传输延迟时间这一参数，即 $t_{pd}=(t_{pLH}+t_{pHL})/2$。例如，CMOS 与非门 74HC00 在 5 V 典型工作电压时 $t_{pLH}=7$ ns，$t_{pHL}=7$ ns，$t_{pd}=(7+7)$ ns/2=7 ns。在图 2-18 中还标出了上升时间 t_r 和下降时间 t_f。表 2-8 所示为几种 CMOS 集成电路在典型工作电压时的传输延迟时间。由表可见，低电压和超低电压电路的工作速度要快得多。

表 2-8　几种 CMOS 电路传输延迟时间

参数＼类型	74HC ($U_{DD}=5$ V)	74HCT ($U_{DD}=5$ V)	74LVC ($U_{DD}=3.3$ V)	74AUC ($U_{DD}=1.8$ V)
t_{pLH} 或 t_{pHL}/ns	7	8	2.1	0.9

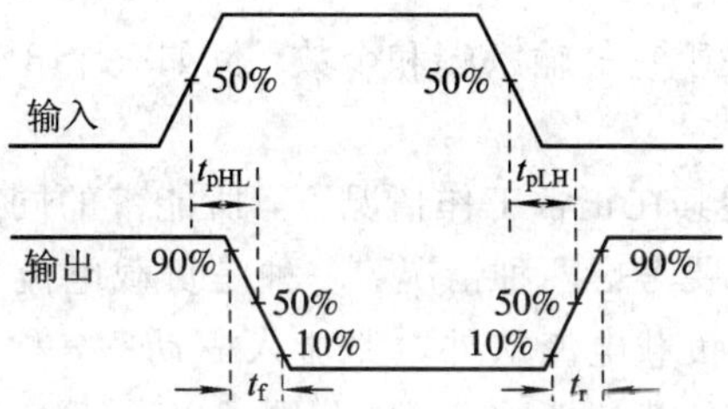

图 2-18　门电路传输延迟波形图

5. 功耗

功耗是门电路的重要参数之一。功耗有静态和动态之分。所谓静态功耗，指的是当电路的输出没有状态转换时的功耗。静态时，CMOS 电路的电流非常小，使得静态功耗非常低，所以 CMOS 电路广泛应用于要求功耗较低或电池供电的设备，例如便携计算机、手机和平板电脑等。这些设备在没有输入信号时，功耗非常低。

CMOS 电路在输出发生状态转换时的功耗称为动态功耗。它主要由两部分组成。其中一部分是由于电路输出状态转换的瞬间，其等效电阻比较小，从而导致有较大的电流从电源 U_{DD} 经 CMOS 电路流入地。这部分功耗可由下式表示

$$P_T = C_{PD}U_{DD}^2 f$$

式中 f 为输出信号的转换频率；U_{DD} 为供电电源；C_{PD} 称为功耗电容，可以在数据手册中查到，74HC 系列为 20 pF，74LVC 系列为 15 pF。

动态功耗的另一部分是因为 CMOS 管的负载通常是电容性的，当输出由高电平到低电平，或者由低电平到高电平转换时，会对电容进行充放电，这个过程将增加电路的损耗。这部分动态功耗为

$$P_L = C_L U_{DD}^2 f$$

式中 C_L 为负载电容。由此得到 CMOS 电路总的动态功耗为

$$P_D = (C_{PD} + C_L)U_{DD}^2 f$$

由上式可见，CMOS 动态功耗正比于转换频率和电源电压的平方。当工作频率比较高时，CMOS 门的功耗可能会超过 TTL 门。在设计 CMOS 电路时，选用低电源电压器件，例如 3.3 V 供电电源 74LVC 系列或 1.8 V 供电电源 74AUC 系列，以降低功耗。

6. 延时—功耗积

理想的数字电路或系列，要求它既速度高，同时功耗又低。在工程实践中，要实现这

种理想情况是较为困难的。高速数字电路往往需要以较大的功耗为代价。一种综合性的指标称为延时—功耗积，用符号 DP 表示，单位为 J(焦[耳])，即

$$DP = t_{pd}P_0$$

式中 $t_{pd}=(t_{pHL}+t_{pHL})/2$，$P_D$ 为门电路的功耗，一个逻辑门器件的 DP 的值愈小，表明它的特性愈接近于理想情况。图 2-19 所示为用传输延迟电时间 t_{pd} 和功耗 P_D 综合描述各种逻辑门电路的性能。

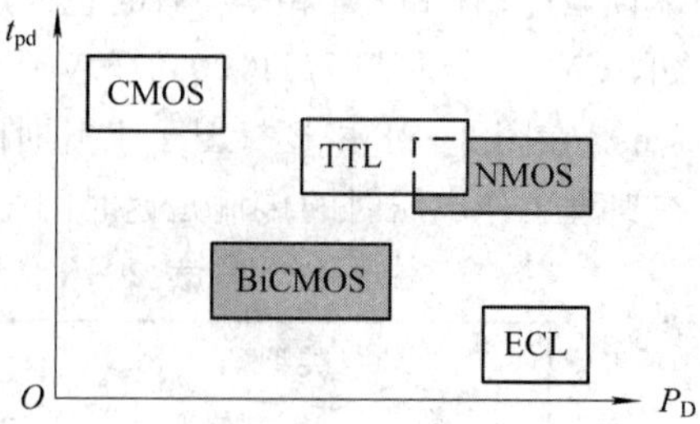

图 2-19　各种门电路的延迟时间与功耗的关系图

7. 扇入数与扇出数

门电路的扇入系数取决于它的输入端和个数，例如一个 3 输入端的与非门，其扇入系数 $N_I=3$。

门电路的扇出系数是指其在正常工作情况下，所能带的同类门电路的最大数目。扇出系数的计算稍复杂些，这时要考虑两种情况，一种是负载电流从驱动门流向外电路，称为拉电流负载；另一种情况是负载电流从外电路流入驱动门，称为灌电流负载，如图 2-20 所示。拉与灌形象地表明了负载的性质。下面分别予以介绍：

1）拉电流工作情况

图 2-20(a)所示为拉电流负载的情况，图中左边为驱动门，右边为负载门。当驱动门的输出端为高电平时，将有电流 I_{OH} 从驱动门拉出而流入负载门，负载门的输入电流为 I_{IH}。当负载门的个数增加时，总的拉电流将增加，会引起输出高电压的降低。但不得低于输出高电平的下限值，这就限制了负载门的个数。这样，输出为高电平时的扇出系数可表示如下

$$N_{OH}=\frac{I_{OH}(\text{驱动门})}{I_{IH}(\text{负载门})}$$

2）灌电流工作情况

图 2-20(b)所示为灌电流负载的情况，当驱动门的输出端为低电平时，负载电流 I_{OL} 流入驱动门，它是负载门输入端电流 I_{IL} 之和。当负载门的个数增加时，总的灌电流 I_{OL} 将增加，同时也将引起输出低电压 U_{OL} 的升高。当输出为低电平，并且保证不超过输出低电平的上限值时，驱动门所能驱动同类门的个数由下式决定

$$N_{OL}=\frac{I_{OL}(\text{驱动门})}{I_{IL}(\text{负载门})}$$

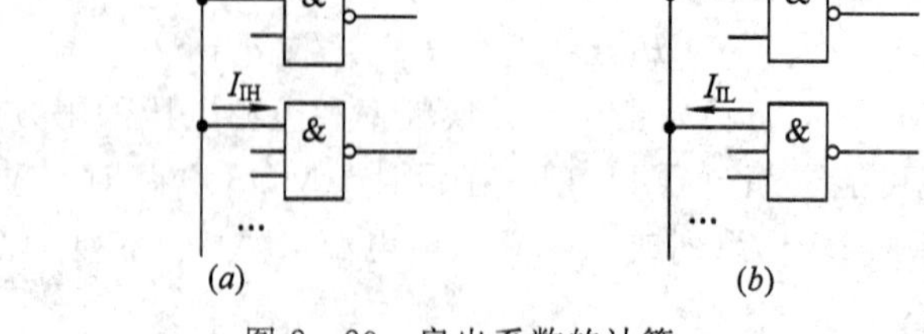

图 2-20　扇出系数的计算

(a) 拉电流负载；(b) 灌电流负载

一般逻辑器件的数据手册中并不给出扇出系数，而必须用计算或用实验的方法求得，并注意在设计时留有余地，以保证数字电路或系统能正常地运行。在实际的工程设计中，如果输出高电平电流 I_{OH} 与输出低电平电流 I_{OL} 不相等，则 $N_{OL} \neq N_{OH}$，常取二者中的最小值。

CMOS 门电路扇出系数的计算分两种情况：一种是带 CMOS 负载，另一种是带 TTL 负载。负载类型不同，数据手册中给出的输出高电平电流 I_{OH} 或者输出低电平电流 I_{OL} 也不相同。当所带负载为 CMOS 电路时，根据器件数据手册，查得 74HC/74HCT 的输出电流 $I_{OH}=-20\ \mu A$，$I_{OL}=20\ \mu A$。输入电流 $I_{IH}=1\ \mu A$，$I_{IL}=-1\ \mu A$。数据前的负号表示电流从器件流出，反之表示电流流入器件，计算时只取绝对值。所以 $N_{OH}=N_{OL}=20\ \mu A/1\ \mu A=20$，即最多可接同类电路的输入端数为 20 个。

上述 CMOS 扇出系数的计算是保证 CMOS 驱动门的高电平输出为 4.9 V。如果允许其高电平输出降至 TTL 门的逻辑电平 3.84 V(低电平亦然)，则 I_{OH} 和 I_{OL} 分别为 -4 mA 和 4 mA，此时计算出的扇出数为 4000。实际不可能达到这么大的数，因为 CMOS 门的输入电容比较大，电容的充放电电流不能忽略。

74HCT 系列与 TTL 兼容，如果 CMOS 所带负载为 74LS 系列的 TTL 门电路，此时 $I_{OH}=I_{OL}=4$ mA，而 $I_{IH}=0.02$ mA，$I_{IL}=0.4$ mA，可计算高电平输出时的扇出系数

$$N_{OH}=\frac{I_{OH}}{I_{IH}}=\frac{4\ \text{mA}}{0.02\ \text{mA}}=200$$

低电平输出时的扇出系数

$$N_{OL}=\frac{I_{OL}}{I_{IL}}=\frac{4\ \text{mA}}{0.4\ \text{mA}}=10$$

2.4.4 开路门与三态门

1. 开路门

开路门有 TTL 的集电极开路门(OC 门)和 CMOS 的漏极开路门(OD 门)。其逻辑符号如图 2-21 所示。

之所以出现开路门，是因为在实际中往往要求将多个输出端并联使用。而一般的门电路不允许输出端并联使用，因为当一个门输出是高电平，另一个门输出是低电平时，则输出高电平的门将向输出低电平的门灌入很大的电流，如图 2-22 所示。其结果是烧坏器件，或产生逻辑上的错误，输出的电平既非高电平，也非低电平，使得系统无法正常工作。

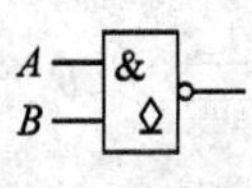

图 2-21　开路门

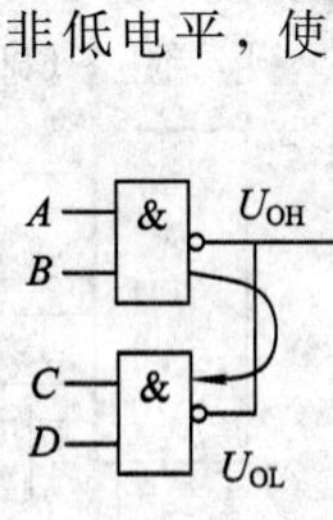

图 2-22　一般门电路并联使用

开路门在使用时应注意两点：

(1) 使用时，输出端与直流电源之间要外接电阻 R，如图 2-23 所示，这样开路门才能

正常工作。

(2) 开路门关联使用完成“与”的逻辑功能，称为“线与”。

$$F=\overline{AB}\cdot\overline{CD}=\overline{AB+CD}$$

开路门输出并联使用，此时门电路的电流均由直流电源通过电阻 R 直接提供。

开路门还可作为电平转换电路，如图 2-24 所示，电路可将+5 V 高电平转换为 12 V 高电平。

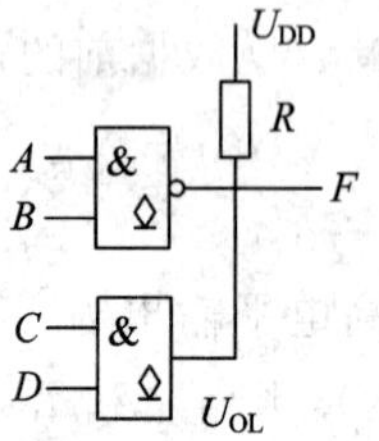

图 2-23 开路门并联使用

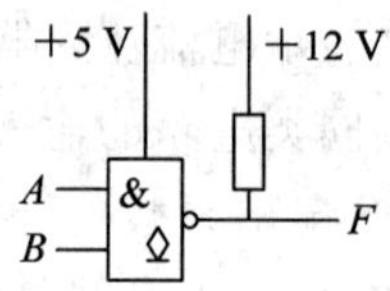

图 2-24 电平转换电路

2. 三态门

三态门的出现，是为了适应数字系统采用总线结构的需要。三态门具有三种状态，除了高电平(“1”)、低电平(“0”)外，还有高阻态，其电路和功能表如图 2-25 所示。

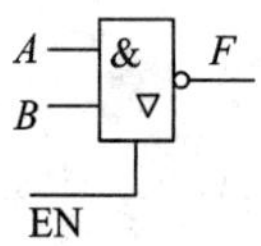

EN	A	B	F
0	×	×	高阻
1	0	0	1
1	0	1	1
1	1	0	1
1	1	1	0

(a)

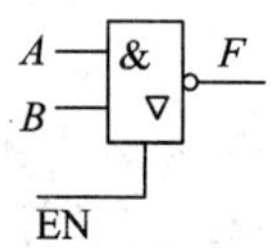

EN	A	B	F
0	0	0	1
0	0	1	1
0	1	0	1
0	1	1	0
1	×	×	高阻

(b)

图 2-25 三态门及功能

(a) 高电平控制；(b) 低电平控制

下面介绍三态门的应用。以 CPU 为例，CPU 采用总线结构，共有数据总线 DB、地址总线 AB 和控制总线 CB，所有的外部设备均连到总线上，而 CPU 每一时刻只能和一个外部设备交换信息。为保证信息可靠地传送，要求其它外部设备必须与总线断开(即呈现高阻态)。这就要求所有连在总线的外部设备的接口电路必须具有三态结构。以图 2-26 为例，CPU 总线连有四个外部设备 A、B、C、D，它们的 EN 端均是低电平选中。如系统要与外部设备 A 交换信息，首先向 A 发出选中信号，即 ENA=0，其余的 EN 端均为高电平，使其与总线之间呈现高阻态(即与总线断开)。这样即保证了外设 A 与 CPU 的信息交流。

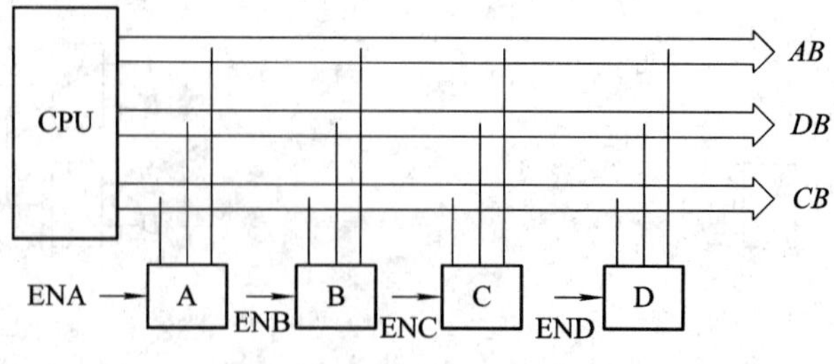

图 2-26 总线结构上三态门的应用

2.4.5 集成逻辑门在使用中的实际问题

1. 接口电路

接口电路的作用是通过逻辑电平的转换，把不同逻辑值的电路(如 TTL 和 MOS 门电路)连接起来；或者用来驱动集成电路本身驱动不了的大电流及大功率负载；也可用来切断干扰源通道，增强抗干扰能力。

接口电路有系统接口(如 PIO、SIO、CTC 等)和器件之间的接口两类。下面只介绍几种用于器件之间的简单接口。

1) TTL 门与 CMOS 门的接口

凡是和 TTL 门兼容的 CMOS 门(如 74HCT××和 74ACT××系列 CMOS 门)可以和 TTL 的输出端连接，不必外加元器件。

当 CMOS 门的逻辑电平与 TTL 不同，但两者的电源电压相近时，可以在 TTL 门的输出端和 U_{DD}之间接入上拉电阻 R_1，以提高 TTL 门的输出高电平。如图 2-27(*a*)所示，这样当 TTL 与非门有一个输入端接低电平时，流过 R_1 的电流很小，使其输出高电平接近 U_{DD}，满足 CMOS 门的要求。R_1 的取值方法和 OC 门的上拉电阻的取值方法相同(约在几百欧到几千欧之间)。

当 $U_{DD} \gg U_{CC}$时，上述方法不再适用。否则，会使 TTL 所承受反压(约为 U_{DD})超过其耐压极限而损坏。解决的方法之一是在 TTL 门和 CMOS 门之间插入一级 OC 门，如图 2-27(*b*)所示(OC 门的输出管均采用高反压管，其耐压可高达 30 V 以上)。另一种方法是采用专用于 TTL 门和 CMOS 门之间的电平移动器，如 CC40109。它实际上是一个带电平偏移电路的 CMOS 门电路。它有两个供电端钮 U_{CC}和 U_{DD}。若把 U_{CC}端接 TTL 的电源，把 U_{DD}端接 CMOS 的电源，则它能接收 TTL 的输出电平，而向后级 CMOS 门输出合适的 U_{IH}和 U_{IL}。应用电路如图 2-27(*c*)所示。

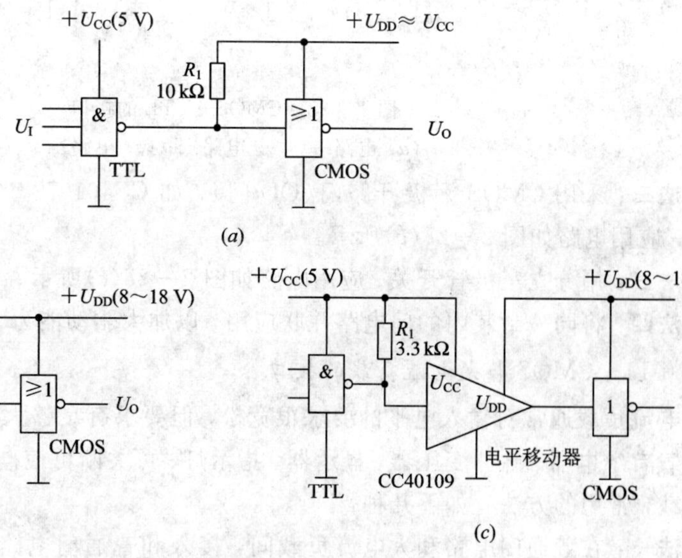

图 2-27 TTL→CMOS 的接口

(*a*) 电路一；(*b*) 电路二；(*c*) 电路三

2) CMOS 门与 TTL 门的电平匹配

CMOS 门的 $U_{OH}\approx U_{DD}$，$U_{OL}\approx 0$ V，满足 TTL 门对 U_{IH} 和 U_{IL} 的逻辑要求。但是当 U_{DD} 太高时，有可能使 TTL 损坏。另外，虽然 CMOS 门的拉电流 I_{OH} 近似等于灌电流 I_{OL}，但是因为 TTL 门的 $I_{IS}\gg I_{IH}$，所以，当用 CMOS 门驱动 TTL 门时，将无法保证 CMOS 门输出符合规定的低电平。因为 CMOS 门输出 U_{OL} 时，TTL 门的 I_{IS} 将灌入 CMOS 门输出端，使 U_{OL} 升高。因此接口电路既要把输出高电平降低到 TTL 门所允许的范围内，又要对 TTL 门有足够大的驱动电流。具体实现方法如下：

方法一：采用专用的 CMOS→TTL 电平转换器，如 74HC4049（六反相器）或 74HC4050(六缓冲器)。由于它们的输入保护电路特殊，因而允许输入电压高于电源电压 U_{DD}。例如，当 $U_{DD}=5$ V 时，其输入端所允许输入的最高电压为 15 V，而其输出电平在 TTL 的 U_{IH} 和 U_{IL} 的允许范围内。应用电路如图 2－28(*a*)所示。

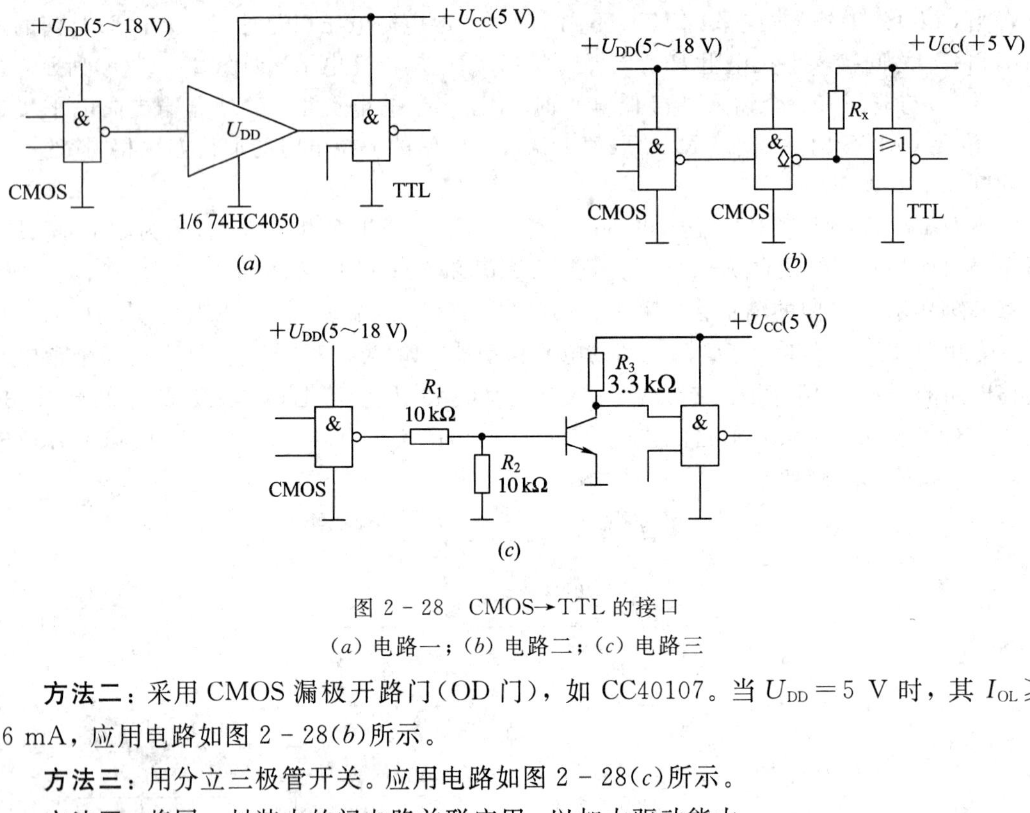

图 2－28 CMOS→TTL 的接口

(*a*) 电路一；(*b*) 电路二；(*c*) 电路三

方法二：采用 CMOS 漏极开路门(OD 门)，如 CC40107。当 $U_{DD}=5$ V 时，其 $I_{OL}\geqslant$ 16 mA，应用电路如图 2－28(*b*)所示。

方法三：用分立三极管开关。应用电路如图 2－28(*c*)所示。

方法四：将同一封装内的门电路并联应用，以加大驱动能力。

3) TTL、CMOS 与大电流负载的接口

大电流负载通常对输入电平的要求很宽松，但要求有足够大的驱动电流。最常见的大电流负载有继电器、脉冲变压器、显示器、指示灯、可关断可控硅等。普通门电路很难驱动这类负载，常用的方法有如下几种：

方法一：在普通门电路和大电流负载间，接入和普通门电路类型相同的功率门(也叫驱动门)。有些功率门的驱动电流可达几百毫安。

方法二：利用 OC 门或 OD 门(CMOS 漏极开路门)做接口。把 OC 门或 OD 门的输入

端与普通门的输出端相连，把大电流负载接在上拉电阻的位置上。

方法三：用分立的三极管或 MOS 管做接口电路来实现电流扩展，为充分发挥前级门的潜力，应将拉电流负载变成灌电流负载，因为大多数逻辑门的灌电流能力比拉电流能力强。例如，TTL 门 74××系列的 $I_{OH}=0.4$ mA，$I_{OL}=16$ mA。图 2-29 是一个用普通 TTL 门接入三极管来驱动大电流负载的电路。

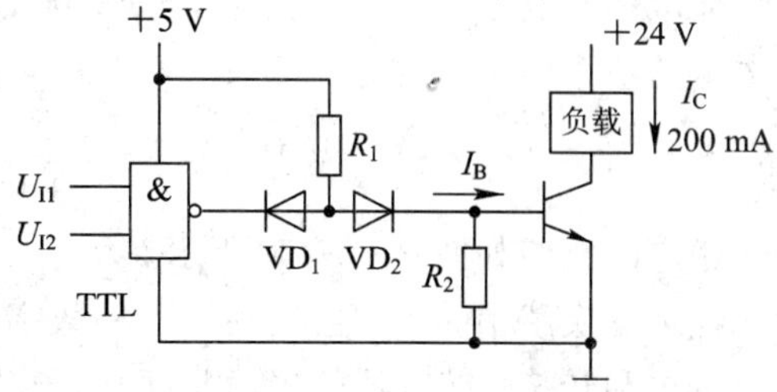

图 2-29　用三极管实现电流扩展

设负载的工作电流 $I_C=200$ mA，三极管的 $\beta=20$，则三极管的基极电流 $I_B=10$ mA。若不接 R_1、VD_1、VD_2，而把三极管的基极直接接 TTL 门的输出端，则 I_B 对 TTL 门构成拉电流，其值已远远超过 TTL 门拉电流的允许值，会使其 U_{OH} 大大降低，以致无法工作在开关状态，甚至会因超过允许功耗而损坏。接入 R_1、VD_1、VD_2 后，当 TTL 门输出 U_{OH} 时，VD_1 截止，I_B 由 +5 V→R_1→VD_2 的支路提供，对 TTL 门不产生影响。当 TTL 门输出 U_{OL} 时，由 +5 V→R_1→VD_1 的支路向 TTL 门灌入电流，只要 R_1 取值合适，就可以使灌电流保持在 TTL 门所允许的范围内。该电路的工作过程如下：当两个输入端之一为低电平时，TTL 门输出 U_{OH}，VD_1 截止，+5 V 的直流电源经 R_1 和 VD_2 使三极管导通，负载进入工作状态；当两个输入端全是高电平时，TTL 门输出 U_{OL}，使 VD_2 和三极管均截止，负载停止工作。

若门电路是 CMOS 门，则应把双极性三极管换成 MOS 管。由于 CMOS 门的拉电流和灌电流基本相等，故 R_1、VD_1、VD_2 应当去掉，但必须在门的输出端和 MOS 管的栅极间串接一个电阻，并且保留 R_2。

在数字电路中，往往需要要用发光二极管来显示信息，例如电源接通或者断开的提示、七段数码显示、图形符号显示等。

图 2-30 表示用反相器驱动一发光二极管 LED，电路中串接了一限流电阻 R 以保护 LED。限流电阻的大小可分别按下面两种情况来计算。

对于图 2-30(a)，当门电路的输入为低电平，输出为高电平时，LED 发光，则

$$R=\frac{U_{OH}-U_F}{I_D}$$

反之，图 2-30(b)所示电路，当输入信号为高电平，输出信号为低电平时 LED 发光，故有

$$R=\frac{U_{CC}-U_F-U_{OL}}{I_D}$$

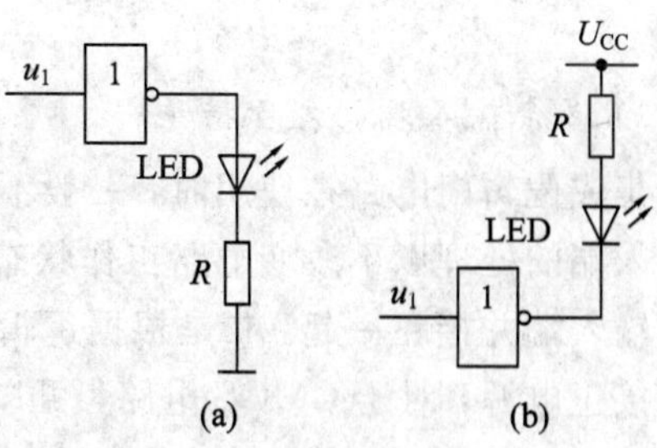

图 2-30　反相器驱动 LED 电路

(a) 电路一；(b) 电路二

以上两式中，I_D 为 LED 的电流，U_F 为 LED 的正向压降，U_{OH} 和 U_{OL} 为门电路的输出高、低电平电压，常取典型值。

[例 3]　试用 74HC04 六个 CMOS 反相器中的一个作为接口电路，使门电路的输入为高电平时，LED 导通发光。

解 LED正常发光需要几毫安的电流，并且通时的压降 U_F 为1.6 V。查得，当 $U_{CC}=5$ V时，$U_{OL}=0.33$ V，$I_{OL(max)}=4$ mA，因此 I_D 取值不能超过4 mA。根据前述公式计算限流电阻的最小值为

$$R=\frac{(5-1.6-0.33)\text{V}}{4\ \text{mA}}=768\ \Omega$$

相应的电路如图2-30(*b*)所示。

在工程实践中，往往会遇到用各种数字电路来控制机电性系统的功能，例如控制电动机的位置和转速，继电器的接通与断开，流体系统中阀门的开通和关闭，自动生产线中的机械手多参数控制等。这些机电系统所需的工作电压和工作电流比较大，即使微型继电器的驱动电流也会在10 mA以上。要使这些机电系统正常工作，必须扩大驱动电路的输出电流以提高带负载能力，而且必要时要实现电平转移。

如果负载所需的电流不特别大，例如微型继电器，可以将两个反相器并联作为驱动电路，如图2-31所示。即使封装在同一芯片内的两个反相器的参数也有差别，因此，并联后总的最大负载电流略小于单个门最大负载电流的两倍。

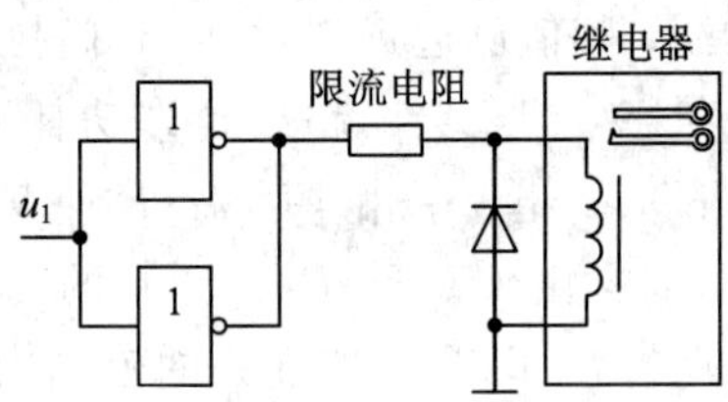

图2-31 继电器驱动电路

如果负载所需的电流比较大，达到几百毫安，则需要在数字电路的输出端与负载之间接入一个功率驱动器件，称之为外围驱动器件。它的输入与数字集成电路(例如CMOS、TTL和ECL等)兼容，输出端可直接用于驱动机电系统。

外围驱动器件(例如达林顿晶体管阵列ULN2003A等)的电路形式与结构一般都具有以下两个特点：一是采用集电极开路输出结构，其输出高电平几乎等于外加电压，通过调节外加电压来满足不同负载对高电平电压的要求。二是驱动器电路的输出晶体管具有较强的带负载能力，能提供较大的电流。具体外围驱动器的电路结构可查阅有关数据手册。

2. 抗干扰措施

利用逻辑门电路(CMOS或TTL)做具体的电路设计时，还应当注意下列几个实际问题：

1) 多余输入端的处理措施

集成逻辑门电路在使用时，一般不让多余的输入端悬空，以防止干扰信号引入。对多余输入端的处理以不改变电路工作状态及稳定可靠为原则。如图2-32所示。一是将它与其它输入端并接在一起。二是根据逻辑要求，与门或者与非门的多余输入端通过1～3 kΩ电阻接正电源，对于CMOS电路，可以直接接电源。或门或者或非门的多余输入端接地。

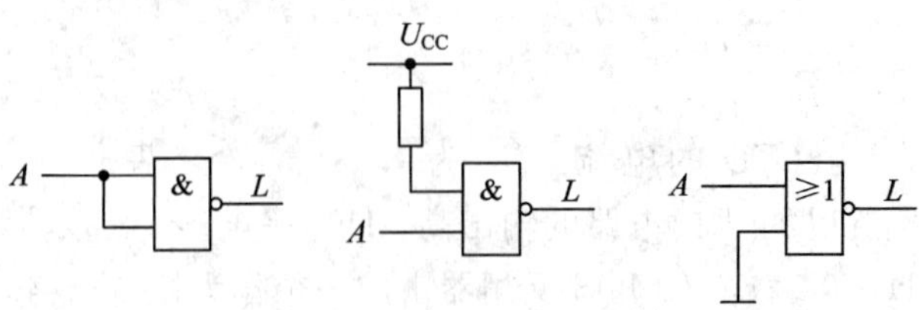

图2-32 多余输入端的处理电路

对于高速电路的设计，并接会增加输入端等效电容性负载，而使信号的传输速度下降，最好采用图 2－32 所示的后两种方法。

特别是 CMOS 电路的多余输入端绝对不能悬空。这是因为它的输入电阻很大，容易受到静电或工作区域工频电磁场引入电荷的影响，而破坏电路的正常工作状态。

2）去耦合滤波电容

数字电路或系统往往由多片逻辑门电路构成，由一公共的直流电源供电。这种电源是非理想的，一般由整流稳压电路供电，具有一定的内阻抗。当数字电路在高、低状态之间交替变换时，产生较大的脉冲电流或尖峰电流，当它们流经公共的内阻抗时，必将产生相互影响，甚至使逻辑功能发生错乱。一种常用的处理方法是采用去耦合滤波电容，用 10～100 μF 的大电容器接在直流电源与地之间，滤除干扰信号。除此以外，在每一集成芯片的电源与地之间接一个 0.1 μF 的电容器以滤除开关噪声。

3）接地和安装工艺

正确的接地技术对于降低电路噪声是很重要的。方法是将电源地与信号地分开，先将信号地汇集在一点，然后将二者用最短的导线连在一起，以避免含有多种脉冲波形(含尖峰电流)的大电流引到某数字器件的输入端而破坏系统正常的逻辑功能。此外，当系统中同时有模拟和数字两种器件时，同样需将二者的地分别连在一起，然后再选用一个合适的共同点接地，以免除二者之间的影响。必要时，也可设计模拟和数字两块电路板，各备直流电源，然后将二者的地恰当地连接在一起。在印制电路板的设计或安装中，要注意连线尽可能短，以减少接线电容产生寄生反馈而引起的寄生振荡。这方面更详细的介绍，可参阅有关文献。某些典型电路的应用设计也可参考集成数字电路的数据手册。

此外，CMOS 器件在使用和储藏过程中要注意静电感应导致损伤的问题。静电屏蔽是常用的防护措施。

练　习　题

1. 对应图 2－33(*a*)的波形，画出图 2－33(*b*)中各电路的输出波形。

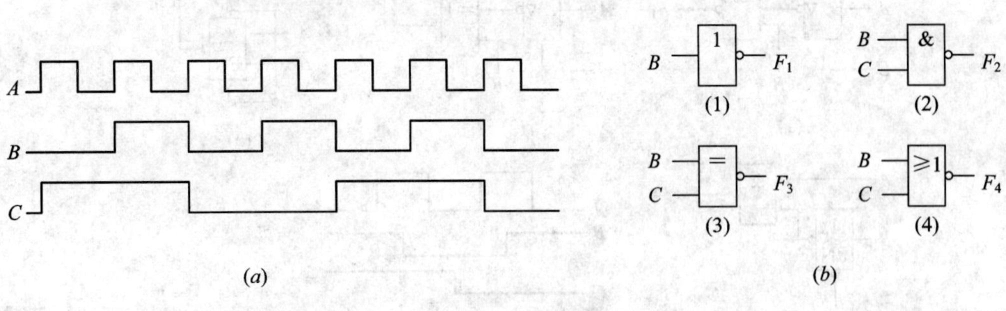

图 2－33　题 1 图

2. 对应图 2－34(*a*)所示波形，画出图 2－34(*b*)、(*c*)的输出波形。

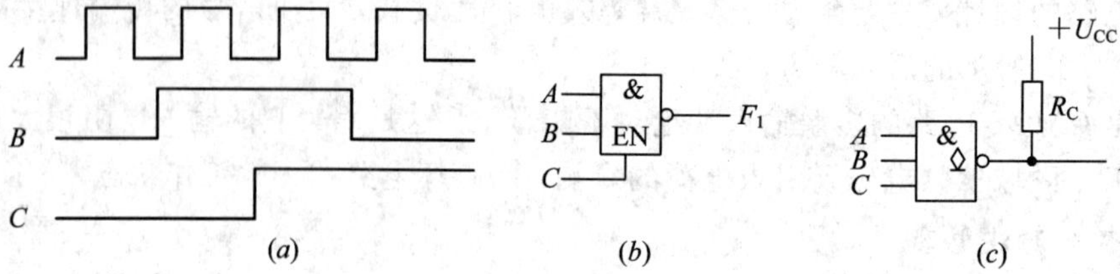

图 2 - 34　题 2 图

3. 图 2 - 35 中各电路及其表达式是否有错？简述理由。(图中所有的门电路均为标准系列。)

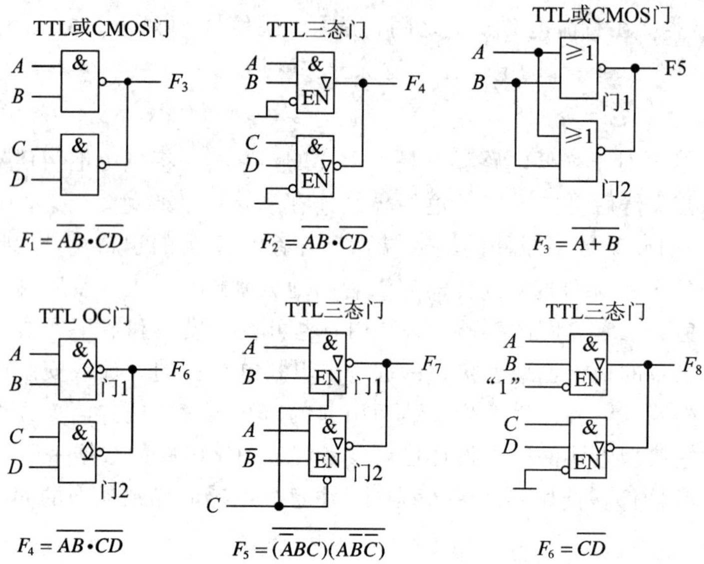

图 2 - 35　题 3 图

4. 图 2 - 36 中各电路均由 TTL 门构成。

(1) 写出 F_1、F_2、F_3、F_4 的表达式；

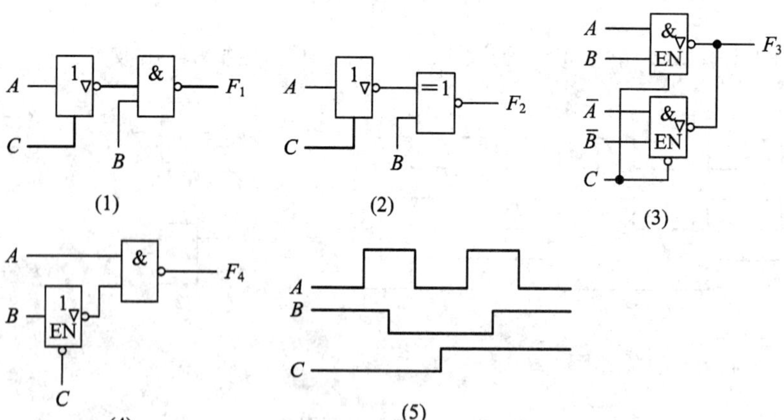

图 2 - 36　题 4 图

(2) 对应给定的 A、B、C 波形，分别画出 F_1 和 F_4 的波形。

5. 电路如图 2-37 所示，试写出函数表达式。

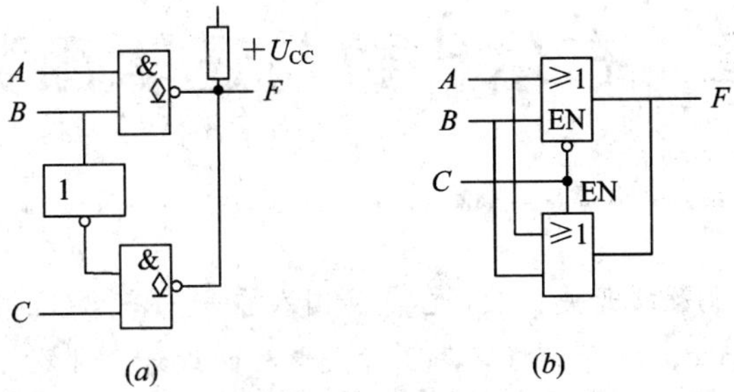

图 2-37　题 5 图

6. 为完成 $F=\overline{A}$，如图 2-38 所示电路，其多余输入端应如何处置？

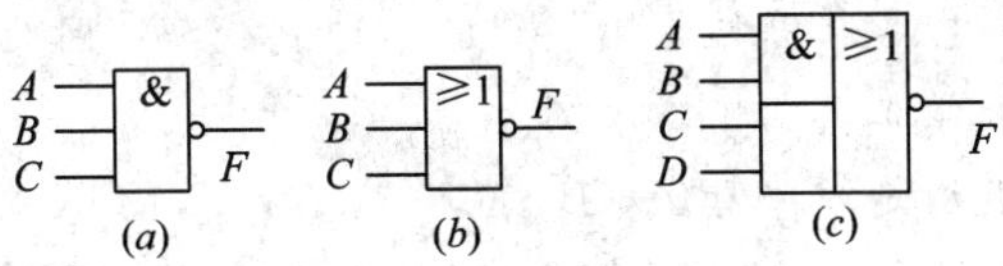

图 2-38　题 6 图

第三章　布尔代数与逻辑函数化简

布尔代数又叫逻辑代数或开关代数，它是英国人乔治·布尔(G. Boole)于1849年首先建立的。1938年香农(Shannon)才开始将其用于开关电路的设计。到20世纪60年代，数字技术的发展才使布尔代数成为逻辑设计的基础，在数字电路的分析与设计中得到广泛的应用。

在布尔代数中，它把矛盾的一方假定为“1”，另一方假定为“0”，这样就把逻辑问题数字化了，然后利用布尔代数中的一些基本前提及定理，对问题做数学运算便可得到合乎逻辑推理的结果。由于数字电路采用的是“0”和“1”二进制代码，因此布尔代数也就成了逻辑电路分析和设计的重要数学工具。

布尔代数与普通代数均是以字母 A, B, C, …, X, Y, Z 等来表示变量的，但在布尔代数中，这些变量的取值范围仅是“0”和“1”这两个值。这些变量称为逻辑变量。“0”和“1”称为逻辑常量。

前一章我们已经指出逻辑运算(也就是布尔代数的运算)具有三种基本运算类型，即与、或、非。而一个实际的逻辑电路往往是比较复杂的，是由许多基本运算所组成的，即由许多门组成的。如何分析它的功能，如何设计出这些电路，还需要我们进一步来讨论布尔代数的一些基本公式和规则。我们不打算对布尔代数的公理系统及定律进行讨论，仅介绍基本公式和规则，且也不作严密的证明。有兴趣者可参阅有关布尔代数的书籍。

3.1　基本公式和法则

3.1.1　基本公式

基本公式反映了逻辑运算的一些基本规律，只有掌握了这些基本公式，才能正确地分析和设计出逻辑电路。表3-1列出了布尔代数常用的基本公式。

表3-1　基本公式

公式名称	公式	
1. 0-1律	$A\cdot 0=0$	$A+1=1$
2. 自等律	$A\cdot 1=A$	$A+0=A$
3. 等幂律	$A\cdot A=A$	$A+A=A$
4. 互补律	$A\cdot \overline{A}=0$	$A+\overline{A}=1$
5. 交换律	$A\cdot B=B\cdot A$	$A+B=B+A$
6. 结合律	$A\cdot (B\cdot C)=(A\cdot B)\cdot C$	$A+(B+C)=(A+B)+C$
7. 分配律	$A(B+C)=AB+AC$	$A+BC=(A+B)(A+C)$
8. 吸收律(1)	$(A+B)(A+\overline{B})=A$	$AB+A\overline{B}=A$

续表

公式名称	公式	
9. 吸收律(2)	$A(A+B)=A$	$A+AB=A$
10. 吸收律(3)	$A(\overline{A}+B)=AB$	$A+\overline{A}B=A+B$
11. 多余项定律	$(A+B)(\overline{A}+C)(B+C)=(A+B)(\overline{A}+C)$	$AB+\overline{A}C+BC=AB+\overline{A}C$
12. 求反律	$\overline{AB}=\overline{A}+\overline{B}$	$\overline{A+B}=\overline{A}\cdot\overline{B}$
13. 否否律	$\overline{\overline{A}}=A$	

由表 3-1 可看出，每个定律几乎都是成对出现的，它们互为对偶式(关于对偶概念在基本法则中将会介绍)。这些定律可以直接代入“0”、“1”取值，也可用真值表加以验证。表中前 6 个公式比较直观，这里不再证明；对于其余的公式，证明对偶式中的一个即可。

分配律的前一种形式与代数一样，易理解；后一种分配关系是加对乘的分配，是普通代数中没有的，故又称为特殊分配律，它的正确性可用真值表验证，如表 3-2 所示。

表 3-2 证明分配律的真值表

ABC	$B\cdot C$	$A+BC$	$(A+B)$	$(A+C)$	$(A+B)(A+C)$
000	0	0	0	0	0
001	0	0	0	1	0
010	0	0	1	0	0
011	1	1	1	1	1
100	0	1	1	1	1
101	0	1	1	1	1
110	0	1	1	1	1
111	1	1	1	1	1

由表中可知

$$A+BC=(A+B)(A+C) \qquad \text{(证毕)}$$

在吸收律(1)的证明中，只证第二式：

$$\begin{aligned}AB+A\overline{B}&=A(B+\overline{B})\\&=A \quad (\text{因为 } B+\overline{B}=1)\end{aligned} \qquad \text{(证毕)}$$

在吸收律(2)的证明中，也只证第二式：

$$\begin{aligned}A+AB&=A(1+B)\\&=A \quad (\text{因为 } 1+B=1)\end{aligned} \qquad \text{(证毕)}$$

吸收律(3)也只证第二式：

$$\begin{aligned}A+\overline{A}B&=(A+\overline{A})(A+B)\\&=A+B \quad (\text{因为 } A+\overline{A}=1)\end{aligned} \qquad \text{(证毕)}$$

吸收律在逻辑函数化简中十分有用，吸收律(1)可将两项合并为一项，并消去一个变量；吸收律(2)可消去相应的逻辑项；吸收律(3)可将某些项中的部分因子消去。特别是吸收律(1)是卡诺图化简的基础。

求反律又称摩根定律，它在逻辑代数中十分重要，它解决逻辑函数的求反问题和逻辑函数的变换问题。它的正确性可用真值表 3-3 证明。

表 3-3 求反律的真值表

$A\ B$	$\overline{A+B}$	$\overline{A}\overline{B}$	$\overline{AB}$	$\overline{A}+\overline{B}$
0 0	1	1	1	1
0 1	0	0	1	1
1 0	0	0	1	1
1 1	0	0	0	0

多余项定律证明如下：

$$\begin{aligned} AB+\overline{A}C+BC &= AB+\overline{A}C+BC(A+\overline{A}) \\ &= AB+\overline{A}C+ABC+\overline{A}BC \\ &= AB(1+C)+\overline{A}C(1+B) \\ &= AB+\overline{A}C \end{aligned}$$

（证毕）

注意，上述我们讲的均是公式的基本形式，在应用时要注意推广。例如多余项定律可推广为

$$AB+\overline{A}C+BCEFG=AB+\overline{A}C$$

因为

$$\begin{aligned} AB+\overline{A}C+BCEFG &= AB+\overline{A}C+BC+BCEFG \quad \text{（加多余项 }BC\text{）} \\ &= AB+\overline{A}C+BC(1+EFG) \\ &= AB+\overline{A}C \end{aligned}$$

只有能灵活应用基本公式，才能较好地利用上述公式化简或变换逻辑函数。

3.1.2 基本法则

逻辑代数中还有三个重要法则，掌握这些法则后，可以将原有的公式加以扩展或推出一些新的运算公式。

1. 代入法则

逻辑等式中的任何变量 A，都可用另一函数 Z 代替，等式仍然成立。

代入法则可以扩大基本公式的应用范围。

[例 1] 证明 $\overline{A+B+C}=\overline{A}\cdot\overline{B}\cdot\overline{C}$。

解 $\overline{A+B}=\overline{A}\cdot\overline{B}$，这是两个变量的求反公式，若将等式两边的 B 用 $B+C$ 代入便得到

$$\overline{A+B+C}=\overline{A}\cdot\overline{B+C}=\overline{A}\cdot\overline{B}\cdot\overline{C}$$

这样就得到三个变量的摩根定律。

同理可将摩根定律推广到 n 个变量

$$\overline{A_1+A_2+\cdots+A_n}=\overline{A}_1\cdot\overline{A}_2\cdot\cdots\cdot\overline{A}_n$$

$$\overline{A_1A_2\cdots A_n}=\overline{A}_1+\overline{A}_2+\cdots+\overline{A}_n$$

2. 对偶法则

对于任何一个逻辑表达式 F，如果将其中的“+”换成“·”，“·”换成“+”，“1”换成“0”，“0”换成“1”，并保持原先的逻辑优先级，变量不变，两变量以上的非号不动，则可得原函数 F 的对偶式 G，且 F 和 G 互为对偶式。根据对偶法则知，原式 F 成立，则其对偶式也一定成立。这样，我们只需记忆表 3-1 中基本公式的一半即可，另一半按对偶法则即可

求出。注意，在求对偶式时，为保持原式的逻辑优先关系，应正确使用括号，否则就要发生错误。如

$$AB + \bar{A}C$$

其对偶式为

$$(A + B) \cdot (\bar{A} + C)$$

如不加括号，就变成

$$A + B\bar{A} + C$$

这显然是错误的。

3. 反演法则

由原函数求反函数，称为反演或求反。摩根定律是进行反演的重要工具。多次应用摩根定律，可以求出一个函数的反函数。

[**例 2**] 求 $F=A+\overline{B+\bar{C}+\overline{D+\bar{E}}}$的反函数$\bar{F}$。

解 用摩根定律求

$$\begin{aligned}\bar{F} &= \overline{A+\overline{B+\bar{C}+\overline{D+\bar{E}}}} \\ &= \bar{A} \cdot \overline{\overline{B+\bar{C}+\overline{D+\bar{E}}}} \\ &= \bar{A} \cdot \overline{\bar{B} \cdot C \cdot \overline{\overline{D+\bar{E}}}} \\ &= \bar{A} \cdot \overline{\bar{B} \cdot C \cdot \overline{\bar{D} \cdot E}}\end{aligned}$$

（解毕）

由上面可以看出反复用摩根定律即可求反函数。当函数较复杂时，求反过程就相当麻烦。为此，人们从实践中归纳出求反的法则，此法则为：将原函数 F 中的“·”换成“+”，“+”换成“·”；“0”换成“1”，“1”换成“0”；原变量换成反变量，反变量换成原变量；长非号即两个或两个以上变量的非号不变，即可得反函数。如上例

$$F = A+\overline{B+\bar{C}+\overline{D+\bar{E}}}$$

$$\bar{F} = \bar{A} \cdot \overline{\bar{B} \cdot C \cdot \overline{\bar{D} \cdot E}}$$

这与上面用摩根定律求出的结果一样。注意，与求对偶式一样，为了保持原函数的逻辑优先顺序，应合理添加括号，否则会出错。

3.1.3 基本公式的应用

1. 证明等式成立

我们可以通过上述基本公式证明有关等式成立。

[**例 3**] 用公式证明 $\overline{\bar{A}B+A\bar{B}}=\bar{A}\bar{B}+AB$。

解 在第二章讲述异或、同或逻辑时，由其真值表即能说明此等式成立。下面用公式加以证明。

$$\begin{aligned}\overline{\bar{A}B + A\bar{B}} &= \overline{\bar{A}B} \cdot \overline{A\bar{B}} = (A + \bar{B})(\bar{A} + B) \\ &= A\bar{A} + AB + \bar{A}\bar{B} + \bar{B}B = AB + \bar{A}\bar{B}\end{aligned}$$

（解毕）

将此等式推广：在两项组成的与或表达式中，如果其中一项中含有原变量 x，而另一项含有变量 $\bar{x}$，将这两项的其余因子各自取反，就可得该函数的反函数。

[**例 4**] 求 $F=AB+\bar{A}C$ 的反函数。

解
$$\bar{F}=\overline{AB+\bar{A}C}=A\bar{B}+\bar{A}\bar{C}$$

2. 逻辑函数不同形式的转换

逻辑函数的形式是多种多样的，一个逻辑问题可以用多种形式的逻辑函数来表示，每一种函数对应一种逻辑电路。逻辑函数的表达形式通常可分为五种：与或表达式、与非－与非表达式、与或非表达式、或与表达式、或非－或非表达式。

[**例 5**] 将函数与或表达式 $F=AB+\bar{A}C$ 转换为其它形式。

解 (1) 与非－与非式。

将与或式两次取反，利用摩根定律可得

$$F=\overline{\overline{AB+\bar{A}C}}=\overline{\overline{AB}\cdot\overline{\bar{A}C}}$$

(2) 与或非式。

首先求出反函数

$$\bar{F}=\overline{AB+\bar{A}C}=A\bar{B}+\bar{A}\bar{C}$$

然后再取反一次即得与或非表达式

$$F=\overline{A\bar{B}+\bar{A}\bar{C}}$$

(3) 或与式。

将与或非式用摩根定律展开，即得或与表达式如下：

$$F=\overline{A\bar{B}+\bar{A}\bar{C}}=\overline{A\bar{B}}\;\overline{\bar{A}\bar{C}}=(\bar{A}+B)(A+C)$$

(4) 或非－或非式。

将或与表达式两次取反，用摩根定律展开一次得或非－或非表达式

$$F=\overline{\overline{(\bar{A}+B)(A+C)}}=\overline{\overline{\bar{A}+B}+\overline{A+C}}$$

原形式与上述四种形式对应的逻辑图如图 3－1 所示。

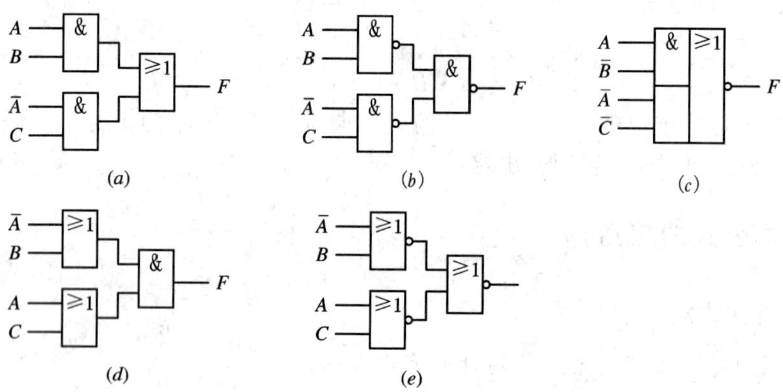

图 3－1 同一逻辑的五种逻辑图

(*a*) $F=AB+\bar{A}C$ 与或表达式；(*b*) $F=\overline{\overline{AB}\cdot\overline{\bar{A}C}}$ 与非－与非表达式；(*c*) $F=\overline{A\bar{B}+\bar{A}\bar{C}}$ 与或非表达式；

(*d*) $F=(\bar{A}+B)(A+C)$ 或与表达式；(*e*) $F=\overline{\overline{\bar{A}+B}+\overline{A+C}}$ 或非－或非表达式

由此可见，不管是何种形式给出的逻辑函数，总可转换为我们所需要的形式，用相应的逻辑门电路实现。由于"与或"形式物理意义明确，与真值表相对应，且人们对其相应的基本公式较为熟悉，因此，一般情况下，函数均以"与或"形式给出。

3. 逻辑函数的化简

运用基本公式将逻辑函数化简，称为代数法化简。我们将在 3.2 节中专门讨论代数法化简。

3.2 逻辑函数的代数法化简

逻辑函数的化简，在逻辑设计中是十分重要的课题。化简的方法有代数法和卡诺图法两种。本节只讨论代数法，下一节再介绍卡诺图法。

3.2.1 逻辑函数与逻辑图

我们从实际问题中概括出来的逻辑函数，需要落实到实现该函数的逻辑图(即用逻辑门组成的电路图)上。如 $F=AB+\overline{A}\overline{B}$，是先"与"再"或"。从式子可看出它是由"与"、"或"、"非"运算组合成的，故可用"与"门、"或"门和"非"门来实现。第一项为 $A\cdot B$ 是"与"运算，用"与"门实现；$\overline{A}$ 是 A 的"非"运算，$\overline{B}$ 是 B 的非运算，可用"非"门实现；第二项 $\overline{A}\cdot\overline{B}$ 也是"与"运算，用"与"门来实现；而 $A\cdot B+\overline{A}\cdot\overline{B}$ 表示对两个"与"项输出进行"或"运算，用或门实现。这样就得到 $F=AB+\overline{A}\overline{B}$ 的逻辑图，如图 3-2 所示。

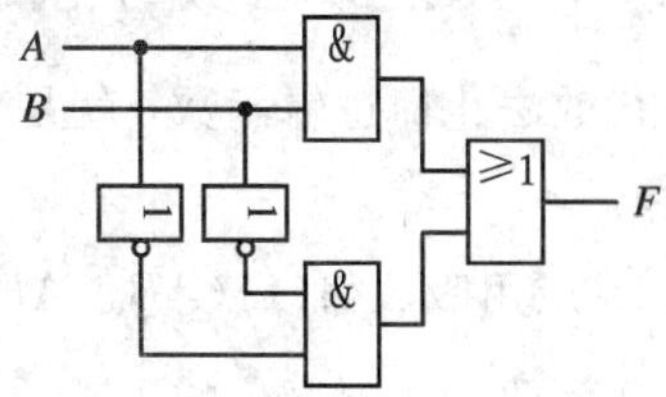

图 3-2 $AB+\overline{A}\overline{B}$ 函数的逻辑图

由上看出，逻辑图与逻辑函数有直接关系。函数式越简单，实现该逻辑函数式所需要的门数就越少，这样既可节省器材，且焊点少，又可提高电路的可靠性。

通常，从逻辑问题概括出来的逻辑函数式，不一定是最简式。化简电路，就是为了降低系统的成本，提高电路的可靠性，以便用最少的门实现它们。例如函数

$$F = AB\overline{C} + A\overline{B}C + \overline{A}BC + \overline{A}B + B + BC$$

如直接由该函数式得到电路图，则如图 3-3 所示。此图用了五个与门和一个或门。如果输入变量仅供给原变量，还得用三个非门才能获得反变量。但如果将原函数化简，化简后其函数式为

$$F = AC + B$$

(如何得来的，后面将会讲到。)这样，只要两个门就够了，如图 3-4 所示。由此可看出函数化简的重要性。

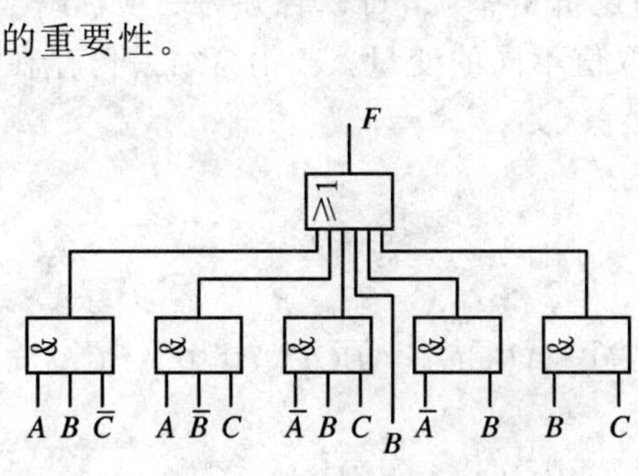

图 3-3 F 原函数的逻辑图

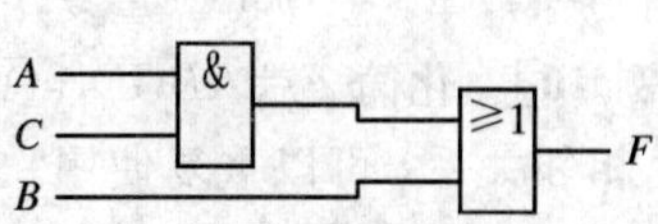

图 3-4 函数化简后的逻辑图

3.2.2 逻辑函数的化简原则

逻辑函数化简，并没有一个严格的原则，通常遵循以下几条原则：

(1) 逻辑电路所用的门最少；

(2) 各个门的输入端要少；

(3) 逻辑电路所用的级数要少；

(4) 逻辑电路能可靠地工作。

第(1)、(2)条主要从成本上来考虑，第(3)条是从速度上来考虑的，第(4)条是针对可靠性方面来考虑的。它们之间常常是矛盾的，如门数少，往往其可靠性就要降低。因此，实际中要兼顾各项指标。为了便于比较，确定化简的标准，我们以门数最少和输入端数最少作为化简的标准。

3.2.3 与或逻辑函数的化简

代数法化简逻辑函数，就是直接运用基本公式将已给逻辑函数化简。因此，我们对基本公式必须熟悉。

1. 应用吸收律(1)($AB+A\bar{B}=A$)

任何两个相同变量的逻辑项，只有一个变量取值不同(一项以原变量形式出现，另一项以反变量形式出现)，我们称为逻辑相邻项(简称相邻项)。如 AB 与 $A\bar{B}$，ABC 与 $\bar{A}BC$ 都是相邻关系。如果函数存在相邻项，可利用吸收律(1)，将它们合并为一项，同时消去一个变量。

［**例 6**］ 化简 $F=AB+CD+A\bar{B}+\bar{C}D$。

解 原式 $=A+D$

有时两个相邻项并非典型形式，应用代入法则可以扩大吸收律(1)的应用范围。

［**例 7**］ 化简 $F=A\bar{B}C+A\bar{B}\bar{C}$。

解 令 $A\bar{B}=G$，则

$$F=GC+G\bar{C}=G=A\bar{B}$$

［**例 8**］ 化简 $F=A\,\overline{B\bar{C}}+AB\bar{C}$。

解 令 $B\bar{C}=G$，则

$$F=A\bar{G}+AG=A$$

由上 3 例我们可以总结出下述规律：凡两逻辑相邻项，可以合并为一项，其合并的逻辑函数是保留相邻项中相同的变量，消去了取值不同的变量。若化简结果仍存在相邻关系，则仍可利用吸收律(1)。

［**例 9**］ 化简 $F=\bar{A}\bar{B}\bar{C}+\bar{A}B\bar{C}+A\bar{B}\bar{C}+AB\bar{C}$。

解 原式 $=\bar{A}\bar{C}+A\bar{C}=\bar{C}$

利用等幂律，一项可以重复用几次。

［**例 10**］ 化简 $F=\bar{A}\bar{B}\bar{C}\bar{D}+\bar{A}\bar{B}\bar{C}D+\bar{A}\bar{B}CD+\bar{A}B\bar{C}D+A\bar{B}\bar{C}D$，其中 $\bar{A}\bar{B}\bar{C}D$ 与其余四项均是相邻关系，可以重复使用。

解

$$\bar{A}\bar{B}\bar{C}D+A\bar{B}\bar{C}D=\bar{B}\bar{C}D \qquad \bar{A}\bar{B}\bar{C}D+\bar{A}B\bar{C}D=\bar{A}\bar{C}D$$

$$\bar{A}\bar{B}\bar{C}D+\bar{A}\bar{B}CD=\bar{A}\bar{B}D \qquad \bar{A}\bar{B}\bar{C}\bar{D}+\bar{A}\bar{B}\bar{C}D=\bar{A}\bar{B}\bar{C}$$

所以 $$F=\overline{B}\overline{C}D+\overline{A}\overline{C}D+\overline{A}\overline{B}D+\overline{A}\overline{B}\overline{C}$$

2. 应用吸收律(2)、(3)($A+AB=A \quad A+\overline{A}B=A+B$)

利用它们，可以消去逻辑函数式中的某些多余项和多余因子。若式中存在某单因子项，则包含该因子的其它项为多余项，可消去。如其它项包含该因子的“反”形式，则该项中的“反”因子为多余变量，可消去。

［例 11］ 化简 $F=\overline{B}+AB+A\overline{B}CD$。 ($\overline{B}$ 为单因子项)

解 原式 $=\overline{B}+AB$ (吸收定律 2)

$=\overline{B}+A$ (吸收定律 3)

有时一些复杂的项也可作为单因子项来对待，应用代入法则一目了然。

［例 12］ 化简 $F=A\overline{C}+AB\overline{C}D(E+F)$。

解 令 $A\overline{C}=G$，则

$$F=G+GBD(E+F)$$
$$=G=A\overline{C}$$

［例 13］ 化简 $F=A\overline{B}+\overline{A}B+ABCD+\overline{A}\overline{B}CD$。

解 原式 $=A\overline{B}+\overline{A}B+(AB+\overline{A}\overline{B})CD$

$=A\overline{B}+\overline{A}B+\overline{A\overline{B}+\overline{A}B}CD$

令 $A\overline{B}+\overline{A}B=G$，则

$$F=G+\overline{G}CD=G+CD=A\overline{B}+\overline{A}B+CD$$

3. 应用多余项定律($AB+\overline{A}C+BC=AB+\overline{A}C$)

［例 14］ 化简 $F=AB+\overline{A}CD+BCDE$。

解 原式 $=AB+\overline{A}CD$

［例 15］ 化简 $F=AB\overline{C}+(\overline{A}+C)D+BD$。

解 原式 $=AB\overline{C}+\overline{A\overline{C}}D+BD$

$=AB\overline{C}+\overline{A\overline{C}}D$

有时为了消去某些因子，有意加上多余项，将函数化简后，再将它消去。

［例 16］ 化简 $F=AC+\overline{A}D+\overline{B}D+B\overline{C}$。

解 原式 $=AC+B\overline{C}+(\overline{A}+\overline{B})D$

$=AC+B\overline{C}+\overline{AB}D+AB$ (加多余项 AB)

$=AC+B\overline{C}+D+AB$

$=AC+B\overline{C}+D$ (去掉多余项 AB)

实际的逻辑函数要比上述例子复杂，不可能仅用一种公式就可化简，往往需要同时用几个公式方能化简。

4. 综合应用举例

［例 17］ 化简 $F=AD+A\overline{D}+AB+\overline{A}C+BD+ACEG+\overline{B}EG+DEGH$。

解 原式 $=A+AB+\overline{A}C+BD+ACEG+\overline{B}EG+DEGH$ ($AB+A\overline{B}=A$)

$=A+\overline{A}C+BD+\overline{B}EG+DEGH$ ($A+AB=A$)

$=A+C+BD+\overline{B}EG+DEGH$ ($A+\overline{A}B=A+B$)

$=A+C+BD+\overline{B}EG$ (多余项定律)

有些逻辑函数用基本逻辑公式不能化简时，可使用一些特殊方法进行化简。

5. 拆项法

［例 18］ 化简 $F=A\overline{B}+B\overline{C}+\overline{B}C+\overline{A}B$。

解 直接用公式已无法再化简时，可采用拆项法。拆项法就是用$(x+\overline{x})$去乘某一项，将一项拆成两项，再利用公式与别的项合并达到化简的目的。此例就是用$(A+\overline{A})$和$(C+\overline{C})$分别去乘第三项和第四项，然后再进行化简。化简过程如下：

$$\begin{aligned}\text{原式}&=A\overline{B}+B\overline{C}+\overline{B}C(A+\overline{A})+\overline{A}B(C+\overline{C})\\&=A\overline{B}+B\overline{C}+A\overline{B}C+\overline{A}\overline{B}C+\overline{A}BC+\overline{A}B\overline{C}\\&=A\overline{B}+\overline{A}C+B\overline{C}\end{aligned}$$

使用这种方法时，到底应拆哪一项，选择哪个变量作常量因子$(x+\overline{x})$，有时不是立即就可看出，需要仔细观察和多次试验。

6. 添项法

在函数中加入零项因子 $x\cdot\overline{x}$ 或 $x\cdot\overline{x}f(AB\cdots)$，利用加进的新项，进一步化简函数。

［例 19］ 化简 $F=AB\overline{C}+\overline{ABC}\cdot\overline{AB}$。

解

$$\begin{aligned}\text{原式}&=AB\,\overline{AB}+AB\overline{C}+\overline{ABC}\cdot\overline{AB}\\&=AB(\overline{AB}+\overline{C})+\overline{ABC}\cdot\overline{AB}\\&=AB\,\overline{ABC}+\overline{ABC}\cdot\overline{AB}\\&=\overline{ABC}\end{aligned}$$

（解毕）

后两种方法技巧性较强，初学者不易掌握。

由上述例题可以看出代数法化简没有一个统一的规范步骤可循，主要看对公式的熟练掌握程度和运用技巧，而且化简结果难于判断是否是最简形式。为此，下面我们将介绍一种既简便又直观的化简方法——图形法化简，即用卡诺图化简逻辑函数的方法。

3.3 卡诺图化简

图形法化简逻辑函数是 1952 年由维奇(W. Veitch)首先提出来的，1953 年卡诺(Karnaugh)进行了更系统、全面的阐述，故又称为卡诺图法。它比代数法形象直观，易于掌握，只要熟悉一些简单的规则，便可十分迅速地将函数化简为最简式。卡诺图法是逻辑设计中一种十分有用的工具，应用十分广泛，希望读者熟练掌握。

3.3.1 卡诺图化简的基本原理

在讲述应用吸收律(1)$(AB+A\overline{B}=A)$化简时已指出：凡两逻辑相邻项，可合并成一项，其合并结果保留相同变量，消去取值不同的变量。关于逻辑相邻的概念，前面已提到过，两个相同变量的逻辑项，只有一个变量取值不同，我们称它为逻辑相邻项。因此，如果一个逻辑函数我们能找到它的相邻关系，只要反复应用吸收律(1)就可化简。

［例 20］ $F=\overline{A}\overline{B}\overline{C}+\overline{A}\overline{B}C+\overline{A}BC+ABC+\overline{A}B\overline{C}$

解

$$\begin{aligned}\text{原式}&=\overline{A}\overline{B}+\overline{A}B+BC\\&=\overline{A}+BC\end{aligned}$$

上述化简过程十分简单，容易掌握，只要掌握逻辑相邻概念和吸收律(1)即可。但有时得到的逻辑函数的逻辑相邻关系不是十分直观，如

$$F=\overline{A}\overline{B}CD+ABC+\overline{B}C+\overline{A}B\overline{C}$$

各项变量就不相同，难于寻找相邻关系。为了寻找相邻关系，我们提出逻辑函数的标准式。下面将会看到，从标准式我们可以很快找出函数各项之间的相邻关系。

3.3.2 逻辑函数的标准式——最小项

1. 最小项标准式的定义

最小项标准式是以“与或”形式出现的标准式。

(1) 最小项：对于一个给定变量数目的逻辑函数，所有变量参加相“与”的项叫做最小项。在一个最小项中，每个变量只能以原变量或反变量出现一次。例如，

一个变量 A 有两个最小项：(2^1) A，$\overline{A}$。

两个变量 AB 有四个最小项：(2^2) $\overline{A}\overline{B}$，$\overline{A}B$，$A\overline{B}$，AB。

三个变量 ABC 有八个最小项：(2^3) $\overline{A}\overline{B}\overline{C}$，$\overline{A}\overline{B}C$，$\overline{A}B\overline{C}$，$\overline{A}BC$，$A\overline{B}\overline{C}$，$A\overline{B}C$，$AB\overline{C}$，$ABC$。

以此类推，四个变量 $ABCD$ 共有 $2^4=16$ 个最小项，n 个变量共有 2^n 个最小项。

我们在说最小项时，首先应明确是几个变量的问题。例如 AB 在二变量中是最小项，而在三变量问题中就属于一般项了。

(2) 最小项标准式：全是由最小项组成的“与或”式，便是最小项标准式(不一定由全部最小项组成)。例如

$$F(ABC)=\overline{A}\overline{B}\overline{C}+\overline{A}\overline{B}C+\overline{A}B\overline{C}+\overline{A}BC+ABC$$

是最小项标准式，它的相邻关系一目了然，而

$$F(ABC)=\overline{A}\overline{B}\overline{C}+BC+A\overline{C}$$

不属于最小项标准式，而是属于一般式。

最小项标准式具有唯一性。任何逻辑函数的最小项标准式只有一个，它和逻辑函数的真值表有着严格的对应关系，而函数的一般式具有多样性，如

$$\begin{aligned}F(BC)&=\overline{A}\overline{B}\overline{C}+BC+A\overline{C}\\&=\overline{A}\overline{B}\overline{C}+ABC+\overline{A}BC+A\overline{C}\end{aligned}$$

显然，上面两等式形式不同，但它们均表示同一逻辑关系，功能是相同的。

因此，为了找出逻辑函数的逻辑相邻关系，首先就要解决如何由函数的一般式得到最小项标准式。

2. 由一般式获得最小项标准式

可用两种方法由一般式获得最小项标准式，分别如下：

(1) 代数法。对逻辑函数的一般式采用添项法，例如

$$F=\overline{A}\overline{B}\overline{C}+BC+A\overline{C}$$

由上式可看出，第二项缺少变量 A，第三项缺少变量 B，我们可以分别用($A+\overline{A}$)和($B+\overline{B}$)乘第二项和第三项，其逻辑功能不变。

$$\begin{aligned}F&=\overline{A}\overline{B}\overline{C}+BC(A+\overline{A})+A\overline{C}(B+\overline{B})\\&=\overline{A}\overline{B}\overline{C}+ABC+\overline{A}BC+AB\overline{C}+A\overline{B}\overline{C}\end{aligned}$$

这样我们就获得了具有同一逻辑功能的最小项标准式。

(2) 真值表法。将原逻辑函数 A、B、C 取不同值组合起来，得其真值表，而该逻辑函数是将 $F=1$ 对应的那些输入变量相或而成的，如表 3-4 所示。

表 3-4 某逻辑函数的真值表

$A\ B\ C$	$\overline{A}\ \overline{B}\ \overline{C}$	$B\ C$	$A\ \overline{C}$	F
0 0 0	1	0	0	1
0 0 1	0	0	0	0
0 1 0	0	0	0	0
0 1 1	0	1	0	1
1 0 0	0	0	1	1
1 0 1	0	0	0	0
1 1 0	0	0	1	1
1 1 1	0	1	0	1

从真值表上可找到

$$F=\overline{A}\overline{B}\overline{C}+\overline{A}BC+A\overline{B}\overline{C}+AB\overline{C}+ABC$$

这与代数法得到的结果一致。

为了方便，可对全部最小项进行编号。其编号与变量的取值组合对应，以便从它的编号联想到它的名称。如表 3-5 所示，当变量取值为 0 时，它以反变量形式出现在最小项中，反之，当变量取值为 1 时，则以原变量的形式出现在最小项中。这样，变量取值组合所表示的二进制数，就是最小项编号的下标。例如变量取为 010，最小项名称为 $\overline{A}B\overline{C}$，它的标号为 m_2，即 $m_2=\overline{A}B\overline{C}$。

表 3-5 三变量最小项的编号

序　号	$A\ B\ C$	最小项名称	编号
0	0 0 0	$\overline{A}\ \overline{B}\ \overline{C}$	m_0
1	0 0 1	$\overline{A}\ \overline{B}\ C$	m_1
2	0 1 0	$\overline{A}\ B\ \overline{C}$	m_2
3	0 1 1	$\overline{A}\ B\ C$	m_3
4	1 0 0	$A\ \overline{B}\ \overline{C}$	m_4
5	1 0 1	$A\ \overline{B}\ C$	m_5
6	1 1 0	$A\ B\ \overline{C}$	m_6
7	1 1 1	$A\ B\ C$	m_7

这样最小项标准式可表示为

$$F=\overline{A}\overline{B}\overline{C}+\overline{A}BC+A\overline{B}\overline{C}+AB\overline{C}+ABC$$
$$=m_0+m_3+m_4+m_6+m_7=\sum(0,3,4,6,7)$$

3. 最小项的性质

(1) 对任何变量的函数式来讲，全部最小项之和为 1，即

$$\sum_{i=0}^{2^n-1}m_i=1$$

(2) 两个不同最小项之积为 0，即

$$m_i \cdot m_j = 0 \qquad (i \neq j)$$

(3) n 变量有 2^n 项最小项，且对每一最小项而言，有 n 个最小项与之相邻。

前面我们已讲到，由最小项标准式可以较方便地找出相邻关系。但仍不直观，且有时容易漏掉一些相邻关系，并难于确定相邻项如何合并，使化简结果最简。为此提出用图形将全部最小项巧妙地排列，使逻辑相邻项在几何位置上也是相邻的，这样逻辑相邻关系可一目了然。

最大项本书不涉及，读者可参阅其它书籍。

3.3.3 卡诺图的结构

卡诺图的结构特点是需保证逻辑函数的逻辑相邻关系，即图上的几何相邻关系。卡诺图上每一个小方格代表一个最小项。为保证上述相邻关系，每相邻方格的变量组合之间只允许一个变量取值不同。为此，卡诺图的变量标注均采用循环码。

一变量卡诺图：有 $2^1=2$ 个最小项，因此有两个方格。外标的 0 表示取 A 的反变量，1 表示取 A 的原变量。其卡诺图如图 3-5(a)所示。

二变量卡诺图：有 $2^2=4$ 个最小项，因此有四个方格。外标的 0、1 含义与前面一样，其卡诺图如图 3-5(b)所示。

三变量卡诺图：有 $2^3=8$ 个最小项，其卡诺图如图 3-5(c)所示。

四变量、五变量卡诺图分别有 $2^4=16$ 和 $2^5=32$ 个最小项，其卡诺图如图 3-5(d)和 3-5(e)所示。

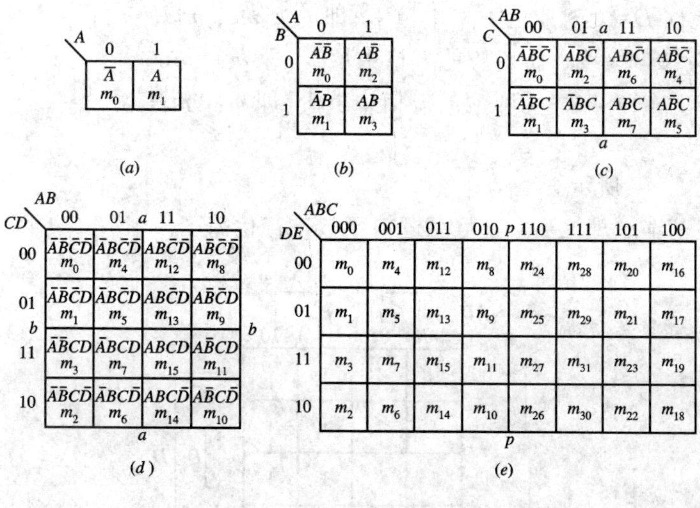

图 3-5　1～5 变量的卡诺图

由上看出，随着输入逻辑变量个数的增加，图形变得十分复杂，相邻关系难于寻找，所以卡诺图一般多用于六变量以内。

从卡诺图上可以十分容易地找出逻辑相邻关系。凡是几何位置相邻，其对应的最小项均是逻辑相邻项。由于卡诺图是平面结构，因此在反映逻辑相邻项时，除了几何位置相邻外，还应考虑对折原理。如三变量问题，每一个最小项有三个相邻项，在卡诺图里面的最小项的相邻关系完全可由几何位置确定，但边沿的几何位置只能决定部分相邻关系。如图

3－5(c)的 m_5 最小项，由几何位置决定的相邻关系为 m_7 和 m_4，另一项以 aa 为对折线，与 m_5 重合的项 m_1 就是另一相邻项。四变量的如图 3－5(d)的 m_{10}项，几何位置可决定相邻项为 m_{11}和 m_{14}项，由 aa 对折得 m_2，再由 bb 对折得 m_8。对于五变量也是如此，如图 3－5(e)的 m_5 最小项按几何位置的四个相邻项为 m_1、m_4、m_7、m_{13}，另一个以 pp 对折找到 m_{21}。用卡诺图找相邻关系是卡诺图化简的基础，因此要熟练掌握，否则难于化简成最简形式。

3.3.4 逻辑函数的卡诺图表示法

若将逻辑函数式化成最小项表达式，则可在相应变量的卡诺图中表示出这个函数。如 $F=ABC+AB\overline{C}+A\overline{B}C+\overline{A}\overline{B}C=m_7+m_6+m_5+m_1$，在卡诺图相应的方格中填上1，其余填0，上述函数可用卡诺图表示成图 3－6。如逻辑函数式是一般式，则应首先展开成最小项标准式。实际中，一般函数式可直接用卡诺图表示。

C \ AB	00	01	11	10
0	0	0	1	0
1	1	0	1	1

图 3－6　用卡诺图表示逻辑函数

［例 21］　将 $F=B\overline{C}+C\overline{D}+\overline{B}CD+\overline{A}\overline{C}D+ABCD$ 用卡诺图表示。

解　首先逐项用卡诺图表示，然后再合起来即可。

$B\overline{C}$：在 $B=1$，$C=0$ 对应的方格(不管 A，D 取值)中填 1，即 m_4、m_5、m_{12}、m_{13}；

$C\overline{D}$：在 $C=1$，$D=0$ 对应的方格中填 1，即 m_2、m_6、m_{10}、m_{14}；

$\overline{B}CD$：在 $B=0$，$C=D=1$ 对应的方格中填 1，即 m_3、m_{11}；

$\overline{A}\overline{C}D$：在 $A=C=0$，$D=1$ 对应的方格中填 1，即 m_1、m_5；

$ABCD$：即 m_{15}。

卡诺图如图 3－7 所示。

掌握了上述基本原理之后，就可对逻辑函数进行化简了。

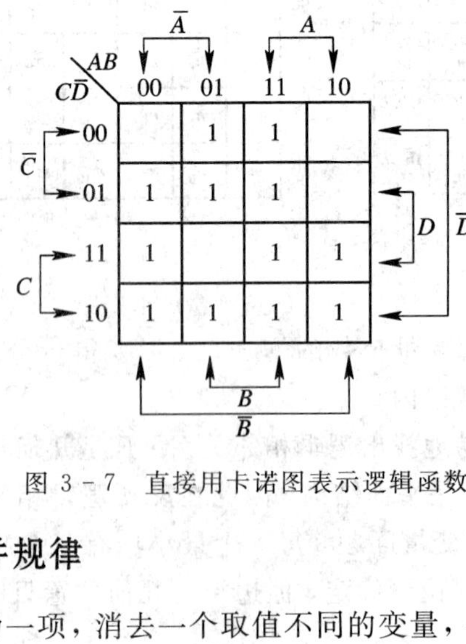

图 3－7　直接用卡诺图表示逻辑函数

3.3.5 相邻最小项合并规律

(1) 两相邻项可合并为一项，消去一个取值不同的变量，保留相同变量，标注为 1→原变量，0→反变量；

(2) 四相邻项可合并为一项，消去两个取值不同的变量，保留相同变量，标量与变量关系同(1)；

(3) 八相邻项可合并为一项，消去三个取值不同的变量，保留相同变量，标注与变量关系同(1)。

按上述规律，不难得出 16 个相邻项合并的规律。这里需要指出的是：合并的规律是 2^n 个逻辑相邻项组成方形可合并，不满足 2^n 关系的最小项或不组成方形不可合并。如 2、4、8、16 个相邻项可合并，其它的均不能合并，而且相邻关系应是封闭的，如 m_0、m_1、m_3、m_2 四个最小项，m_0 与 m_1，m_1 与 m_3，m_3 与 m_2 均相邻，且 m_2 和 m_0 还相邻，这样的 2^n 个相邻的最小项可合并。而 m_0、m_1、m_3、m_7，由于 m_0 与 m_7 不相邻，因而这四个最小项没形成方形不可合并为一项。

上述合并过程可用图 3-8(*a*)～(*d*)描述。

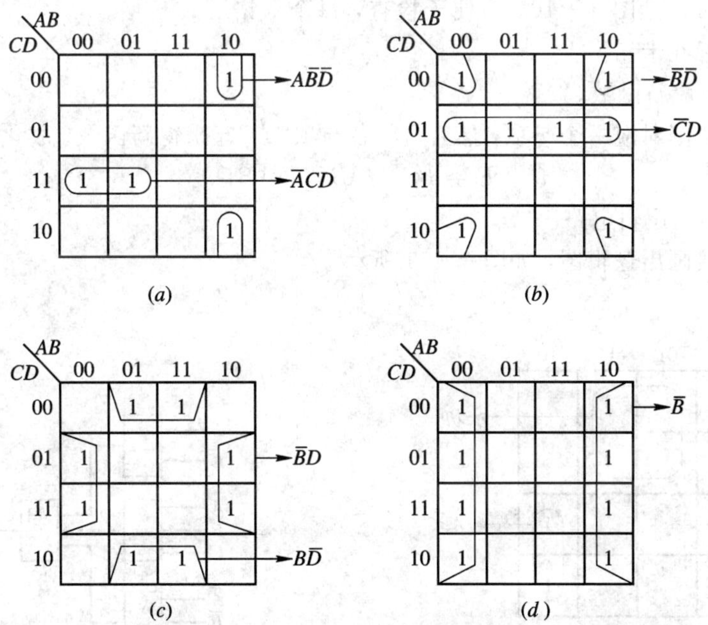

图 3-8 相邻最小项合并规律

3.3.6 与或逻辑的化简

运用最小项标准式，在卡诺图上进行逻辑函数化简，得到的基本形式是与或逻辑。其步骤如下：

(1) 将原始函数用卡诺图表示；

(2) 根据最小项合并规律画卡诺圈，圈住全部为“1”的方格；

(3) 将上述全部卡诺圈的结果相“或”即得化简后的新函数；

(4) 由逻辑门电路，组成逻辑电路图。

根据最小项的合并规律我们知道，卡诺圈越大，经化简消去的变量越多，结果越简单。每个卡诺圈就是一个“与”项。显然，化简后卡诺圈数越少，电路越简单。还需指出的是，如果某个卡诺图的“1”方格均被别的卡诺圈圈过，则该卡诺圈是多余圈，组成的新函数项就是多余项。函数化简时，这样的卡诺圈就不要圈。为了避免圈出多余圈，应保证每个卡诺圈内至少有一个“1”方格未被别的卡诺圈圈过。

［例 22］ 化简 $F=\overline{B}CD+B\overline{C}+\overline{A}\overline{C}D+A\overline{B}C$。

解 第一步：用卡诺图表示该逻辑函数。

$\overline{B}CD$：对应 m_3、m_{11}；

$B\overline{C}$：对应 m_4、m_5、m_{12}、m_{13}；

$\overline{A}\overline{C}D$：对应 m_1、m_5；

$A\overline{B}C$：对应 m_{10}、m_{11}。

卡诺图如图 3 - 9 所示。上述方格填入“1”，其它方格填入“0”，为了使图面清晰，“0”可不填入。

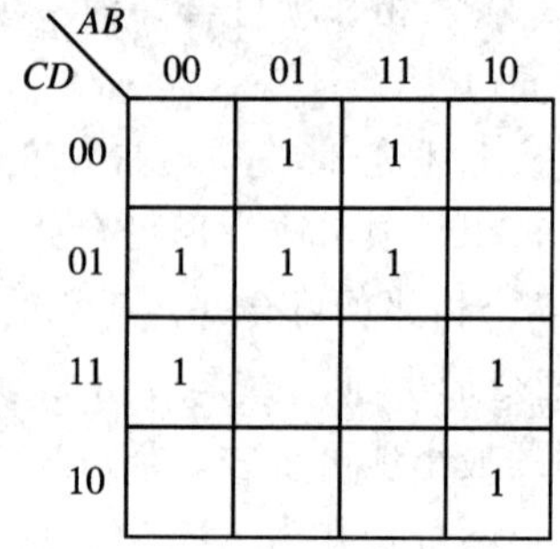

图 3 - 9 例 22 函数的卡诺图表示

第二步：画卡诺圈圈住全部为“1”的方格。

具体化简过程见图 3 - 10。为便于检查，每个卡诺圈化简结果应标在卡诺图上。

第三步：组成新函数。

每一个卡诺圈对应一个与项，然后再将各与项“或”起来得新函数。故化简结果为

$$F=B\overline{C}+A\overline{B}C+\overline{A}\overline{B}D$$

第四步：画出逻辑电路。

由函数直接画出逻辑图，如图 3 - 11 所示。

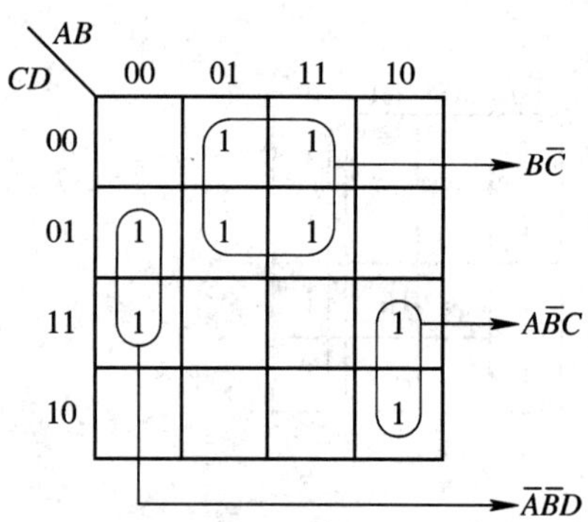

图 3 - 10 例 22 的化简过程

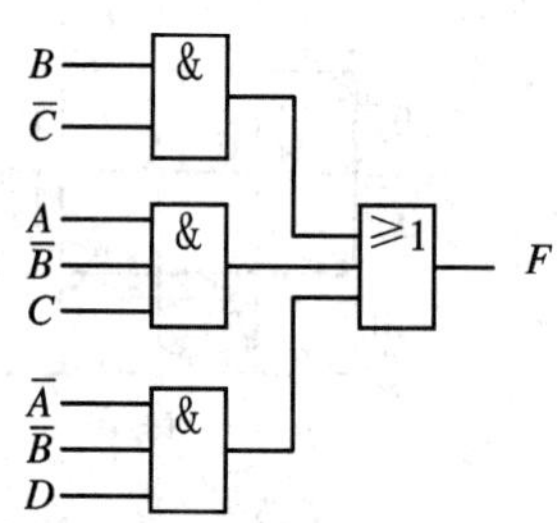

图 3 - 11 例 22 化简后的逻辑图

［例 23］ 化简 $F(ABCD)=\sum(0,1,2,5,6,7,12,13,15)$。

解 其卡诺图及化简过程如图 3 - 12 所示。在卡诺圈有多种圈法时，要注意如何使卡诺圈数目最少，同时又要尽可能地使卡诺圈大。比较图(a)、(b)两种圈法，显然图(b)的圈法优于图(a)的圈法，因为图(b)少一个卡诺圈，组成电路就少用一个与门。故化简结果应为图(b)，逻辑图如图 3 - 13 所示。其化简函数为

$$F=\overline{A}\overline{B}\overline{C}+AB\overline{C}+BD+\overline{A}C\overline{D}$$

找出最佳圈法并不困难，只要稍加比较就可获得，读者经过练习会很快掌握。

利用卡诺图化简时，初学者往往容易忽视卡诺图边沿最小项的相邻关系，从而将可以圈大圈的圈成小圈，使化简结果不是最佳结果。

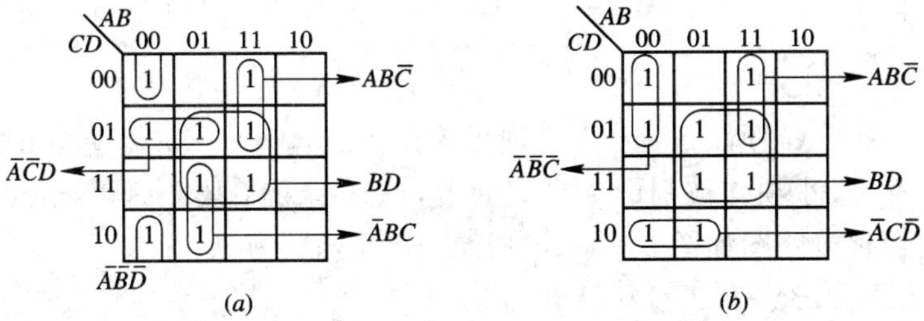

图 3 - 12　例 23 化简过程

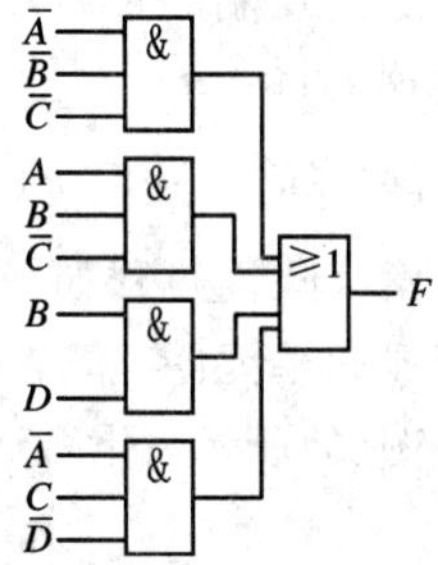

图 3 - 13　例 23 逻辑图

［例 24］　化简 $F(ABCD)=\sum(1, 2, 4, 5, 6, 7, 11, 12, 13, 14)$。

解　该函数的卡诺图如图 3 - 14(*a*)所示，化简情况如图(*b*)、(*c*)所示。图(*b*)是初学者常圈成的结果，图(*c*)是正确结果，即

$$F=A\overline{B}CD+\overline{A}\overline{C}D+\overline{A}C\overline{D}+B\overline{C}+\overline{A}B+B\overline{D}$$

这二者的差别在于图(*b*)将 m_6 和 m_{14} 圈为二单元圈。图(*c*)将 m_4、m_6、m_{12}、m_{14} 圈成四单元圈。前者化简结果为 $BC\overline{D}$，而后者为 $B\overline{D}$，少了一个变量。

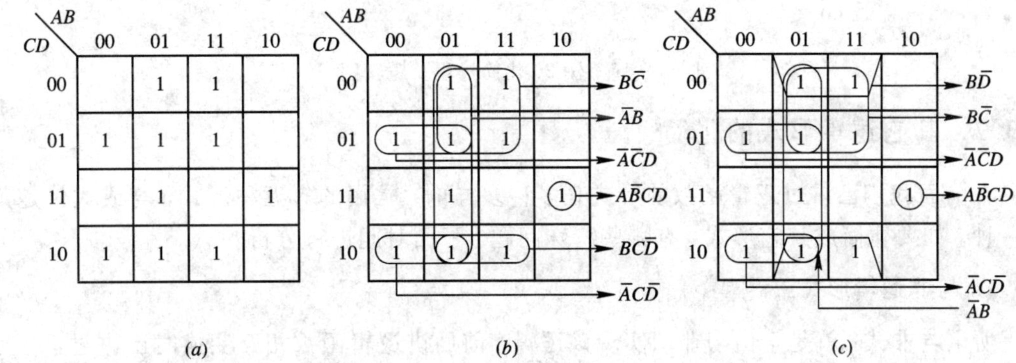

图 3 - 14　例 24 的化简过程

［例 25］　化简 $F(ABCD)=\sum(0, 2, 5, 6, 7, 8, 9, 10, 11, 14, 15)$。

解　其卡诺图及化简过程如图 3 - 15(*a*)所示，逻辑图如图(*b*)所示，化简函数为

$$F=\overline{B}\overline{D}+A\overline{B}+\overline{A}BD+BC$$

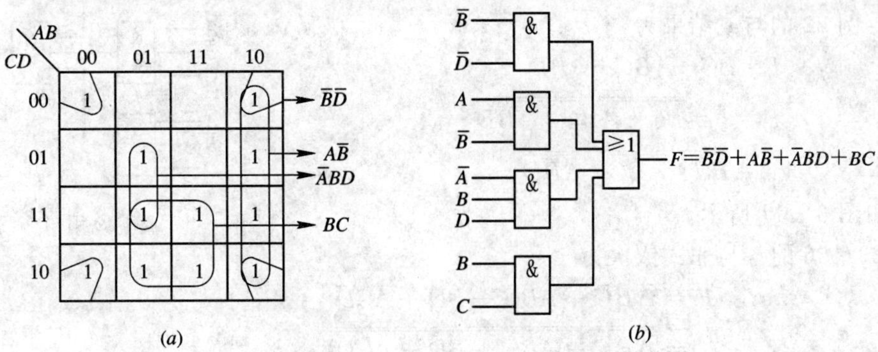

图 3 - 15　例 25 化简过程及逻辑图

此例在圈的过程中注意四个角 m_0、m_2、m_8、m_{10} 可以圈成四单元圈，初学者往往忽视了这一点。

［**例 26**］ 化简 $F(ABCD)=\sum(3, 4, 5, 7, 9, 13, 14, 15)$。

解 化简过程如图 3－16(*a*)、(*b*)所示，(*a*)中出现了多余圈。m_5、m_7、m_{13}、m_{15} 虽然可圈成四单元圈，但它的每一个最小项均被别的卡诺圈圈过，是多余圈，故此时最佳结果应如图(*b*)所示。化简结果的逻辑电路图如图 3－16(*c*)所示，化简函数为

$$F=\bar{A}B\bar{C}+A\bar{C}D+ABC+\bar{A}CD$$

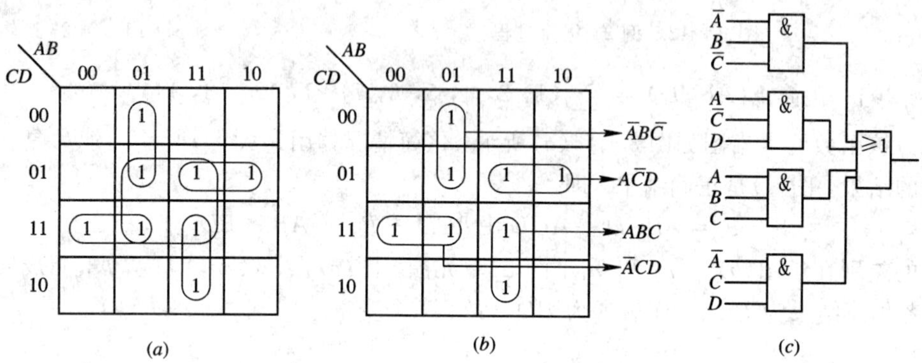

图 3－16 例 26 化简过程及逻辑图

3.3.7 其它逻辑形式的化简

在前面我们已讲过逻辑函数的形式是多种多样的，常用的有五种形式，与或式仅是其中一种。如要化简成其它形式，有哪些特殊问题？下面对此进行分析。

1. 与非逻辑形式

所谓与非式，就是全由与非门实现该逻辑。前面讲逻辑函数相互变换时已讲过，将与或式两次求反即得与非式。其化简步骤如下：

第一步：在卡诺图上圈“1”方格，求得最简与或式；

第二步：将最简与或式两次求反，用求反律展开一次，得到与非表示式；

第三步：根据与非式，用与非门组成逻辑电路。

［**例 27**］ 将例 22～26 用与非门实现。

解 例 22 的与或结果为

$$F=B\bar{C}+A\bar{B}C+\bar{A}\bar{B}D$$

$$F=\bar{\bar{F}}=\overline{\overline{B\bar{C}+A\bar{B}C+\bar{A}\bar{B}D}}$$

$$=\overline{\overline{B\bar{C}}\cdot\overline{A\bar{B}C}\cdot\overline{\bar{A}\bar{B}D}}$$

逻辑图如图 3－17 所示。

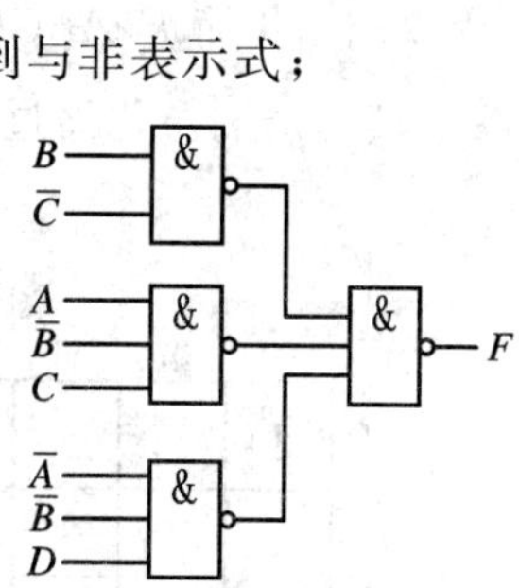

图 3－17 例 22 用与非门实现

例 23～26 的各与非式依次为

$$F=\bar{A}\bar{B}\bar{C}+AB\bar{C}+BD+\bar{A}C\bar{D}$$

$$=\overline{\overline{\bar{A}\bar{B}\bar{C}+AB\bar{C}+BD+\bar{A}C\bar{D}}}$$

$$=\overline{\overline{\bar{A}\bar{B}\bar{C}}\cdot\overline{AB\bar{C}}\cdot\overline{\bar{B}D}\cdot\overline{\bar{A}C\bar{D}}}$$

（例 23）

$$
\begin{aligned}
F &= A\bar{B}CD + \bar{A}\bar{C}D + \bar{A}C\bar{D} + B\bar{C} + \bar{A}B + B\bar{D} \\
&= \overline{\overline{A\bar{B}CD + \bar{A}\bar{C}D + \bar{A}C\bar{D} + B\bar{C} + \bar{A}B + B\bar{D}}} \\
&= \overline{\overline{A\bar{B}CD} \cdot \overline{\bar{A}\bar{C}D} \cdot \overline{\bar{A}C\bar{D}} \cdot \overline{B\bar{C}} \cdot \overline{\bar{A}B} \cdot \overline{B\bar{D}}} \qquad (例\ 24)
\end{aligned}
$$

$$
\begin{aligned}
F &= \bar{B}\bar{D} + A\bar{B} + \bar{A}BD + BC \\
&= \overline{\overline{\bar{B}\bar{D} + A\bar{B} + \bar{A}BD + BC}} \\
&= \overline{\overline{\bar{B}\bar{D}} \cdot \overline{A\bar{B}} \cdot \overline{\bar{A}BD} \cdot \overline{BC}} \qquad (例\ 25)
\end{aligned}
$$

$$
\begin{aligned}
F &= \bar{A}B\bar{C} + A\bar{C}D + ABC + \bar{A}CD \\
&= \overline{\overline{\bar{A}B\bar{C} + A\bar{C}D + ABC + \bar{A}CD}} \\
&= \overline{\overline{\bar{A}B\bar{C}} \cdot \overline{A\bar{C}D} \cdot \overline{ABC} \cdot \overline{\bar{A}CD}} \qquad (例\ 26)
\end{aligned}
$$

对应的逻辑图分别如图 3 - 18(a)、(b)、(c)、(d)所示。

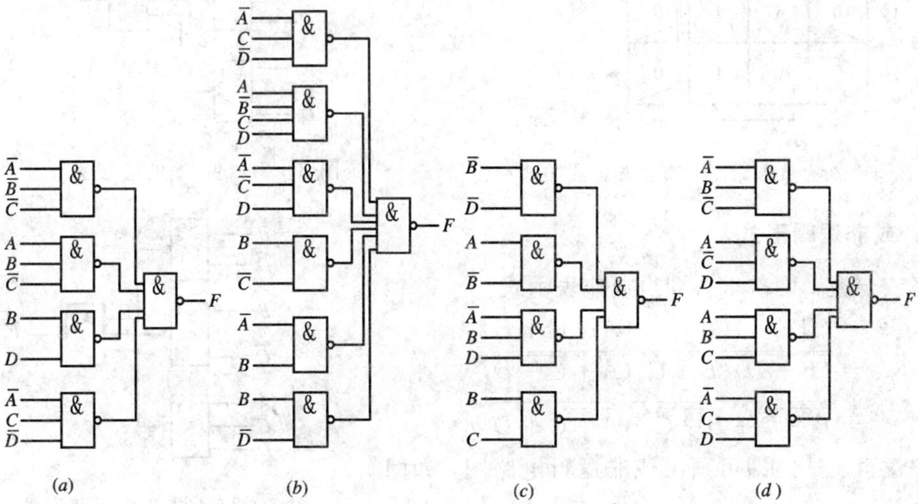

图 3 - 18　例 23～26 的与非逻辑图

(a) 例 23；(b) 例 24；(c) 例 25；(d) 例 26

2. 或与逻辑形式

首先从卡诺图上求其反函数，其方法是圈“0”方格，然后再用摩根定律取反即得或与式。

［**例 28**］　求 $F(ABCD) = \sum(0, 4, 5, 7, 8, 12, 13, 14, 15)$ 的反函数和或与式。

解　求反函数过程如图 3 - 19 所示。

$$\bar{F} = \bar{B}D + \bar{B}C + \bar{A}C\bar{D}$$

其次，再由反函数求得原函数，利用摩根定律就得或与式。

$$
\begin{aligned}
F &= \bar{\bar{F}} \\
&= \overline{\bar{B}D + \bar{B}C + \bar{A}C\bar{D}} \\
&= \overline{\bar{B}D} \cdot \overline{\bar{B}C} \cdot \overline{\bar{A}C\bar{D}} \\
&= (B + \bar{D})(B + \bar{C})(A + \bar{C} + D)
\end{aligned}
$$

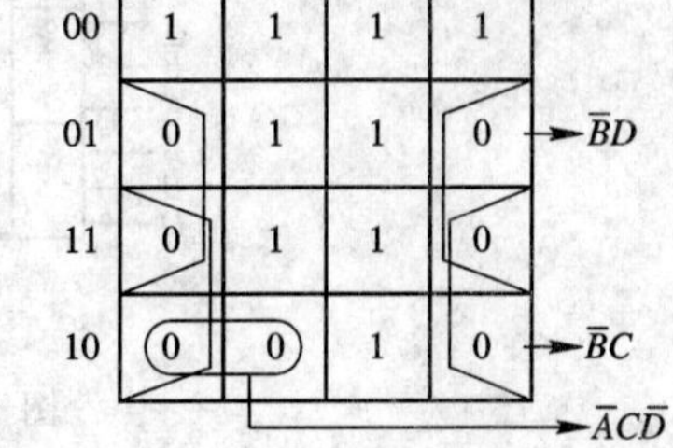

图 3 - 19　求例 28 的反函数

上述化简结果可直接由卡诺图上得到。

总结如下：

在卡诺图上圈“0”方格，其化简结果：变量为0→原变量；变量为1→反变量，然后变量再相“或”，就得每一或项，最后再将每一或项相“与”就得或与式。直接由上述过程得到或与式(如图3－20所示)：

$$F=(B+\overline{D})(B+\overline{C})(A+\overline{C}+D)$$

其逻辑图如图3－21所示。

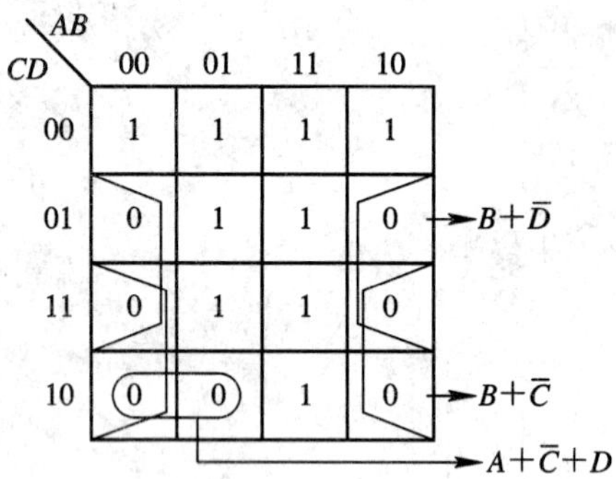

图3－20　从卡诺图上直接圈得或与式

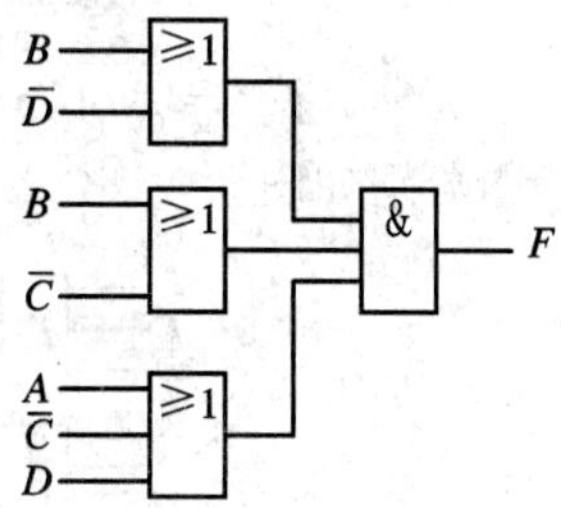

图3－21　例28的或与逻辑图

3. 或非逻辑形式

将或与逻辑两次求反即得或非表示式：

$$\begin{aligned}F&=(B+\overline{D})(B+\overline{C})(A+\overline{C}+D)\\&=\overline{\overline{(B+\overline{D})(B+\overline{C})(A+\overline{C}+D)}}\\&=\overline{\overline{B+\overline{D}}+\overline{B+\overline{C}}+\overline{A+\overline{C}+D}}\end{aligned}$$

按逻辑表达式即可画出或非逻辑电路图，如图3－22所示。

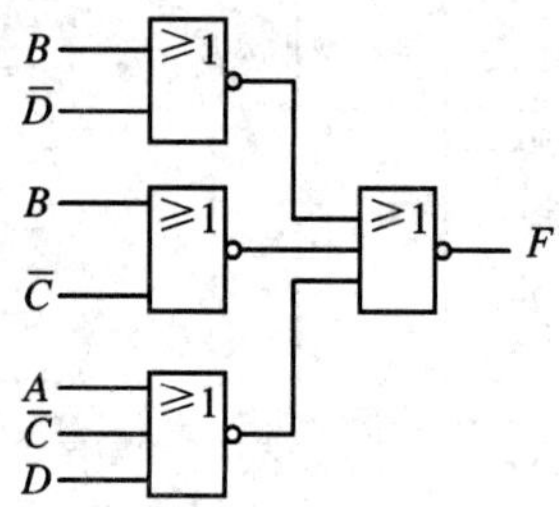

图3－22　例28的或非逻辑图

上述结果也可直接卡诺图上获得，在或与式化简的基础上，将每一或与项改为或非项，再将每一或非项相或非就得或非式。

4. 与或非逻辑形式

与或非逻辑形式可从两种途径得到：一种是从与或式得到，例22将结果两次求反，不用摩根定律处理，即得与或非式。其逻辑图如图3－23(a)所示。

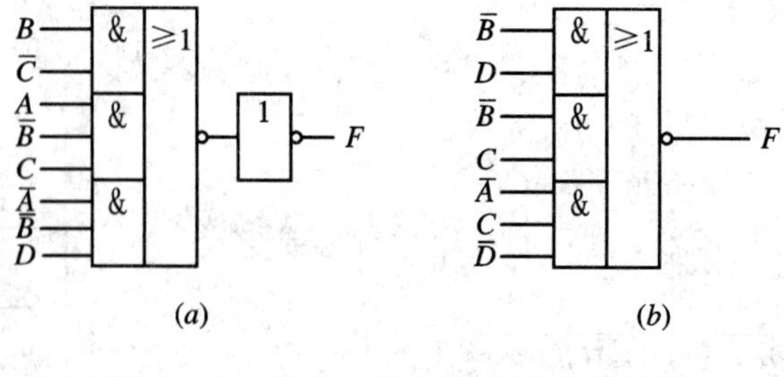

图3－23　例22、例28的与或非逻辑图

另一种是求得反函数后，再求一次反，即不用摩根定律处理，也可得与或非式。例28

的结果求反即得与或非形式。其逻辑图如图 3－23(*b*)所示。一般前一种途径所得电路要多用一个反相器，所以后一种方法是最简与或非式。

$$F=\overline{\overline{F}}=\overline{\overline{B\overline{C}+A\overline{B}C+\overline{A}\,\overline{B}D}} \qquad (例 22)$$

$$F=\overline{\overline{F}}=\overline{\overline{B}D+\overline{B}C+\overline{A}C\overline{D}} \qquad (例 28)$$

3.3.8 无关项及其应用

逻辑问题分完全描述和非完全描述两种。对应于变量的每一组取值，函数都有定义，即在每一组变量取值下，函数 F 都有确定的值，不是"1"就是"0"，如表 3－6 所示。逻辑函数与每个最小项均有关，这类问题称为完全描述问题。

在实际的逻辑问题中，变量的某些取值组合不允许出现，或者是变量之间具有一定的制约关系。我们将这类问题称为非完全描述，如表 3－7 所示。该函数只与部分最小项有关，而与另一些最小项无关，我们用×或者用 ϕ 表示。

表 3－6 完全描述

A	B	C	F
0	0	0	0
0	0	1	0
0	1	0	0
0	1	1	1
1	0	0	0
1	0	1	0
1	1	0	1
1	1	1	0

表 3－7 非完全描述

A	B	C	F
0	0	0	0
0	0	1	1
0	1	0	0
0	1	1	×
1	0	0	1
1	0	1	×
1	1	0	×
1	1	1	×

与函数无关的最小项称为无关项，有时又称为禁止项、约束项、任意项。无关项的处理是任意的，可以认为是"1"，也可以认为是"0"。对于含有无关项的逻辑函数的化简，要考虑无关项，当它对函数化简有利时，认为它是"1"，反之则认为是"0"。

对于含有无关项的逻辑函数，可表示为

$$F(ABC)=\sum(1,4)+\sum\nolimits_d(3,5,6,7)$$

也可表示为

$$\begin{cases}F=\overline{A}\,\overline{B}C+A\overline{A}\,\overline{C}\\ \text{约束条件为 } AB+AC+BC=0\end{cases}$$

即不允许 AB 或 AC 或 BC 同为 1。

对上述函数化简，如不考虑无关项，则不可再化简，如图 3－24 所示。函数化简结果为

$$F=\overline{A}\,\overline{B}C+A\overline{B}\,\overline{C}$$

考虑无关项时函数化简如图 3－25 所示，其结果为

$$F=A+C$$

可见，利用无关项常常可以进一步化简逻辑函数。利用无关项化简逻辑函数时，仅仅

将对化简有利的无关项圈进卡诺圈，对化简无利的项就不要圈进来。

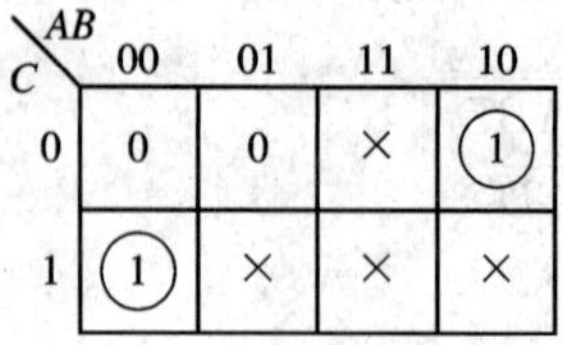

图 3-24　不考虑无关项的函数化简

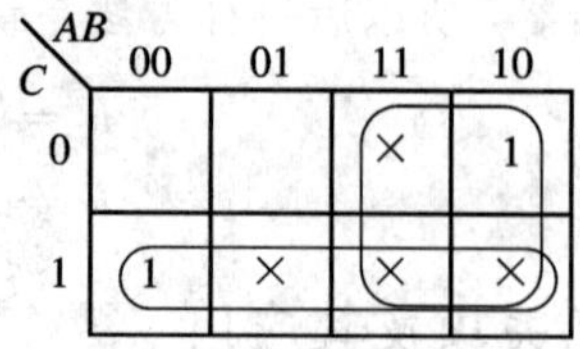

图 3-25　考虑无关项的函数化简

［例 29］　化简 $F(ABCD)=\sum(5, 6, 7, 8, 9)+\sum_d(10, 11, 12, 13, 14, 15)$。

解　化简过程及其逻辑电路如图 3-26 所示，化简函数为

$$F=A+BD+BC$$

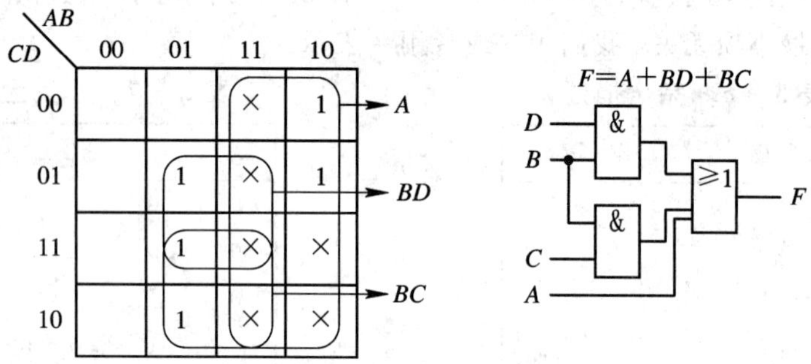

图 3-26　例 29 的化简及逻辑图

［例 30］　化简 $F(ABCD)=\sum(1, 5, 8, 12)+\sum_d(3, 7, 10, 11, 14, 15)$。

解　化简过程如图 3-27 所示，由于 m_{11} 和 m_{15} 对化简不利，因此就没圈进去。化简结果为

$$F=A\overline{D}+\overline{A}D$$

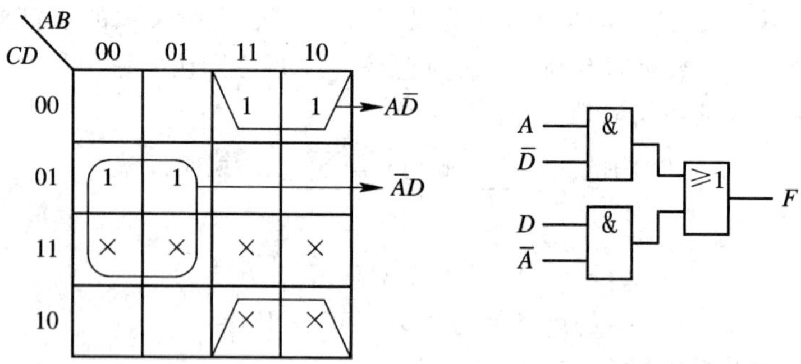

图 3-27　例 30 的化简及逻辑图

［例 31］　化简 $F=\overline{A}B\overline{C}+\overline{B}\overline{C}$，$AB=0$ 为约束条件。

解　$AB=0$ 即表示 A 与 B 不能同时为 1，则 $AB=11$ 所对应的最小项应视为无关项。其卡诺图及化简过程如图 3-28 所示。化简函数为

$$F=\overline{C}$$

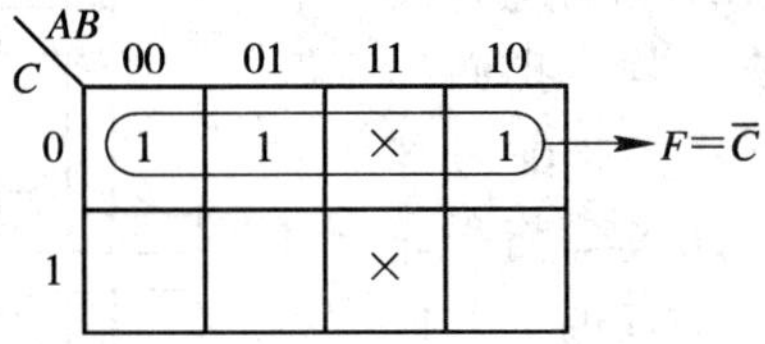

图 3 - 28　例 31 的化简过程

*3.3.9　有原变量无反变量的逻辑函数的化简

前述的化简均假定信号既提供原变量又提供反变量(有时又称为双轨输入)。如果提供原变量而无反变量(又称为单轨输入)，为得到反变量，可通过非门实现。然而这样往往不经济。事实上化简时只需采取适当的方法就可节省器件。这就是本小节要介绍的阻塞法或三级电路设计法。

[**例 32**]　用最少的门电路实现函数 $F=AB\overline{C}+A\overline{B}C+\overline{A}BC$。

解　实现该逻辑的电路如图 3 - 29 所示。为了获得反变量多用了三个非门。阻塞法主要就是解决在保证功能的前提下尽可能地少用非门。

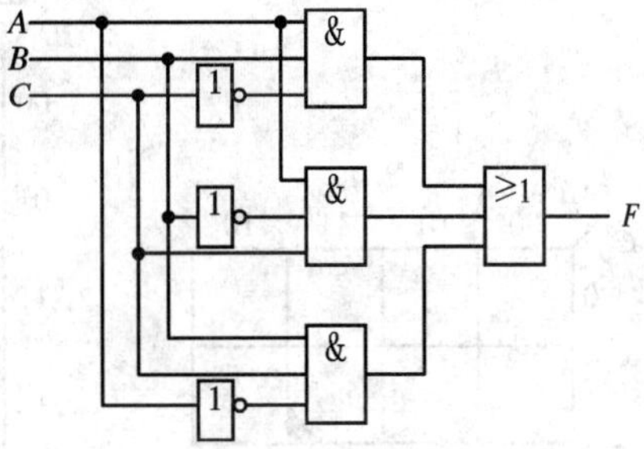

图 3 - 29　例 32 的逻辑图

1. 代数法

代数法又称为综合反变量法。我们可以证明

$$AB\overline{C}=AB\,\overline{AC}=AB\,\overline{BC}=AB\,\overline{ABC}$$

利用摩根定律则一目了然，即

$$AB\,\overline{AC}=AB(\overline{A}+\overline{C})=AB\overline{C}$$
$$AB\,\overline{BC}=AB(\overline{B}+\overline{C})=AB\overline{C}$$
$$AB\,\overline{ABC}=AB(\overline{A}+\overline{B}+\overline{C})=AB\overline{C}$$

同理我们也能证明

$$AC\overline{B}=AC\,\overline{AB}=AC\,\overline{BC}=AC\,\overline{ABC}$$
$$BC\overline{A}=BC\,\overline{AB}=BC\,\overline{AC}=BC\,\overline{ABC}$$

这样原式变为

$$F=AB\,\overline{ABC}+AC\,\overline{ABC}+BC\,\overline{ABC}$$
$$=(AB+AC+BC)\,\overline{ABC}$$

电路如图 3-30 所示，$\overline{ABC}$称为综合反变量，它的作用与 $\overline{A}$、$\overline{B}$、$\overline{C}$ 一样。我们称 $AB\overline{ABC}$、$AC\overline{ABC}$、$CB\overline{ABC}$ 中不带非号部分为头部因子，如 AB、AC、CB 等，而带非号部分 $\overline{ABC}$称为尾部因子。由前面的等式证明可以得出：头部因子可以随意放入尾部因子，也可以从尾部因子中取走，而功能不变。

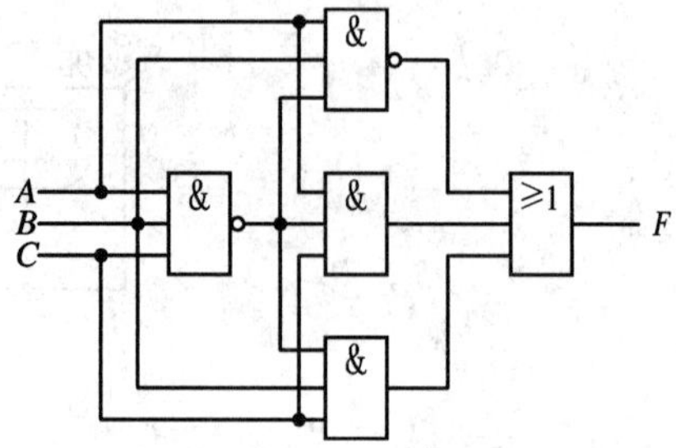

图 3-30　例 32 采用综合反变量的逻辑图

综合反变量虽然在一定程度上解决了少用“非门”的问题，但当某一项中有两个或更多的非号时就有一定的困难。

为此，我们总结出用卡诺图进行化简的方法，称为阻塞法。

2. 阻塞法

我们观察在卡诺图中圈卡诺圈时有一个特殊的现象：当卡诺圈含有全“1”方格(三变量的 111 即 ABC 方格，四变量 1111 即 $ABCD$ 方格)时，其化简结果均为原变量。为清楚起见，我们画卡诺图时将全“1”方格用黑三角标示出来，如图 3-31 所示。

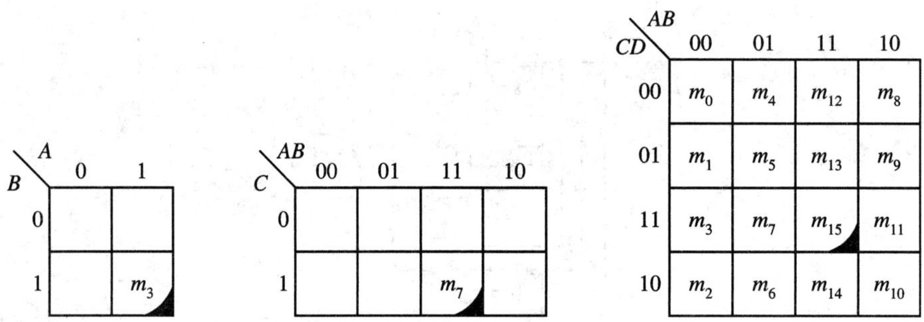

图 3-31　在卡诺图上表示全“1”方格

如以四变量为例：

二单元圈：

m_{13} 与 m_{15}　　→ABD

m_7 与 m_{15}　　→BCD

m_{11} 与 m_{15}　　→ACD

m_{14} 与 m_{15}　　→ABC

四单元圈：

m_5，m_7，m_{13}，m_{15}　　→BD

m_6，m_7，m_{14}，m_{15}　　→BC

m_9，m_{11}，m_{13}，m_{15}　　→AD

m_{10}，m_{11}，m_{14}，m_{15}　　→AC

m_3，m_7，m_{11}，m_{15}　　→CD

m_{12}，m_3，m_{14}，m_{15}　　→AB

八单元圈：

$$\left.\begin{matrix} m_1, m_3, m_5, m_7 \\ m_9, m_{11}, m_{13}, m_{15} \end{matrix}\right\} \rightarrow D$$

$$\left.\begin{matrix} m_2, m_3, m_6, m_7 \\ m_{10}, m_{11}, m_{14}, m_{15} \end{matrix}\right\} \rightarrow C$$

$$\left.\begin{matrix} m_4, m_5, m_6, m_7 \\ m_{12}, m_{13}, m_{14}, m_{15} \end{matrix}\right\} \rightarrow B$$

$$\left.\begin{matrix} m_8, m_9, m_{10}, m_{11} \\ m_{12}, m_{13}, m_{14}, m_{15} \end{matrix}\right\} \rightarrow A$$

所以，如果在化简时每次圈卡诺圈时均含全“1”方格，则就不出现反变量，因此也就节省了非门。但在实际的逻辑问题中，逻辑函数不一定包含全“1”方格，按常规圈法必然出现反变量。例如

$$F(ABC) = \sum(m_1, m_3, m_5)$$

按常规化简得

$$F = \overline{A}C + \overline{B}C$$

化简过程及其电路分别如图 3－32(a)、(b)所示。

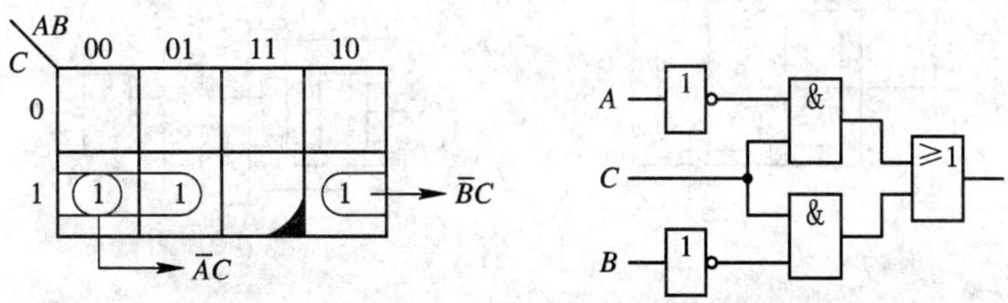

(a) (b)

图 3－32 化简过程及逻辑图

为了得到原变量，必须圈进 m_7 方格。为此，我们这样设想：首先围绕全“1”方格，圈出 m_1、m_3、m_5、m_7 四单元圈，然后再将 m_7 的作用扣除掉，即将 m_7 的作用阻塞掉，这样就保证化简的逻辑函数功能不变。怎样才能阻塞(除掉)一些项的作用呢？首先通过上面举的例子引入阻塞的概念。

为了获得化简结果为原变量，我们将 m_7 圈进，得 C，这个结果显然与原功能不一致，因为它将 m_7 也看成是“1”，而实际上 m_7 是“0”。为此，将 m_7 的作用除掉。怎样除掉呢？用 $\overline{m_7}$ 与圈得的结果相与即可。证明如下：

$$\begin{aligned}(m_1 + m_3 + m_5 + m_7) \cdot \overline{m_7} &= C\,\overline{ABC} = \overline{A}C + \overline{B}C \\ &= m_1 + m_3 + m_5\end{aligned}$$

m_7 项称为阻塞项。为了保证不出现反变量，阻塞项也应围绕全“1”方格来圈。为了保证化简结果最佳，阻塞项应尽可能圈大。仍以图 3－32 为例，我们将阻塞项圈为 m_6、m_7，则阻塞项为 $\overline{AB}$，如图 3－33(a)所示。其正确性证明如下：

$$\begin{aligned}(m_1 + m_3 + m_5 + m_7)\,\overline{(m_6 + m_7)} &= C\,\overline{AB} = \overline{A}C + \overline{B}C \\ &= m_1 + m_3 + m_5\end{aligned}$$

阻塞法化简结果一般来讲比常规法要简单，但它是三级电路，速度要慢一些，阻塞法化简的电路如图 3-33(*b*)所示。

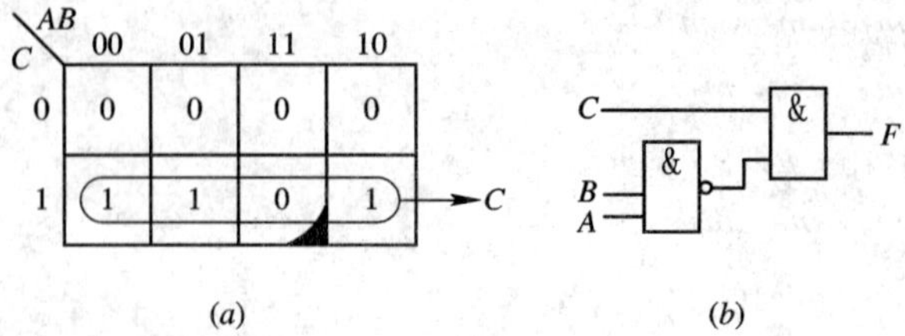

图 3-33　阻塞法化简结果

下面我们对阻塞法化简再举几个例子进行说明。

［例 33］　输入是单轨输入，用与非门实现

$$F(ABC)=\sum(3,4,5,6)$$

解　图 3-34(*a*)中 A 多圈了 m_7，应将其扣除，故为 $A\overline{ABC}$。BC 多圈了 m_7 应将其扣除，故应为 $BC\overline{ABC}$。由此得化简函数为

$$F=A\overline{ABC}+BC\overline{ABC}=\overline{\overline{A\overline{ABC}}\cdot\overline{BC\overline{ABC}}}$$

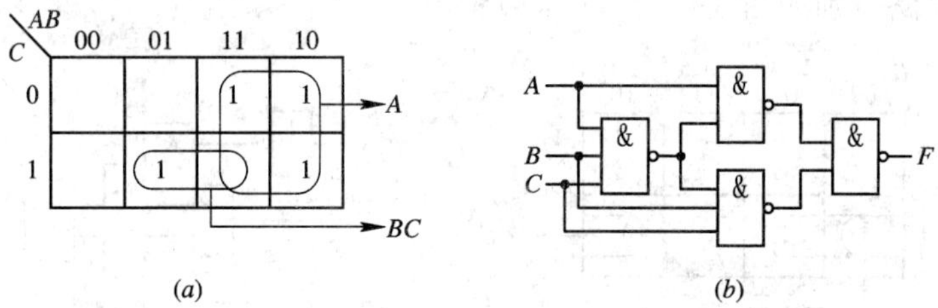

图 3-34　例 33 的阻塞法化简过程及逻辑图

(*a*) 化简过程；(*b*) 逻辑图

［例 34］　输入只有原变量，用与非门实现

$$F(ABCD)=\sum(4,5,6,7,8,9,10,11,12,13,14)$$

解　化简过程及化简后的电路分别如图 3-35(*a*)、(*b*)所示，其函数为

$$F=A\overline{ABCD}+B\overline{ABCD}=\overline{\overline{A\overline{ABCD}}\cdot\overline{B\overline{ABCD}}}$$

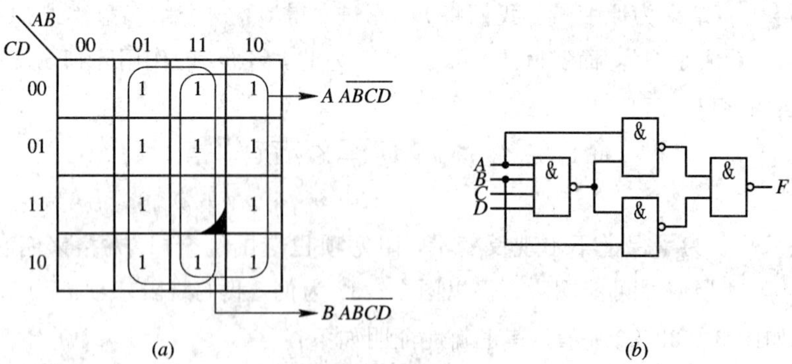

图 3-35　例 34 的阻塞法化简过程及逻辑图

［例 35］ 用阻塞法化简 $F(ABCD)=\sum(1,5,6,7,9,11,12,13,14)$。

解 为了使化简结果最佳，我们将阻塞项合理地扩大，但最终化简的函数应包含逻辑函数的全部最小项。为说明问题，我们将过程详细叙述如下。(化简过程如图 3 - 36(a)、(b)、(c)、(d)所示。)

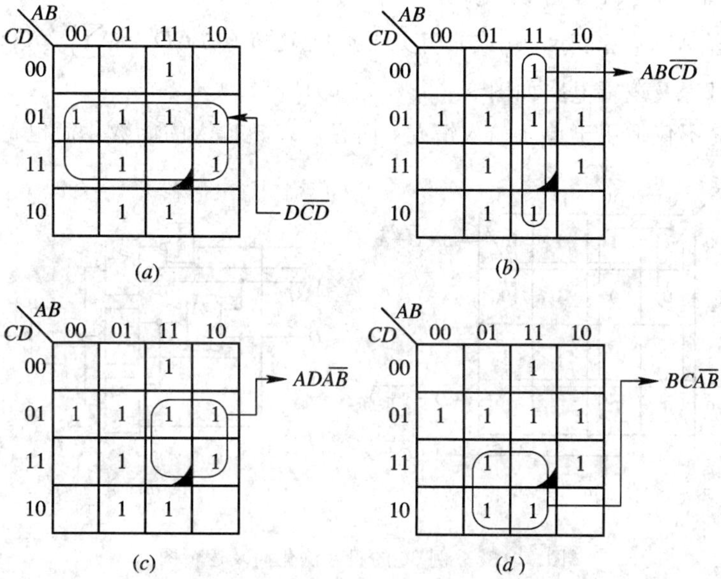

图 3 - 36 例 35 的阻塞法化简过程

图(a)：此圈多圈了 m_3 和 m_{15}，为了阻塞项也是原变量，我们用

$$m_3+m_7+m_{11}+m_{15}=CD$$

为阻塞项，故得

$$D\,\overline{CD}=\overline{C}D=m_1+m_5+m_9+m_{13}$$

其中 m_7 和 m_{11} 在其它项体现。

图(b)：此圈本来只多圈了 m_{15}，我们将阻塞项扩大为

$$m_3+m_7+m_{11}+m_{15}=CD$$

故得

$$AB\,\overline{CD}=AB\overline{C}+AB\overline{D}=m_{12}+m_{13}+m_{14}$$

图(c)：本来只多圈了 m_{15}，我们将阻塞项扩大为

$$m_{12}+m_{13}+m_{14}+m_{15}=AB$$

故

$$AD\,\overline{AB}=A\overline{B}D=m_9+m_{11}$$

图(d)：其考虑与 $AD\,\overline{AB}$ 相同，即

$$BC\,\overline{AB}=\overline{A}BC=m_6+m_7$$

检查化简结果，包含了逻辑函数的全部最小项，故化简结果正确，其函数为

$$F=D\,\overline{CD}+AB\,\overline{CD}+AD\,\overline{AB}+BC\,\overline{AB}$$

$$=\overline{\overline{D\,\overline{CD}}\cdot\overline{AB\,\overline{CD}}\cdot\overline{AD\,\overline{AB}}\cdot\overline{BC\,\overline{AB}}}$$

逻辑图如图 3 - 37 所示。

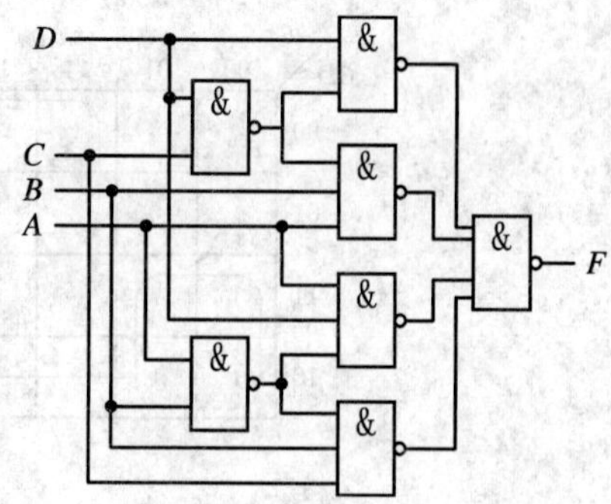

图 3 - 37 例 35 化简后的逻辑图

用常规化简法化简，其结果为

$$F=\overline{C}D+\overline{A}BC+AB\overline{D}+A\overline{B}D$$

除了用 5 个门组成函数外，还要用 4 个非门得反变量 $\overline{A}$，$\overline{B}$，$\overline{C}$，$\overline{D}$，共需要 9 个门。

当然用阻塞法也可化简成“或与”式和“或非”式，不过要注意此时的全“1”方格是 m_0 最小项方格，且是圈“0”项。举例说明如下。

［**例 36**］ 输入只有原变量，用或非门实现逻辑函数 $F(ABCD)=\sum(0,4,11,12,13,15)$。

解 化简过程及逻辑电路如图 3－38(a)、(b)所示。

阻塞法化简不仅适用于单轨输入情况，而且对双轨输入的函数化简也是有用的。

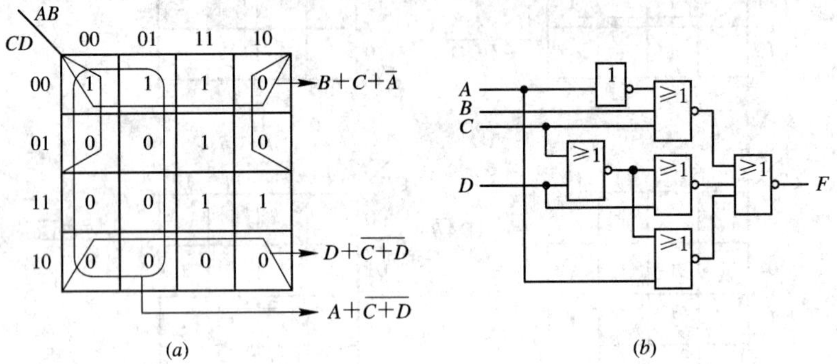

图 3－38 例 36 的阻塞法化简及逻辑图

［**例 37**］ 化简 $F(ABCD)=\sum(2,3,6,8,9,12)$。

解 化简过程及逻辑图如图 3－39 所示。图(a)、(b)按常规化简，用了 5 个门。图(c)、(d)用阻塞法化简，只用了 4 个门。它们均扣除 $m_5+m_7+m_{13}+m_{15}=BD$。

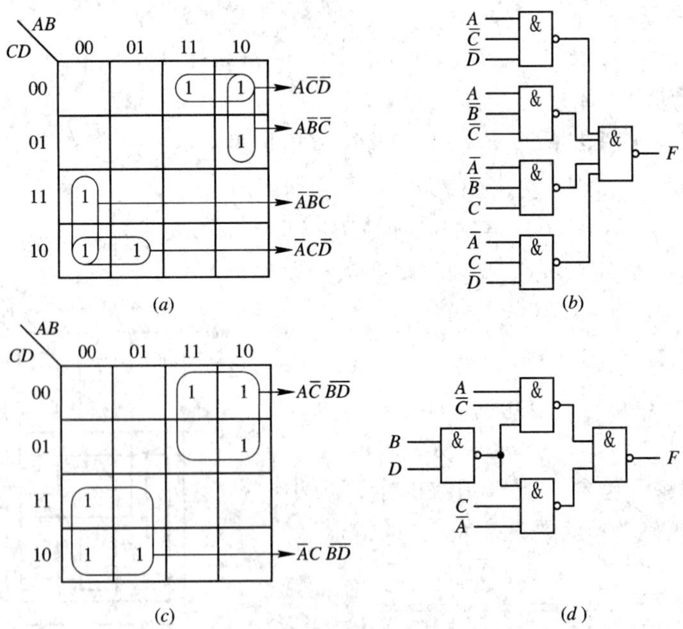

图 3－39 例 37 两种化简法的比较

3.3.10 多输出函数的化简

前述的电路只有一个输出端，而实际电路常常有两个或两个以上的输出端，如图3－40所示。

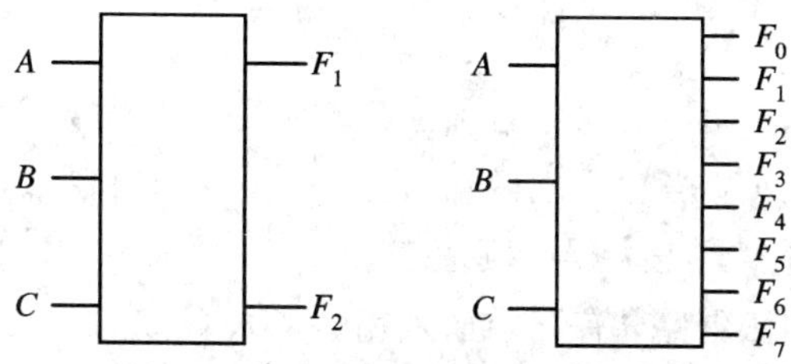

图3－40 多输出函数的方框图

化简多输出函数时，不能单纯地去追求各个单一函数的最简，因为这样做并不一定能保证整个系统最简。为使整个系统最简，应该统一考虑，尽可能利用公共项。举例说明如下。

［**例 38**］ 对多输出函数 $\begin{cases} F_1(ABC) = \sum(1, 3, 4, 5, 7) \\ F_2(ABC) = \sum(3, 4, 7) \end{cases}$ 进行化简。

解 各自的卡诺图和各自的化简结果分别如图3－41(*a*)、(*b*)、(*c*)所示。

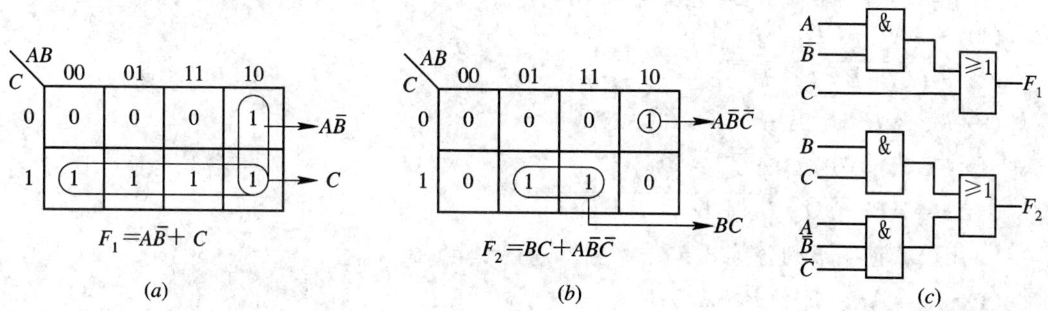

图3－41 例38各函数独立化简结果

如将两个输出函数视为一个整体，其化简过程如图3－42(*a*)、(*b*)、(*c*)所示。

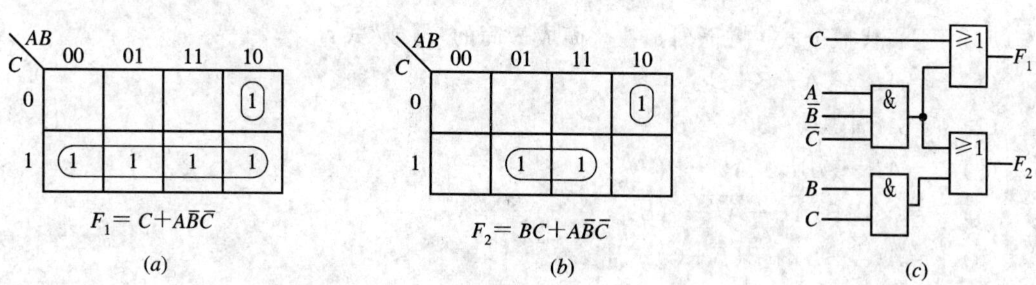

图3－42 例38将 F_1、F_2 函数作为整体考虑的化简

练　习　题

1. 列出下述问题的真值表，并写出逻辑表达式：

(1) 设三变量 A、B、C，当变量组合值中出现奇数个 1 时，$F=1$，否则为 0。

(2) 设三变量 A、B、C，当输入端的信号不一致时，输出为 1，否则为 0。

(3) 列出输入三变量多数表决器的真值表。

(4) 一位二进制数加法电路，有三个输入端 A、B、C，它们分别为加数、被加数及由低位来的进位位，有两个输出端 S、C_{i+1} 分别表示输出和数及向高位的进位数。

2. 用真值表证明下列逻辑等式：

(1) $A+BC=(A+B)(A+C)$

(2) $AB+A\bar{B}+\bar{A}B=A+B$

(3) $\bar{A}\bar{B}+\bar{A}B+A\bar{B}+AB=1$

(4) $\overline{AB+\bar{A}C}=A\bar{B}+\bar{A}\bar{C}$

(5) $AB+BC+AC=(A+B)(B+C)(A+C)$

(6) $ABC+\bar{A}+\bar{B}+\bar{C}=1$

3. 写出下列函数的对偶式 G 及反函数 $\bar{F}$：

(1) $F=\bar{A}\bar{B}+CD$

(2) $F=\overline{A+B+\bar{C}+\overline{D+E}}$

(3) $F=A\,\overline{BC}+(\bar{A}+\bar{B}\bar{C})\cdot(A+C)$

(4) $F=(A+B+C)\bar{A}\bar{B}\bar{C}=0$

(5) $F=AB+\overline{CD}+\overline{BC+\bar{D}+\bar{C}E+\overline{D+E}}$

4. 用公式证明下列各等式：

(1) $\overline{\bar{A}B+A\bar{B}}=(A+\bar{B})(\bar{A}+B)$

(2) $A\oplus B\oplus C=A\odot B\odot C$

(3) $A\bar{B}\bar{C}+\bar{A}B\bar{C}+\bar{A}\bar{B}C+ABC=A\oplus B\oplus C$

(4) $ABC+\bar{A}\bar{B}\bar{C}=\overline{A\bar{B}+B\bar{C}+C\bar{A}}$

5. 用逻辑代数公式，将下列函数化简成最简的“与或”式：

(1) $F=ABC+\bar{A}+\bar{B}+\bar{C}$

(2) $F=A\bar{B}+A\bar{C}+B\bar{C}+A\bar{B}\bar{C}+AB\bar{C}D$

(3) $F=AB+ABD+\bar{A}C+BCD$

(4) $F=(A\oplus B)\overline{AB+\bar{A}\bar{B}}+AB$

(5) $F=A(\bar{A}+B)+B(B+C)+B$

(6) $F=\overline{\overline{AB+\bar{A}\bar{B}BC+\bar{B}\bar{C}}}$

(7) $F=\overline{\overline{AC+\bar{B}C}+B(A\bar{C}+\bar{A}C)}$

(8) $F=A\overline{C}\overline{D}+BC+\overline{B}D+A\overline{B}+\overline{A}C+\overline{B}\overline{C}$

6. 用卡诺图将下列函数化简成最简“与或”式，并分别用与门、或门和与非门实现：

(1) 第 5 题中的(2)、(3)、(8)

(2) $F(ABC)=\sum(0, 1, 3, 4, 5, 7)$

(3) $F(ABC)=\sum(0, 2, 4, 6)$

(4) $F(ABCD)=\sum(0, 2, 8, 10)$

(5) $F(ABCD)=\sum(0, 2, 3, 5, 7, 8, 10, 11, 13, 15)$

(6) $F(ABCD)=\sum(1, 2, 3, 4, 5, 7, 9, 15)$

(7) $F(ABCDE)=\sum(0, 2, 4, 5, 7, 9, 13, 14, 15, 16, 18, 20, 21, 23, 25, 29, 30, 31)$

7. 将第 6 题中各题化简成“或与”式和“或非”式，并用相应门实现。

8. 将第 6 题中各题化简成“与或非”式，并用“与或非”门实现。

9. 用卡诺图将下列含有无关项的逻辑函数，化简为最简的“与或”式、“与非”式、“与或非”式 、“或与”式和“或非”式：

(1) $F(ABCD)=\sum(0, 1, 5, 7, 8, 11, 14)+\sum_d(3, 9, 15)$

(2) $F(ABCD)=\sum(1, 2, 5, 6, 10, 11, 12, 15)+\sum_d(3, 7, 8, 14)$

(3) $F=AB\overline{C}+A\overline{B}\overline{C}+\overline{A}\overline{B}C\overline{D}+A\overline{B}C\overline{D}$(变量 $ABCD$ 不可能出现相同的取值)

(4) $F=\overline{A}\overline{B}C+ABC+\overline{A}\overline{B}C\overline{D}$，约束条件 $A\overline{B}+\overline{A}B=0$

*10. 在输入只有原变量的条件下，用最少与非门实现下列函数：

(1) $F=A\overline{B}+B\overline{C}+\overline{A}C$

(2) $F(ABCD)=\sum(1, 3, 4, 5, 6, 7, 9, 12, 13)$

(3) $F(ABCD)=\sum(1, 2, 4, 5, 10, 12)$

(4) $F(ABCD)=\sum(1, 5, 6, 7, 9, 11, 12, 13, 14)$

*11. 输入只有原变量的条件下，用或非门实现下列函数：

(1) $F(ABC)=\sum(1, 6, 7)$

(2) $F(ABCD)=\sum(0, 1, 2, 3, 4, 6, 7, 8, 9, 11, 15)$

(3) $F(ABCD)=\sum(0, 4, 5, 6, 7, 11, 12, 13, 15)$

(4) $F(ABC)=\sum(0, 2, 6, 7)$

12. 化简下列函数，并用与非门组成电路：

(1) $\begin{cases} F_1=A\overline{C}+\overline{B}\overline{C}+\overline{A}BC \\ F_2=AC+\overline{A}\overline{B}\overline{C} \\ F_3=A+BC \end{cases}$

(2) $\begin{cases} F_1(ABC) = \sum(1, 2, 3, 4, 5, 7) \\ F_2(ABC) = \sum(0, 1, 3, 5, 6, 7) \end{cases}$

(3) $\begin{cases} F_1(ABCD) = \sum(1, 2, 3, 5, 7, 8, 9, 12, 14) \\ F_2(ABCD) = \sum(1, 3, 8, 12, 14) \\ F_3(ABCD) = \sum(6, 7, 9, 14) \end{cases}$

第四章　组合逻辑电路

数字电路可分为组合逻辑电路和时序逻辑电路两大类。本章讨论组合逻辑电路，时序逻辑电路将在以后讨论。组合逻辑电路即电路的输出信号只是该时刻输入信号的函数，与该时刻以前的输入状态无关。这种电路无记忆功能，无反馈回路，其方框图如图 4－1 所示。

组合逻辑电路有 n 个输入端，m 个输出端，可用下列逻辑函数来描述输出和输入的关系：

$$Z_1 = f_1(X_1, X_2, \cdots, X_{n-1}, X_n)$$
$$Z_2 = f_2(X_1, X_2, \cdots, X_{n-1}, X_n)$$
$$\vdots$$
$$Z_{m-1} = f_{m-1}(X_1, X_2, \cdots, X_{n-1}, X_n)$$
$$Z_m = f_m(X_1, X_2, \cdots, X_{n-1}, X_n)$$

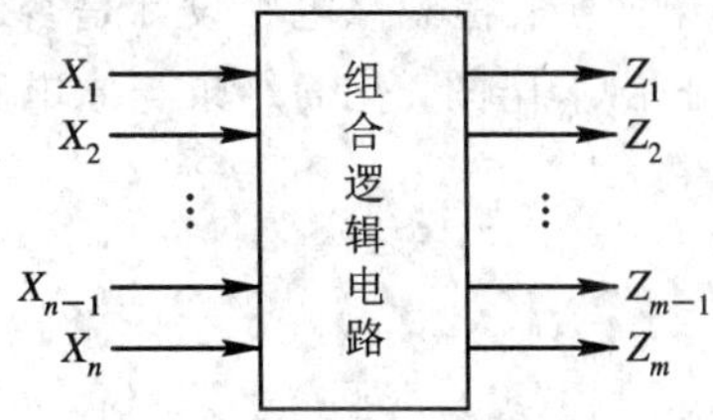

图 4－1　组合逻辑方框图

由于输入只有 0、1 两种状态，因此 n 个输入量有 2^n 种输入状态的组合，若把每种输入状态组合下的输出状态列出来，就形成了描述组合逻辑电路的真值表。

在实际工作中，我们会碰到两种情况：逻辑电路分析和逻辑电路设计。

1. 逻辑电路的分析

逻辑电路的分析，就是对已知的逻辑电路，用逻辑函数来描述，并以此列出它的真值表，确定其功能。在进行产品仿制和维修数字设备时，分析过程显然是十分重要的。同时，通过逻辑分析，还可发现原设计的不足之处，然后加以改进。

2. 逻辑电路的设计

逻辑电路设计又称为逻辑电路综合。其任务是，根据实际中提出的逻辑功能，设计出实现该逻辑功能的电路。

本章重点讲述中规模组合集成电路的原理和应用。

4.1　组合逻辑电路的分析

组合逻辑电路的分析过程如下：

(1) 由给定的逻辑电路图，写出输出端的逻辑表达式；

(2) 列出真值表；

(3) 从真值表概括出逻辑功能；

(4) 对原电路进行改进设计，寻找最佳方案(这一步不一定都要进行)。

举例说明分析过程如下。

［**例 1**］ 已知逻辑电路如图 4－2 所示，分析其功能。

解 第一步：写出逻辑表达式。由前级到后级写出各个门的输出函数（反过来写也可以）。

$$P=\overline{AB}\quad N=\overline{BC}\quad Q=\overline{AC}$$

$$F=\overline{P\cdot N\cdot Q}=\overline{\overline{AB}\cdot\overline{BC}\cdot\overline{AC}}=AB+BC+AC$$

第二步：列出真值表，如表 4－1 所示。

第三步：逻辑功能描述。真值表已经全面地反映了该电路的逻辑功能。下面用文字描述其功能。这一步对初学者有一定的困难，但通过多练习，多接触逻辑学问题，也不难掌握。

由真值表可以看出，在输入三变量中，只要有两个以上变量为 1，则输出为 1，故该电路可概括为：三变量多数表决器。

第四步：检验该电路设计是否最简，并改进。

画出卡诺图，化简结果与原电路一致，说明原设计合理，无改进的必要。

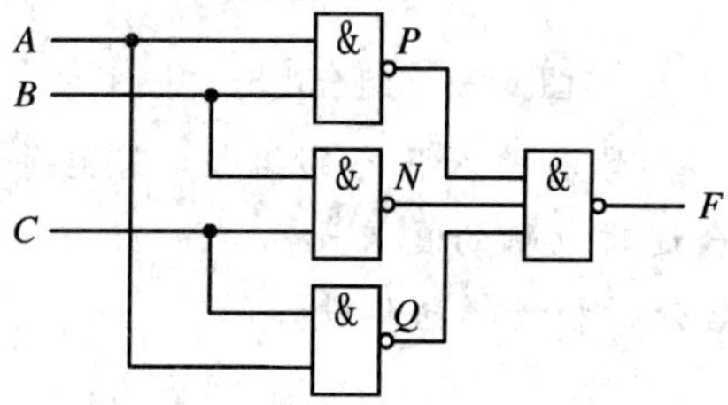

图 4－2　例 1 逻辑图

表 4－1　例 1 真值表

ABC	AB	AC	BC	F
000	0	0	0	0
001	0	0	0	0
010	0	0	0	0
011	0	0	1	1
100	0	0	0	0
101	0	1	0	1
110	1	0	0	1
111	1	1	1	1

［**例 2**］ 分析图 4－3 所示电路的逻辑功能。

解 第一步：写出函数表达式。

$$P=\overline{AB}\quad Q=\overline{\overline{A}+C}$$

$$S=\overline{AB}\cdot\overline{\overline{A}+C}$$

$$R=B\oplus\overline{C}$$

$$F=\overline{S+R}=\overline{\overline{AB}\cdot\overline{\overline{A}+C}+(B\oplus\overline{C})}$$

$$=\overline{\overline{AB}\cdot\overline{\overline{A}+C}}\cdot\overline{B\oplus\overline{C}}$$

$$=(AB+\overline{A}+C)(B\overline{C}+\overline{B}C)$$

$$=AB\overline{C}+\overline{A}B\overline{C}+\overline{A}\overline{B}C+\overline{B}C$$

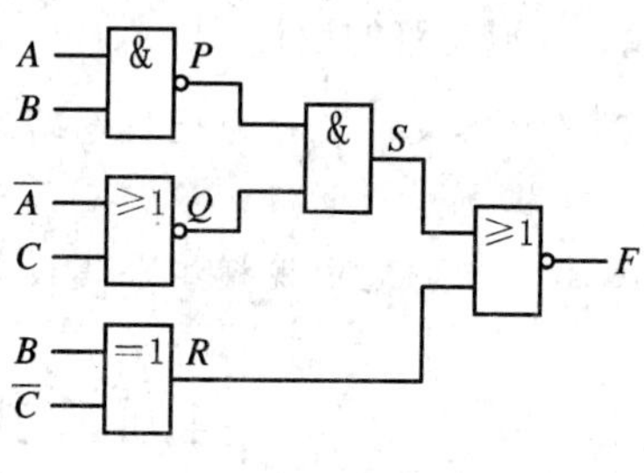

图 4－3　例 2 逻辑图

第二步：列真值表，如表 4－2 所示。

第三步：功能描述。由真值表可看出，这就是一个二变量的异或电路。

第四步：改进设计。卡诺图如图 4－4 所示。由重新化简可以看出，原电路设计不合理，应改进，用一个异或门即可。

表 4-2 例 2 真值表

ABC	$AB\bar{C}$	$\bar{A}B\bar{C}$	$\bar{A}\bar{B}C$	$\bar{B}C$	F
000	0	0	0	0	0
001	0	0	1	1	1
010	0	1	0	0	1
011	0	0	0	0	0
100	0	0	0	0	0
101	0	0	0	0	1
110	1	0	0	0	1
111	0	0	0	0	0

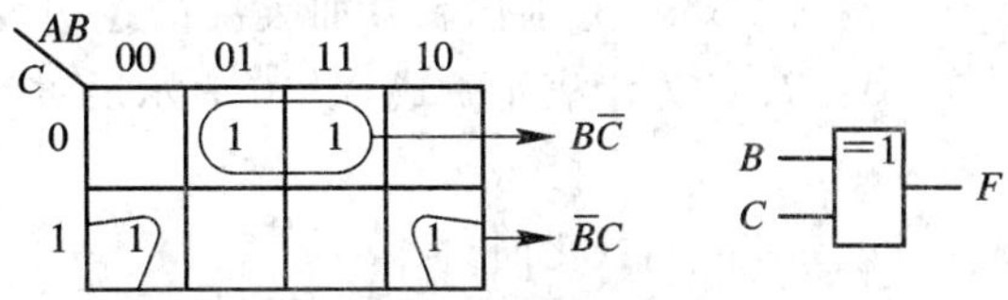

图 4-4 例 2 化简后重新设计的逻辑图

［例 3］ 分析图 4-5 所示电路。

解 由图可得

$$P = A \oplus B = A\bar{B} + \bar{A}B$$

$$\begin{aligned} S &= P \oplus C_i = (A\bar{B} + \bar{A}B) \oplus C_i \\ &= \overline{(A\bar{B} + \bar{A}B)}C_i + (A\bar{B} + \bar{A}B)\bar{C}_i \\ &= ABC_i + \bar{A}\bar{B}C_i + A\bar{B}\bar{C}_i + \bar{A}B\bar{C}_i \qquad (1) \end{aligned}$$

$$Q = \overline{PC_i} = \overline{(\bar{A}B + A\bar{B})C_i} \qquad R = \overline{AB}$$

$$\begin{aligned} C_{i+1} &= \overline{QR} = \overline{\overline{(\bar{A}B + A\bar{B})C_i} \cdot \overline{AB}} \\ &= (\bar{A}B + A\bar{B})C_i + AB \\ &= \bar{A}BC_i + A\bar{B}C_i + AB \qquad (2) \end{aligned}$$

由式(1)和式(2)列出真值表如表 4-3 所示。由真值表可看出这是两个一位二进制的加法电路。A 为被加数，B 为加数，C_i 为低位向本位的进位位。S 为三位相加的和数，C_{i+1} 是本位向高位的进位位。该电路又称为全加器。

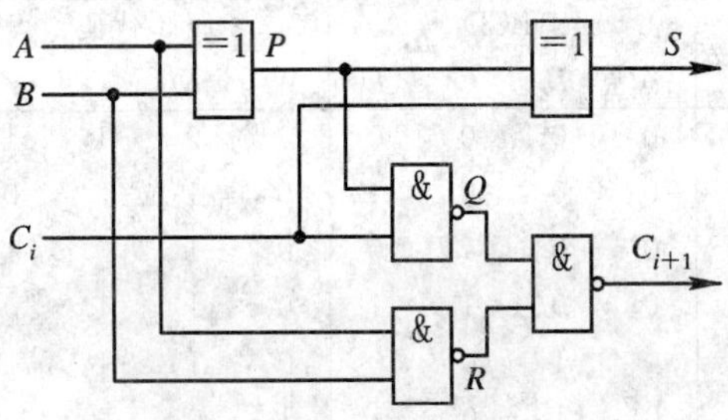

图 4-5 例 3 图

表 4-3 例 3 真值表

ABC_i	S	C_{i+1}
000	0	0
001	1	0
010	1	0
011	0	1
100	1	0
101	0	1
110	0	1
111	1	1

4.2 组合逻辑电路的设计

电路设计的任务就是根据功能设计电路。一般按如下步骤进行：

(1) 将文字描述的逻辑命题变换为真值表，这是十分重要的一步。作出真值表前要仔细分析解决逻辑问题的条件，作出输入、输出变量的逻辑规定，然后列出真值表。

(2) 进行函数化简，化简形式应依据选择什么门而定。

(3) 根据化简结果和选定的门电路，画出逻辑电路。

［例 4］ 设计三变量表决器，其中 A 具有否决权。

解 第一步：列出真值表。

设 A、B、C 分别代表参加表决的逻辑变量，F 为表决结果。对于变量我们作如下规定：A、B、C 为 1 表示赞成，为 0 表示反对。$F=1$ 表示通过，$F=0$ 表示被否决。真值表如表 4-4 所示。

第二步：函数化简。

我们选用与非门来实现。画出卡诺图，其化简过程如图 4-6(a)所示，逻辑电路如图 4-6(b)所示。

$$F=AB+AC=\overline{\overline{AB}\cdot\overline{AC}}$$

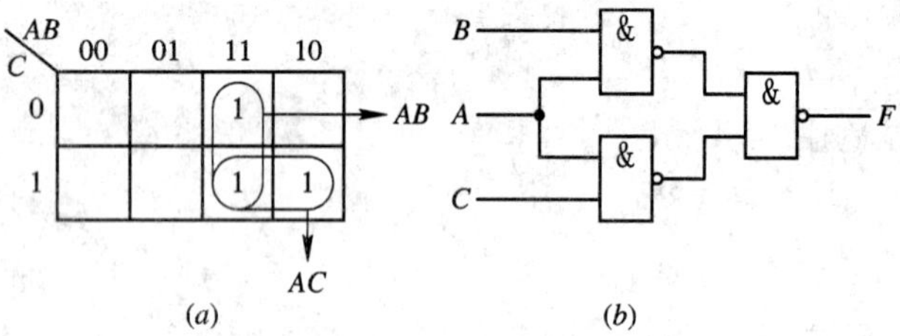

图 4-6 例 4 化简过程及逻辑图

表 4-4 例 4 真值表

A	B	C	F
0	0	0	0
0	0	1	0
0	1	0	0
0	1	1	0
1	0	0	0
1	0	1	1
1	1	0	1
1	1	1	1

［例 5］ 设计一个组合电路，将 8421BCD 码变换为余 3 代码。

解 这是一个码制变换问题。由于均是 BCD 码，故输入输出均为四个端点，其框图如图 4-7 所示。按两种码的编码关系，得真值表如表 4-5 所示。

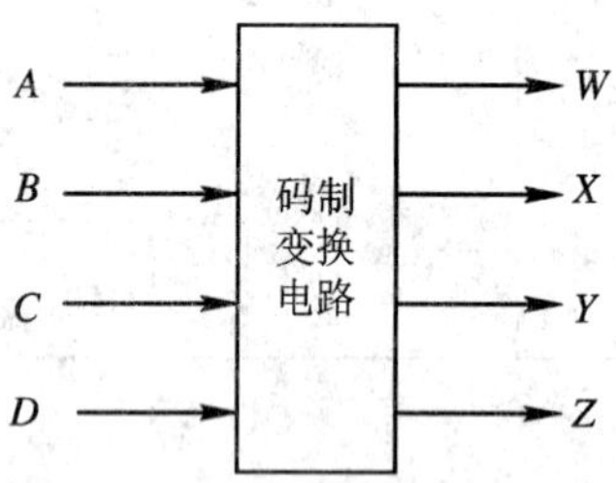

图 4-7 码制变换电路框图

表 4-5 8421BCD 码变换为余 3 代码的真值表

十进制数	8421BCD 码				余 3 代码			
	A	B	C	D	W	X	Y	Z
0	0	0	0	0	0	0	1	1
1	0	0	0	1	0	1	0	0
2	0	0	1	0	0	1	0	1
3	0	0	1	1	0	1	1	0
4	0	1	0	0	0	1	1	1
5	0	1	0	1	1	0	0	0
6	0	1	1	0	1	0	0	1
7	0	1	1	1	1	0	1	0
8	1	0	0	0	1	0	1	1
9	1	0	0	1	1	1	0	0
10	1	0	1	0	×	×	×	×
11	1	0	1	1	×	×	×	×
12	1	1	0	0	×	×	×	×
13	1	1	0	1	×	×	×	×
14	1	1	1	0	×	×	×	×
15	1	1	1	1	×	×	×	×

由于 8421BCD 码不会出现 1010～1111 这六种状态，故当输入出现这六种状态时，输出视为无关项。化简过程如图 4－8 所示。图 4－9 是转换电路的逻辑图，化简函数为：

$$W = A + BC + BD = \overline{\overline{A}\cdot\overline{BC}\cdot\overline{BD}} = \overline{\overline{A}\cdot\overline{B\,\overline{\overline{C}\,\overline{D}}}}$$

$$X = \overline{B}C + \overline{B}D + B\overline{C}\,\overline{D} = \overline{B}(C+D) + B\overline{C}\,\overline{D} = \overline{B}\,\overline{\overline{C}\,\overline{D}} + B\overline{C}\,\overline{D} = B \oplus \overline{\overline{C}\,\overline{D}}$$

$$Y = CD + \overline{C}\,\overline{D} = \overline{C} \oplus D$$

$$Z = \overline{D}$$

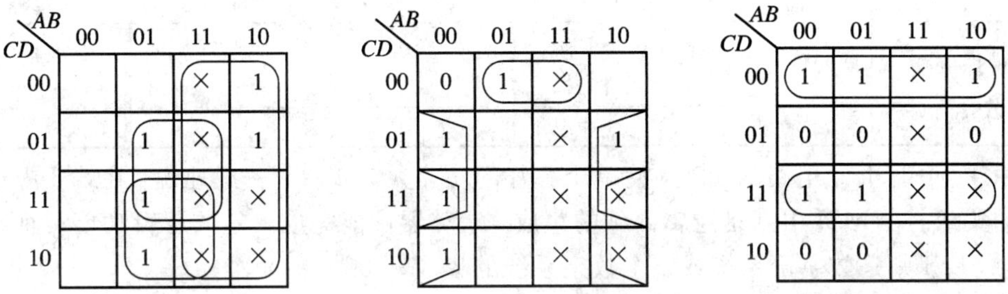

$W=A+BC+BD$　　$X=\overline{B}C+\overline{B}D+B\overline{C}\overline{D}$　　$Y=CD+\overline{C}\overline{D}$

图 4－8　例 5 化简过程

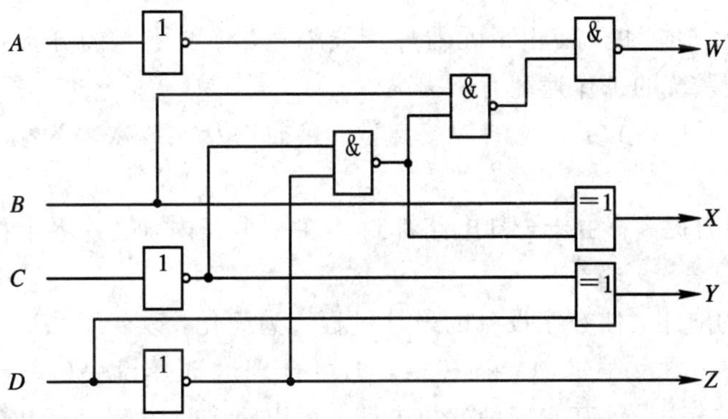

图 4－9　例 5 逻辑图

由真值表可看出 $Z=\overline{D}$，不需化简。

码制变换电路种类很多，除了上例所讲的外，诸如余 3 代码变换为 8421BCD 码，二进制与循环码的互换等，其方法和思路与例 5 相似。

4.3　常用中规模组合逻辑部件的原理和应用

常用组合逻辑部件品种较多，主要有全加器、译码器、编码器、多路选择器、多路分配器、数据比较器和奇偶检验电路等。随着集成技术的发展，在一个基片上集成的电子元件数目愈来愈多。根据每个基片上包含电子元器件数目的不同，集成电路分为小规模集成电路(SSI，Small Scale Integration)、中规模集成电路(MSI，Medium Scale Integration)、大规模集成电路(LSI，Large Scale Integration)及超大规模集成电路(VLSI，Very Large Scale Integration；SLSI，Super Large Scale Integration)。目前划分大、中、小规模的标准大致如表 4－6 所示。

表 4-6 集成电路的划分

规模 / 种类	SSI	MSI	LSI	VLSI	SLSI
双极性数字电路	10 门/片以下	10～100 门/片	100～1000 门/片	1000～10 000 门/片	10 000 门/片以上
MOS-FET	100 元件/片以下	100～1000 元件/片	1000～10 000 元件/片	10 000～100 000 元件/片	100 000 元件/片以上
模拟电路	50 元件/片以下	50～100 元件/片			
存储器		256 位/片以下			

由于 MSI、LSI 电路的出现，使单个芯片的功能大大提高。一般地说，在 SSI 中仅仅是器件的集成；在 MSI 中则是逻辑部件的集成，这类器件能完成一定的逻辑功能；而 LSI 和 VLSI、SLSI 则是数字子系统或整个数字系统的集成。

MSI、LSI 与 SSI 相比，具有如下一些优点：

(1) 体积缩小。如在通信、测量、控制等设备中用 MSI、LSI 代替 SSI，可使整机体积大大缩小。

(2) 功耗降低，速度提高。由于元器件连线缩短，连线引起的分布电容及电感的影响减小，因而使整个系统的工作速度有所提高。

(3) 提高了可靠性。由于系统的焊接点数、接插件及连线数大为减少，因此系统有较高的可靠性。

(4) 抗干扰能力提高。由于全部电路都封装在一个壳内，故外界干扰相对而言也就不严重了。

MSI 和 LSI 的应用，使数字设备的设计过程大为简化，改变了用 SSI 进行设计的传统方法。在有了系统框图及逻辑功能描述后，即可合理地选择模块(即选择适当的 MSI 和 LSI)，再用传统的方法设计其它辅助连接电路。可以对多种方案进行比较，最后以使用集成电路块的总数最少，作为技术、经济的最佳指标。运用 MSI 和 LSI 来设计数字系统，还没有一种简单的可适用于任何情况的统一规范可循，故设计的方法可以是多种多样的。设计的好坏关键在于对 MSI 和 LSI 功能的了解程度。

正由于 MSI 和 LSI 设计数字系统具有上述的优点，所以，人们已不再单纯地用 SSI 电路来组成复杂的数字系统，而是更多地考虑使用 MSI 和 LSI 组成相应的数字系统。

这一节主要介绍常用的组合逻辑部件，它们目前均有 MSI 产品。通过本节的学习，应当对这一类器件性质有所了解，并会正确应用它们进行数字电路的设计。

设计 MSI 时应考虑如下问题：

(1) 具有通用性——一个功能部件块可实现多种功能；

(2) 能自扩展——将多个功能部件适当连接后，可扩展成位数更多的复杂部件；

(3) 具有兼容性——便于不同品种、功能电路混合使用；

(4) 封装电路的功耗小——便于提高集成度和电路的可靠性；

(5) 向输入信号索取电流小——为此，MSI 常常采用输入缓冲级；

(6) 充分利用封装的引线——可增强电路功能及通用性。

4.3.1　半加器与全加器

数字系统的基本任务之一是进行算术运算。而在系统中加、减、乘、除均是利用加法来进行的，所以加法器便成为数字系统中最基本的运算单元。在数字设备中都是采用二进制数，而二进制运算可以用逻辑运算来表示。所以，可以用逻辑设计的方法来完成运算电路的设计。

1. 半加器设计

不考虑低位来的进位的加法，称为半加。最低位的加法就是半加。完成半加功能的电路为半加器。半加器有两个输入端，分别为加数 A 和被加数 B；输出也是两个，分别为和数 S 和向高位的进位位 C_{i+1}。其方框图如图 4-10 所示，真值表如表 4-7 所示。从真值表可得函数表达式

$$S=\overline{A}B+A\overline{B}$$

$$C_{i+1}=AB$$

其逻辑电路如图 4-11 所示，它是由异或门和与门组成的。当然也可用与非门组成。

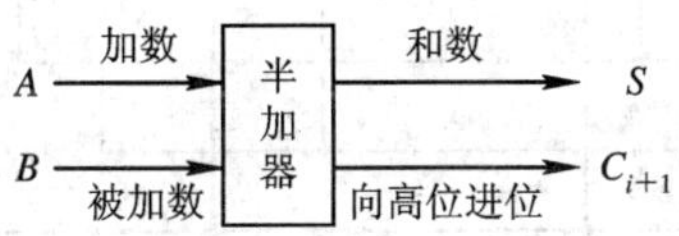

图 4-10　半加器框图

表 4-7　半加器真值表

A	B	S	C_{i+1}
0	0	0	0
0	1	1	0
1	0	1	0
1	1	0	1

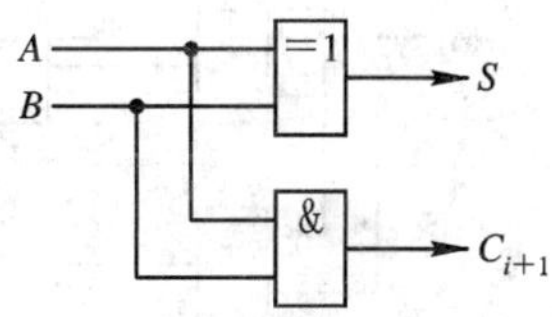

图 4-11　半加器逻辑图

2. 全加器设计

除了最低位，其它位的加法需考虑低位向本位的进位。考虑低位来的进位位的加法称为全加。完成全加功能的电路称为全加器，它具有三个输入端和两个输出端。其方框图和真值表分别如图 4-12、表 4-8 所示。

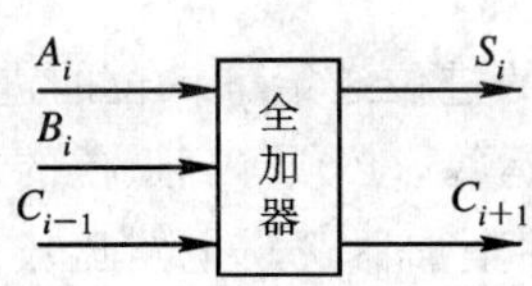

图 4-12　全加器框图

表 4-8　全加器真值表

A_i	B_i	C_{i-1}	S_i	C_{i+1}
0	0	0	0	0
0	0	1	1	0
0	1	0	1	0
0	1	1	0	1
1	0	0	1	0
1	0	1	0	1
1	1	0	0	1
1	1	1	1	1

由真值表可以看出，和函数 S_i 就是奇数电路，即输入变量为奇数个 1 时 S_i 为 1，否则为 0。进位函数就是一个三变量的多数表决器。两者合起来，就组成一个全加器，但这不是最佳方案。采用异或电路或者用与或非门电路较简单。

由真值表写出逻辑函数式再加以变换可得上述两种电路。函数变换过程如下：

$$S_i = \overline{A}_i\,\overline{B}_i C_{i-1} + \overline{A}_i B_i \overline{C}_{i-1} + A_i \overline{B}_i\,\overline{C}_{i-1} + A_i B_i C_{i-1}$$
$$= (\overline{A}_i B_i + A_i \overline{B}_i)\,\overline{C}_{i-1} + (\overline{A}_i\,\overline{B}_i + A_i B_i)C_{i-1}$$
$$= (A_i \oplus B_i)\,\overline{C}_{i-1} + \overline{A_i \oplus B_i}C_{i-1} = A_i \oplus B_i \oplus C_{i-1}$$
$$C_{i+1} = A_i \overline{B}_i C_{i-1} + \overline{A}_i B_i C_{i-1} + A_i B_i \overline{C}_{i-1} + A_i B_i C_{i-1}$$
$$= (A_i \overline{B}_i + \overline{A}_i B_i)C_{i-1} + A_i B_i = (A_i \oplus B_i)C_{i-1} + A_i B_i$$

由式 S_i、C_{i+1}组成的逻辑电路如图 4－13 所示。

为获得与或非表达式，我们先求出$\overline{S}_i$ 和$\overline{C}_{i+1}$，然后求反即得与或非表达式。

$$\overline{S}_i = \overline{A}_i\,\overline{B}_i\,\overline{C}_{i-1} + \overline{A}_i B_i C_{i-1} + A_i \overline{B}_i C_{i-1} + A_i B_i \overline{C}_{i-1}$$
$$\overline{C}_{i+1} = \overline{A}_i\,\overline{B}_i + \overline{B}_i\,\overline{C}_{i-1} + \overline{A}_i\,\overline{C}_{i-1}$$

其逻辑图如图 4－14 所示。

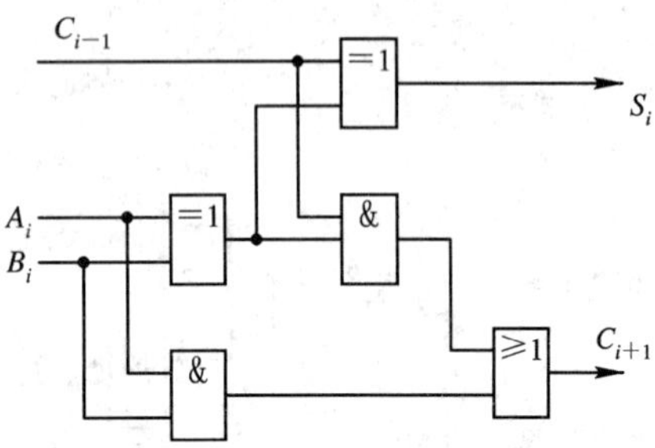

图 4－13　用异或门构成全加器

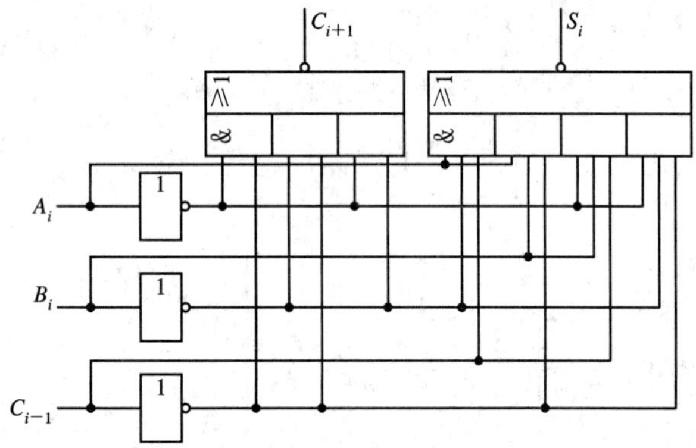

图 4－14　用与或非门组成全加器

3. 多位二进制加法

要实现两个 n 位二进制相加时，可用 n 位全加器，其进位方式有两种，即串行进位和超前进位。目前生产的集成四位全加器，两种进位方式均存在。74LS83 为四位串行进位加法器，74LS283 为超前进位四位加法器。

1）串行进位

如图 4－15 所示为四位串行进位加法器。每一位的进位送给下一位的进位输入端(图中 CI 为进位输入端，CO 为进位输出端)。高位的加法运算，必须等到低位的加法运算完成之后才能正确进位。这种进位方式称为串行进位。这种全加器逻辑电路比较简单，但运算速度较慢，主要在一些中低速数字设备中采用。

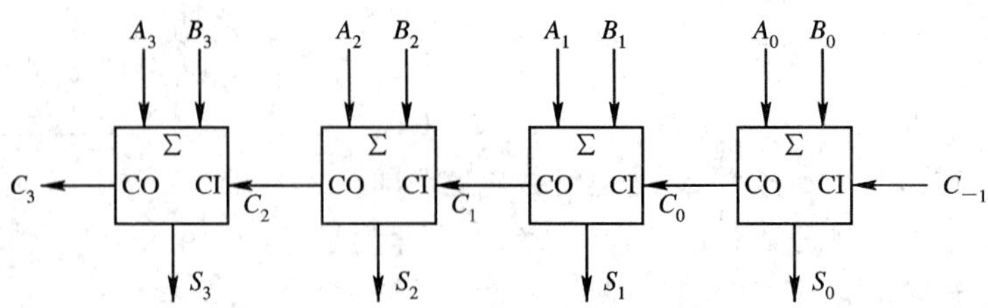

图 4－15　四位串行进位加法器

*2）超前进位

如图 4 - 15 所示为四位串行进位加法器，为了提高运算速度可采用超前进位方式，这种方式，各级进位都可同时产生，这样每位加法不必等待低位运算结果，故提高了速度。超前进位的概念介绍如下。

前面我们已经得到全加器的表达式为

$$S_i = A_i \oplus B_i \oplus C_{i-1}$$
$$C_i = A_iB_i + (A_i \oplus B_i)C_{i-1}$$

令 $G_i = A_iB_i$，称为进位产生函数；$P_i = A_i \oplus B_i$，称为进位传输函数。将其代入 S_i，C_i 表达式中得递推公式

$$S_i = P_i \oplus C_{i-1}$$
$$C_i = G_i + P_iC_{i-1}$$

这样可得各位进位信号的逻辑表达式如下：

$$C_0 = G_0 + P_0C_{-1}$$
$$C_1 = G_1 + P_1C_0 = G_1 + P_1G_0 + P_1P_0C_{-1}$$
$$C_2 = G_2 + P_2C_1 = G_2 + P_2G_1 + P_2P_1G_0 + P_2P_1P_0C_{-1}$$
$$C_3 = G_3 + P_3C_2 = G_3 + P_3G_2 + P_3P_2G_1 + P_3P_2P_1G_0 + P_3P_2P_1P_0C_{-1}$$

据此概念构成的集成四位加法器 74LS283 的逻辑图和引脚图如图 4 - 16 所示。

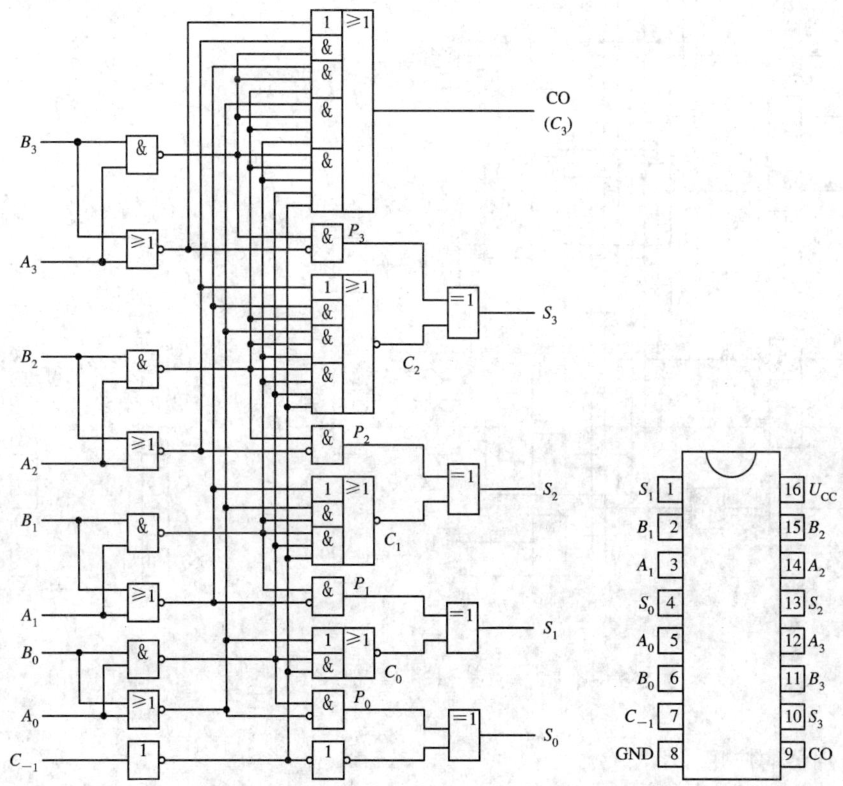

图 4 - 16　74LS283 逻辑图与引脚图

（a）逻辑图；（b）引脚图

图 4－16 中 $S_0 \sim S_3$ 表达式可经变换化简而得，以 S_1 为例，

$$
\begin{aligned}
S_1 &= P_1 \oplus C_0 \\
&= P_1 \oplus (G_0' + P_0 C_{-1}) \\
&= A_1 \oplus B_1 \oplus [A_0 B_0 + (A_0 \overline{B}_0 + \overline{A}_0 B_0) C_{-1}] \\
&= A_1 \oplus B_1 \oplus (A_0 B_0 + A_0 C_{-1} + B_0 C_{-1}) \\
&= A_1 \oplus B_1 \oplus \overline{\overline{\overline{A_0 B_0} \cdot \overline{C_{-1}} + \overline{A_0 + B_0}}}
\end{aligned}
$$

同时也可得 S_0、S_2 和 S_3 的表达式。

由于 74LS283 采用了超前进位，故 10 ns 便可产生进位输出信号 CO(即 C_3)。但利用 74LS283 级联扩展成八位或多于八位的二进制加法器时，片间仍然是串行进位，影响了运行速度。此时也可在片间采用超前进位，为此产生了集成超前进位产生器 74LS182。在 74LS283 进行级联扩展时，其各片的进位也是超前进位。这样既扩充了位数，又保持了较高的运行速度，而且使电路又不太复杂。

74LS182 逻辑图及引脚图如图 4－17 所示。

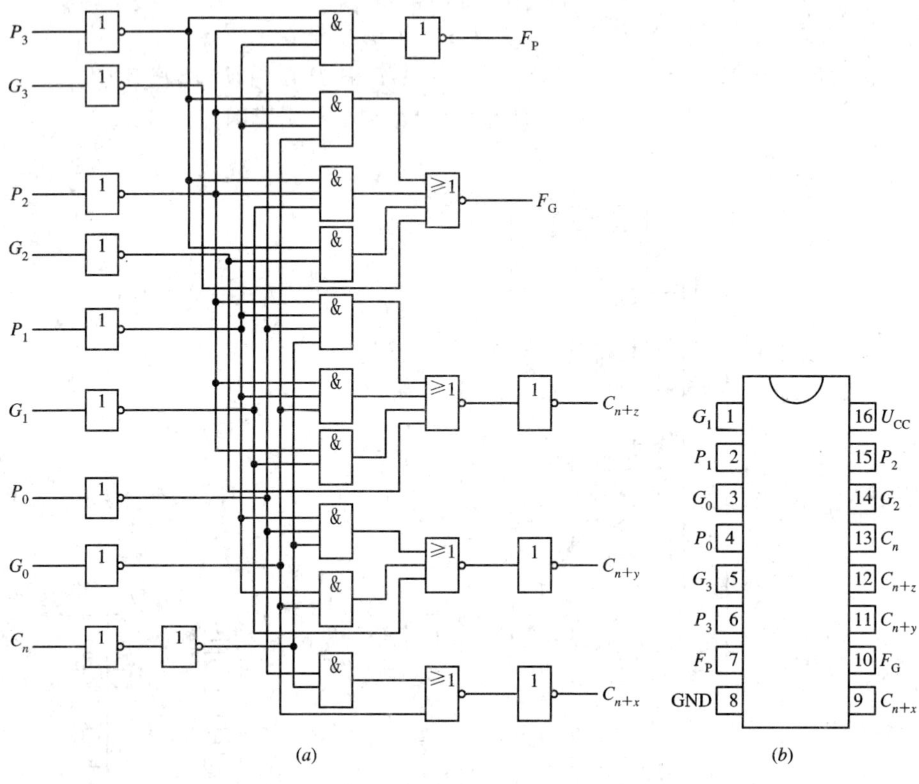

图 4－17　74LS182 逻辑图及引脚图

(a) 逻辑图；(b) 引脚图

4. 全加器的应用

全加器除了可作为二进制的加法运算外，还可用于其它方面，如二进制的减法运算、乘法运算，BCD 码的加、减法，码组变换，数码比较，奇偶检验等。随着对器件功能的进一步认识、掌握，它的应用范围还会扩大。

［**例 6**］ 试用全加器构成二进制减法器。

解 利用“加补”的概念，即可将减法用加法来实现，图 4-18 即为全加器完成减法功能的电路。

1）补码的概念

在实际生活中利用“加补”实现减法的例子很多，如钟表的时间调整，现在是三点，但钟表已跑到六点，如何调到三点？可采用两种方法：倒拨，即采用减法：6－3＝3，如图 4-18(*a*)所示；也可以顺拨，即采用加法：6＋9＝15，于是有

$$6-3 \Rightarrow 6+9=15=12+3$$

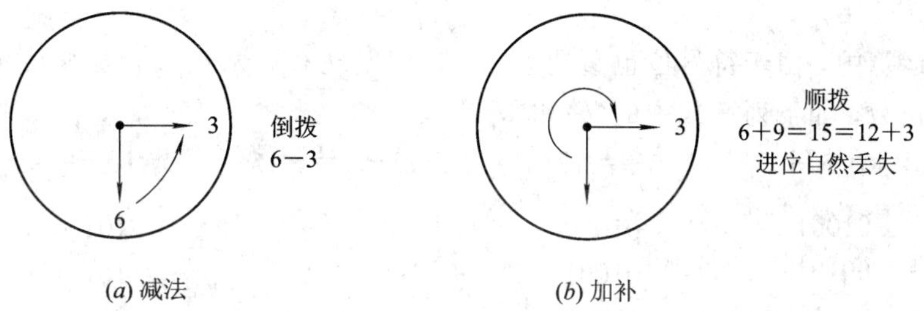

图 4-18 全加器实现二进制减法电路

如图 4-18(*b*)所示，进位位(钟表是十二进制)自然丢失，9 就是(－3)的补码。

补码的定义：

正数：补码＝原码

负数：进位制－|负数|

如四位二进制 0111 的补码的求出过程如下：四位二进制是十六进制，故 0111 的补码是

$$10000-0111=1001$$

2）符号数

数学上表示正数用“＋”表示，负数用“－”表示，在数字系统中在数码前加符号位，用“0”表示正数；用“1”表示负数。即

$$+7=+0111=00111 \qquad -7=-0111=10111$$

带符号位的数称为符号数。

前述负数求补码是用“进位制－|负数|”，仍然要用减法。这样采用加补就无意义。但对于二进制而言，可以采用逻辑运算和加法完成求补。其方法是：符号位不变，数据位逐位取反再加 1。

如求＋7＝00111 和－7＝10111 的补码，正数补码等于原码，即

$$+7=00111 \xrightarrow{\text{补码}} 00111$$

负数补码为取反加 1，即

$$-7=10111 \xrightarrow{\text{数据位取负}} 11000 \xrightarrow{+1} 11001$$

3）补码运算

利用补码运算过程如下：将参与运算的数求其补码，符号位也参加运算，其结果也是补码。如果结果是正数，运算结果可直接读出；如果运算结果是负数，应将该负数再求其补码，还原成原码，才能读出正确结果。如求：

$3+7=?\qquad 3-7=?$

$$3 \xrightarrow{\text{符号数}} 00011 \xrightarrow{\text{求补码}} 00011$$

$$7 \rightarrow 00111 \xrightarrow{\text{求补码}} 00111$$

$$-7 \rightarrow 10111 \xrightarrow{X\text{求补码}} 11001$$

$$\begin{array}{rl} 00011 & \cdots 3 \\ +\ 00111 & \cdots 7 \\ \hline 01010 & \cdots 10 \end{array} \qquad \begin{array}{rl} 00011 & \\ +\ 11001 & \\ \hline 11100 & \xrightarrow{\text{求补码}} \end{array} \begin{array}{l} \cdots 3 \\ \cdots 7 \\ 10100\ \cdots 4 \end{array} \quad 3-7=-4$$

4）溢出的判断

在补码运算中，由于符号位也参加运算，我们发现有时两正数相加变成负数；或两负数相加变成正数，如下列算式中的(*b*)和(*d*)。

$$\begin{array}{cccc} 9+5=14 & 8+9=17 & -11-4=-15 & -10-9=-19 \\ \begin{array}{r} 01001 \\ +\ 00101 \\ \hline 01110 \end{array} & \begin{array}{r} 01000 \\ +\ 01001 \\ \hline 10001 \end{array} & \begin{array}{r} 10101 \\ +\ 11100 \\ \hline 10001 \end{array} & \begin{array}{r} 10110 \\ +\ 10111 \\ \hline 01101 \end{array} \\ (a) & (b) & (c) & (d) \end{array}$$

产生的原因是四位二进制数最大可表示 15，而(*b*)、(*d*)两结果均超出了四位二进制数可表示的范围，我们称之为溢出。仔细观察上述四个运算的实例，不难发现如何判断溢出。符号位和数据的最高位均不产生进位(如(*a*))或均产生进位(如(*c*))，结果正确；而符号位无进位，数据的最高位产生进位(如(*b*))，或符号位产生进位，数据的最高位不产生进位(如(*d*))，结果错误，即产生溢出。故在实际电路对符号位的进位位和数据的最高位的进位位(C_{j-1})进位异或即可，

$$C_j \oplus C_{j-1}=0 \quad \text{结果正确}$$

$$C_j \oplus C_{j-1}=1 \quad \text{产生溢出}$$

5）全加器实现四位二进制的减法电路

如减数 $B_3B_2B_1B_0$，被减数 $A_3A_2A_1A_0$，另增加一个一位二进制加法器，进位符号位 A_4B_4 的运算，如图 4－19 所示。

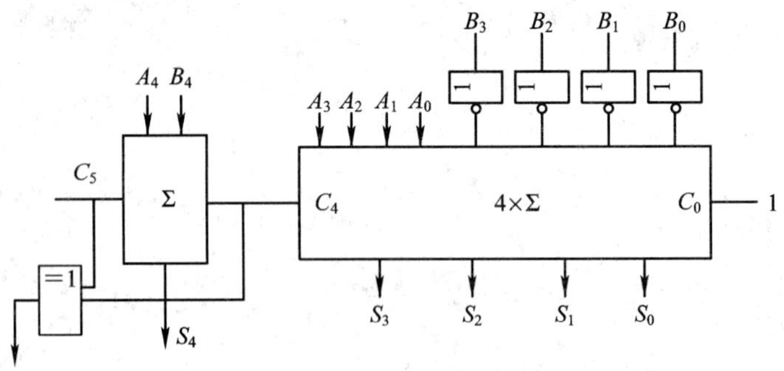

图 4－19　利用全加器实现二进制减法

［例 7］　试用全加器完成二进制的乘法功能。

解　以两个二进制数相乘为例。乘法算式如下：

$$A = A_1A_0 \qquad\qquad B = B_1B_0$$

$$P = (A_1A_0) \times (B_1B_0)$$

$$\begin{array}{rrrr}
 & & A_1 & A_0 \\
 & \times & B_1 & B_0 \\
\hline
 & & A_1B_0 & A_0B_0 \\
+ & A_1B_1 & A_0B_1 & \\
\hline
P_3 & P_2 & P_1 & P_0
\end{array}$$

$$P_0 = A_0B_0$$

$$P_1 = A_1B_0 + A_0B_1$$

$$P_2 = A_1B_1 + C_1$$

$$P_3 = C_2$$

C_1 为 $A_1B_0+A_0B_1$ 的进位位，C_2 为 $A_1B_1+C_1$ 的进位位，按上述 P_0、P_1、P_2、P_3 的关系可构成图 4 - 20。

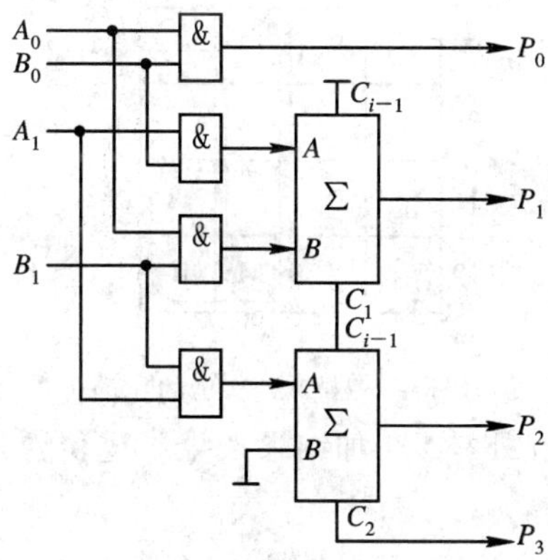

图 4 - 20　利用全加器实现二进制的乘法

[例 8]　试用四位全加器构成一位 8421BCD 码的加法电路。

解　两个 8421BCD 码相加，其和仍应为 8421BCD 码，如不是 8421BCD 码则结果错误。如

$$\begin{array}{r} 4 \\ +\quad 3 \\ \hline 7 \end{array} \quad \rightarrow \quad \begin{array}{r} 0100 \\ +\quad 0011 \\ \hline 0111 \end{array}$$

(0111)是 8421BCD 码的 7，结果正确。

$$\begin{array}{r} 8 \\ +\quad 6 \\ \hline 14 \end{array} \quad \rightarrow \quad \begin{array}{r} 1000 \\ +\quad 0110 \\ \hline 1110 \end{array}$$

(1110)不是 8421BCD 码，结果错误。

$$\begin{array}{r} 8 \\ +\quad 9 \\ \hline 17 \end{array} \quad \rightarrow \quad \begin{array}{r} 1000 \\ +\quad 1001 \\ \hline 10001 \end{array}$$

(10001)不是 8421BCD 码，结果错误。

产生错误的原因是 8421BCD 码为十进制，逢十进一，而四位二进制是逢十六进一，二者进位关系不同，当和数大于 9 时，8421BCD 应产生进位，而十六进制还不可能产生进位。为此，应对结果进行修正。当运算结果小于等于 9 时，不需修正或加"0"，但当结果大于 9 时，应修正让其产生一个进位，加 0110 即可。如上述后两种情况：

$$\begin{array}{r} 1110 \\ +\ 0110 \\ \hline 10100 \end{array} \quad \text{两位 8421BCD 码，正好是 14}$$

$$\begin{array}{r} 10001 \\ +\ 0110 \\ \hline 10111 \end{array} \quad \text{两位 8421BCD 码，正好是 17}$$

故修正电路应含一个判 9 电路，当和数大于 9 时对结果加 0110，小于等于 9 时加 0000。

大于 9 的数是最小项的 m_{10}、m_{11}、m_{12}、m_{13}、m_{14}、m_{15}，其关系如图 4－21 所示。

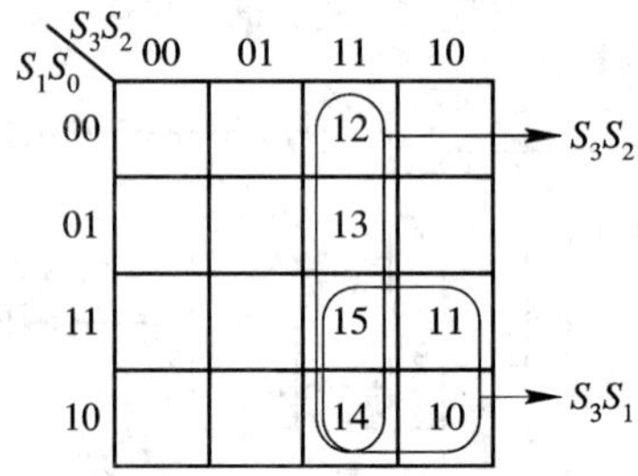

图 4－21 大于 9 的化简

除了上述大于 9 时的情况外，如相加结果产生了进位位，其结果必定大于 9，所以大于 9 的条件为

$$F = C_4 + S_3S_2 + S_3S_1 = \overline{\overline{C_4} \cdot \overline{S_3S_2} \cdot \overline{S_3S_1}}$$

由此得到具有修正电路的 8421BCD 码加法电路，如图 4－22 所示。

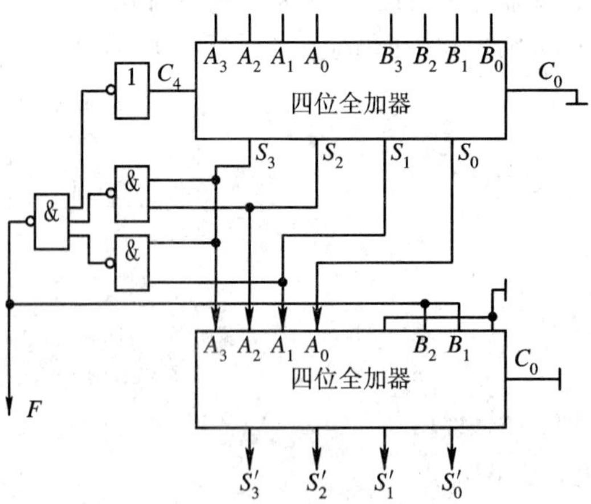

图 4－22 一位 8421BCD 码加法器电路图

［例 9］ 试采用四位全加器完成 8421BCD 码到余 3 代码的转换。

解　由于 8421BCD 码加 0011 即为余 3 代码，所以其转换电路就是一个加法电路，如图 4-23 所示。

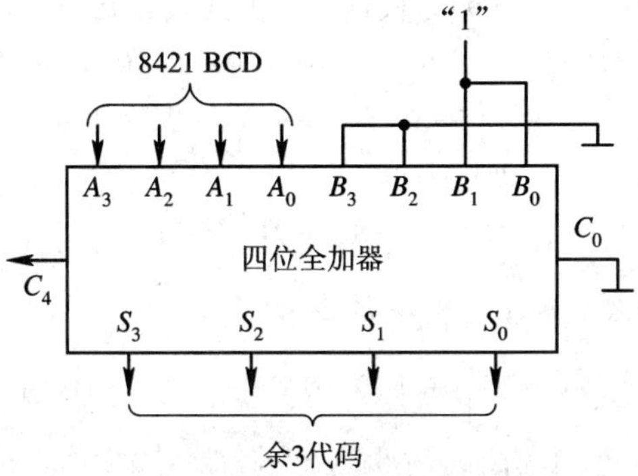

图 4-23　用全加器构成 8421BCD 码到余 3 代码的转换电路

［**例 10**］　利用集成全加器 74CS83 组成一个可控电路。当 $C=0$ 时，将输入两位 8421BCD 码转换为一位余 3BCD 码输出；当 $C=1$ 时，将一位输入余 3BCD 码转换为一位 8421BCD 码输出。

解　凡是可以归结为加某一个数或减某一个数均可用全加器完成。

$C=0$　8421BCD 码→余 3BCD 码

余 3BCD 码与 8421BCD 码关系如下：

余 3BCD 码＝8421BCD 码＋0011

$C=1$　余 3BCD 码→8421BCD 码

8421BCD 码与余 3BCD 码关系如下：

8421BCD 码＝余 3BCD 码－0011 码＝余 3BCD 码＋(－0011)的补码

求－0011 的补码，通过逐位取反加 1，求得 1101。

逐位取反，可将 0011 加至四个反相器，加 1 可通过全加器输入进位 C_0 实现。

但 $C=0$ 要求 0 为 00011；$C=1$ 时，要求对 0011 逐位取反，这可通过异或电路实现

$$0\oplus A=A \qquad 1\oplus A=\overline{A}$$

这样，转换电路如图 4-24 所示。

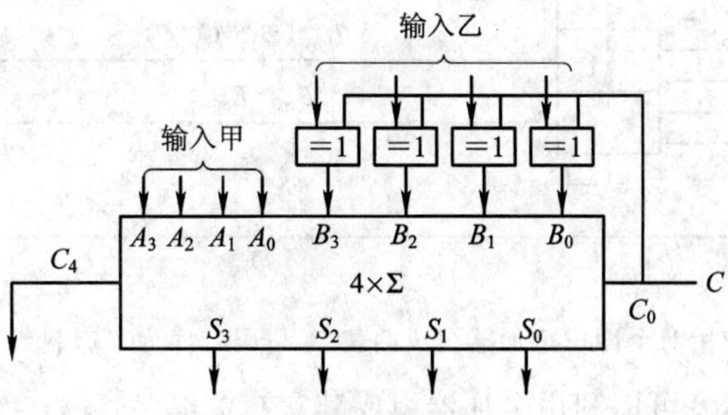

图 4-24　8421BCD 码和余 3BCD 码互相转换电路

［**例 11**］　用全加器实现 BCD/B 的变换。

解　现以两位 8421BCD 码转换为二进制码为例，设十位数的 8421BCD 码为 B_{80}、B_{40}、

B_{20}、B_{10}，个位数的 BCD 码为 B_8、B_4、B_2、B_1，则两位十进制数的 8421BCD 码为

$$D = B_{80}\ B_{40}\ B_{20}\ B_{10}\ B_8\ B_4\ B_2\ B_1$$

式中 B 为二进制的数符(0, 1)；下标为权值。将上式按权展开，则

$$D = B_{80} \times 80 + B_{40} \times 40 + B_{20} \times 20 + B_{10} \times 10 + B_8 \times 8 + B_4 \times 4 + B_2 \times 2 + B_1 \times 1$$

为找出与二进制数的关系，将上式整理得

$$\begin{aligned} D &= B_{80} \times (64+16) + B_{40} \times (32+8) + B_{20} \times (16+4) + B_{10} \times (8+2) \\ &\quad + B_8 \times 8 + B_4 \times 4 + B_2 \times 2 + B_1 \times 1 \\ &= B_{80} \times 2^6 + B_{40} \times 2^5 + (B_{80} + B_{20}) \times 2^4 + (B_{40} + B_{10} + B_8) \times 2^3 \\ &\quad + (B_{20} + B_4) \times 2^2 + (B_{10} + B_2) \times 2^1 + B_1 \times 2^0 \end{aligned}$$

考虑低位相加时会向高位产生进位位，2^n 前的系数有如下关系：

$$D = D_6 2^6 + D_5 2^5 + D_4 2^4 + D_3 2^3 + D_2 2^2 + D_1 2^1 + D_0 2^0$$

其中：$D_0 = B_1$

$D_1 = B_{10} + B_2$　　产生进位位 C_1

$D_2 = B_{20} + B_4 + C_1$　　产生进位位 C_2

$D_3 = B_{40} + B_{10} + B_8 + C_2$　　产生进位位 C_3' 和 C_3''

$D_4 = B_{80} + B_{20} + C_3' + C_3''$　　产生进位位 C_4' 和 C_4''

$D_5 = B_{40} + C_4' + C_4''$　　产生进位位 C_5

$D_6 = B_{80} + C_5$

根据上述关系，可以画出逻辑电路图，如图 4－25 所示。

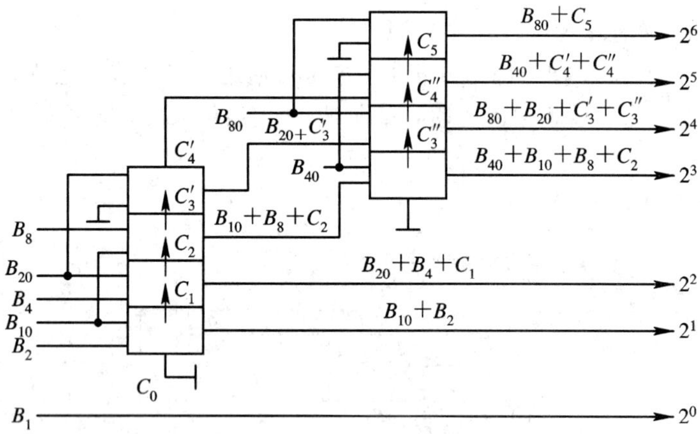

图 4－25　用两个四位全加器组成两位 BCD 码转换为二进制代码的电路图

根据上述例子，读者可以利用全加器组成其它有关电路。

4.3.2　编码器与译码器

在数字系统中，经常需要把具有某种特定含义的信号变换成二进制代码，这种用二进

制代码表示具有某种特定含义信号的过程称为编码。而把一组二进制代码的特定含义译出来的过程称为译码。下面介绍具体的编码和译码电路。

1. 编码器

一位二进制数可表示“0”和“1”两种状态，n 位二进制数则有 2^n 种状态。2^n 种状态能表示 2^n 个数据和信息。编码就是对 2^n 种状态进行人为的数值指定，给每一种状态指定一个具体的数值。例如三位二进制数有八种状态，可指定它们来表示 0～7 的数，也可指定它们表示 8 种特定的含义。显然，由于指定是任意的，故编码方案也是多种多样的。

对于二进制来说，最常用的是自然二进制编码，因为它有一定的规律性，便于记忆，同时也有利于电路的连接。

在进行编码器设计时，首先要人为指定数(或者信息)与代码的对应关系，我们常常采用编码矩阵和编码表。编码矩阵就是在相应的卡诺图上，指定每个方格代表某一自然数，将该自然数填入此方格。如将此对应关系用表格形式列出来就是编码表。实现编码的电路称为编码器。

[例 12] 把 0，1，2，…，7 这八个数编成二进制代码，其框图如图 4-26 所示。

解 显然这就是三位二进制编码器。

首先，确定编码矩阵和编码表，分别如图 4-27 和表 4-9 所示。

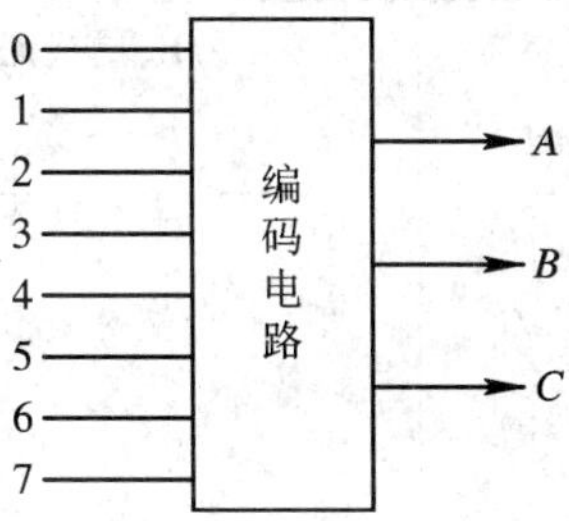

图 4-26 三位二进制编码方框图

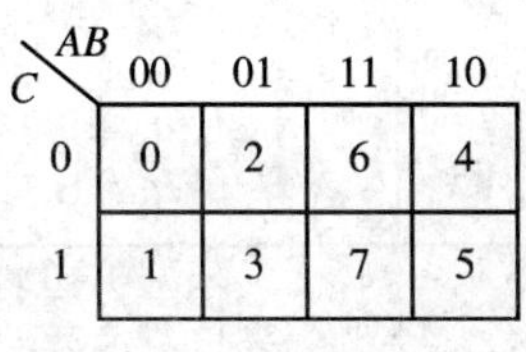

图 4-27 三位二进制代码编码矩阵

表 4-9 三位二进制编码表

自然数 N	二进制代码 A	B	C
0	0	0	0
1	0	0	1
2	0	1	0
3	0	1	1
4	1	0	0
5	1	0	1
6	1	1	0
7	1	1	1

然后，由编码表列出二进制代码每一位的逻辑表达式，如下所示：

$$A = 4 + 5 + 6 + 7$$

$$B = 2 + 3 + 6 + 7$$

$$C = 1 + 3 + 5 + 7$$

按此表达式可画出用或门组成的编码电路，如图 4-28 所示。

S 处于不同位置表示不同的自然数，对应 ABC 的输出，就表示对应该自然数的二进制编码。如 S 在位置 5，则它接高位，其它均接地，故 ABC=101。

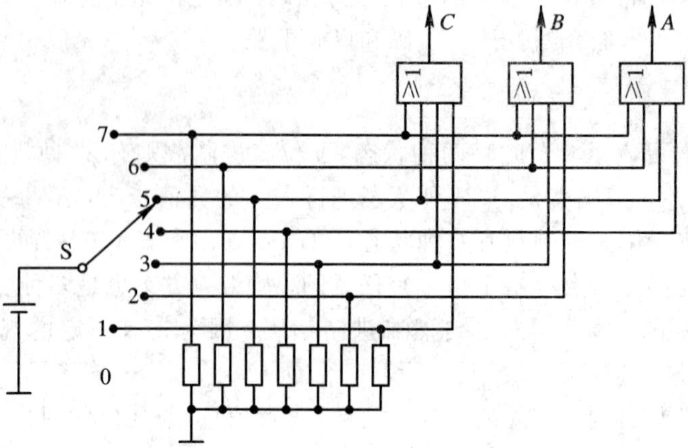

图 4-28　三位二进制编码器

［例 13］　将十进制数 0，1，2，…，9 编为 8421BCD 码。

解　10 个数要求用四位二进制数表示。而四位二进制有 16 种状态。从 16 种状态中选取 10 个状态，方案很多。我们以 8421BCD 码为例，其编码矩阵和编码表分别如图 4-29 和表 4-10 所示。

CD \ AB	00	01	11	10
00	0	4	×	8
01	1	5	×	9
11	3	7	×	×
10	2	6	×	×

图 4-29　8421BCD 编码矩阵

表 4-10　8421BCD 编码表

自然数 N	BCD 代码 A	B	C	D
0	0	0	0	0
1	0	0	0	1
2	0	0	1	0
3	0	0	1	1
4	0	1	0	0
5	0	1	0	1
6	0	1	1	0
7	0	1	1	1
8	1	0	0	0
9	1	0	0	1

各输出端函数表示式如下：

$$A = 8 + 9 = \overline{\bar{8} \cdot \bar{9}}$$

$$B = 4 + 5 + 6 + 7 = \overline{\bar{4}\ \bar{5}\ \bar{6}\ \bar{7}}$$

$$C = 2 + 3 + 6 + 7 = \overline{\bar{2}\ \bar{3}\ \bar{6}\ \bar{7}}$$

$$D = 1 + 3 + 5 + 7 + 9 = \overline{\bar{1}\ \bar{3}\ \bar{5}\ \bar{7}\ \bar{9}}$$

按此表达式可画出用与非门组成的逻辑图如图 4-30 所示。

如 S 在位置 6，即接地，则其它均属高电位，故 $ABCD=0110$。

实际中还广泛使用优先编码电路，可用于优先中断系统、键盘编码等。图 4-31(*a*)、(*b*)、(*c*)依次是集成 8-3 优先编码电路(74LS148)、管脚排列图及逻辑符号。

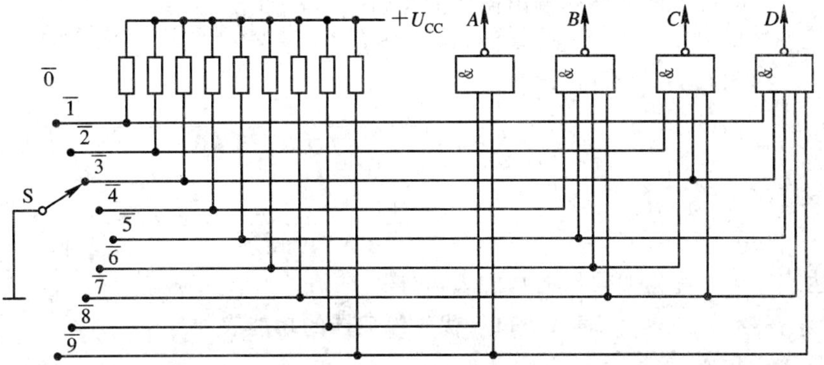

图 4-30　8421BCD 码编码器

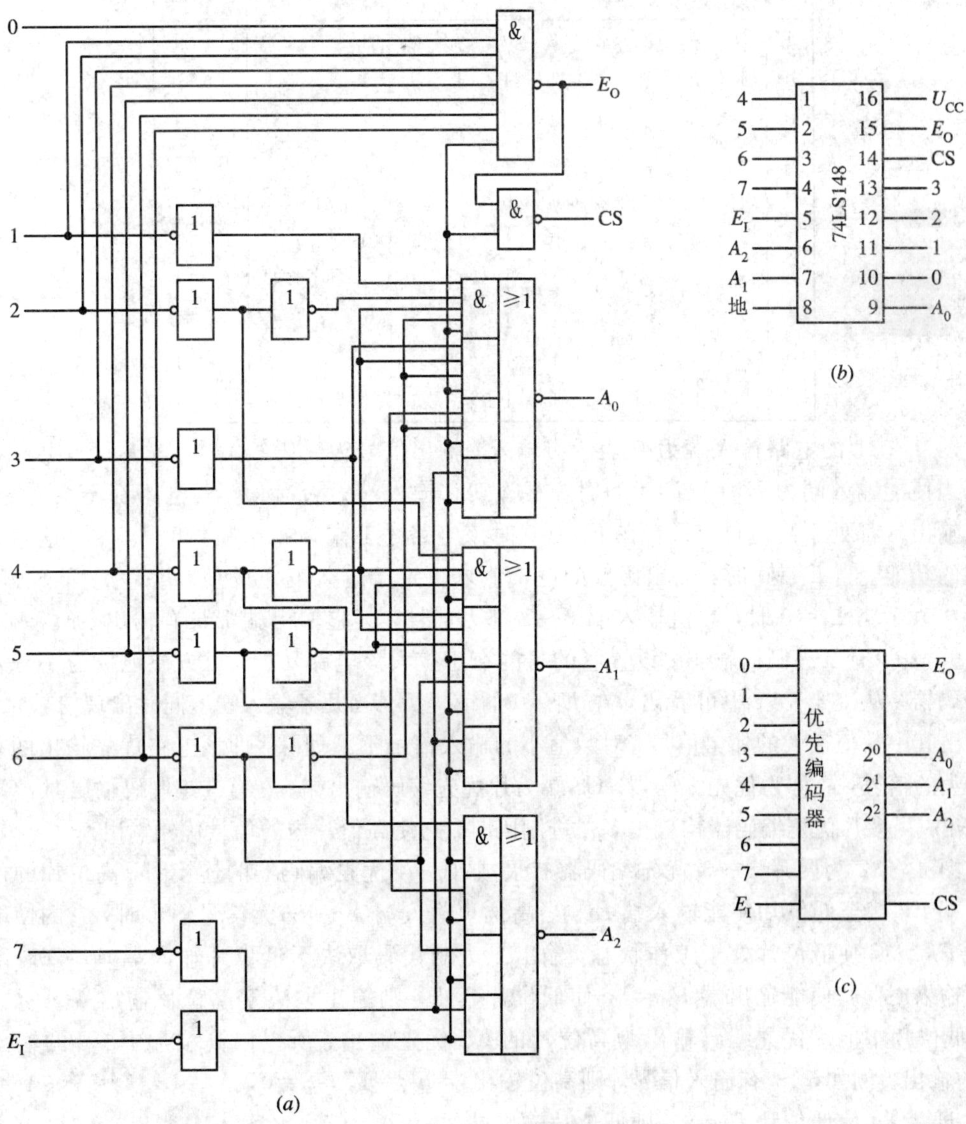

图 4-31　8-3 优先编码器

由图 4-31 可写出该电路的输出函数的逻辑表达式如下：

$$A_2 = \overline{(\overline{4}+\overline{5}+\overline{6}+\overline{7})\,\overline{E_I}}$$

$$A_1 = \overline{(\overline{3}\cdot 4\cdot 5+\overline{2}\cdot 4\cdot 5+\overline{6}+\overline{7})\,\overline{E_I}}$$

$$A_0 = \overline{(\overline{1}\cdot 2\cdot 4\cdot 6+\overline{3}\cdot 4\cdot 6+\overline{5}\cdot 6+\overline{7})\,\overline{E_I}}$$

$$CS = \overline{\overline{E_I}\cdot E_O}$$

$$E_O = \overline{0\cdot 1\cdot 2\cdot 3\cdot 4\cdot 5\cdot 6\cdot 7\cdot \overline{E_I}}$$

由表达式可作出优先编码器的功能表，如表 4-11 所示。

表 4-11　优先编码器的功能表

输入									输出				
E_I	0	1	2	3	4	5	6	7	A_2	A_1	A_0	CS	E_O
1	ϕ	ϕ	ϕ	ϕ	ϕ	ϕ	ϕ	ϕ	1	1	1	1	1
0	1	1	1	1	1	1	1	1	1	1	1	1	0
0	ϕ	ϕ	ϕ	ϕ	ϕ	ϕ	ϕ	0	0	0	0	0	1
0	ϕ	ϕ	ϕ	ϕ	ϕ	ϕ	0	1	0	0	1	0	1
0	ϕ	ϕ	ϕ	ϕ	ϕ	0	1	1	0	1	0	0	1
0	ϕ	ϕ	ϕ	ϕ	0	1	1	1	0	1	1	0	1
0	ϕ	ϕ	ϕ	0	1	1	1	1	1	0	0	0	1
0	ϕ	ϕ	0	1	1	1	1	1	1	0	1	0	1
0	ϕ	0	1	1	1	1	1	1	1	1	0	0	1
0	0	1	1	1	1	1	1	1	1	1	1	0	1

图 4-31 的电路输入端为 0 表示有输入，输出信号为反码。

当使能输入端为 $E_I=1(\bar{E}_I=0)$时，不管其它输入端是否有信号，电路都不会有输出，所有输出端都处于高电位。只有在 E_I 为 0 时该电路才工作，输出端才出现信号，这就是使能端的功能。当 $\bar{E}_I=0$ 时，输出函数的逻辑值才决定于输入变量的值。E_O 为使能输出端，$E_O=0$ 表示当 $E_I=0$ 时，数值输入端 0～7 都无信号，其它输出端都没有输出。$E_O=1$，且 $E_I=0$，表示有二进制码输出。设置它的目的在于扩大该电路功能，可方便地扩为 16-4 优先编码器。从表 4-11 中可看出，在 $E_I=0$ 的前提下，当几条输入线上同时出现信号时，优先输出其中数值最大的那个信号，对数值小的输入信号不予理睬，即该电路优先输出的总是数值大的信号，故称为优先编码器。CS 端为片优先编码输出端。在有二进制码输出时，CS 都有输出，当多片优先编码器构成更多二进制码时，它使高值片内的信号优先输出。

图 4-32 为两片 8-3 优先编码器扩展成 16-4 优先编码器的连接图，高位片的使能输出端 E_O 接至低位片使能输入端 E_I。当高位片输入端(8～15)无信号输入时，它的使能输出端 $E_O=0$，使低位片处于工作状态，输出二进制代码取决于低位片输入端(0～7)。高位片有输入时，其使能输出端 $E_O=1$，使低位片禁止，则输出取决于高位片输出端 A_0～A_2，高、低位片中的片优先编码输出为高位片的 CS 优先输出，所以以高位片中 CS 的输出为 A_3 的输出。例如，13 有输入信号，则高位输出端 $E_O=1$，CS=0，$A_0=0$，$A_1=1$，$A_2=0$。由于 $E_O=1$，使低位片 $E_I=1$，则低位片输出端 $A_0=A_1=A_2=CS=1$，所以总的输出端为 $A_0=0$，$A_1=1$，$A_2=0$，$A_3=0$，CS=0。

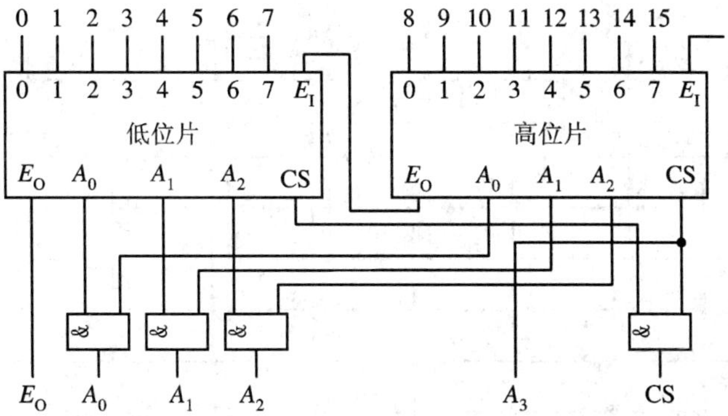

图 4－32　两片 8－3 优先编码器扩展为 16－4 优先编码器的连接图

2. 译码器及其应用

译码是编码的逆过程。译码器的作用是将代码的原意“翻译”出来，或者说，译码器可以将每个代码译为一个特定的输出信号，以表示它的原意。根据需要输出信号可以是脉冲，也可以是电位。

译码器是多函数组合逻辑问题，而且输出端数多于输入端数。译码器的输入为编码信号，对应每一组编码有一条输出译码线。当某个编码出现在输入端时，相应的译码线上则输出高电平(或低电平)，其它译码线则保持低电平(或高电平)。

早期的译码器大多用二极管矩阵来实现，现在多用半导体集成电路来完成。

1) 二进制译码器——变量译码器

二进制译码器是最简单的一种译码器，我们以三位二进制译码电路为例。

三位二进制的译码矩阵和译码表分别如图 4－33 和表 4－12 所示。

C \ AB	00	01	11	10
0	0	2	6	4
1	1	3	7	5

图 4－33　三位二进制译码矩阵

表 4－12　译 码 表

A	B	C	N
0	0	0	0
0	0	1	1
0	1	0	2
0	1	1	3
1	0	0	4
1	0	1	5
1	1	0	6
1	1	1	7

由于每个方格都由一个数据占有，没有多余状态，所以将每个方格自行圈起来即可。此时每个译码函数都由一个最小项组成，即

$$0=\overline{A}\overline{B}\overline{C} \qquad 4=A\overline{B}\overline{C}$$

$$1=\overline{A}\overline{B}C \qquad 5=A\overline{B}C$$

$$2=\overline{A}B\overline{C} \qquad 6=AB\overline{C}$$

$$3=\overline{A}BC \qquad 7=ABC$$

按此可得逻辑电路如图 4－34 所示。

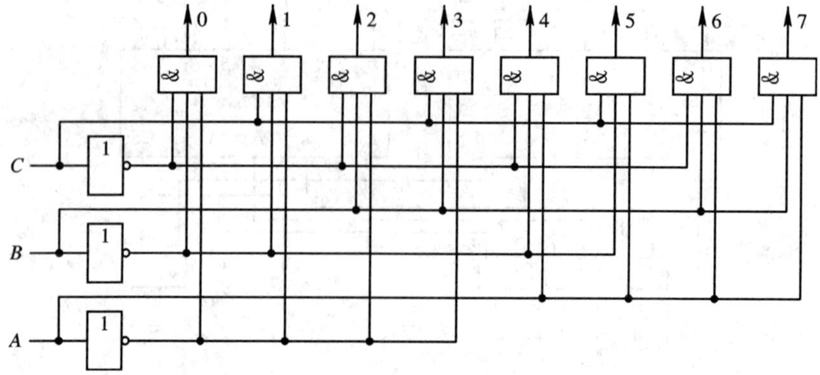

图 4-34　三位二进制码译码器

其它二进制译码器(如四位二进制译码器)的设计方法与上相同。

2）十进制译码器

我们仍以 8421BCD 码为例。由于它需要四位二进制码，且有 16 种状态，故有六个多余状态可以利用，化简时作为无关项考虑。8421BCD 码的译码矩阵如图 4-35 所示。由此图可得如下译码关系：

$$0=\overline{A}\overline{B}\overline{C}\overline{D} \qquad 1=\overline{A}\overline{B}\overline{C}D$$
$$2=\overline{B}C\overline{D} \qquad 3=\overline{B}CD$$
$$4=B\overline{C}\overline{D} \qquad 5=B\overline{C}D$$
$$6=BC\overline{D} \qquad 7=BCD$$
$$8=A\overline{D} \qquad 9=AD$$

CD \ AB	00	01	11	10
00	0	4	×	8
01	1	5	×	9
11	3	7	×	×
10	2	6	×	×

图 4-35　8421BCD 码译码矩阵

其译码电路如图 4-36 所示。

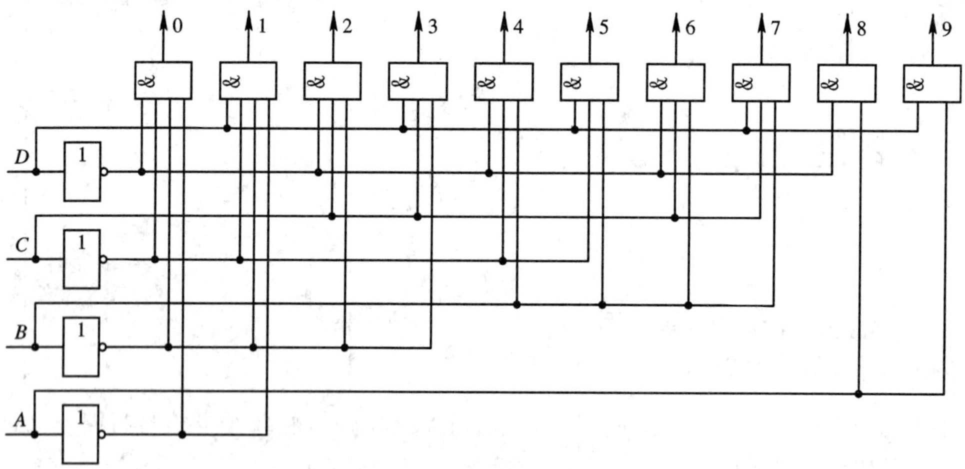

图 4-36　8421BCD 码译码器

3）集成译码器

集成译码器与前面讲述的译码器工作原理一样，但考虑集成电路的特点，有以下几个问题：

(1) 为了减轻信号的负载，集成电路输入一般都采用缓冲级，这样，外界信号只驱动一个门。

(2) 为了降低功率损耗，译码器的输出端常常是反码输出，即输出低电位有效。

(3) 为了便于扩大功能，增加了一些功能端，如使能端等。

图 4-37 所示是集成 3-8 译码器(74LS138)的电路图和逻辑符号，表 4-13 为 3-8 译码器功能表。

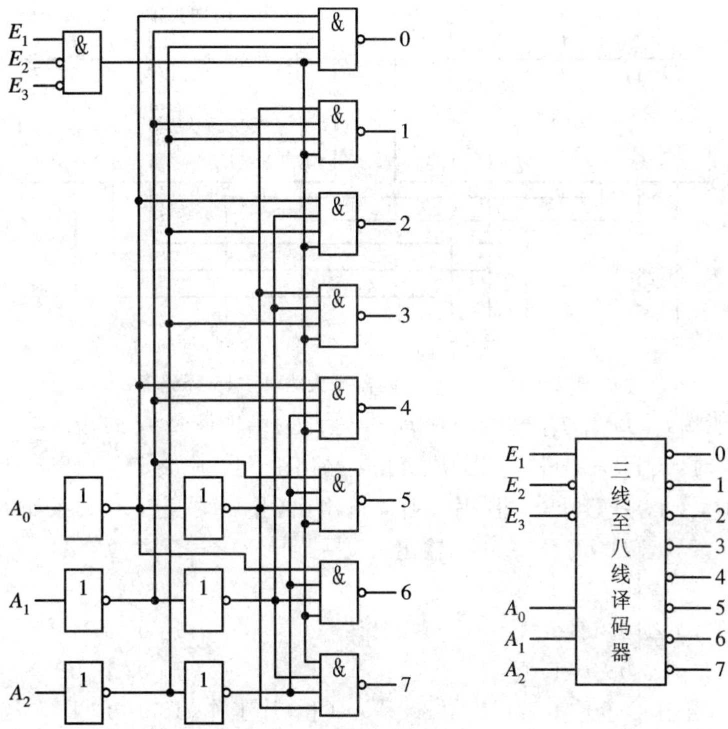

(*a*)　　　　(*b*)

图 4-37　集成 3-8 译码器(74LS138)

(*a*) 电路图；(*b*) 逻辑符号

表 4-13　功 能 表

输　入					输　出							
E_1	E_2+E_3	A_2	A_1	A_0	0	1	2	3	4	5	6	7
0	ϕ	ϕ	ϕ	ϕ	1	1	1	1	1	1	1	1
ϕ	1	ϕ	ϕ	ϕ	1	1	1	1	1	1	1	1
1	0	0	0	0	0	1	1	1	1	1	1	1
1	0	0	0	1	1	0	1	1	1	1	1	1
1	0	0	1	0	1	1	0	1	1	1	1	1
1	0	0	1	1	1	1	1	0	1	1	1	1
1	0	1	0	0	1	1	1	1	0	1	1	1
1	0	1	0	1	1	1	1	1	1	0	1	1
1	0	1	1	0	1	1	1	1	1	1	0	1
1	0	1	1	1	1	1	1	1	1	1	1	0

图 4－37 所示电路除了三个二进制码输入端、八个与其值相应的输出端外，还设置了两组使能端，这样既充分利用了封装体的引脚，又增强了逻辑功能。只有当 $E_1=1$，$E_2=E_3=0$ 时，该集成电路块才工作，输出取决于输入的二进制码。

图 4－38 所示是将 3－8 译码器扩展为 4－16 译码器的连接图。通过此图可看出使能端在扩大功能上的用途。

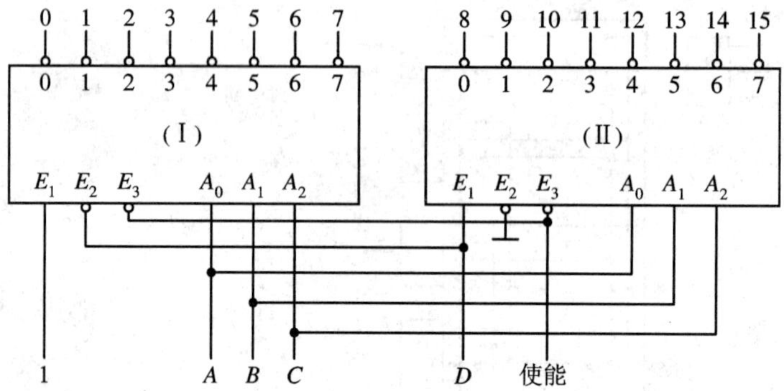

图 4－38　3－8 译码器扩大为 4－16 译码器

E_3 作为使能端，(Ⅰ)片 E_2 和(Ⅱ)片 E_1 相连作为第四变量 D 的输入端。在 $E_3=0$ 的前提下，当 $D=0$ 时，(Ⅰ)片选中，(Ⅱ)片禁止，输出由(Ⅰ)片决定。

当 $D=1$ 时，(Ⅰ)片禁止，(Ⅱ)片工作，输出由(Ⅱ)片决定，其关系如下：

(Ⅰ)片工作

D	C	B	A	输出
0	0	0	0	0
0	0	0	1	1
0	0	1	0	2
0	0	1	1	3
0	1	0	0	4
0	1	0	1	5
0	1	1	0	6
0	1	1	1	7

(Ⅱ)片工作

D	C	B	A	输出
1	0	0	0	8
1	0	0	1	9
1	0	1	0	10
1	0	1	1	11
1	1	0	0	12
1	1	0	1	13
1	1	1	0	14
1	1	1	1	15

4）数字显示译码驱动电路

数字显示译码器是不同于上述译码器的另一种译码器。它用来驱动数码管的 MSI。数码管根据发光段数分为七段数码管和八段数码管。发光段可以用荧光材料(称为荧光数码管)或是发光二极管(称为 LED 数码管)，或是液晶材料(称为 LCD 数码管)。通过它，可以将 BCD 码变成十进制数字，并在数码管上显示出来。在数字式仪表、数控设备和微型计算机中数码管是不可缺少的人机联系手段。七段数码管所显示的数字如图 4－39 所示。为了鉴别输入情况，当输入码大于 9 时，仍使数码管显示一定的图形。

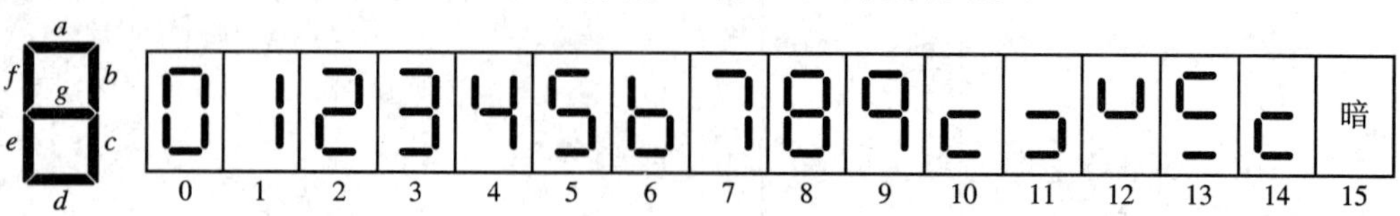

图 4－39　七段数码管

由于各种显示器件的驱动要求不同，对译码器的要求也各不相同，因此需要先对字符显示器件作简单介绍，然后再介绍显示译码器。

(1) 半导体发光二极管。发光二极管是一种特殊的二极管，当外加正向电压时，其中的电子可以直接与空穴复合，放出光线，即将电能转换为光能，放出清晰悦目的光线。它可以封装成单个的发光二极管，也可以封装成 LED 数码管，如图 4－40 所示。发光二极管的发光强度基本上与正向电流大小呈线性关系。图 4－41(*a*)是伏安特性，(*b*)是驱动电路。由图(*a*)可知，它的死区电压比普通二极管高，其正向工作电压一般为 1.5～3 V。达到光可见度的电流需几毫安到十几毫安。

图 4－40　LED 数码管

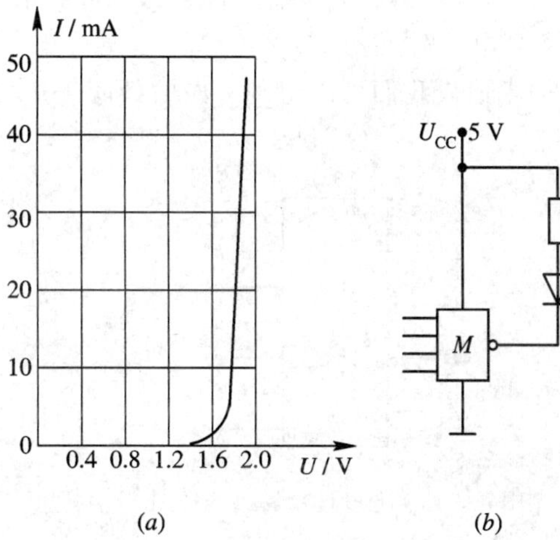

图 4－41　发光二极管的伏安特性和驱动电路
(*a*) 伏安特性；(*b*) 集成与非门驱动电路

LED 数码管的每一段为一个发光二极管，所以只要加上适当的正向电压，该段即可发光。LED 数码管内部接法有两种，即共阳极接法和共阴极接法，如图 4－42 所示。要使其对应段发光，共阳极接法应使相应极为低电平，共阴极接法应使相应极为高电平。

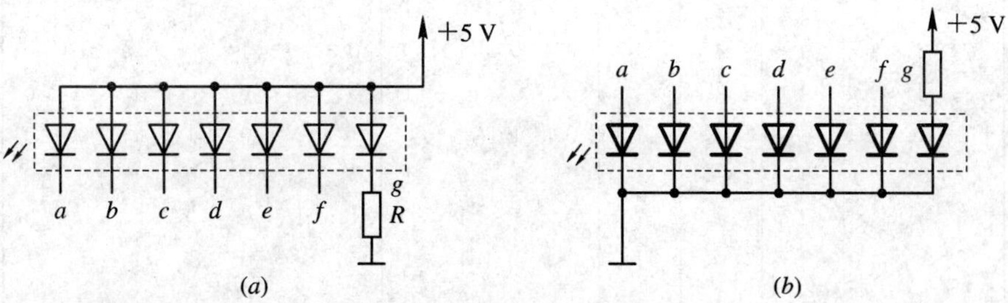

图 4－42　LED 的两种接法
(*a*) 共阳极；(*b*) 共阴极

半导体发光二极管显示器件的优点是体积小，工作可靠，寿命长，响应速度快，颜色丰富；其缺点是功耗较大。

(2) 液晶显示器件。液晶显示器件是一种新型的平板薄型显示器件。由于它所需驱动电压低，工作电流非常小，配合 CMOS 电路可以组成微功耗系统，故广泛地用于电子钟表、电子计算器以及仪器仪表中。

液晶是一种介于晶体和液体之间的有机化合物。常温下既具有液体的流动性和连续性，又具有晶体的某些光学特性。液晶显示器件本身不发光(在黑暗中不能显示数字)，而是依靠在外界电场作用下产生光电效应，调制外界光线，使液晶不同部位显现反差来达到显示的目的。有关液晶显示的更详细的内容请参阅相关书籍。

(3) 显示译码器。显示译码器的设计首先要考虑到显示的字形。我们用驱动七段发光二极管的例子说明设计显示译码器的过程。图 4－43 是其输入输出示意图。它具有四个输入端(一般是 8421BCD 码)，七个输出端。设计这样的译码器时，对于每个输出变量，均应作出其真值表，再用卡诺图进行化简。

七段显示译码器的真值表如表 4－14 所示，此表是采用共阳极数码管，对应极为低电平时亮，高电平时灭。

根据真值表我们可以得到各段的最简表达式，以 a 段为例，如图 4－44 所示进行化简。

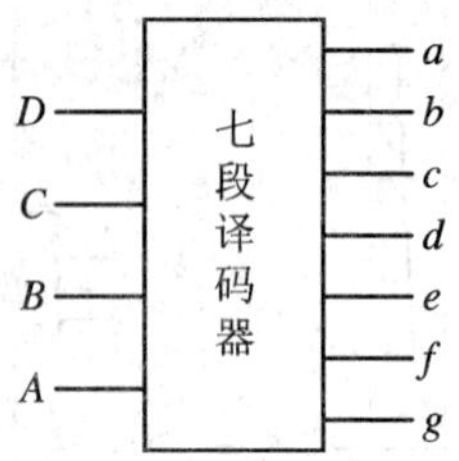

图 4－43　七段显示译码器框图

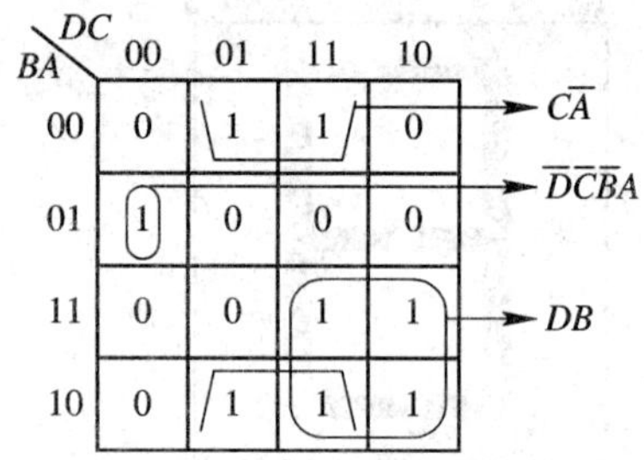

图 4－44　a 段的化简

表 4－14　真 值 表

十进制数	LT	RBI	BI	D	C	B	A	a	b	c	d	e	f	g
	0	ϕ	1	ϕ	ϕ	ϕ	ϕ	0	0	0	0	0	0	0
	ϕ	ϕ	0	ϕ	ϕ	ϕ	ϕ	1	1	1	1	1	1	1
	1	0	1	0	0	0	0	1	1	1	1	1	1	1
0	1	1	1	0	0	0	0	0	0	0	0	0	0	1
1	1	ϕ	1	0	0	0	1	1	0	0	1	1	1	1
2	1	ϕ	1	0	0	1	0	0	0	1	0	0	1	0
3	1	ϕ	1	0	0	1	1	0	0	0	0	1	1	0
4	1	ϕ	1	0	1	0	0	1	0	0	1	1	0	0
5	1	ϕ	1	0	1	0	1	0	1	0	0	1	0	0
6	1	ϕ	1	0	1	1	0	1	1	0	0	0	0	0
7	1	ϕ	1	0	1	1	1	0	0	0	1	1	1	1
8	1	ϕ	1	1	0	0	0	0	0	0	0	0	0	0
9	1	ϕ	1	1	0	0	1	0	0	0	1	1	0	0
	1	ϕ	1	1	0	1	0	1	1	1	0	0	1	0
	1	ϕ	1	1	0	1	1	1	1	0	0	1	1	0
	1	ϕ	1	1	1	0	0	1	0	1	1	1	0	0
	1	ϕ	1	1	1	0	1	0	1	1	0	1	0	0
	1	ϕ	1	1	1	1	0	1	1	1	0	0	0	0
暗	1	ϕ	1	1	1	1	1	1	1	1	1	1	1	1

$$a = C\bar{A} + DB + \bar{D}\bar{C}\bar{B}A = \overline{\overline{C\bar{A} + DB + \bar{D}\bar{C}\bar{B}A}}$$

同理可得

$$b = C\bar{B}A + CB\bar{A} + DB = \overline{\overline{C\bar{B}A + CB\bar{A} + DB}}$$

$$c = \bar{C}B\bar{A} + DC = \overline{\overline{\bar{C}B\bar{A} + DC}}$$

$$d = \bar{C}\bar{B}A + C\bar{B}\bar{A} + CBA = \overline{\overline{\bar{C}\bar{B}A + C\bar{B}\bar{A} + CBA}}$$

$$e = A + C\bar{B} = \overline{\overline{A + C\bar{B}}}$$

$$f = BA + \bar{C}B + \bar{D}\bar{C}A = \overline{\overline{BA + \bar{C}B + \bar{D}\bar{C}A}}$$

$$g = CBA + \bar{D}\bar{C}\bar{B} = \overline{\overline{CBA + \bar{D}\bar{C}\bar{B}}}$$

集成时为了扩大功能，增加熄灭输入信号 BI、灯测试信号 LT、灭“0”输入 RBI 和灭“0”输出 RBO。其功能介绍如下：

BI：当 BI=0 时，不管其它输入端状态如何，七段数码管均处于熄灭状态，不显示数字。

LT：当 BI=1，LT=0 时，不管输入 *DCBA* 状态如何，七段均发亮，显示“8”。它主要用来检测数码管是否损坏。

RBI：当 BI=LT=1，RBI=0 时，输入 *DCBA* 为 0000，各段均熄灭，不显示“0”。而 *DCBA* 为其它各种组合时正常显示。它主要用来熄灭无效的前零和后零。如 0093.2300，显然前两个零和后两个零均无效，则可使用 RBI 使之熄灭，显示 93.23。

RBO：当本位的“0”熄灭时，RBO=0，在多位显示系统中，它与下一位的 RBI 相连，通知下一位如果是零也可熄灭。

集成数字显示译码器如图 4-45 所示。

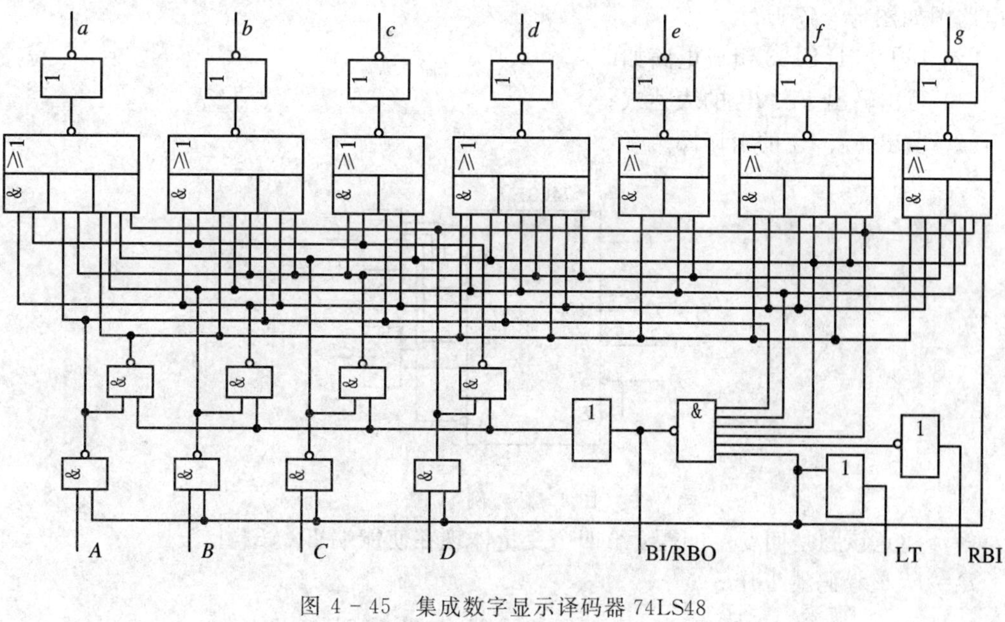

图 4-45　集成数字显示译码器 74LS48

5）译码器的应用

译码器除了用来驱动各种显示器件外，还可实现存储系统和其它数字系统的地址译码，组成脉冲分配器、程序计数器、代码转换和逻辑函数发生器等。

由变量译码器可知，它的输出端就表示一项最小项，而逻辑函数可以用最小项表示，利用这个特点，可以实现组合逻辑电路的设计，而不需要经过化简过程。

［例 14］ 用译码器设计两个一位二进制数的全加器。

解 由表 4－8(全加器真值表)可得

$$S=\overline{A}\overline{B}C+\overline{A}B\overline{C}+A\overline{B}\overline{C}+ABC=m_1+m_2+m_4+m_7=\overline{\overline{m_1}\cdot\overline{m_2}\cdot\overline{m_4}\cdot\overline{m_7}}$$

$$C_{i+1}=\overline{A}BC+A\overline{B}C+AB\overline{C}+ABC=m_3+m_5+m_6+m_7=\overline{\overline{m_3}\cdot\overline{m_5}\cdot\overline{m_6}\cdot\overline{m_7}}$$

用 3－8 译码器组成的全加器如图 4－46 所示。

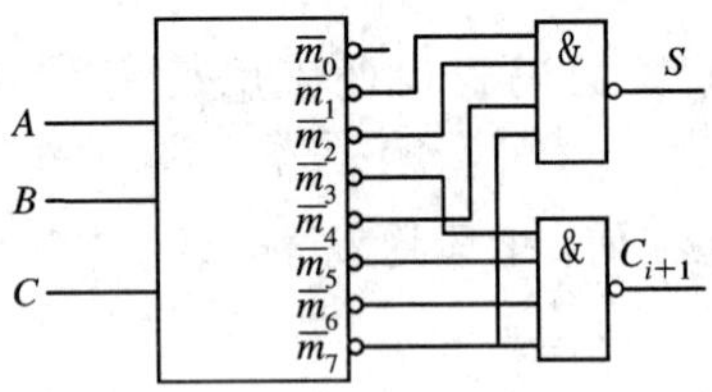

图 4－46 用 3－8 译码器组成全加器

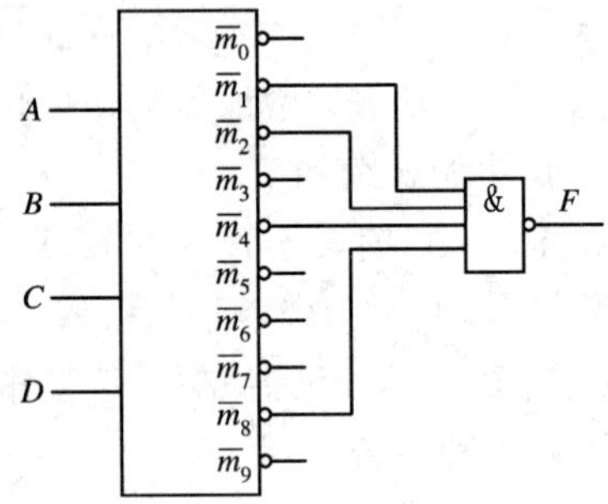

图 4－47 单“1”检测电路

［例 15］ 用 4－10 译码器(8421BCD 码译码器)实现单“1”检测电路。

解 单“1”检测的函数式为

$$F=\overline{A}\overline{B}\overline{C}D+\overline{A}\overline{B}C\overline{D}+\overline{A}B\overline{C}\overline{D}+A\overline{B}\overline{C}\overline{D}$$
$$=m_1+m_2+m_4+m_8=\overline{\overline{m_1}\cdot\overline{m_2}\cdot\overline{m_4}\cdot\overline{m_8}}$$

其电路图如图 4－47 所示。

［例 16］ 74LS138 组成电路如图 4－48 所示。

(1) 写出输出 F_1、F_2 的表达式；

(2) 填出 F_1、F_2 的卡诺图。

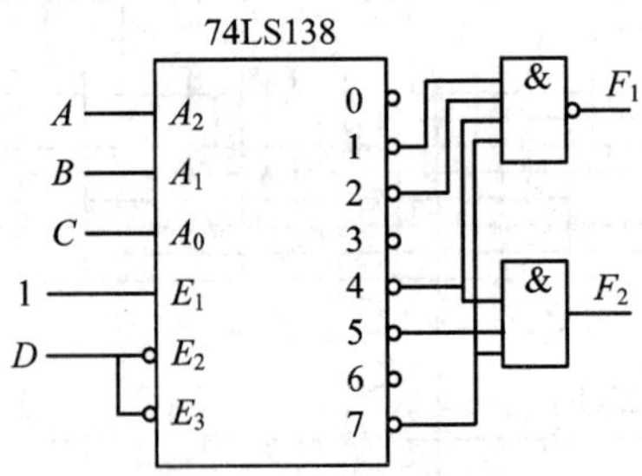

图 4－48 例 16 图

解 注意该题是四变量问题，第四个变量体现在使能端 E_2、E_3 上。

$D=0$，该译码器工作。

$$F_1=\overline{\overline{m_1}\,\overline{m_2}\,\overline{m_4}\,\overline{m_7}}=m_1+m_2+m_4+m_7$$

$$F_2=\overline{m_4}\,\overline{m_5}\,\overline{m_7}=\overline{m_4+m_5+m_7}=m_0+m_1+m_2+m_3+m_6$$

$D=1$，该译码器被禁止，不工作，每个输出均为 1，故 $F_1=0$；$F_2=1$。

其卡诺图如图 4-49(*a*)、(*b*)所示。

CD \ AB	00	01	11	10
00		1		1
01				
11				
10	1		1	

(*a*)

CD \ AB	00	01	11	10
00	1	1	1	
01	1	1	1	1
11	1	1	1	1
10	1	1		

(*b*)

图 4-49　例 16 卡诺图

(*a*) F_1；(*b*) F_2

译码器可作为数据分配器。数据分配器又称多路分配器或多路解调器，其功能相当于单刀多位开关，其示意图如图 4-50 所示。在集成电路中，数据分配器实际由译码器实现。用 74LS138 可组成输入信号 I 分配至八路输出，其连接图如图 4-51 所示，将数据 I 接至 E_2 和 E_3 上，E_1 接高电平。当 $I=0$ 即 $E_2=E_3=0$ 时，译码器被选中，则根据地址 $A_2A_1A_0$ 的变化将 $I=0$ 信号分配至相应端输出。如 $A_2A_1A_0=011$，则 $Y_3=0$，其余端均为“1”，即将 $I=0$ 信号分配至 Y_3 输出。当 $I=1$，$E_2=E_3=1$ 时，该译码器被禁止，不工作，译码器每一输出均为 1，则可理解为当 $A_3A_2A_1$ 变化时，将 $I=1$ 信号分配至对应端输出。

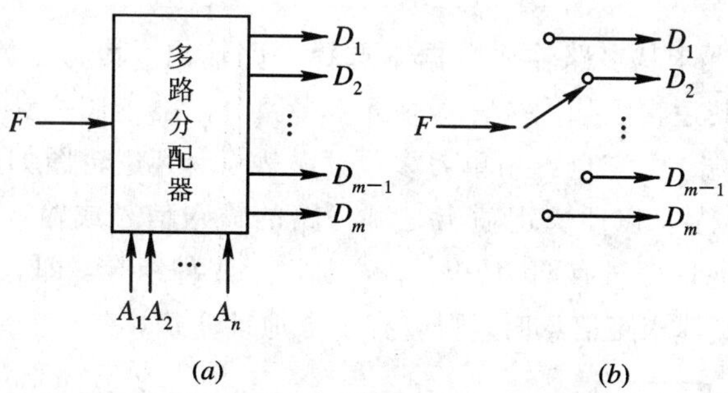

图 4-50　数据分配器方框图和开关比拟图

(*a*) 多路分配逻辑符号；(*b*) 单刀多位开关比拟多路分配器

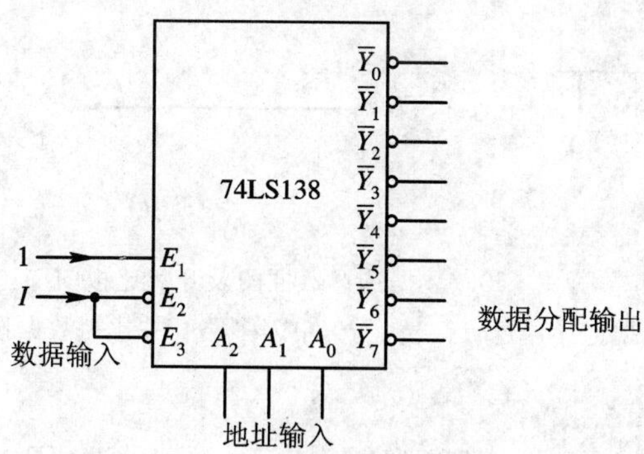

图 4-51　用 74LS138 组成八路分配器

译码器在数字系统中常为其它集成电路产生片选信号。如在存储器系统中作地址译码，功能扩展时作为选择信号；计算机 CPU 采用总线结构，全部外设均挂在总线上，而 CPU 同一时刻只能和一个外部设备交换信息，此时就通过译码器的输出作为相应外设的片选信号，电路如图 4-52 所示。当A_1A_0=00 时，选中(Ⅰ)设备，其余外部设备均不工作。

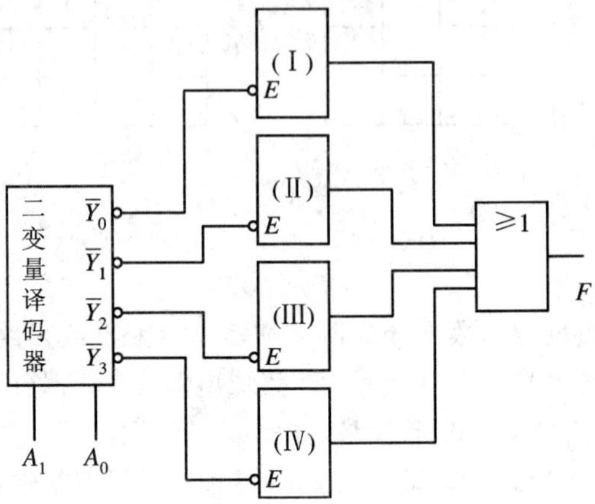

图 4-52　译码器作为其它芯片的片选信号

4.3.3　数据选择器与多路分配器

数据选择器能按要求从多路输入数据中选择一路输出，其功能类似于单刀多位开关，故又称为多路开关。其逻辑图如图 4-53 所示。多路分配器能将一条输入通道上的数据按规定分送到多个输出端上，它也可用单刀多位开关表示，其逻辑图如图 4-50 所示。其中 $A_1A_2\cdots A_n$ 决定开关位置，以便决定输出是哪一路的输入信号或输入送哪一路输出。A 变量又称地址变量。如地址变量有两个(A_1A_0)，则它有四种组合，即有四个地址，可以选择四路信息。显然，当要选八路信息时，则应有三个地址变量，有八个地址。

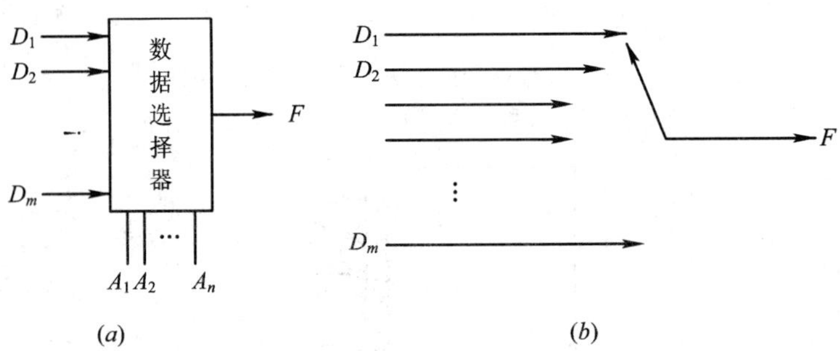

图 4-53　数据选择器框图及开关比拟图

(a) 数据选择器逻辑符号；(b) 单刀多路开关比拟数据选择器

1. 数据选择器

数据选择器又称多路选择器，常以 MUX 表示。常用的选择器有二选一、四选一、八选一、十六选一等。如输入数据更多，则可以由上述选择器扩大功能而得，如三十二选一、六十四选一等。

图 4－54(a)所示是四选一数据选择器，其 $D_0 \sim D_3$ 是数据输入端；A_1、A_0 是数据通道选择控制信号，即地址变量；E 是使能端，它能控制数据选通是否有效。当 $E=0$ 时，允许数据选通。当 $E=1$ 时，$F=0$，$\overline{F}=1$，输出与输入数据无关，即禁止数据输入，故又称 E 端为禁止端。逻辑符号中 E 端的小圆圈，表明 E 是低电平有效。图 4－54(b)所示是逻辑电路图，它可看成是如图 4－54(c)所示的单刀四掷的波段开关。

由图 4－54(b)可写出四选一数据选择器的输出逻辑表达式：

$$F=(\overline{A}_1\overline{A}_0D_0+\overline{A}_1A_0D_1+A_1\overline{A}_0D_2+A_1A_0D_3)\overline{E}$$

由此公式作出的功能表如表 4－15 所示。

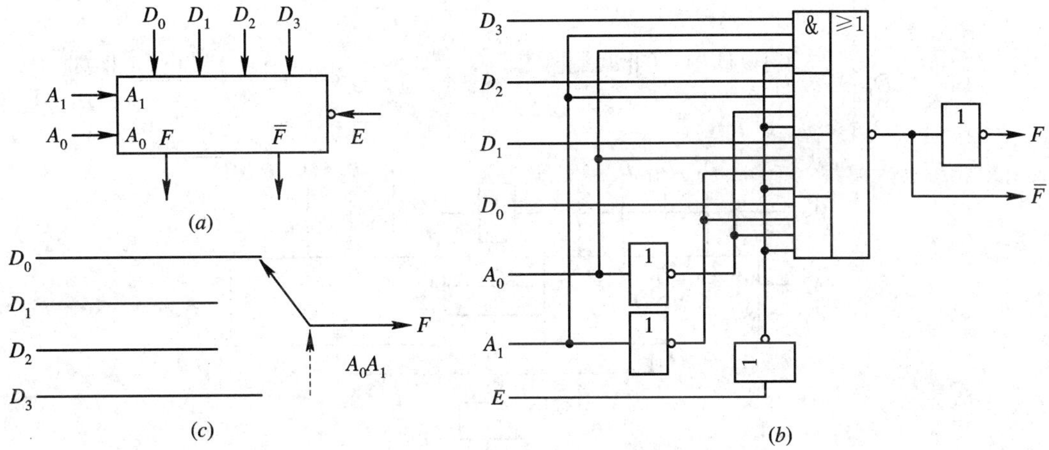

图 4－54　四选一 MUX

由表 4－15 可见，当 $E=1$ 时，不管其它输入如何，输出端都为 0。只有当 $E=0$ 时，才能输出与地址码相应的那路数据。当输入数据较多时，可选用八选一数据选择器或十六选一数据选择器等。也可以用级联的办法来扩展输入端。

表 4－15　功 能 表

地　址		选通	数据	输出
A_1	A_0	E	D	F
×	×	1	×	0
0	0	0	$D_0 \sim D_3$	D_0
0	1	0	$D_0 \sim D_3$	D_1
1	0	0	$D_0 \sim D_3$	D_2
1	1	0	$D_0 \sim D_3$	D_3

集成数据选择器有如下几种：

(1) 二位四选一数据选择器 74LS153；

(2) 四位二选一数据选择器 74LS157；

(3) 八选一数据选择器 74LS151；

(4) 十六选一数据选择器 74LS150。

实际应用中经常采用级联的方法来扩展输入端。扩展的方法有用使能端和不用使能端两种。

(1) 用使能端进行扩展。

[例 17] 将四选一数据选择器扩为八选一数据选择器。

解 用两片四选一和一个反相器、一个或门即可。如图 4－55 所示，第三个地址端 A_2 直接接到(Ⅰ)的使能端，通过反相器接到(Ⅱ)的使能端。当 $A_2=0$ 时，(Ⅰ)选中，(Ⅱ)禁止。F 输出 F_1，即从 $D_0 \sim D_3$ 中选一路输出；当 $A_2=1$ 时，(Ⅰ)禁止，(Ⅱ)选中，F 输出 F_2，即从 $D_4 \sim D_7$ 中选一路输出。这一过程可由下表列出：

A_2	A_1	A_0	F		A_2	A_1	A_0	F	
0	0	0	D_0	(Ⅰ)选中，(Ⅱ)禁止	1	0	0	D_4	(Ⅰ)禁止，(Ⅱ)选中
0	0	1	D_1		1	0	1	D_5	
0	1	0	D_2		1	1	0	D_6	
0	1	1	D_3		1	1	1	D_7	

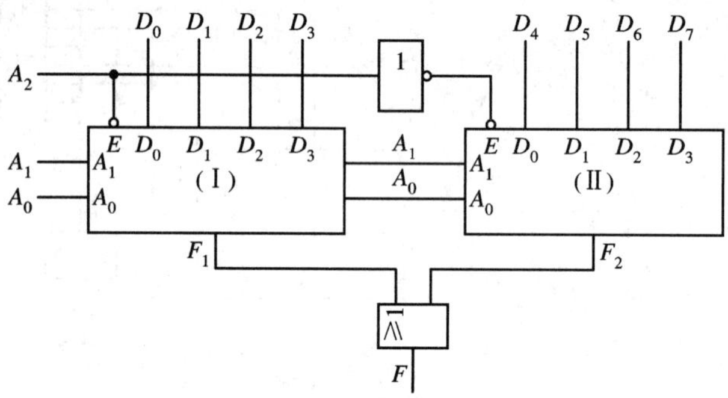

图 4－55　四选一扩展为八选一

[例 18] 将四选一数据选择器扩大为十六选一数据选择器。

解 由于十六选一有十六个数据输入端，因此至少应该有四片四选一数据选择器。利用使能端作为片选端，片选信号由译码器输出端供给。十六选一应该有四个地址端，高两位作为译码器的变量输入，低两位作为四选一数据选择器的地址端。电路连接如图 4－56 所示。当 A_3A_2 为 00 时，选中(Ⅰ)片，输出 F 为 $D_0 \sim D_3$；当 A_3A_2 为 01 时，选中(Ⅱ)片，输出 F 为 $D_4 \sim D_7$；当 A_3A_2 为 10 时，选中(Ⅲ)片，输出 F 为 $D_8 \sim D_{11}$；当 A_3A_2 为 11 时，

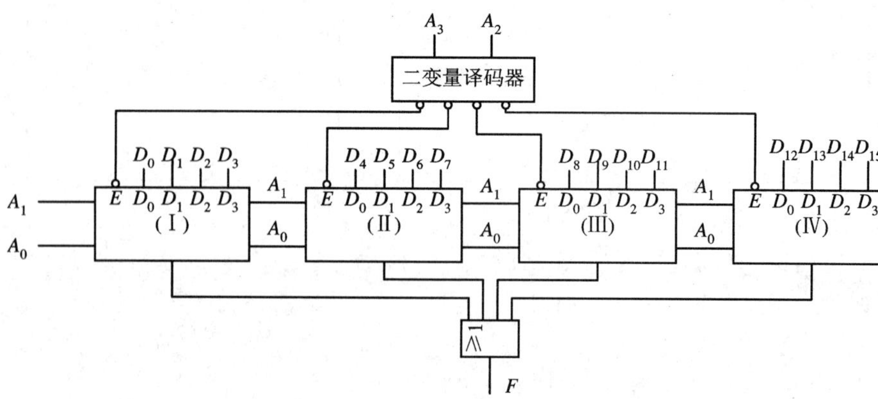

图 4－56　四选一扩大为十六选一

选中(Ⅳ)片，输出 F 为 $D_{12} \sim D_{15}$。

(2) 不用使能端进行扩展。图 4－57(a)、(b)分别是四选一扩为八选一和四选一扩为十六选一的方法。其工作过程由读者自行分析。这里要说明的是：高地址变量接到输出数据选择器的地址端；低地址变量接到输入数据选择器的地址端。

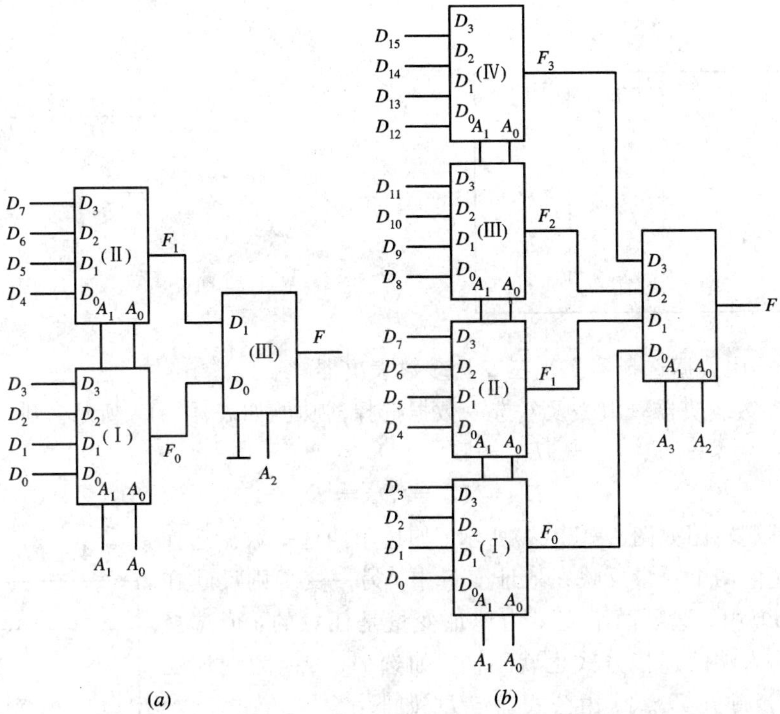

图 4－57 不用使能端且采用二级级联扩展数据选择器

(a) 四选一扩为八选一；(b) 四选一扩为十六选一

2. 数据选择器的应用

数据选择器除了用来选择输出信号，实现时分多路通信外，还可以作为函数发生器，用来实现组合逻辑电路。实现方法可以用代数法，也可用卡诺图法。

1) 代数法

由上述四选一数据选择器的输出公式

$$F = \overline{A}_1 \overline{A}_0 D_0 + \overline{A}_1 A_0 D_1 + A_1 \overline{A}_0 D_2 + A_1 A_0 D_3$$

$$= \sum_{i=0}^{3} D_i \cdot m_i \quad (m_i \text{ 为 } A_1、A_0 \text{ 组成的最小项})$$

可以看出，对于 $A_1 A_0$ 的每一种组合都对应一个输入 D_i。如果使输入 D_i 的值与 $A_1 A_0$ 的每一种组合的取值(0 或 1)相等，则这个四选一数据选择器正好实现逻辑函数 $F = f(A_1 A_0)$。如数据输入端接入逻辑变量，则可扩大数据选择器实现逻辑函数的变量范围。这样，用多路选择器来实现逻辑函数时，我们所要做的工作是：选择控制变量即地址变量 A_i，确定加至每个数据输入端 D_i 的值(可为常量、变量、布尔函数)。下面通过例子说明具体设计方法。

［**例 19**］ 用四选一数据选择器实现二变量异或表示式。

解　二变量异或表示式为

$$F = A_1\overline{A}_0 + \overline{A}_1 A_0$$

其真值表如表 4 - 16 所示。为便于比较，将四选一数据选择器的功能也列于表 4 - 16 中。在表中可看出，只要让 $D_0=0$，$D_1=1$，$D_2=1$，$D_3=0$，即可实现异或逻辑。其连接图如图 4 - 58 所示。

表 4 - 16　真 值 表

A_1	A_0	F	D_i
0	0	0	D_0
0	1	1	D_1
1	0	1	D_2
1	1	0	D_3

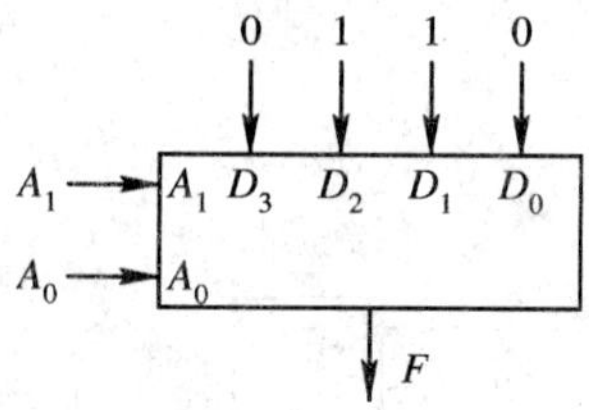

图 4 - 58　例 19 图

[例 20]　用数据选择器实现三变量多数表决器。

三变量多数表决器真值表及八选一数据选择器功能如表 4 - 17 所示。则

$$D_0 = D_1 = D_2 = D_4 = 0$$
$$D_3 = D_5 = D_6 = D_7 = 1$$

即可实现。其逻辑图如图 4 - 59(*a*)所示。如选用四选一数据选择器，逻辑问题的两个变量反映在地址变量中，另一变量则反映在数据输入端 D_i 中。选哪两个变量为地址变量是任意的，但选择不同，数据输入端的连接方式也就不同。如选 A_2、A_1 为地址变量，则 A_0 应反映在 D_i 端。由公式确定 D_i 如下：

$$\begin{aligned}F &= \overline{A}_2A_1A_0 + A_2\overline{A}_1A_0 + A_2A_1\overline{A}_0 + A_2A_1A_0\\ &= \overline{A}_2A_1A_0 + A_2\overline{A}_1A_0 + A_2A_1(\overline{A}_0 + A_0)\end{aligned}$$

与四选一方程对比

$$F' = \overline{A}_2\overline{A}_1D_0 + \overline{A}_2A_1D_1 + A_2\overline{A}_1D_2 + A_2A_1D_3$$

为使 $F'=F$，令

$$D_0 = 0，D_1 = D_2 = A_0，D_3 = 1$$

其逻辑图如图 4 - 59(*b*)所示。

表 4 - 17　真值表

A_2	A_1	A_0	F	D_i
0	0	0	0	D_0
0	0	1	0	D_1
0	1	0	0	D_2
0	1	1	1	D_3
1	0	0	0	D_4
1	0	1	1	D_5
1	1	0	1	D_6
1	1	1	1	D_7

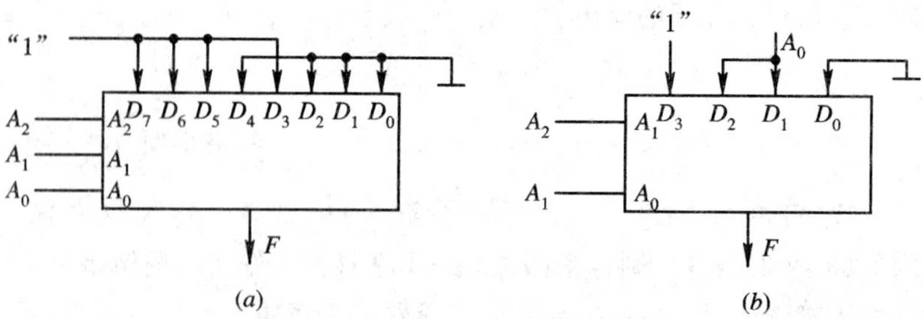

图 4 - 59　例 20 电路连接图

(*a*) 八选一逻辑图；(*b*) 四选一逻辑图

2）卡诺图法

此法比较直观、简便，其具体方法是：首先选定地址变量，然后在卡诺图上确定地址变量控制范围，即输入数据区，最后由数据区确定每一数据输入端的连接。

［例 21］ 用卡诺图完成例 20。

解 由真值表得卡诺图如图 4－60 所示。选定 A_2A_1 为地址变量，在控制范围内求得 D_i 数：$D_0=0$，$D_1=A_0$，$D_2=A_0$，$D_3=1$。结果与代数法所得结果相同。

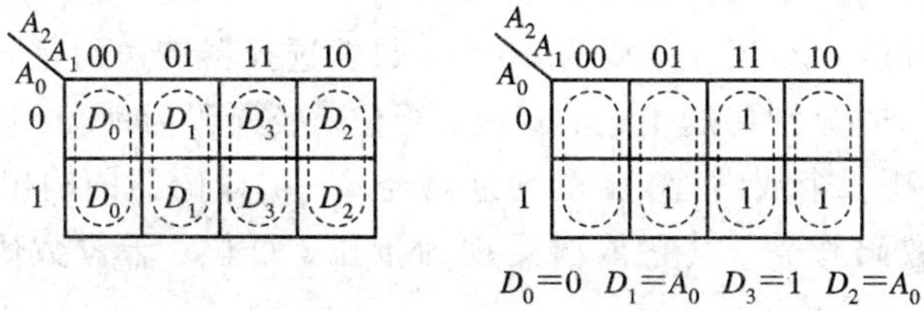

图 4－60 用卡诺图确定例 20 D_i 端

［例 22］ 用四选一数据选择器实现如下逻辑函数：

$$F(ABCD)=\sum(0,1,5,6,7,9,10,14,15)$$

解 选择地址 A_1A_0 变量为 AB，则变量 CD 将反映在数据输入端，如图 4－61 所示。

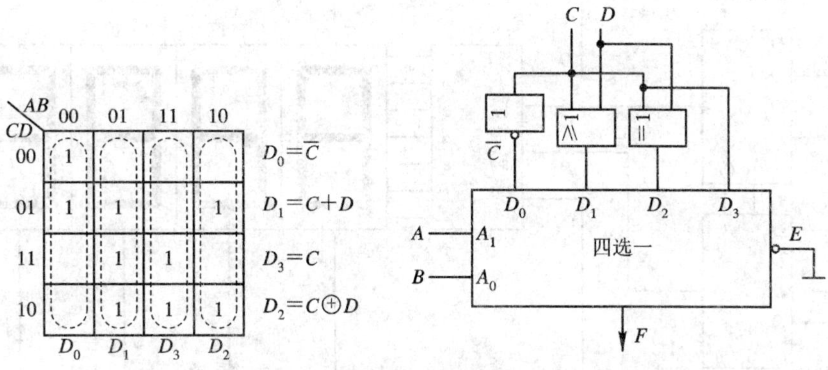

图 4－61 用卡诺图设计例 22

数据选择器还可用来作为周期性二进制序列发生器，分时多路传输数据，进行数码比较等。

［例 23］ 运用数据选择器产生 01101001 序列。

解 利用一片八选一数据选择器，只需 $D_0=D_3=D_5=D_6=0$，$D_1=D_2=D_4=D_7=1$，即可产生 01101001 序列，如图 4－62 所示。

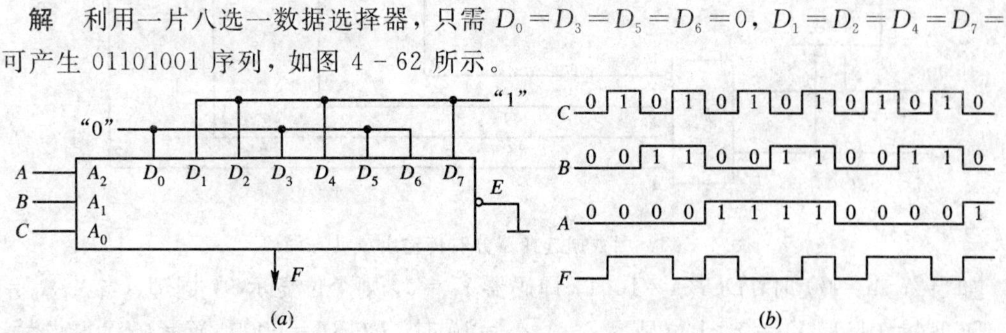

图 4－62 由数据选择器产生序列信号

（a）逻辑图；（b）波形图

如将数据输入端 $D_0 \sim D_7$ 视为八位并行数据输入端，F 为串行输出端，则图 4－62(a) 可作为并行数据转换为串行输出的转换电路。

[例 24] 利用数据选择器实现分时传输。要求用数据选择器分时传送四位 8421BCD 码，并译码显示。

解 一般来讲，一个数码管需要一个七段译码显示器。我们利用数据选择器组成动态显示，这样，若干个数据管可共用一片七段译码显示器。

用四片四选一，四位 8421BCD 如下连接：个位全送至数据选择器的 D_0 位，十位送 D_1，百位送 D_2，千位送 D_3。当地址码为 00 时，数据选择器传送的是 8421BCD 的个位。当地址码为 01、10、11 时分别传送十位、百位、千位。经译码后就分别得到个位、十位、百位、千位的七段码。哪一个数码管亮，受地址码经 2－4 译码器的输出控制。当 $A_1A_0=00$ 时，$Y_0=0$，则个位数码管亮。其它依次类推为十位、百位、千位数码管亮。逻辑图如图 4－63 所示。

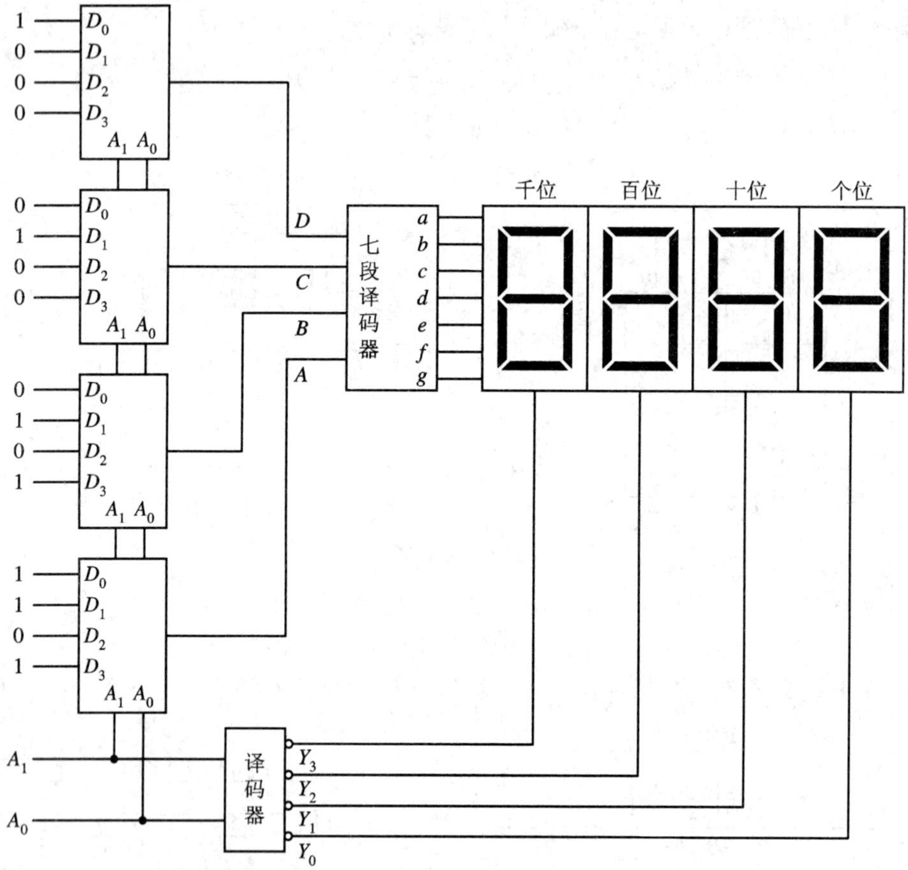

图 4－63 用数据选择器分时传输组成动态译码

如当 $A_1A_0=00$ 时，$DCBA=1001$，译码器 $Y_0=0$，则个位显示 9。同理，当 $A_1A_0=01$ 时，$DCBA=0111$，$Y_1=0$，十位显示 7。$A_1A_0=10$ 时，$DCBA=0000$，$Y_2=0$，百位显示 0。$A_1A_0=11$ 时，$DCBA=0011$，$Y_3=0$，千位显示 3。只要地址变量变化周期大于 25 次/s，人的眼睛就无明显闪烁感。

3. 多路分配器

将一路输入分配至多路输出，一般由译码器完成。

4.3.4 数字比较器

在各种数字系统中，经常需要比较两个数的大小，或两数是否相等。能对两个位数相同的二进制数进行比较，并判定其大小关系的逻辑电路称为数字比较器，简称比较器。

1. 一位数字比较器

将两个一位数 A 和 B 进行大小比较，一般有三种可能：$A>B$，$A<B$ 和 $A=B$。因此比较器应有两个输入端：A 和 B；三个输出端：$F_{A>B}$、$F_{A<B}$ 和 $F_{A=B}$。假设与比较结果相符的输出为 1，不符的为 0，则可列出其真值表如表 4-18 所示。由真值表得出各输出逻辑表达式为

$$F_{A>B} = A\overline{B}$$
$$F_{A<B} = \overline{A}B$$
$$F_{A=B} = \overline{A}\overline{B} + AB = A\odot B = \overline{\overline{A}B + A\overline{B}}$$

一位比较器的逻辑图如图 4-64 所示。

表 4-18 一位数字比较器真值表

输入		输出		
A	B	$F_{A>B}$	$F_{A<B}$	$F_{A=B}$
0	0	0	0	1
0	1	0	1	0
1	0	1	0	0
1	1	0	0	1

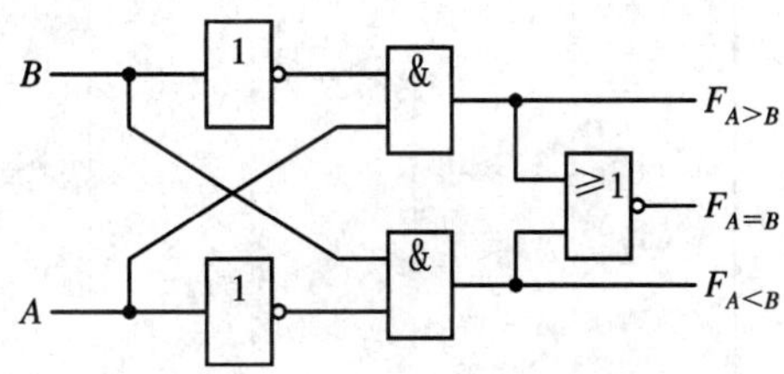

图 4-64 一位数字比较器逻辑图

2. 集成数字比较器

国产集成比较器中，功能较强的是四位数字比较器，例如 74LS85 等。74LS85 的外部引脚排列如图 4-65 所示，它的逻辑图如图 4-66 所示，它的功能表如表 4-19 所示。

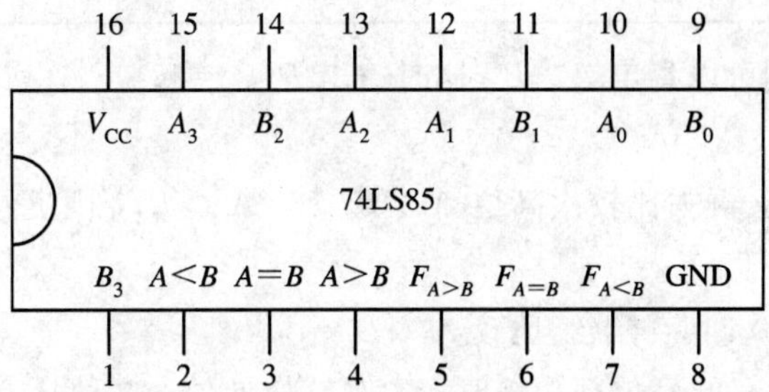

图 4-65 四位数字比较器 74LS85 引脚图

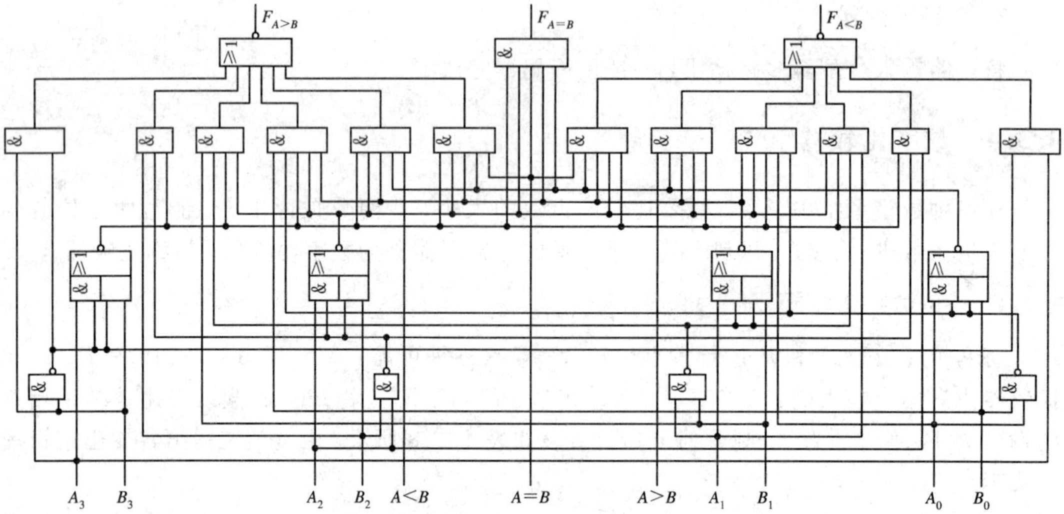

图 4-66　四位数字比较器 74LS85 逻辑图

表 4-19　74LS85 比较器功能表

比较输入				级联输入			输出		
A_3　B_3	A_2 B_2	A_1 B_1	A_0 B_0	$A>B$	$A<B$	$A=B$	$F_{A>B}$	$F_{A<B}$	$F_{A=B}$
$A_3>B_3$	×	×	×	×	×	×	1	0	0
$A_3<B_3$	×	×	×	×	×	×	0	1	0
$A_3=B_3$	$A_2>B_2$	×	×	×	×	×	1	0	0
$A_3=B_3$	$A_2<B_2$	×	×	×	×	×	0	1	0
$A_3=B_3$	$A_2=B_2$	$A_1>B_1$	×	×	×	×	1	0	0
$A_3=B_3$	$A_2=B_2$	$A_1<B_1$	×	×	×	×	0	1	0
$A_3=B_3$	$A_2=B_2$	$A_1=B_1$	$A_0>B_0$	×	×	×	1	0	0
$A_3=B_3$	$A_2=B_2$	$A_1=B_1$	$A_0<B_0$	×	×	×	0	1	0
$A_3=B_3$	$A_2=B_2$	$A_1=B_1$	$A_0=B_0$	1	0	0	1	0	0
$A_3=B_3$	$A_2=B_2$	$A_1=B_1$	$A_0=B_0$	0	1	0	0	1	0
$A_3=B_3$	$A_2=B_2$	$A_1=B_1$	$A_0=B_0$	0	0	1	0	0	1

(1) 若 $A_3>B_3$，则可以肯定 $A>B$，这时输出 $F_{A>B}=1$；若 $A_3<B_3$，则可以肯定$A<B$，这时输出 $F_{A<B}=1$。

(2) 当 $A_3=B_3$ 时，再去比较次高位 A_2、B_2。若 $A_2>B_2$，则 $F_{A>B}=1$；若 $A_2<B_2$，则 $F_{A<B}=1$。

(3) 只有当 $A_2=B_2$ 时，再继续比较 A_1、B_1。

依次类推，直到所有的高位都相等时，才比较最低位。这种从高位开始比较的方法要比从低位开始比较的方法速度快。

应用“级联输入”端能扩展逻辑功能。

由功能表(表 4 - 19)的最后三行可看出，当 $A_3A_2A_1A_0=B_3B_2B_1B_0$ 时，比较的结果决定于“级联输入”端，这说明：

(1) 当应用一块芯片来比较四位二进制数时，应使级联输入端的“$A=B$”端接 1，“$A>B$”端与“$A<B$”端都接 0，这样就能完整地比较出三种可能的结果。

(2) 当要扩展比较位数时，可应用级联输入端作片间连接。

3. 集成比较器功能的扩展

1) 串联方式扩展

例如，将两片四位比较器扩展为八位比较器。可以将两片芯片串联连接，即将低位芯片的输出端 $F_{A>B}$、$F_{A<B}$ 和 $F_{A=B}$ 分别去接高位芯片级联输入端的 $A>B$、$A<B$ 和 $A=B$，如图 4 - 67 所示。这样，当高四位都相等时，就可由低四位来决定两数的大小。

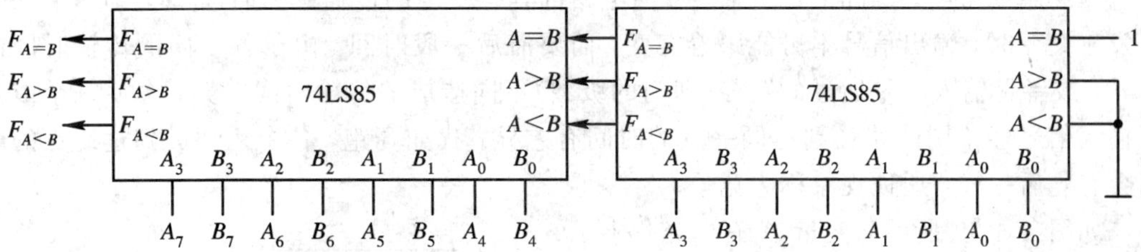

图 4 - 67　四位比较器扩展为八位比较器

2) 并联方式扩展

当比较的位数较多，且速度要求较快时，可以采用并联方式扩展。例如，用五片四位比较器扩展为十六位比较器，可按图 4 - 68 的方式连接。图中，将待比较的十六位二进制数分成四组，各组的四位比较是并行进行的，再将每组的比较结果输入到第五片四位比较器去进行比较，最后得出比较结果。这种方式从数据输入到输出只需要两倍的四位比较器的延迟时间，而如果采用串联方式时，则需要四倍的四位比较器的延迟时间。

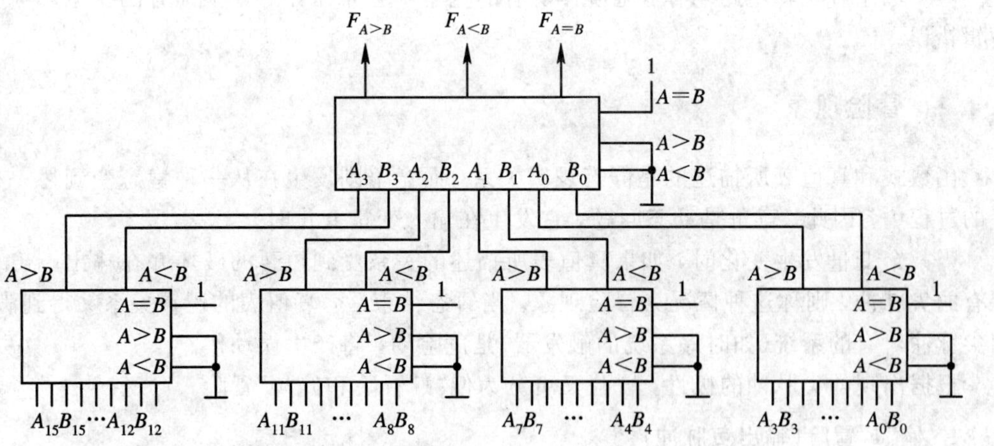

图 4 - 68　四位比较器扩展为十六位比较器

集成比较器不仅能对两个 N 位二进制数进行比较，而且还能对多个 N 位二进制数进行比较。例如，可以利用 3 片四位比较器及 2 片四位二选一数据选择器接成 4 个四位二进制数比较器。

4.4　组合逻辑电路中的竞争与冒险

组合逻辑电路中的“竞争冒险”现象是一个在实际应用时不容忽视的重要问题。

4.4.1　竞争现象

前面在分析和设计组合逻辑电路时，讨论的只是输入和输出的稳态关系，而没有涉及逻辑电路从一个稳态转换到另一个稳态之间的过渡过程，即没有考虑到门电路的延迟时间对电路产生的影响。实际上，任何一个门电路都具有一定的传输延迟时间 t_{pd}，即当输入信号发生突变时，输出信号不可能跟着突变，而要滞后一段时间。由于各个门的传输时间的差异，或者是输入信号通过的路径(即门的级数)不同造成的传输时间差异，会使一个或几个输入信号经不同的路径到达同一点的时间有差异。犹如赛跑，各个运动员到达终点的时间会有先后一样，这种现象称为竞争。

如图 4－69 所示，变量 A 有两条路径：一条通过门 1、门 2 到达门 4；另一条通过门 3 到达门 4。故变量 A 具有竞争能力，而 B、C 仅有一条路径到达门 4，称为无竞争能力的变量。

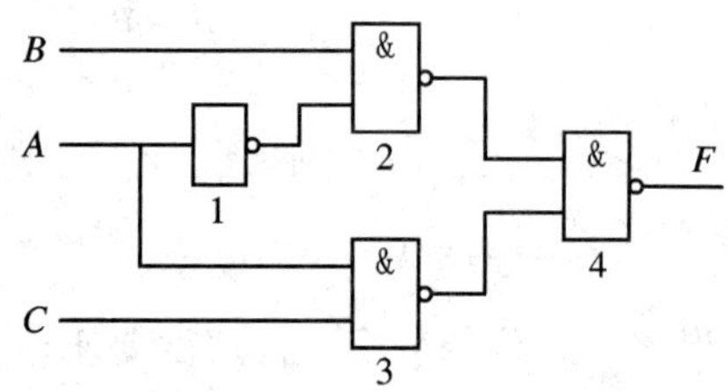

图 4－69　竞争示意图

由于集成门电路离散性较大，因此延迟时间也不同。哪条路径上的总延时大，由实际测量而定，因此竞争的结果是随机的。下面为了分析问题方便，我们假定每个门的延时均相同。

大多数组合逻辑电路均存在着竞争，有的竞争不会带来不良影响，有的竞争却会导致逻辑错误。

4.4.2　冒险现象

函数式和真值表所描述的是静态逻辑关系，而竞争则发生在从一种稳态变到另一种稳态的过程中。因此，竞争是动态问题，它发生在输入变量变化时。

当某个变量发生变化时，如果真值表所描述的关系受到短暂的破坏并在输出端出现不应有的尖脉冲，则称这种情况为冒险现象。当暂态结束后，真值表的逻辑关系又得到满足。而尖脉冲对有的系统(如时序系统的触发器)是危险的，将产生误动作。

根据出现的尖脉冲的极性，冒险又可分为偏“1”冒险和偏“0”冒险。

1. 偏“1”冒险(输出负脉冲)

在图 4－69 中，$F=AC+\overline{A}B$，若输入变量 $B=C=1$，则有 $F=A+\overline{A}$。在静态时，不论 A 取何值，F 恒为 1；但是当 A 变化时，由于各条路径的延时不同，将会出现如图 4－70 所示的情况。图中 t_{pd} 是各个门的平均传输延迟时间，由图可见，当变量 A 由高电平突变到低电平时，输出将产生一个偏"1"的负脉冲，宽度只有 t_{pd}，有时又称为毛刺。A 变化不一定都产生冒险，如由低变到高时，就无冒险产生。

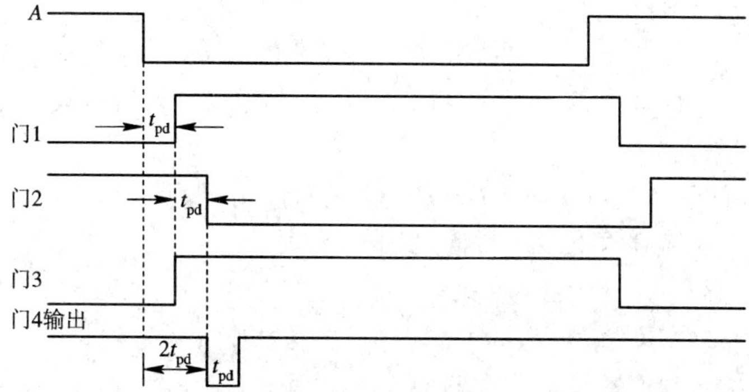

图 4－70　偏"1"冒险的形成过程

2. 偏"0"冒险(输出正脉冲)

如图 4－71 所示，$F=(A+C)(\overline{A}+B)$，当 $B=C=0$ 时，输出函数 $F=A\overline{A}$ 恒为 0，但当变量 A 由低电平变为高电平时，将产生一宽度为 t_{pd} 的正脉冲。

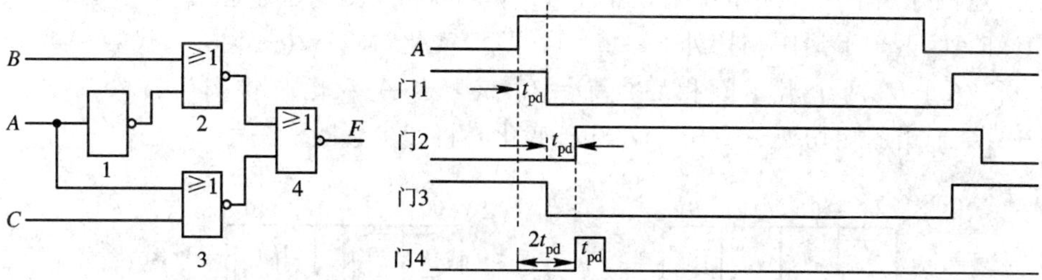

图 4－71　偏"0"冒险的形成过程

4.4.3　冒险现象的判别

由上述两个例子可看出，当函数表达式为 $F=X+\overline{X}$ 或 $F=X\cdot\overline{X}$ 时，变量 X 发生变化时将产生偏"1"冒险或偏"0"冒险，判别方法可用代数法或卡诺图法。

1. 代数法

首先，找出具有竞争能力的变量，然后逐次改变其它变量，判断是否存在冒险，是何种冒险。

偏"1"冒险　　$F=X+\overline{X}$

偏"0"冒险　　$F=X\overline{X}$

[例 25]　判断 $F=AC+\overline{A}B+\overline{AC}$ 是否存在冒险现象。

解　由函数可看出变量 A 和 C 具有竞争能力，且有

$BC=00\qquad F=\overline{A}$

$BC=01\qquad F=A$

$BC=10\qquad F=\overline{A}$

$$BC=11 \qquad F=A+\overline{A}$$
$$AB=00 \qquad F=\overline{C}$$
$$AB=01 \qquad F=1$$
$$AB=10 \qquad F=C$$
$$AB=11 \qquad F=C$$

由上可看出，当 $BC=11$ 时，$F=A+\overline{A}$ 将产生偏"1"冒险，C 虽然是具有竞争的变量，但始终不会产生冒险现象。

［例 26］ 判断 $F=(A+C)(\overline{A}+B)(B+\overline{C})$ 的冒险情况。

解 变量 A、C 具有竞争能力，冒险判别如下：

	A 变量		C 变量
$BC=00$	$F=A\overline{A}$	$AB=00$	$F=C\overline{C}$
$BC=01$	$F=0$	$AB=01$	$F=C$
$BC=10$	$F=A$	$AB=10$	$F=0$
$BC=11$	$F=1$	$AB=11$	$F=1$

由上可看出，当 $B=C=0$ 和 $A=B=0$ 时将产生偏"0"冒险。

2. 卡诺图法

将上述例题用卡诺图表示出来，可看出，卡诺圈相切处将会发生冒险，如图 4－72 所示。$\overline{A}B$ 和 AC 两个卡诺圈相切处 $B=C=1$，当 A 变化时将产生冒险，与代数法结论一致。$(A+C)$ 和 $(\overline{A}+B)$ 两个卡诺圈相切处 $B=C=0$，当 A 变化时将产生冒险。$(A+C)$ 和 $(B+\overline{C})$ 两个卡诺图相切处 $A=B=0$，当 C 变化时将产生冒险。

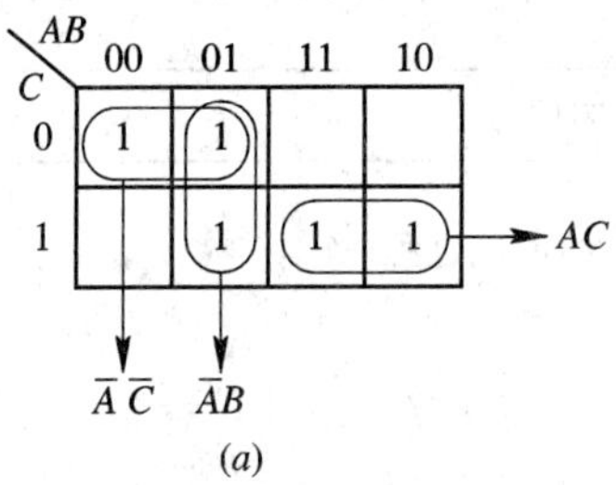

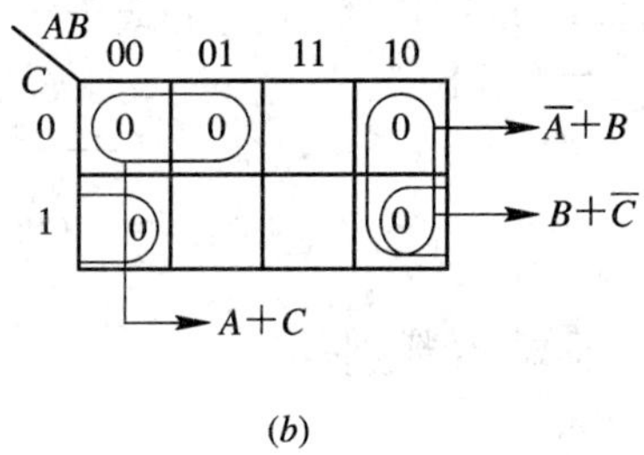

图 4－72 用卡诺图判别冒险

4.4.4 冒险现象的消除

在有些系统中(如时序电路里)冒险现象将使系统产生误动作，所以应消除冒险现象。消除冒险常用的方法有如下几种。

1. 修改逻辑设计(增加多余项)

如前述 $F=AC+\overline{A}B$，在 $B=C=1$ 时，$F=A+\overline{A}$ 将产生偏"1"冒险。增加多余项 BC，则当 $B=C=1$ 时，F 恒为 1，所以消除了冒险。即卡诺图化简时多圈了一个卡诺圈，如图 4－73 所示。相切处增加了一个 BC 圈，消除了相切部分的影响。

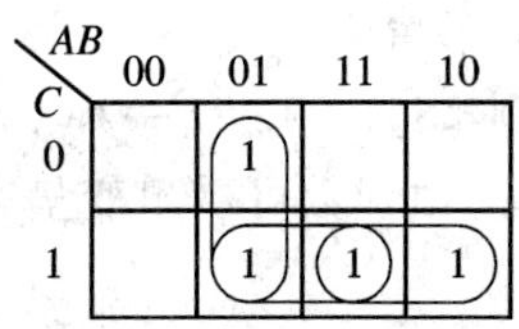

图 4－73 增加多余项消除冒险

2. 增加选通电路

如图 4 - 74 所示，在组合电路输出门的一个输入端加入一个选通信号，可以有效地消除任何冒险现象。当选通信号为“0”时，输出门被封死，输出一直为 1，此时电路的冒险反映不到输出端。待电路稳定时，才让选通信号为“1”，使输出门输出的是稳定状态的值，即反映真值表确定的逻辑功能。

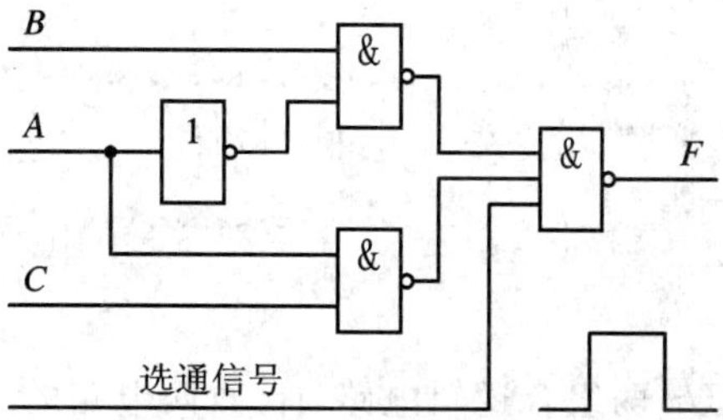

图 4 - 74　利用选通法消除冒险

3. 利用滤波电路

输出端接上一个小电容可以削弱毛刺的影响，如图 4 - 75 所示。由于冒险输出的毛刺脉冲十分窄，在数十纳秒数量级，因此小电容可大大削弱输出冒险脉冲的幅度，使之对时序电路不会产生误动作。

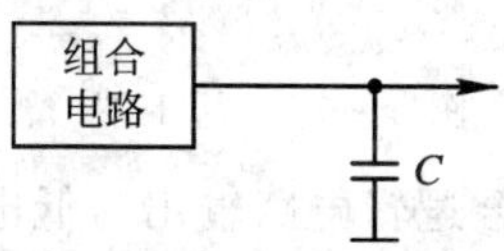

图 4 - 75　加小电容消除冒险

对有的电路，虽然产生冒险脉冲，但不使系统产生误动作，这时对冒险问题可以不考虑。

［**例 27**］　判断图 4 - 76(*a*)～(*e*)所示卡诺图的冒险情况。

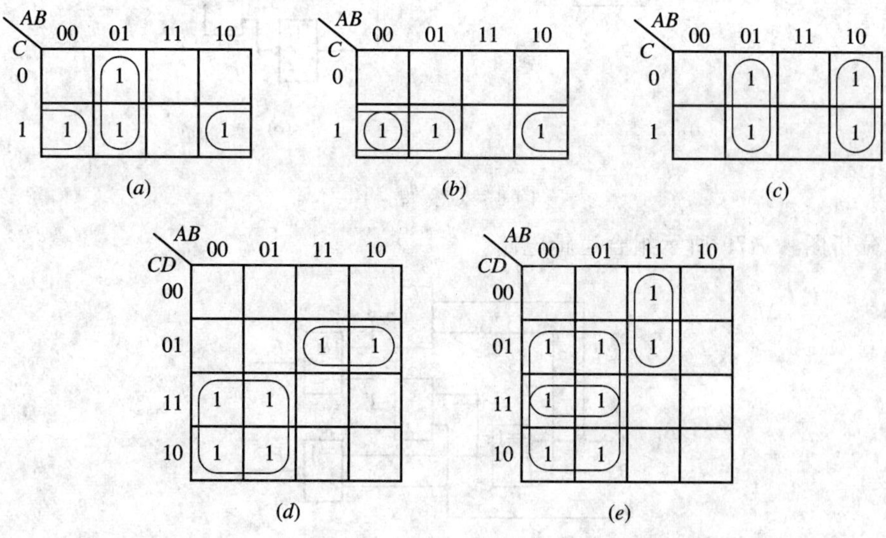

图 4 - 76　例 27 图

解 （a）两个卡诺圈相切，将产生冒险，相切处 $A=0$，$C=1$，B 变量变化时产生冒险；
（b）卡诺圈相交，无冒险；
（c）卡诺圈对顶，无冒险；
（d）卡诺图对顶，无冒险；
（e）卡诺圈 $AB\overline{C}$ 与卡诺圈 $\overline{A}D$ 相切，当 $B=D=1$，$C=0$ 时，变量 A 变化时将产生冒险。

练 习 题

1. 分析图 4－77（a）、（b）两组合逻辑电路，比较两电路的逻辑功能。

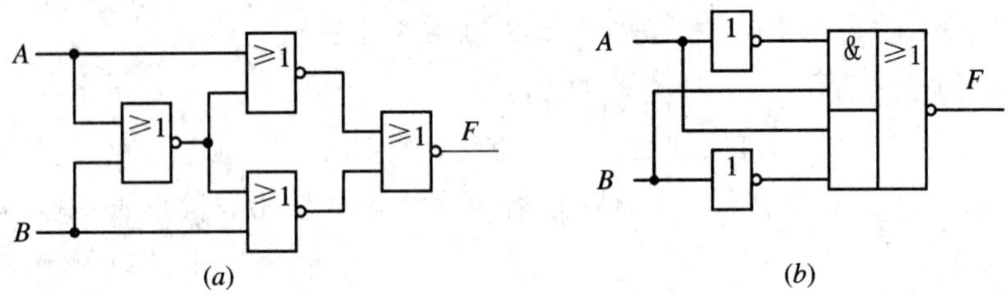

图 4－77 题 1 图

2. 指出图 4－78（a）、（b）两组合逻辑电路输出为低电平时的输入状态。

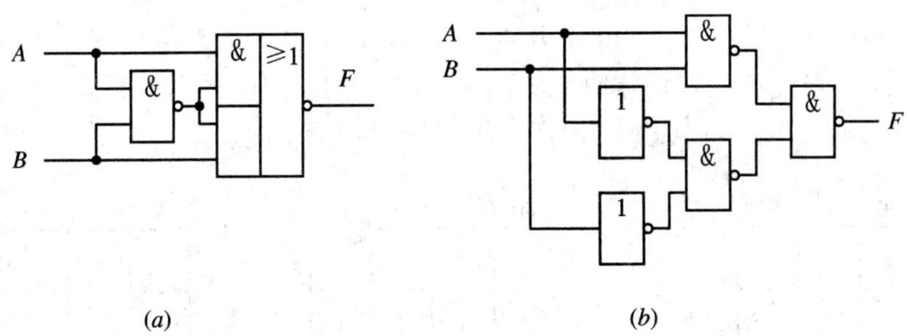

图 4－78 题 2 图

3. 分析图 4－79 所示组合逻辑电路。

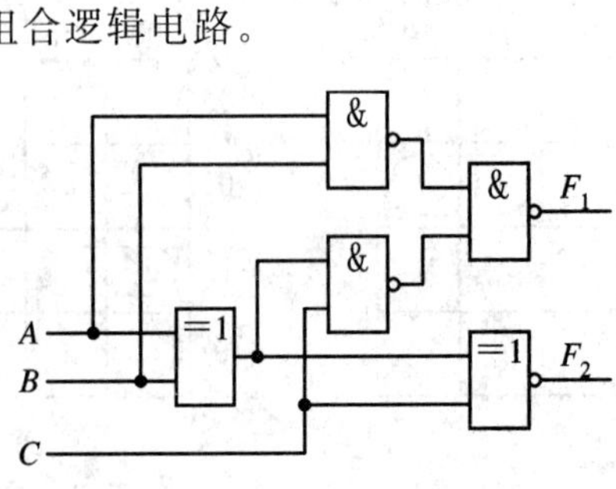

图 4－79 题 3 图

4. 分析图 4-80 所示组合逻辑电路，当 $S_3S_2S_1S_0$ 作为控制信号时，列表说明 F 与 A、B 的函数关系。

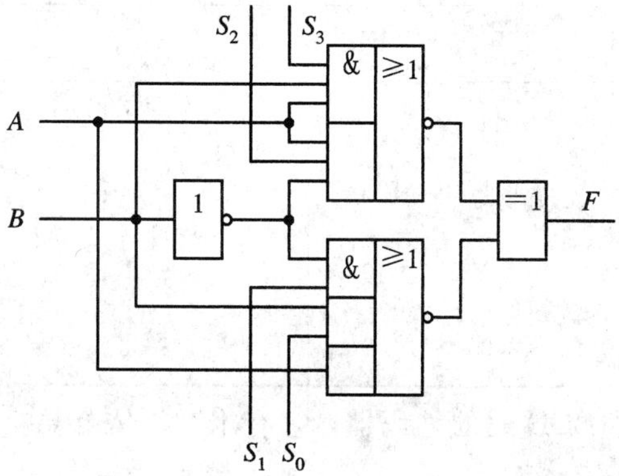

图 4-80　题 4 图

5. 某商店营业时间为上午 8～12 时，下午 2～6 时，试设计营业时间指示电路。

6. 列出下列各题的真值表：

(1) 四变量的多数表决器(四个变量中有多数变量为 1 时，其输出为 1)。

(2) 三变量的判奇电路(三个变量中奇数个变量为 1 时，其输出为 1)。

(3) 四变量的判偶电路(四个变量中偶数个变量为 1 时，其输出为 1)。

(4) 三变量的一致电路(当变量全部相同时输出为 1，否则为 0)。

(5) 三变量的非一致电路(当变量全部相同时输出为 0，否则为 1)。

7. 今有四台设备，每台设备用电均为 10 kW。若这四台设备由 F_1、F_2 两台发电机供电，其中 F_1 的功率为 10 kW，F_2 的功率为 20 kW。而四台设备工作情况是：四台设备不可能同时工作，只有可能其中任意一台至三台同时工作，且至少有一台工作。试设计一个供电控制电路，以达到节电之目的。

8. 设计一个电路实现将四位循环码转换成四位 8421 二进制码。

9. 试分别设计能实现如下功能的组合电路：

(1) 输入是 8421BCD 码，能被 2 整除时输出为 1，否则为 0。

(2) 输入是 8421BCD 码，能被 5 整除时输出为 1，否则为 0。

(3) 输入 N 是余 3 代码，当 $8 \geqslant N \geqslant 3$ 时输出为 1，否则为 0。

10. 利用中规模集成四位全加器接成八位加/减法器(由 M 作为控制信号，控制加或减操作，画出电路图。

11. 利用四位集成全加器实现将余 3 代码转换为 8421BCD 码，画出电路图。

12. 利用四位集成全加器和门电路，实现一位余 3 代码的加法运算，画出逻辑图(列出余 3 代码的加法表，再对和数进行修正)。

13. 利用全加器和门电路实现两个三位二进制的乘法，画出逻辑图。

14. 利用全加器将四位二进制数转换成四位循环码。

15. 试设计一个满足表 4-20 所示功能要求的编码器。

表 4-20 功能表

输入				输出			
W_3	W_2	W_1	W_0	F_3	F_2	F_1	F_0
0	0	0	1	0	1	1	1
0	0	1	0	1	0	1	1
0	1	0	0	1	1	0	1
1	0	0	0	1	1	1	0

16. 试设计一个 2421BCD 码的编码器。它有十个输入端($\overline{0}$，$\overline{1}$，$\overline{2}$，$\overline{3}$，$\overline{4}$，$\overline{5}$，$\overline{6}$，$\overline{7}$，$\overline{8}$，$\overline{9}$)，四个输出端(F_3，F_2，F_1，F_0)。

17. 三个输入信号中，A 的优先权最高，B 次之，C 最低，它们通过编码器分别由 F_A、F_B、F_C 输出。要求同一时间只有一个信号输出，若两个以上信号同时输入时，优先权高的被输出，试求输出表达式和编码器逻辑电路。

18. 有四个信号 A、B、C、D 接入某选通电路，若两个以上信号同时出现，则按 A、B、C、D 的先后顺序，前者优先通过。试设计该选通电路的逻辑图。

19. 用 3-8 译码器和与非门实现下列多输出函数：

$$\begin{cases} F_1 = AB + \overline{A}\overline{B}\overline{C} \\ F_2 = A + B + \overline{C} \\ F_3 = \overline{A}B + A\overline{B} \end{cases}$$

20. 用 4-16 译码器和与非门设计一个 8421BCD 码转换为循环 BCD 码的逻辑电路，其真值表如表 4-21 所示。

表 4-21 真值表

A	B	C	D	G_3	G_2	G_1	G_0
0	0	0	0	0	0	0	0
0	0	0	1	0	0	0	1
0	0	1	0	0	0	1	1
0	0	1	1	0	0	1	0
0	1	0	0	0	1	1	0
0	1	0	1	0	1	1	1
0	1	1	0	0	1	0	1
0	1	1	1	0	1	0	0
1	0	0	0	1	1	0	0
1	0	0	1	1	0	0	0

21. 74LS138 如图 4-81 所示。

(1) 写出下图的表达式；

(2) 填出相应的卡诺图。

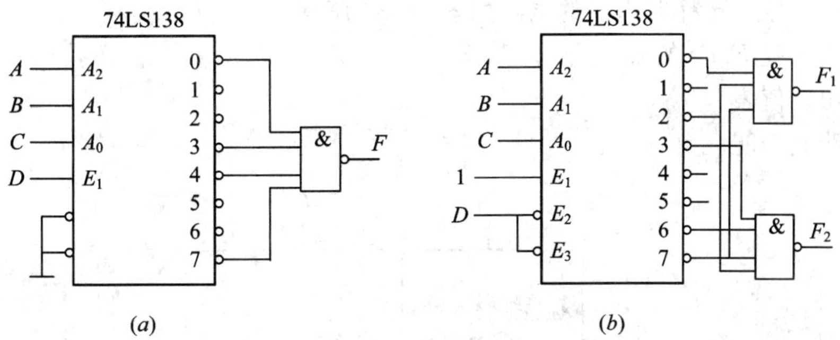

图 4-81　题 21 图

22. 用 74LS138 设计一个一位二进制的全减器，其中：

A—被减数，B—减数，C_{i-1}—低位向本位的借位；C_i—本位向高位的借位；D—差

(1) 列出真值表；

(2) 画出逻辑图。

23. 用 74LS138 实现输入三位格雷码输换为三位二进制代码。

(1) 列出真值表；

(2) 画出逻辑图。

24. 用四选一数据选择器实现下列函数：

(1) $F(ABC)=\sum(0, 2, 4, 5)$

(2) $F(ABCD)=\sum(0, 2, 5, 7, 8, 10, 13, 15)$

(3) $F(ABCD)=\sum(1, 2, 3, 12, 15)$

25. 用八选一数据选择器实现下列函数：

(1) $F(ABCD)=\sum(0, 2, 5, 7, 8, 10, 13, 15)$

(2) $F(ABCD)=\sum(0, 3, 4, 5, 9, 10, 12, 13)$

26. 用四选一数据选择器和 3-8 译码器，组成二十选一数据选择器和三十二选一数据选择器。

27. 设计一个路灯的控制电路，要求在四个不同的地方都能独立地控制路灯的亮灭。

28. 用数据选择器组成的电路如图 4-82(*a*)、(*b*)所示，试分别写出电路的输出函数式。

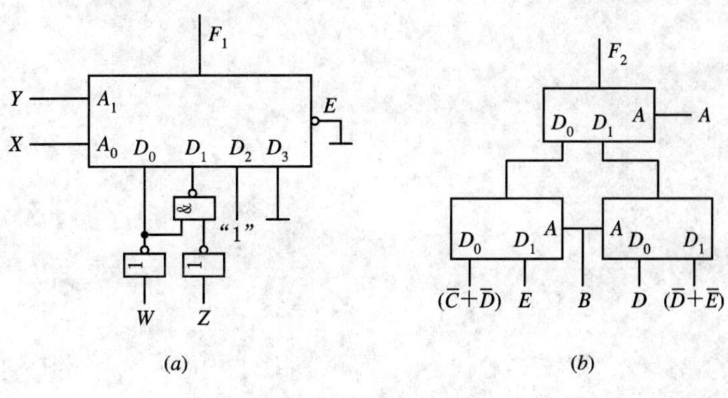

图 4-82　题 28 图

29. 四选一数据选择器组成的电路如图 4－83 所示。

(1) 写出方程 F_1F_2 的表达式；

(2) 列出真值表；

(3) 说明其功能。

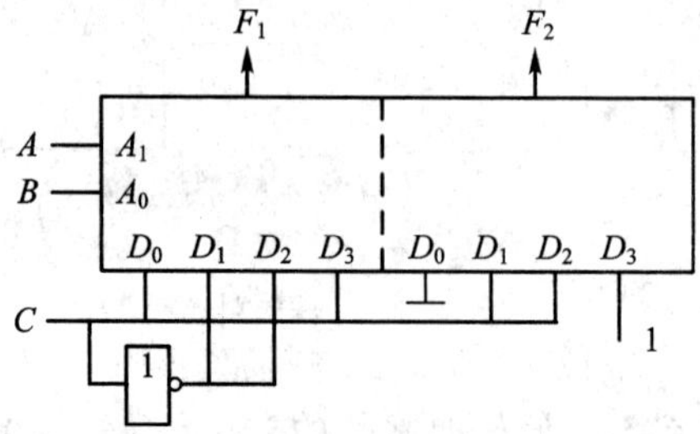

图 4－83　题 29 图

30. 已知函数 $F=\sum_m(1, 2, 7, 9, 10, 17)$，输入只提供原变量，选用四选一数据选择器，合理选择地址，不允许用其它门电路实现该函数。

31. 判断下列函数组成的电路存在何种险象：

(1) $F=AB+A\overline{B}C$

(2) $F=\overline{ABC}C+A\,\overline{ABC}$

(3) $F=\overline{A\,\overline{BC}\cdot\overline{\overline{CD}}}$

(4) $F=\overline{ACD+B\,\overline{D}}$

32. 用无冒险的“与非门”网络实现下列逻辑函数：

(1) $F=\overline{A}B+\overline{B}\overline{D}+A\overline{B}\overline{C}$

(2) $F(ABCD)=\sum(0, 1, 2, 6, 7, 8, 10, 12, 14)$

第五章　触　发　器

逻辑电路可分为组合电路和时序电路。组合电路在第四章已讨论了，本章开始讨论时序电路。由于记忆元件是时序电路的重要组成部分，而记忆元件都是由触发器担任的，因此本章将在时序电路概述的基础上重点介绍基本触发器和集成触发器。

5.1 时序电路概述

5.1.1 时序电路的特点

时序电路的特点是，在任何时刻电路产生的稳定输出信号不仅与该时刻电路的输入信号有关，而且还与电路过去的状态有关。由于它与过去的状态有关，所以电路中必须具有"记忆"功能的器件，记住电路过去的状态，并与输入信号共同决定电路的现时输出。其电路框图如图 5－1 所示。

由图 5－1 可看出，对组合电路而言，它有两组输入和两组输出，其中 $x_1(t)$，$x_2(t)$，…，$x_n(t)$称为时序电路的外部信号，或称输入变量；$Q_1^n(t)$，$Q_2^n(t)$，…，$Q_l^n(t)$称为时序电路的内部输入，或称记忆元件的状态输出函数；$F_1(t)$，$F_2(t)$，…，$F_r(t)$称为时序电路的外部输出即输出函数；$W_1(t)$，$W_2(t)$，…，$W_m(t)$称为时序电路的内部输出，或称为记忆元件的控制函数或激励函数。

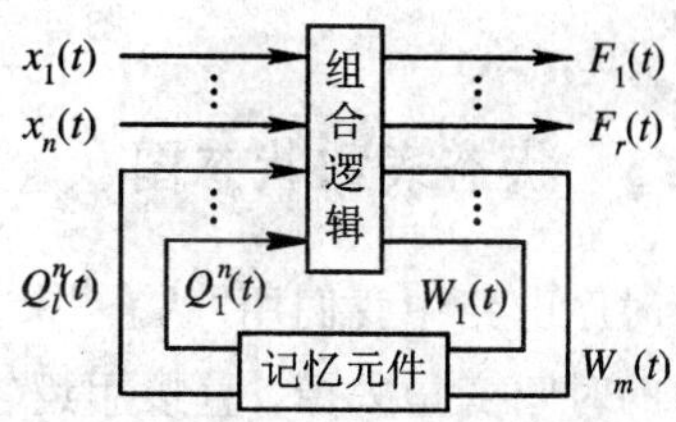

图 5－1　时序电路框图

时序电路是通过记忆元件来记忆以前的状态。设在 t 时刻记忆元件的状态输出为 $Q_1^n(t)$，$Q_2^n(t)$，…，$Q_l^n(t)$，称为时序电路的现态。那么，在该时刻的输入$x_n(t)$及现态$Q_l^n(t)$的共同作用下，组合电路将产生输出函数 $F_r(t)$及控制函数 $W_m(t)$。而控制函数用来建立记忆元件的新的状态输出函数，用 $Q_1^{n+1}(t)$，$Q_2^{n+1}(t)$，…，$Q_l^{n+1}(t)$表示，称为次态。这样，时序电路可由下面两组表达式描述：

$$F_i(t) = f_i[x_1(t), x_2(t), \cdots, x_r(t); Q_1^n(t), Q_2^n(t), \cdots, Q_r^n(t)]$$

$$i = 1, 2, \cdots, r$$

$$Q_j^{n+1}(t) = q_j[x_1(t), x_2(t), \cdots, x_l(t); Q_1^n(t), Q_2^n(t), \cdots, Q_l^n(t)]$$

$$j = 1, 2, \cdots, l$$

上述方程表明，时序电路的输出和次态是现时刻的输入和现态的函数。必须指出，状态输出函数简称状态函数，它是建立次态所必需的，是构成时序电路最重要的函数。

5.1.2 时序电路的分类

时序电路可分为两大类：同步时序电路和异步时序电路。在同步时序电路中，电路的状态仅仅在统一的信号脉冲(称为时钟脉冲，通常用 CP 表示)控制下才同时变化一次。如果 CP 脉冲没来，即使输入信号发生变化，它可能会影响输出，也绝不会改变电路的状态(即记忆电路的状态)。

在异步时序电路中，记忆元件的状态变化不是同时发生的。这种电路中没有统一的时钟脉冲。任何输入信号的变化都可能立刻引起异步时序电路状态的变化。

时序电路按输出变量的依从关系来分，又可分为米里(Mealy)型和莫尔(Moore)型两类。米里型电路的输出是输入变量及现态的函数，即

$$F(t)=f[x(t),\ Q^n(t)]$$

其框图如图 5-2(*a*)所示。莫尔型电路的输出仅与电路状态的现态有关，其框图如图 5-2(*b*)所示，且具有如下关系：

$$F(t)=f[Q^n(t)]$$

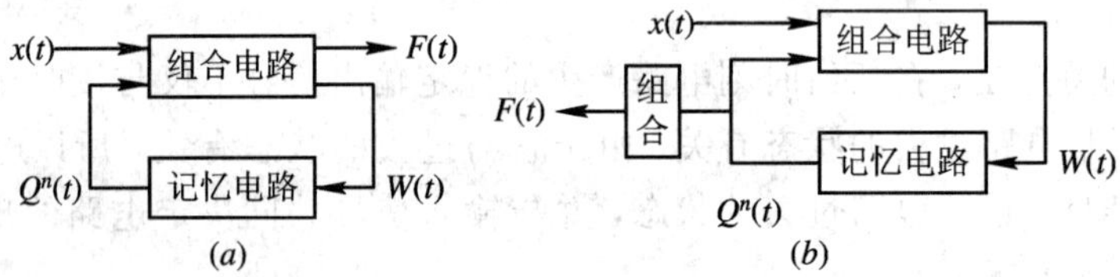

图 5-2 米里型和莫尔型时序电路框图

5.1.3 状态表和状态图

时序电路中我们用“状态”来描述时序问题。使用“状态”概念后，我们就可将输入和输出中的时间变量去掉，直接用逻辑表示式来说明时序逻辑电路的功能。所以，“状态”是时序电路中极为重要的概念。

时序电路的一个重要研究方法是考察相邻两个节拍的状态。我们把正在讨论的状态称为“现态”，用符号 Q^n 表示；把在 CP 脉冲作用下将要发生的状态称为“次态”，用符号 Q^{n+1} 表示。描述次态的方程称为状态函数，一个时序电路的主要特征是由状态函数给出的，因此，状态函数在时序逻辑电路的设计与分析中是十分重要的。

在组合电路里，真值表是最能详尽地描述其逻辑功能的工具，而最能详尽描述时序逻辑功能的是状态迁移表和状态迁移图，简称状态表和状态图。它们不但能说明输出与输入之间的关系，同时还表明了状态的转换规律。在时序电路中状态转换关系用表格方式表示，称为状态表，如用图形表示则称为状态图。两种方式相辅相成，经常配合使用。从状态表容易得到状态函数关系，有了函数关系才能设计出正确的时序逻辑电路。而状态图的优点是直观、形象，使人们对研究的对象一目了然。

状态表的形式一般采用矩阵式，由于莫尔型和米里型的输出方式不同，故它们的状态表略有不同，如表 5-1、5-2 所示。有时候不给出状态表，而是给出了状态真值表形式，此时只要将现态 Q^n 也作为输入信号即可。由真值表得到状态表就十分容易了。将次态作

为输出，从状态表或状态真值表，按组合电路设计的方法，可以十分方便地得到时序电路的输出函数表达式 $F(t)$和状态函数表达式 Q^{n+1}。

表 5－1　状态表(米里型)

现态 Q^n ＼ 输入 ＼ 次态/当前输出	Q^{n+1}/F (x=0)	Q^{n+1}/F (x=1)
Q_1	$Q_2/0$	$Q_1/0$
Q_2	$Q_3/0$	$Q_2/0$
Q_3	$Q_1/1$	$Q_1/1$
⋮	⋮	⋮

表 5－2　状态表(莫尔型)

现态 Q^n ＼ 输入 ＼ 次态/当前输出	Q^{n+1} (x=0)	Q^{n+1} (x=1)	F
Q_1	Q_2	Q_1	0
Q_2	Q_3	Q_2	0
Q_3	Q_1	Q_1	1
⋮	⋮	⋮	⋮

［**例 1**］　表 5－3 为米里型状态表。从表上可看出：现态 Q^n 为 Q_1，当输入信号 $x=0$ 时，次态 Q^{n+1}为 Q_1，输出 $F=0$；当输入信号 $x=1$ 时，次态 Q^{n+1}为 Q_2，输出 $F=1$。同理，当现态 Q^n 为 Q_2，输入信号 $x=0$ 时，次态为 Q_2，输出 $F=1$；当输入信号 $x=1$ 时，次态 Q^{n+1}为 Q_1，输出 $F=0$。

表 5－3　状态表(米里型)

现态 Q^n ＼ 输入 ＼ 次态/当前输出	Q^{n+1}/F (x=0)	Q^{n+1}/F (x=1)
Q_1	$Q_1/0$	$Q_2/1$
Q_2	$Q_2/1$	$Q_1/0$

表 5－4　状态表(莫尔型)

现态 Q^n ＼ 输入 ＼ 次态/当前输出	Q^{n+1} (x=0)	Q^{n+1} (x=1)	F
Q_1	Q_2	Q_1	0
Q_2	Q_1	Q_3	1
Q_3	Q_3	Q_1	0

［**例 2**］　表 5－4 为莫尔型状态表，各行各列的含义与表 5－3 相似，不同之处是输出 F 与输入 x 无关。不管输入信号 x 是 0 还是 1，只要现态 $Q^n=Q_1$ 或 $Q^n=Q_3$，则输出 $F=0$。同理，只要 $Q^n=Q_2$，则输出 $F=1$。

时序逻辑电路的状态图如图 5－3 所示。对于米里型，图(a)中圆圈内填写系统的状态，状态迁移用箭头线表示，箭头线的起点表示现态，箭头线的终点表示次态。状态迁移的条件和目前的输出用分式符号表示，分子表示输入信号的取值(0 或 1)，分母表示输出信号的取值(0 或 1)。对于莫尔型，图(b)中圆圈用分式表示，分子为现态，分母为输出值。状态迁移条件由输入信号确定，其它同米里型。

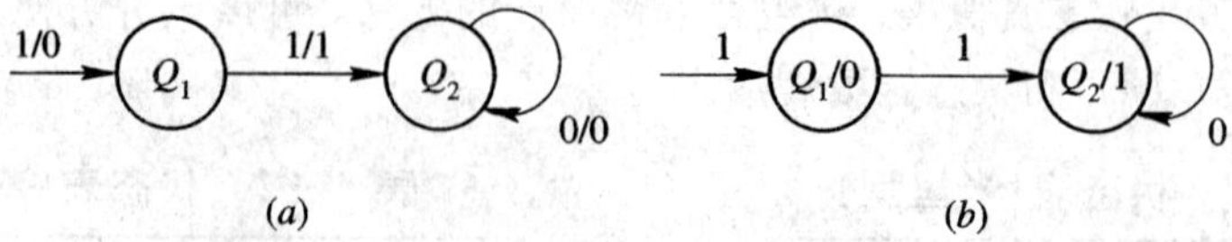

图 5-3　时序逻辑的状态图

(a) 米里型；(b) 莫尔型

[**例 3**]　画出例 1、例 2 的状态图。

解　由状态表可十分方便地得到状态图，如图 5-4(a)、(b)所示。

[**例 4**]　求表 5-5 所示时序电路的逻辑表达式及状态表和状态图。

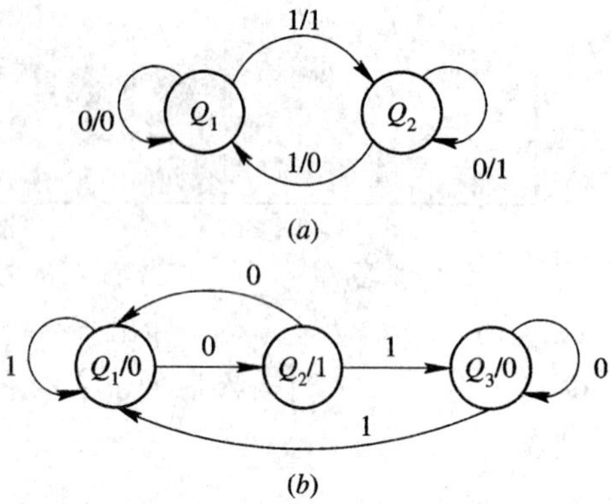

图 5-4　例 1、例 2 的状态图

(a) 米里型；(b) 莫尔型

表 5-5　状态真值表

Q^n	x_1	x_2	Q^{n+1}	F
0	0	0	0	1
0	0	1	0	0
0	1	0	1	0
0	1	1	1	1
1	0	0	1	1
1	0	1	0	0
1	1	0	1	0
1	1	1	0	1

解　表 5-5 是某时序逻辑电路的状态真值表，其左边是时序电路的现态和输入信号，均作为时序电路的输入来处理，中间和右边表示该电路的次态和输出。作出对应的卡诺图，可求出状态函数 Q^{n+1} 和输出函数 F，如图 5-5 所示。

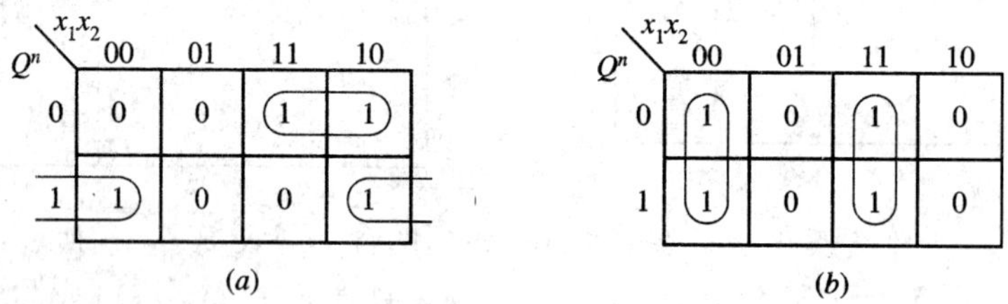

图 5-5　求例 4 的逻辑表达式的卡诺图

(a) 求 Q^{n+1}；(b) 求 F

由图得如下关系：

$$Q^{n+1} = x_1\bar{Q}^n + \bar{x}_2 Q^n$$

$$F = \bar{x}_1\bar{x}_2 + x_1 x_2$$

其状态表和状态图如表 5-6 和图 5-6 所示。

表 5-6 状态表

Q^n \ x_1x_2	Q^{n+1}/F			
	0 0	0 1	1 0	1 1
0	0/1	0/0	1/0	1/1
1	1/1	0/0	1/0	0/1

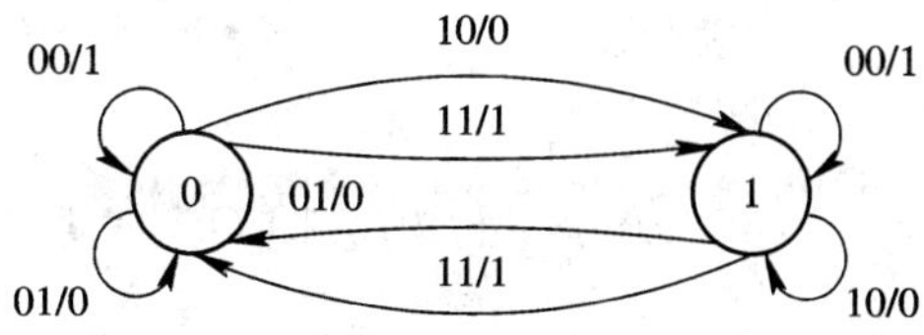

图 5-6 例 4 状态图

记忆元件是时序电路不可缺少的部分，而记忆元件都是由触发器担任的。在后面我们将会看到，对时序电路的设计或分析，其对象都是触发器。所以，对各种触发器功能的掌握，是学习时序电路的基础。而且，触发器本身就是一个时序器件。因此，分析触发器的方法在分析时序逻辑电路时均适用。

触发器的基本性质是：

(1) 具有两个稳定的状态，分别用二进制数码的“1”和“0”表示。

(2) 由一个稳态到另一个稳态，必须有外界信号的触发；否则，它将长期稳定在某个状态，即长期保持所记忆的信息。

(3) 具有两个输出端：原码输出 Q 和反码输出 $\bar{Q}$。一般用 Q 的状态表明触发器的状态。如外界信号使 $Q=\bar{Q}$，则破坏了触发器的状态，这种情况在实际运用中是不允许出现的。

触发器可以由门电路构成。随着科学技术的发展，半导体工艺已经可以把一个或几个触发器集成在一片芯片中，构成集成触发器。对于使用者来讲，应着重了解各种触发器的基本工作原理以及它们的逻辑功能，以便正确地使用它们，而对其内部结构和电路不必深究。因此本章的重点是讨论各种集成触发器的功能。

5.2 基本触发器

5.2.1 基本 RS 触发器

基本 RS 触发器是构成各种功能触发器的最基本的单元，所以称为基本触发器。用两个与非门构成基本 RS 触发器的逻辑图及逻辑符号分别如图 5-7(*a*)、(*b*)所示。触发器具有两个输出端 Q 和 $\bar{Q}$，这两个输出端的状态是互补的。我们常用 Q 端的逻辑电平表示触发器所处的状态。若 Q 为高电平即“1”，则 $\bar{Q}$ 必为低电平即“0”，写作 $Q=1$，$\bar{Q}=0$，我们称触发器处于“1”状态。反之，若 $Q=0$，$\bar{Q}=1$，则称触发器处于“0”状态。R_d、S_d 为触发器的两个输入端，称为激励端或控制端。当 $S_d=0$，$R_d=1$ 时，$Q=1$，所以称 S_d 为直接置 1 端或置位端；$R_d=0$，$S_d=1$ 时，$Q=0$，所以称 R_d 为直接置 0 端或复位端。故该触发器又称为直接置 0 置 1 触发器或置位复位触发器。在逻辑符号图 5-7(*b*)中，R_d 和 S_d 端的小圈表示低电平有效，即仅当低电平作用于适当的输入端时，触发器才

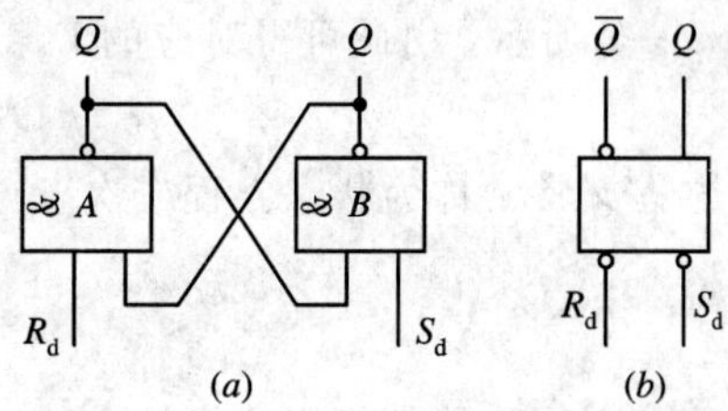

图 5-7 由与非门构成的基本 RS 触发器

会翻转。

1. 功能描述

（1）当 $R_d=1$，$S_d=0$ 时，不管触发器原来处于什么状态，其次态一定为“1”，即 $Q^{n+1}=1$，故触发器处于置位状态。

（2）当 $R_d=0$，$S_d=1$ 时，$Q^{n+1}=0$，触发器处于复位状态。

（3）当 $R_d=S_d=1$ 时，触发器状态不变，处于维持状态，即 $Q^{n+1}=Q^n$。

（4）当 $R_d=S_d=0$ 时，$Q^{n+1}=\bar{Q}^{n+1}=1$，破坏了触发器的正常工作，使触发器失效。而且当输入条件同时消失时，触发器是“0”态还是“1”态是不定的，这种情况在触发器工作时是不允许出现的。因此使用这种触发器时，禁止 $R_d=S_d=0$ 出现。

上述过程可用状态真值表列出，如表 5-7 所示。

表 5-7　状态真值表

R_d	S_d	Q^n	Q^{n+1}	说　明
0	0	0	1	不允许
0	0	1	1	
0	1	0	0	置 0
0	1	1	0	$Q^{n+1}=0$
1	0	0	1	置 1
1	0	1	1	$Q^{n+1}=1$
1	1	0	0	保持
1	1	1	1	$Q^{n+1}=Q^n$

2. 状态表、状态图及特征方程

（1）状态表。由状态真值表可十分方便地获得状态表，如表 5-8 所示，由于 $R_dS_d=00$ 是禁止出现的，所以状态表中填入×，作为无关项使用。

（2）状态图。状态图形象地描述 RS 触发器的操作情况。它共有两个状态：“0”态和“1”态。当 $Q^n=0$ 时，若输入 $R_dS_d=11$ 或 01，则使状态保持为“0”态；唯有 $R_dS_d=10$ 时，才能使状态迁移到“1”态。当 $Q^n=1$ 时，若输入 $R_dS_d=11$、10，则状态将保持为“1”态；只有 $R_dS_d=01$ 时，才使状态迁移到“0”态。状态图如图 5-8 所示。

表 5-8　RS 触发器状态表

Q^n \ R_dS_d	Q^{n+1} 0 0	0 1	1 1	1 0
0	×	0	0	1
1	×	0	1	1

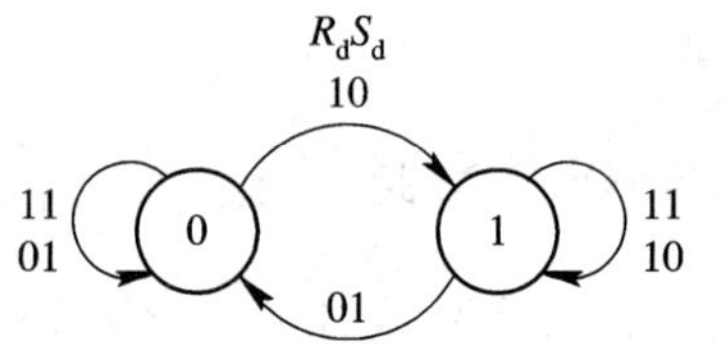

图 5-8　RS 触发器状态图

（3）特征方程。基本 RS 触发器的次态与现态及输入量的关系也可用逻辑函数表示，如表 5-8 所示。由此可得对应的卡诺图，从而得特征方程为

$$Q^{n+1}=\bar{S}_d+R_dQ^n$$

特征方程又常常称为状态方程或次态方程。由于 R_d 和 S_d 不允许同时为零，因此输入必须满足

$$\bar{R}_d\bar{S}_d=0$$

我们称该方程为约束方程。

如已知 S_d 和 R_d 的波形和触发器的起始状态，则可画出触发器的波形，如图 5-9 所示。

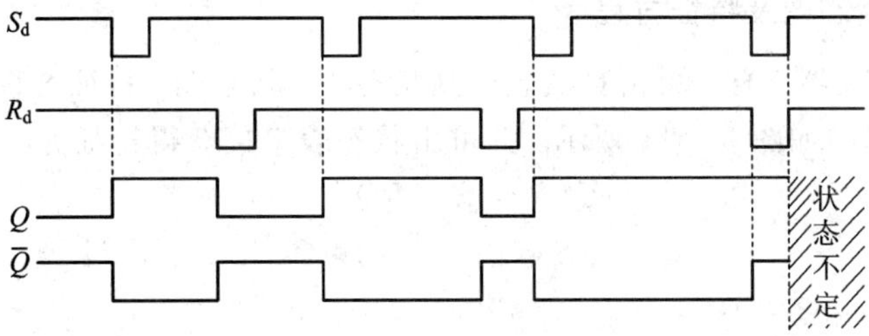

图 5-9　RS 触发器波形图

用或非门、与或非门也可构成基本 RS 触发器，请读者自行分析。

5.2.2　时钟控制的 RS 触发器

上述基本 RS 触发器具有直接置“0”、置“1”的功能，当 R_d 和 S_d 的输入信号发生变化时，触发器的状态就会立即改变。在实际使用中，通常要求触发器按一定的时间节拍动作。这就要求触发器的翻转时刻受时钟脉冲的控制，而翻转到何种状态由输入信号决定，从而出现了各种时钟控制的触发器。按功能分有 RS 触发器、D 触发器、T 触发器和 JK 触发器。

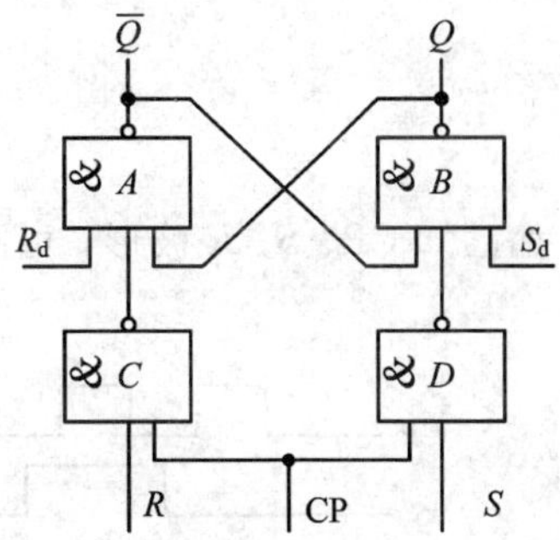

图 5-10　钟控 RS 触发器

在基本 RS 触发器的基础上，加两个与非门即可构成钟控 RS 触发器，如图 5-10 所示。图中：

S_d：直接置位端。当 $S_d=0$ 时，$Q=1$，不用时置高电平。

R_d：直接复位端。当 $R_d=0$ 时，$Q=0$，不用时置高电平。

S：置位输入端。

R：复位输入端。

CP：时钟控制脉冲输入端。

1. 功能描述

当 CP=0 时，触发器不工作，C、D 门输出均为 1，基本 RS 触发器处于保持态。此时无论 R、S 如何变化，均不会改变 C、D 门的输出，故对状态无影响。

当 CP=1 时，触发器工作，其逻辑功能如下：

$R=0$，$S=1$，$Q^{n+1}=1$，触发器置“1”；

$R=1$，$S=0$，$Q^{n+1}=0$，触发器置“0”；

$R=S=0$，$Q^{n+1}=Q^n$，触发器状态不变；

$R=S=1$，触发器失效，工作时不允许。

由上述功能可列出其状态真值关系，如表 5-9 所示。

表 5-9　钟控 RS 触发器真值表

R	S	Q^n	Q^{n+1}	说　明
0	0	0	0	保持
0	0	1	1	$Q^{n+1}=Q^n$
0	1	0	1	置 1
0	1	1	1	$Q^{n+1}=1$
1	0	0	0	置 0
1	0	1	0	$Q^{n+1}=0$
1	1	0	×	禁止
1	1	1	×	

2. 状态表、状态图及特征方程

与基本 RS 触发器一样，可由真值表得到状态表、状态图、特征方程，并可画出波形。状态表和状态图如图 5 - 11 所示，并可由状态表直接获得特征方程

$$\begin{cases} Q^{n+1} = S + \overline{R}Q^n \\ RS = 0 \quad \text{约束条件} \end{cases}$$

Q^n \ RS	Q^{n+1} 00	01	11	10
0	0	1	×	0
1	1	1	×	0

(*a*)

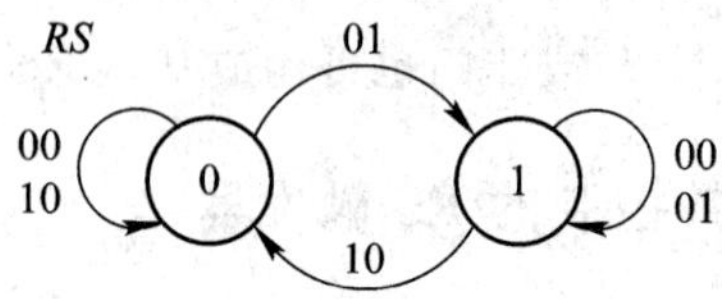

(*b*)

图 5 - 11　钟控 RS 触发器状态表和状态图

(*a*) 状态表；(*b*) 状态图

如已知 CP、*S*、*R* 波形，可画出触发器状态波形，如图 5 - 12 所示。

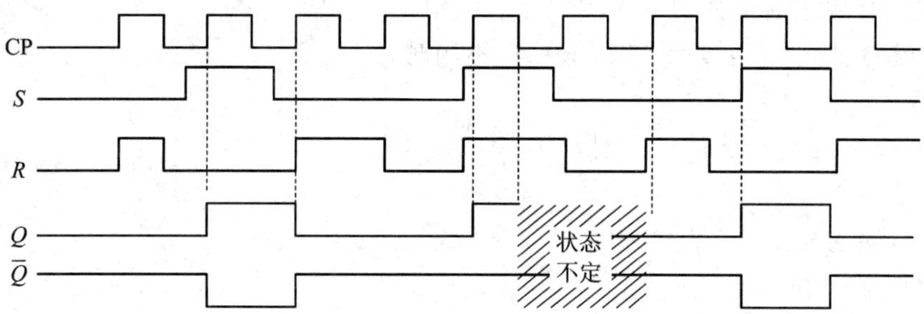

图 5 - 12　钟控 RS 触发器波形图

5.2.3　D 触发器

RS 触发器存在禁止条件，*R*、*S* 不能同时为 1。这给使用者带来不便。为此，只要保证 *R*、*S* 始终不同时为“1”即可排除禁止条件。把图 5 - 10 的 *R* 端接至 *D* 门输出端，这样就构成 D 触发器，如图 5 - 13 所示。

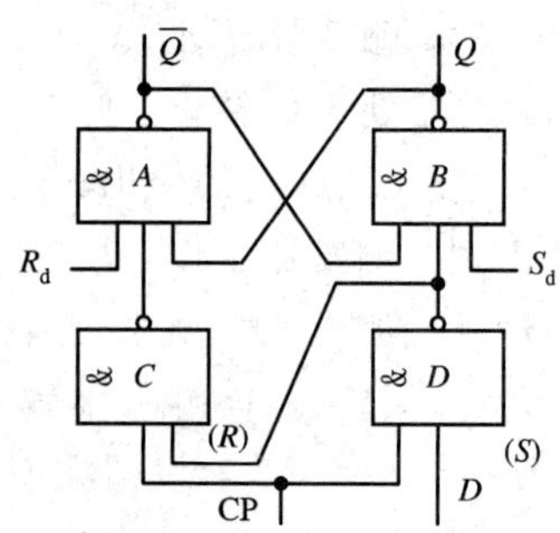

图 5 - 13　D 触发器

1. 功能描述

当 CP=0 时，触发器不工作，触发器处于维持状态。当 CP=1 时，触发器功能如下：

$D=0$，与非门 D 输出为 1，与非门 C 输出为 0，则 $Q^{n+1}=0$；

$D=1$，与非门 D 输出为 0，与非门 C 输出为 1，则 $Q^{n+1}=1$。

按上述功能，列出状态真值表如表 5-10 所示。

表 5-10 D 触发器状态真值表

D	Q^n	Q^{n+1}
0	0	0
0	1	0
1	0	1
1	1	1

2. 状态表、状态图及特征方程

D 触发器的状态表和状态图如图 5-14(*a*)、(*b*)所示，其特征方程为

$$Q^{n+1}=D$$

即触发器向何状态翻转，由当前输入控制函数 D 确定：$D=0$，则 $Q^{n+1}=0$；$D=1$，则 $Q^{n+1}=1$。

如已知 CP、D 端波形，则 D 触发器状态波形如图 5-14(*c*)所示。

Q^n \ D	0	1
0	0	1
1	0	1

(*a*)

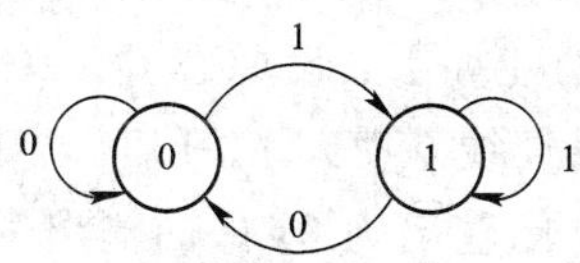

(*b*)

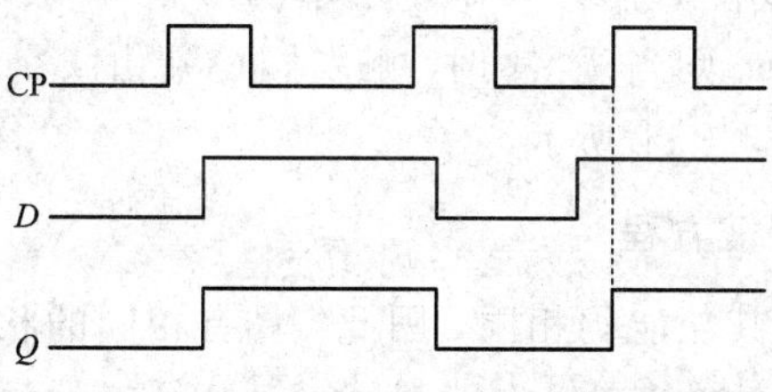

(*c*)

图 5-14 D 触发器状态表、状态图、波形图

(*a*) 状态表；(*b*) 状态图；(*c*) 波形图

利用 D 触发器在 CP=1 作用下将 D 端输入数据送入触发器，使 $Q^{n+1}=D$，当 CP=0 时，$Q^{n+1}=Q^n$ 不变，故常用作锁存器，因此 D 触发器又称为 D 锁存器。

5.2.4 T 触发器

从上述触发器的功能可看出，当输入条件决定的新状态与原状态一致时，CP 信号到来时，触发器状态保持不变。而在实际中常常要求每来一个 CP 信号，触发器必须翻转一次，即原态是“0”则翻为“1”，原态为“1”则翻为“0”。这种触发器称为 T 触发器。

为了保证触发器每来一个 CP 必须翻一次，在电路上应加反馈线，记住原来的状态，并且导致必翻。在 RS 触发器基础上得到的 T 触发器为对称型，它加了反馈线 a、b，由 Q、

$\overline{Q}$ 分别接至R、S端。由D触发器得到的T触发器为非对称型，它加了反馈线a，由$\overline{Q}$端接至D端。如图 5－15 所示。

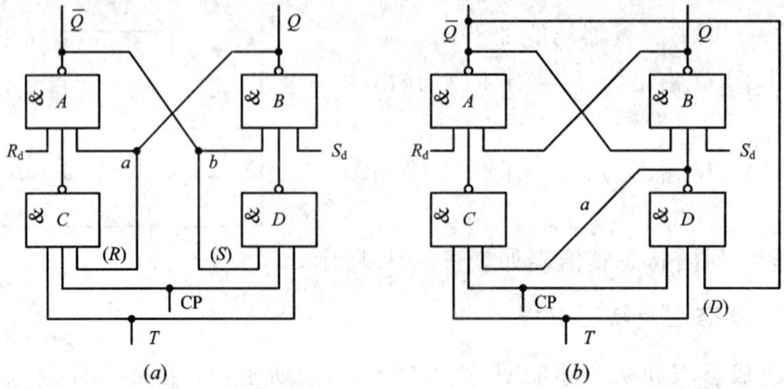

图 5－15　T触发器

(a) 对称型；(b) 非对称型

1. 功能描述

以对称型为例。当 CP＝0 时，与前各触发器一样，T触发器处于维持状态。

当 CP＝1 时，功能如下：设原态$Q^n=0$，经反馈线a使C门封闭，反馈线b使D门开启。当计数脉冲T加进来(T=1)，D门输出为0，C门输出为1，则Q由"0"态翻为"1"态，$\overline{Q}$翻为"0"态，翻转一次。如原态为1，情况正好相反，反馈线使C门开启，D门关闭，C门输出为0，D门输出为1。则当T=1时，触发器Q端由1翻为0，$\overline{Q}$端由0翻为1，翻转一次。其状态真值表如表 5－11 所示。

表 5－11　T触发器状态真值表

T	Q^n	Q^{n+1}
0	0	0
0	1	1
1	0	1
1	1	0

2. 状态表、状态图及特征方程

由于对称型和非对称型其功能均相同，因此，具有相同的状态真值表、状态表、状态图和特征方程。状态表和状态图如图 5－16 所示，其特征方程为

$$Q^{n+1} = T\overline{Q}^n + \overline{T}Q^n = T \oplus Q^n$$

当T=1时，每来一个CP，触发器必翻转一次，我们称此种情况为T′触发器。

Q^n \ T	0	1
0	0	1
1	1	0

(a)

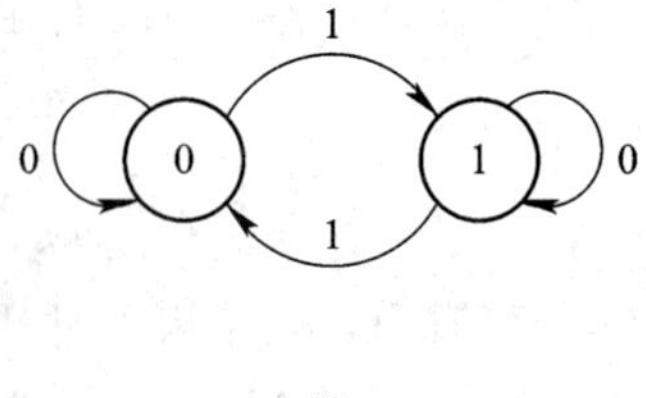

(b)

图 5－16　T触发器的状态表和状态图

(a) 状态表；(b) 状态图

5.2.5 JK 触发器

JK 触发器是一种多功能触发器。它具有 RS 触发器和 T 触发器的功能。正因为如此，集成触发器产品主要是 JK 触发器和 D 触发器。

JK 触发器也是一种双输入端触发器，将图 5-15 的 T 端断开，分别作为 J、K 输入端即可，如图 5-17 所示。

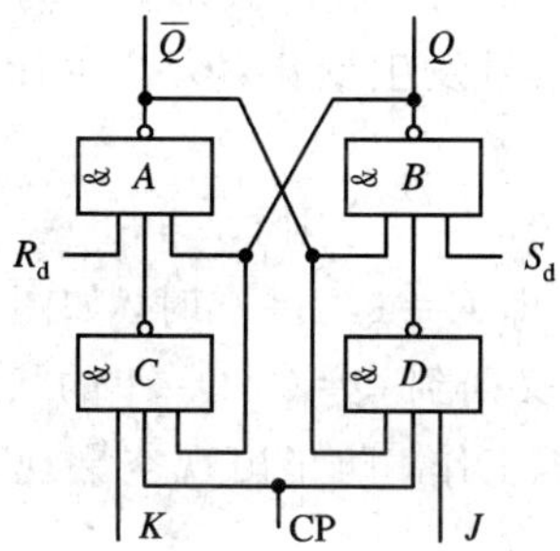

图 5-17 JK 触发器

1. 功能描述

当 CP=0 时，C、D 门封死，J、K 变化对 C、D 门输出无影响，始终为 1，触发器处于保持态。

当 CP=1 时，其功能由状态真值表描述，如表 5-12 所示。由真值表可看出，当 J、K 为前三种组合，即 00、01、10 时，是 RS 触发器功能，当 JK=11 时就是 T 触发器功能。

表 5-12 JK 触发器状态真值表

J K Q^n	Q^{n+1}	说明	J K Q^n	Q^{n+1}	说明
0 0 0	0	保持	1 0 0	1	置“1”
0 0 1	1		1 0 1	1	
0 1 0	0	置“0”	1 1 0	1	必翻
0 1 1	0		1 1 1	0	

2. 状态表、状态图及特征方程

状态表和状态图如图 5-18 所示，其特征方程为

$$Q^{n+1}=J\overline{Q}^n+\overline{K}Q^n$$

Q^n \ JK (Q^{n+1})	00	01	11	10
0	0	0	1	1
1	1	0	0	1

(*a*)

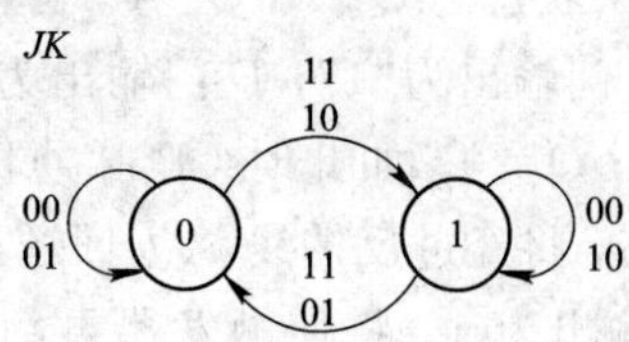

(*b*)

图 5-18 JK 触发器状态表和状态图

(*a*) 状态表；(*b*) 状态图

5.2.6 基本触发器的空翻和振荡现象

上述的几种触发器，能够实现记忆功能，满足时序系统的需要。但因电路简单，在实用中存在空翻或振荡问题，而使触发器的功能遭到破坏。

1. 空翻现象

前面介绍的触发器，在讲述逻辑功能和画波形时，均没考虑在时钟脉冲期间，控制端的输入信号发生变化。如果输入信号发生变化，会产生什么现象呢？下面以RS触发器为例，设起始态 $Q=0$ 进行分析。

正常情况，CP=1期间，$R=0$，$S=1$，则 $C=1$，$D=0$，使触发器产生置位动作，$Q=1$，$\bar{Q}=0$。当 S 和 R 均发生变化，即 $R=1$，$S=0$ 时，如图5-19所示，对应时刻 t 使 D 从0回到1，C 由1回到0，触发器又回到 $Q=0$，$\bar{Q}=1$ 的状态，这就称为空翻现象。

因此，为了保证触发器可靠地工作，防止出现空翻现象，必须限制输入控制端信号在CP=1期间不发生变化。

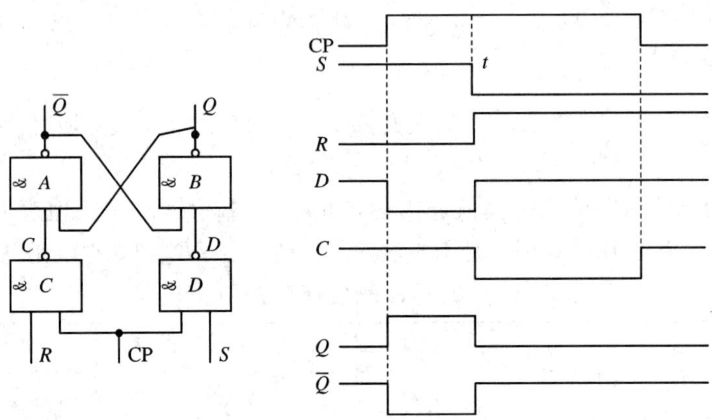

图5-19 触发器的空翻现象

2. 振荡现象

对于反馈型触发器(T、JK触发器就属此类)，即使输入控制信号不发生变化，由于CP脉冲过宽，也会产生多次翻转现象——振荡。

以T触发器为例，重画T触发器如图5-20所示。

该触发器原来状态为 $Q=0$，$\bar{Q}=1$。当CP=1时，由反馈线 a、b 决定了 C 门输出为“1”，D 门输出为“0”，则使触发器翻转一次，$Q=1$，$\bar{Q}=0$。如此时CP脉冲仍存在，翻转后的 $Q=1$，$\bar{Q}=0$ 状态，将经过反馈线 a、b 回送至输入端，使 C 门输出为0，D 门输出为1，将使触发器再翻转一次。只要CP脉冲继续存在，触发器就会不停地翻转，产生振荡。这样就造成工作混乱。

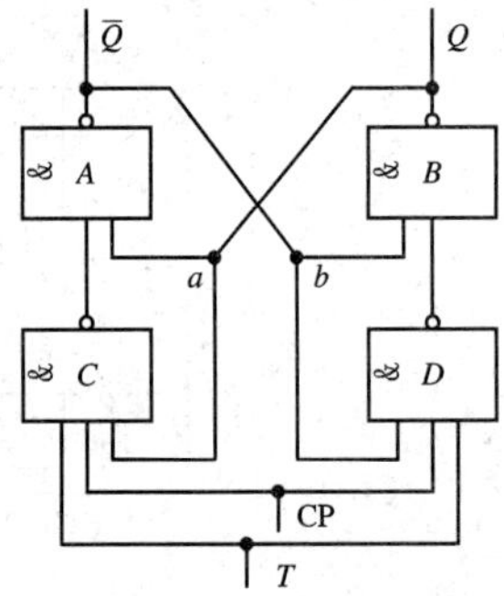

图5-20 T触发器

为了不产生振荡，似乎只要把计数脉冲宽度取窄就可以了，但实际上是很难办到的。因为任何逻辑门均存在一定的传输时间，假设每一个逻辑门的传输时间均为 t_{pd}，我们分析一下 T 触发器的工作过程。

设 $Q=0$，$\bar{Q}=1$，当 CP=1 时，经过 t_{pd}时间使 D 门输出为 0，再经一个 t_{pd}后，$\bar{Q}=0$，新状态经反馈线又反馈到 C、D 门的输入端。如 CP 脉冲仍存在将产生振荡；如 CP 脉冲消失，新状态反馈回来对触发器无影响，克服了振荡。因此，要求新状态反馈回来以前，CP 脉冲必须消失，即要求 CP 脉冲宽度应小于 $3t_{pd}$。是不是 CP 脉冲宽度越小越好呢？也不是，因为 CP 脉冲宽度一定要保证触发器可靠地翻转，故要求其脉冲宽度大于 $2t_{pd}$，也就是要求 CP 脉冲宽度满足下式要求：

$$2t_{pd} < T_w < 3t_{pd}$$

即只有一个 t_{pd}的容限，这个要求是十分苛刻的，况且 TTL 门的传输时间 t_{pd}均不一致。因此，要满足上述条件十分困难，可以说是很难办到的。所以，基本触发器并无实用价值，我们介绍上述基本触发器的目的，是使读者掌握各种形式触发器的逻辑功能，能熟练地画出或写出表征这些逻辑功能的状态表、状态图、特征方程。因为实用的触发器电路，其逻辑功能与上述一样，故其状态表、状态图、特征方程，均与上述一致。

5.3 集成触发器

为了设计生产出实用的触发器，必须在电路的结构上解决“空翻”与“振荡”问题。解决的思路是将 CP 脉冲电平触发改为边沿触发(即仅在 CP 脉冲的上升沿或下降沿触发器按其功能翻转，其余时刻均处于保持状态)。常采用的电路结构为：

(1) 维持阻塞触发器；

(2) 边沿触发器；

(3) 主从触发器。

由于它们的逻辑图及内部工作情况较复杂，而对于应用者而言，只需掌握其外部应用特性即可，所以我们将内部工作情况省略了。

5.3.1 维持阻塞触发器

维持阻塞触发器是利用电路内部的维持阻塞线产生的维持阻塞作用来克服空翻的。

维持是指在 CP 期间，输入发生变化的情况下，使应该开启的门维持畅通无阻，使其完成预定的操作。

阻塞是指在 CP 期间，输入发生变化的情况下，使不应开启的门处于关闭状态，阻止产生不应该的操作。

维持阻塞触发器一般是在 CP 脉冲的上升沿接收输入控制信号并改变其状态。其它时间均处于保持状态。以 D 维持阻塞触发器为例。其逻辑符号如图 5-21(a)所示，CP 端加有符号“>”，表示边沿触发，不加“>”表示电平触发。CP 输入端加了“>”且加了“。”表示下降沿触发；不加“。”表示上升沿触发。如已知 CP 和输入控制信号波形，设起始状态 $Q=0$，则其波形关系如图 5-21(b)所示。

需指出的是，在第 5 个 CP 脉冲上升沿时，由于 $R_d=1$，$S_d=0$，触发器处于置“1”状态，故 Q 端状态由 R_d、S_d 确定，与 D 端无关。(R_d、S_d 作用在 5.3.4 讲述)

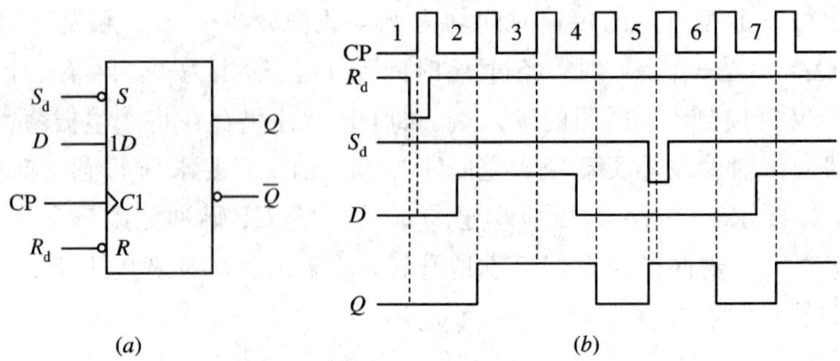

图 5-21 维持阻塞触发器

(a) 逻辑符号；(b) 波形图

5.3.2 边沿触发器

边沿触发器是利用电路内部门电路的速度差来克服“空翻”的。一般边沿触发器多采用 CP 脉冲的下降沿触发，也有少数采用上升沿触发方式。

边沿触发的 JK 触发器的逻辑符号如图 5-22(a)所示。如已知 CP 和输入控制端波形，设触发器起始状态 $Q=0$，则波形关系如图 5-22(b)所示。

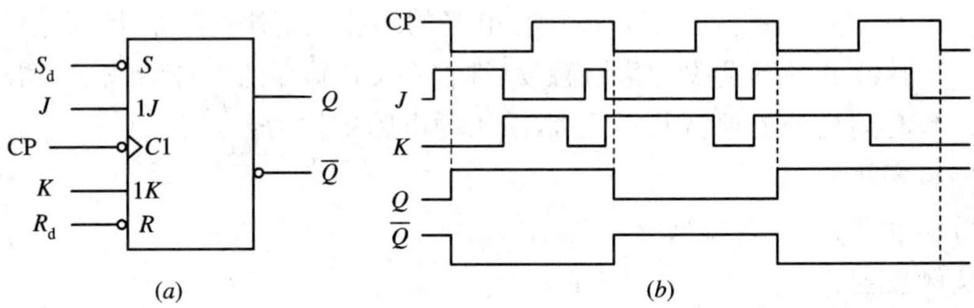

图 5-22 边沿触发器

(a) 逻辑符号；(b) 波形图

5.3.3 主从触发器

主从触发器具有主从结构，以此克服“空翻”。

图 5-23 是主从 JK 触发器，它由主触发器、从触发器和非门组成，$Q_主$、$\overline{Q}_主$ 为内部输出端；Q、$\overline{Q}$ 是触发器的输出端。

主从触发器是双拍式工作方式，即将一个时钟脉冲分为两个阶段。

(1) CP 高电平期间主触发器接收输入控制信号。主触发器根据 J、K 输入端的情况和 JK 触发器的功能，主触发器的状态 $Q_主$ 改变一次(这是主从触发器的一次性翻转特性，说明从略)。而从触发器被封锁，保持原状态不变。

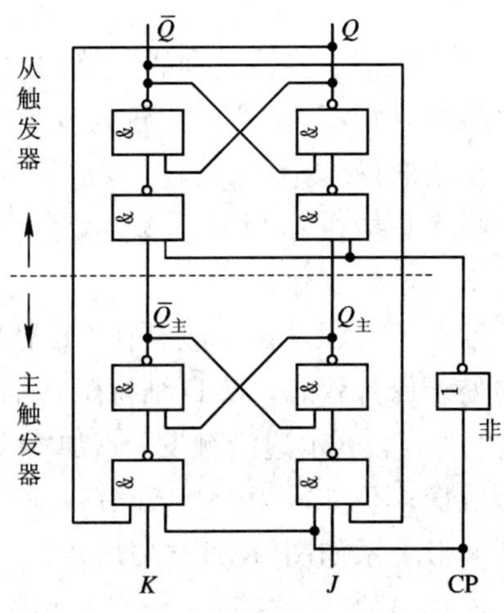

图 5-23 主从 JK 触发器

(2) 在 CP 由 1→0 时(即下降沿)主触发器被封锁，保持 CP 高电平所接收的状态不变，而从触发器解除封锁，接受主触发器的状态，即 $Q=Q_{主}$。

如已知 CP、J、K 波形，其主从触发器的波形如图 5 - 24 所示。

注意波形关系，由图 5 - 24 可见：CP 高电平期间，主触发器接收输入控制信号并改变状态；在 CP 的下降沿，从触发器接受主触发器的状态。这点需要和下降沿触发方式的触发器区分。

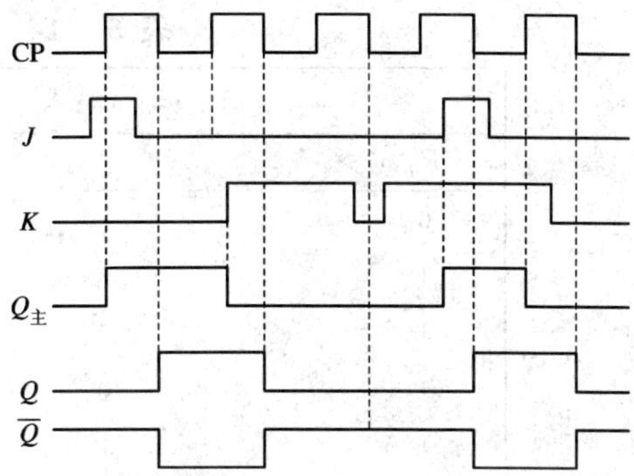

图 5 - 24　主从 JK 触发器波形图

5.3.4　触发器的直接置位和直接复位

为了给用户提供方便，可以十分方便地设置触发器的状态，绝大多数实际的触发器均设置有下述两个输入端。

1. 直接置位输入端

直接置位输入端又称直接置位端，也可称为直接置"1"端，用 S_d 表示。有的器件将直接置位端称为预置端，用 P_r 表示。

2. 直接复位输入端

直接复位输入端又称直接复位端，也可称为直接置"0"端，用 R_d 表示。有的器件将直接复位端称为清除端，用 Clear 表示。

直接置位端与直接复位端的作用优先于输入控制端，即 R_d 或 S_d 起作用时，触发器的功能失效，状态由 R_d 和 S_d 决定。只有当 R_d 和 S_d 不起作用时(即均为"1"时)，触发器的状态才由 CP 和输入控制端确定。

具有直接置位端和复位端的触发器符号如图 5 - 21 和图 5 - 22 所示。其功能如表 5 - 13 和表 5 - 14 所示。

表 5 - 13　D 触发器功能表

输　入				输　出	
R_d	S_d	D	CP	Q	$\bar{Q}$
0	1	×	×	0	1
1	0	×	×	1	0
1	1	1	↑	1	0
1	1	0	↑	0	1
0	0	×	×	1	1

表 5－14　JK 触发器功能表

输　入					输　出	
R_d	S_d	J	K	CP	Q	$\overline{Q}$
0	1	×	×	×	0	1
1	0	×	×	×	1	0
1	1	0	0	↓	Q^n	
1	1	0	1	↓	0	1
1	1	1	0	↓	1	0
1	1	1	1	↓	$\overline{Q}^n$	
0	0	×	×	×	1	1

当 R_d，S_d 起作用时的波形关系如图 5－21(b)所示。

考虑 R_d,S_d 作用时，其触发器的特征方程如下：

D 触发器　　　　$Q^{n+1}=DR_d+\overline{S_d}$

JK 触发器　　　$Q^{n+1}=(J\overline{Q}^n+\overline{K}Q^n)R_d+\overline{S_d}$

$R_dS_d=01$ 时，$Q^{n+1}=0$，置 0；

$R_dS_d=10$ 时，$Q^{n+1}=1$，置 1；

$R_dS_d=11$ 时，$Q^{n+1}=D$ 和 $Q^{n+1}=J\overline{Q}^n+\overline{K}Q^n$。

为了给用户提供方便，有些集成触发器的输入控制端不止一个，通常是三个，输入控制信号等于各个输入信号相与。其逻辑图如图 5－25 所示。

$$J=J_1J_2J_3 \quad K=K_1K_2K_3$$

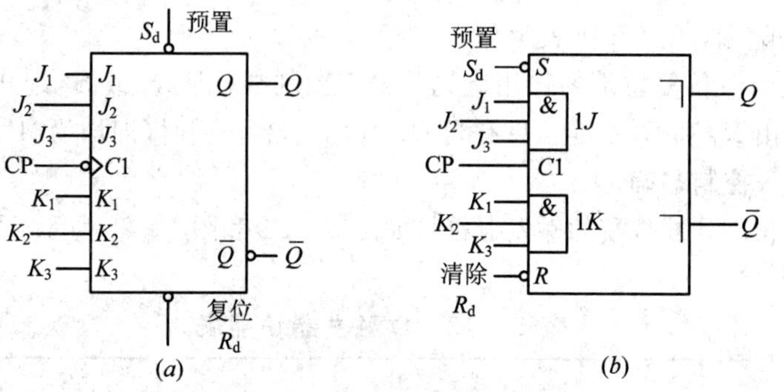

图 5－25　多输入控制端触发器

(a) 惯用符号；(b) 新标准符号

5.3.5　触发器的逻辑符号比较

我们已介绍了各种触发器，为便于比较，我们将各种触发器的新旧逻辑符号列在表 5－15 中。

从表 5－15 中可以明显看出，触发器逻辑符号中 CP 端若加“>”，则表示边沿触发；不加“>”，则表示电平触发。CP 输入端加了“>”和“○”，表示下降沿触发；不加“○”，表示上升沿触发。

表 5-15　触发器的逻辑符号

触发器类型	由与非门构成的基本RS触发器	由或非门构成的基本RS触发器	同步式时钟触发（以RS功能触发器为例）	维持阻塞触发器和上升沿触发的边沿触发器（以D功能触发器为例）	边沿式触发器及下降沿触发的维持阻塞触发器（以JK功能触发器为例）	主从式触发器（以JK功能触发器为例）
触发器惯用符号	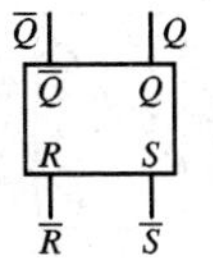	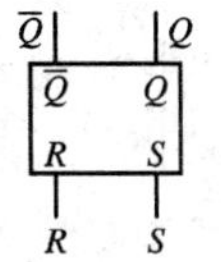	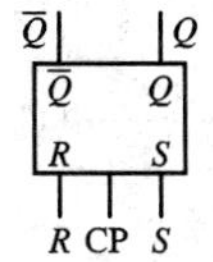	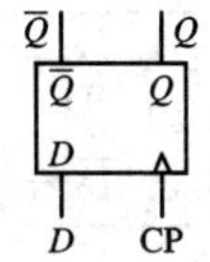	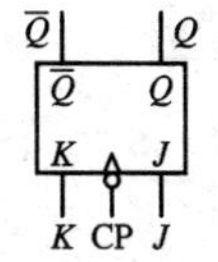	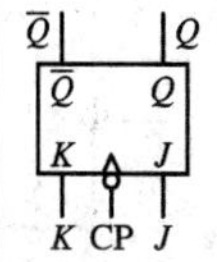
新标准符号	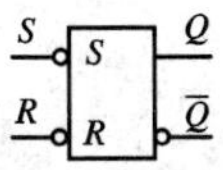	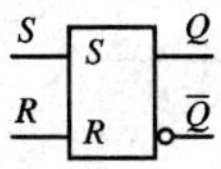	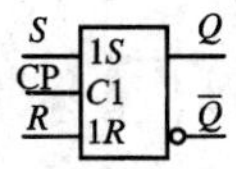	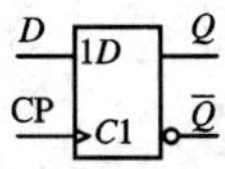	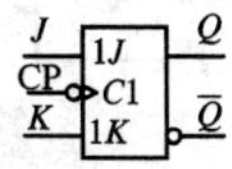	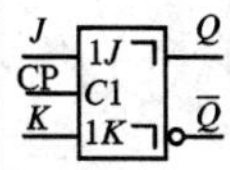

表中用惯用符号表示主从JK触发器及边沿JK触发器结果是一样的，但新标准符号能表示出主从触发器的特点，CP输入端不加“○”，也不加“>”，表示高电平时，主触发器接受控制输入信号，输出端 Q 和 $\bar{Q}$ 加“┐”表示CP由高变低时，从触发器向主触发器看齐。

练　习　题

1. 试画出用或非门组成的基本RS触发器，并列出状态真值表，求出特征方程。

2. 触发器电路如图5-26(a)、(b)所示，列出状态真值表，求出次态方程，画出状态迁移图。如已知 A、B、CP端的波形如图(c)所示，画出对应 Q、$\bar{Q}$ 端的波形。

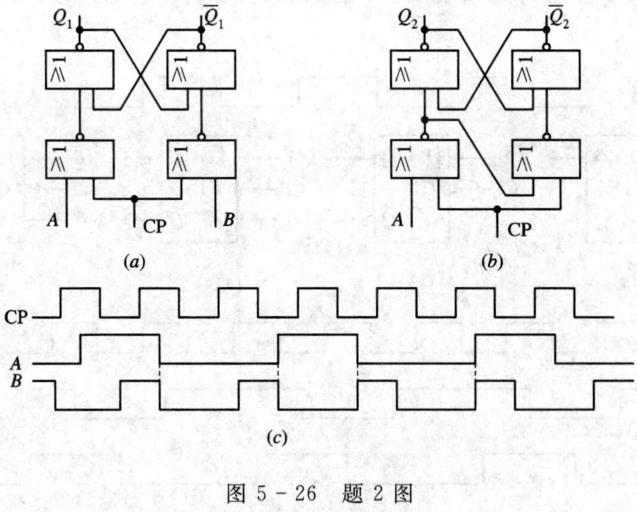

图5-26　题2图

3. 图5-27所示均为边沿触发的D触发器，起始态均为“0”，已知CP波形，画出对应 Q 的波形。

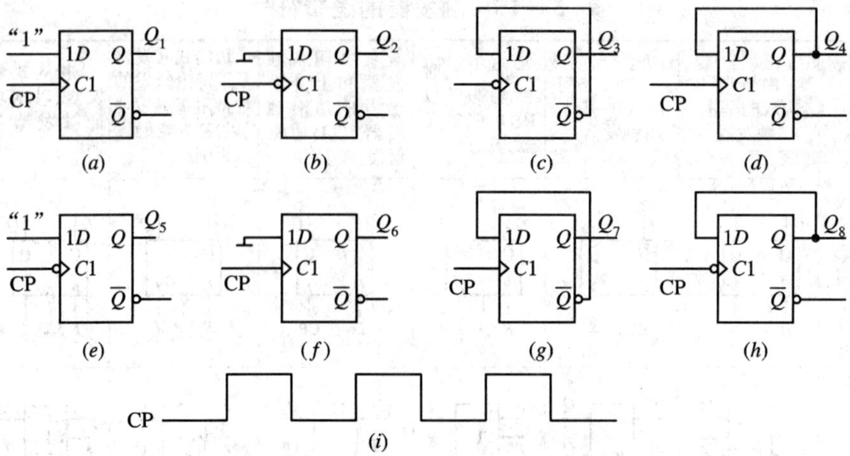

图 5－27　题 3 图

4. 图 5－28 所示为各种边沿 JK 触发器，起始状态均为“1”，画出对应 Q 端波形。

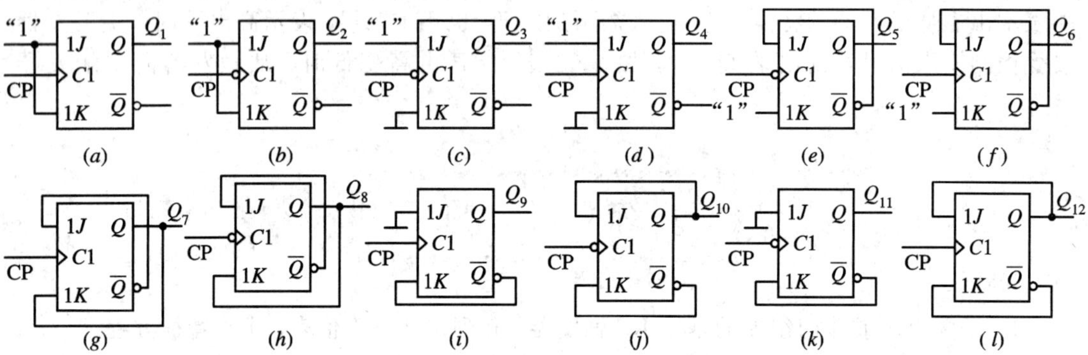

图 5－28　题 4 图

5. 图 5－29 所示为各种边沿触发器，起始状态均为“0”，已知 A、B、CP 波形，画出对应 Q 端的波形。

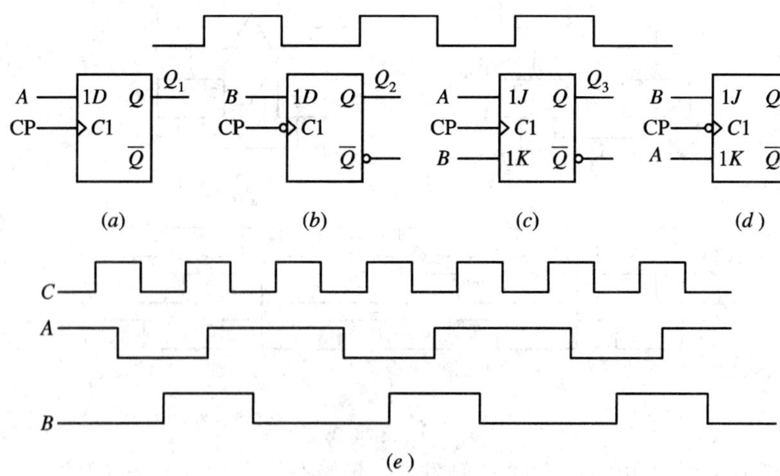

图 5－29　题 5 图

6. 图 5 - 30 所示为各种边沿触发器，CP 及 A、B、C 端的波形已知，写出次态方程 Q^{n+1} 的表达式，画出 Q 端波形(设起始态均为 0)。

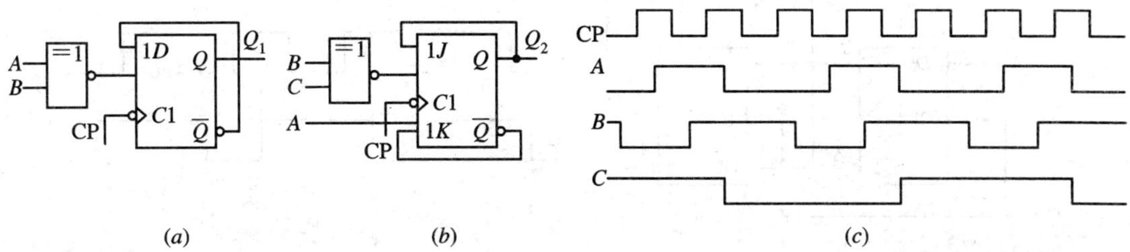

图 5 - 30　题 6 图

7. 在图 5 - 31 所示触发器构成的电路中，A 和 B 的波形已知，对应画出 Q_1、Q_3 的波形。触发器起始状态均为“0”。

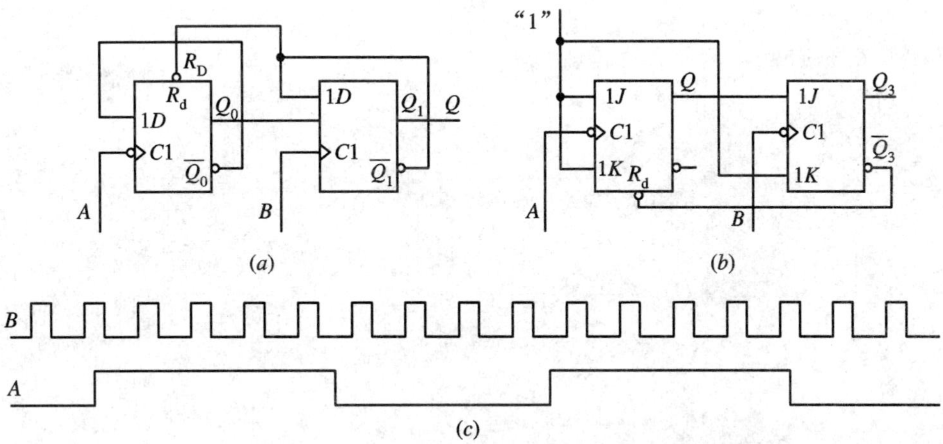

图 5 - 31　题 7 图

8. 在图 5 - 32 所示电路中，F_1 是 JK 触发器，F_2 是 D 触发器，起始态均为 0，试画出在 CP 操作下 Q_1、Q_2 的波形。

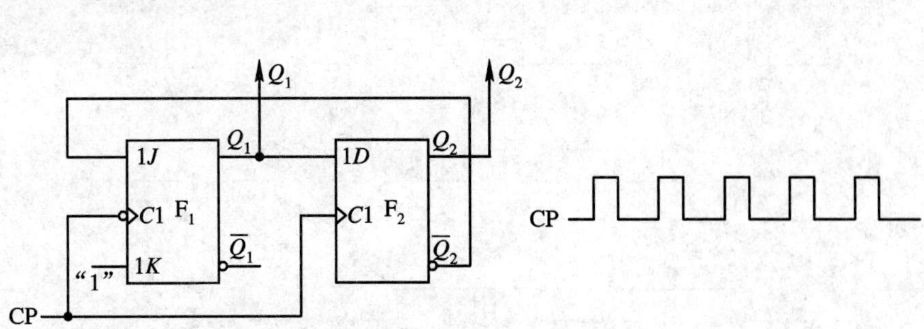

图 5 - 32　题 8 图

9. 在图 5-33 中 F_1 是 D 触发器，F_2 是 JK 触发器，CP 和 A 的波形如图所示，试画出对应 Q_1、Q_2 的波形。

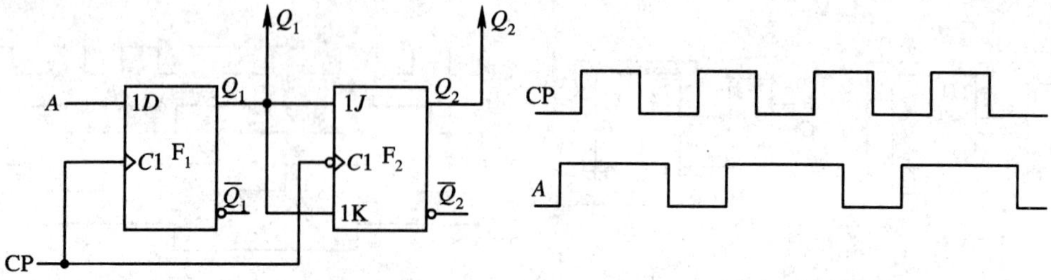

图 5-33　题 9 图

第六章　时序逻辑电路

与组合电路一样，时序电路包含两类问题：一是电路分析，即根据给定的时序逻辑电路图，分析出该电路的逻辑功能；另一类问题就是电路设计，即根据给定的问题，设计出时序逻辑电路去实现该功能。本章将介绍时序电路的分析与同步时序电路的设计，还将介绍常用的时序逻辑部件计数器和移位寄存器的原理与应用。重点讲述集成时序电路的原理和应用。

6.1　时序电路的分析

时序电路的分析步骤一般有如下几步。

(1) 看清电路。根据给定的电路，应仔细确定该电路是同步时序电路还是异步时序电路，是 Moore 型时序电路还是 Mealy 型时序电路。

(2) 写出方程。方程式包含各触发器的激励函数(即每一触发器输入控制端的函数表达式，有的书又称为驱动方程)，将激励函数再代入相应触发器的特征方程即得到各触发器的次态方程式(又称为状态方程)。对于异步时序电路，还应写出时钟方程，再根据输出电路写出输出函数。

(3) 列出状态真值表。由上述方程，假定一个状态，代入次态方程中就可得其相应的次态，逐个假定，列表表示，即得状态真值表。

(4) 作出状态转换图。根据状态真值表，作出状态迁移图，因为状态迁移图直观，所以很容易分析其功能。

(5) 进行功能描述。对于电路的功能，可用文字概括，也可作出时序图或波形图来反映。

6.1.1　同步时序电路分析举例

[例 1]　时序电路如图 6-1 所示，分析其功能。

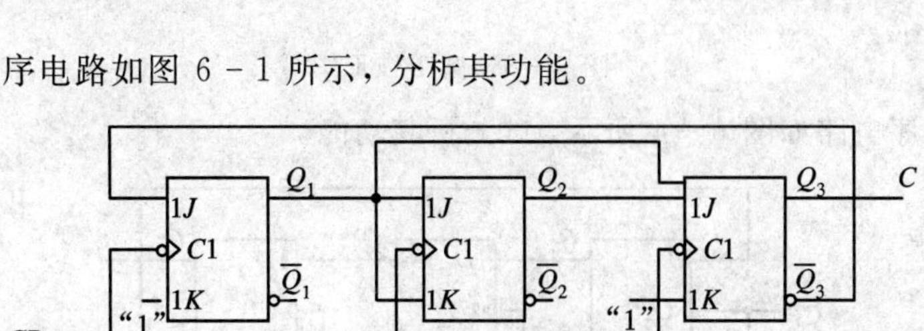

图 6-1　例 1 图

解　该电路为同步时序电路。

从电路图得到每一级的激励方程如下：

$$J_1=\overline{Q_3^n} \qquad K_1=1$$
$$J_2=Q_1^n \qquad K_2=Q_1^n$$
$$J_3=Q_1^nQ_2^n \quad K_3=1$$

其次态方程为

$$Q_1^{n+1}=\overline{Q_3^n}\,\overline{Q_1^n}$$
$$Q_2^{n+1}=Q_1^n\,\overline{Q_2^n}+\overline{Q_1^n}Q_2^n$$
$$Q_3^{n+1}=Q_1^nQ_2^n\,\overline{Q_3^n}$$
$$C=Q_3^n$$

根据方程可得出状态迁移真值表，如表 6-1 所示，再由表得状态迁移图，如图 6-2 所示。由此得出该计数器为五进制递增计数器，具有自校正能力(又称自启动能力)。

所谓自启动能力，指当电源合上后，无论处于何种状态，均能自动进入有效计数循环；否则称其无自启动能力。

表 6-1　例 1 状态迁移真值表

Q_3^n	Q_2^n	Q_1^n	Q_3^{n+1}	Q_2^{n+1}	Q_1^{n+1}	C
0	0	0	0	0	1	0
0	0	1	0	1	0	0
0	1	0	0	1	1	0
0	1	1	1	0	0	0
1	0	0	0	0	0	1
1	0	1	0	1	0	1
1	1	0	0	1	0	1
1	1	1	0	0	0	1

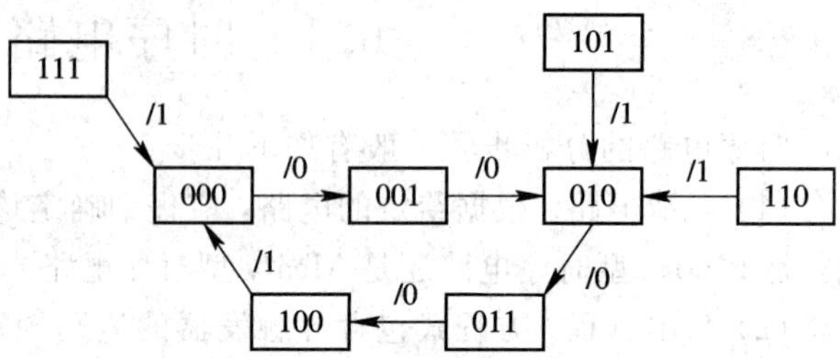

图 6-2　例 1 状态迁移图

该电路的波形图如图 6-3 所示。

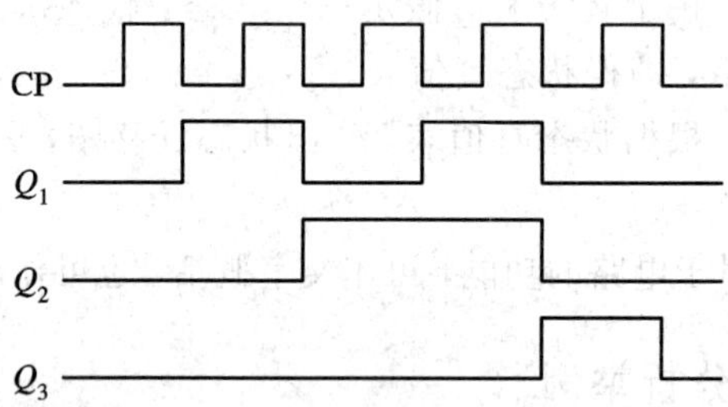

图 6-3　例 1 波形图

[例 2]　时序电路如图 6-4 所示，试分析其功能。

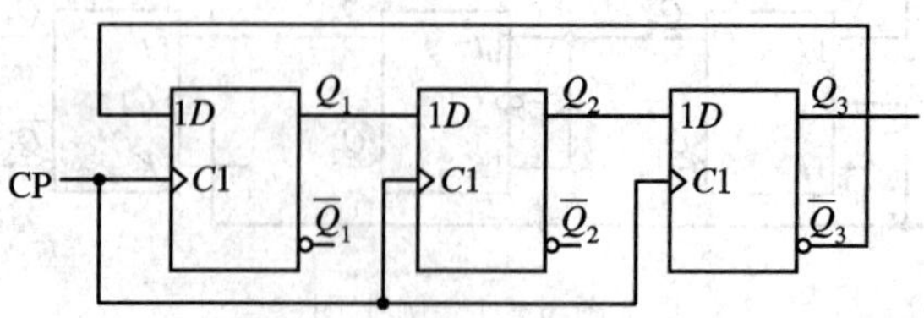

图 6-4　例 2 图

解 该电路仍为同步时序电路。

电路的激励方程为

$$D_1=\overline{Q_3^n};\quad D_2=Q_1^n;\quad D_3=Q_2^n$$

次态方程为

$$Q_1^{n+1}=\overline{Q_3^n};\quad Q_2^{n+1}=Q_1^n;\quad Q_3^{n+1}=Q_2^n$$

由此得出如表 6-2 所示的状态迁移真值表和如图 6-5 所示的状态图。由状态迁移图可看出该电路为六进制计数器，又称为六分频电路，且无自启动能力。

表 6-2 例 2 状态迁移真值表

Q_1^n	Q_2^n	Q_3^n	Q_1^{n+1}	Q_2^{n+1}	Q_3^{n+1}
0	0	0	1	0	0
0	0	1	0	0	0
0	1	0	1	0	1
0	1	1	0	0	1
1	0	0	1	1	0
1	0	1	0	1	0
1	1	0	1	1	1
1	1	1	0	1	1

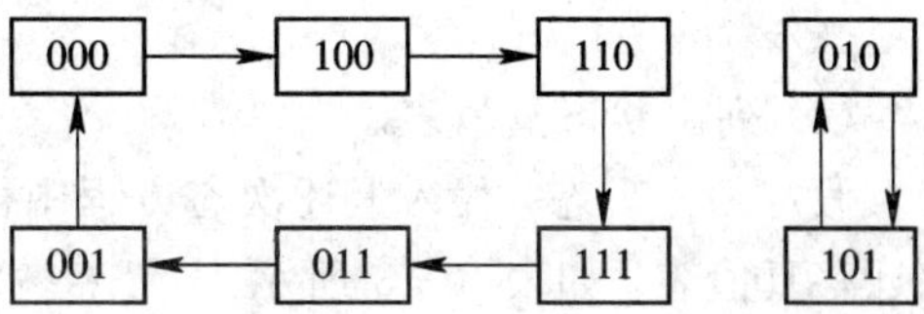

图 6-5 例 2 状态迁移图

所谓分频电路，是指可将输入的高频信号变为低频信号输出的电路。六分频是指输出信号的频率为输入信号频率的六分之一，分频系数为 6，即

$$f_o=\frac{1}{6}f_{CP}$$

所以有时又将计数器称为分频器。

其波形图如图 6-6 所示。

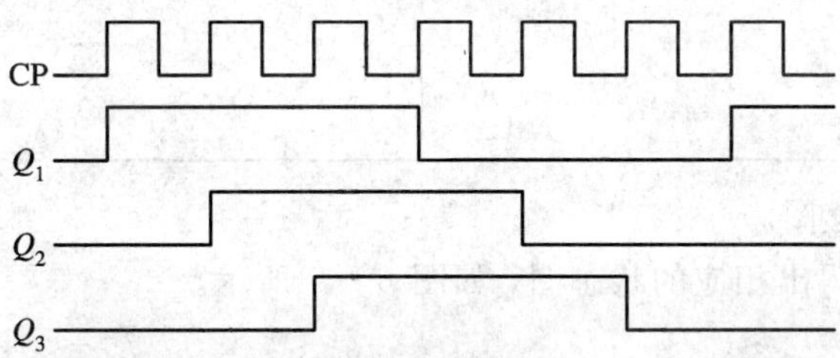

图 6-6 例 2 波形图

［例 3］ 时序电路如图 6-7 所示，试分析其功能，并画出 x 序列为 1010 1100 的时序图，设起始态 $Q_2Q_1=00$。

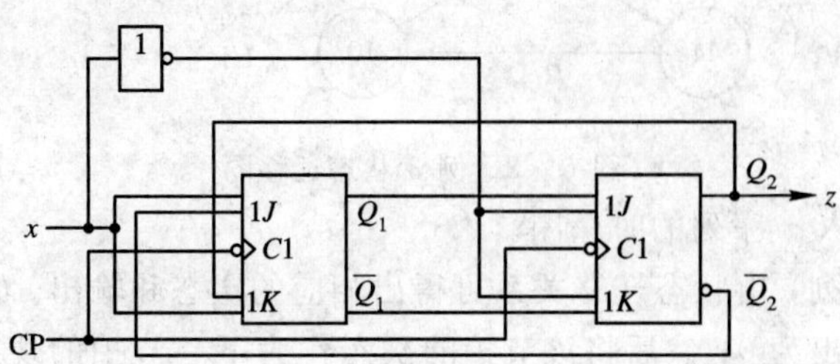

图 6-7 例 3 图

解 该电路中，时钟脉冲接到每个触发器的时钟输入端，故为同步时序电路。

(1) 写出方程。

① 激励方程如下：

$$J_1=x\overline{Q_2^n},\quad K_1=xQ_2^n;\quad J_2=\bar{x}Q_1^n,\quad K_2=\bar{x}\,\overline{Q_1^n}$$

② 写出次态方程。

将上述激励函数代入触发器的特性方程中，即得每一触发器的次态方程如下：

$$Q_1^{n+1}=J_1\overline{Q_1^n}+\overline{K}_1Q_1^n=x\overline{Q_2^n}\,\overline{Q_1^n}+\overline{xQ_2^n}Q_1^n$$

$$Q_2^{n+1}=J_2\overline{Q_2^n}+\overline{K}_2Q_2^n=\bar{x}Q_1^n\overline{Q_2^n}+\overline{\bar{x}\overline{Q_1^n}}Q_2^n$$

③ 输出方程为

$$z=Q_2^n$$

(2) 列出状态真值表。

假定一个现态，代入上述次态方程中得相应的次态，逐个假定列表表示即得相应的状态迁移真值表，如表 6 - 3 所示。

表 6 - 3 例 3 状态迁移真值表

x	Q_2^n	Q_1^n	Q_2^{n+1}	Q_1^{n+1}	z
0	0	0	0	0	0
0	0	1	1	1	0
0	1	0	0	0	1
0	1	1	1	1	1
1	0	0	0	1	0
1	0	1	0	1	0
1	1	0	1	0	1
1	1	1	1	0	1

(3) 画出状态迁移图。

由状态真值表可得出相应的状态图，如图 6 - 8 所示。

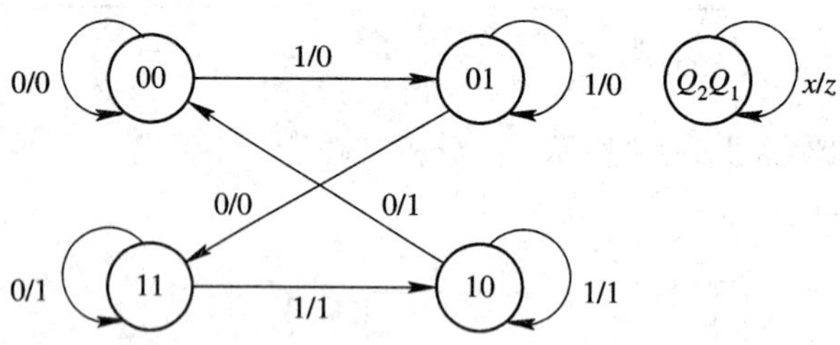

图 6 - 8 例 3 状态迁移图

(4) 画出给定输入 x 序列的时序图。

根据给出的 x 序列，由状态迁移关系可得出相应的次态和输出。如现态为 00，当 $x=1$ 时，其次态为 01，输出为 0；然后将该节拍的次态作为下一节拍的现态，根据输入 x 和状态迁移关系得出相应的次态和输出，即 01 作为第二节拍的现态。当 $x=0$ 时，次态为 11，输出为 0，如此作出给定 x 序列的全部状态迁移关系，如下所示，其中箭头表明将该节拍的次态作为下一节拍的现态。

x:	1	0	1	0	1	1	0	0
Q_2^n:	0	0	1	1	0	0	0	1
Q_1^n:	0	1	1	0	0	1	1	1
Q_2^{n+1}:	0	1	1	0	0	0	1	1
Q_1^{n+1}:	1	1	0	0	1	1	1	1
z:	0	0	1	1	0	0	0	1

根据上述时序关系作出时序图，如图 6－9 所示。

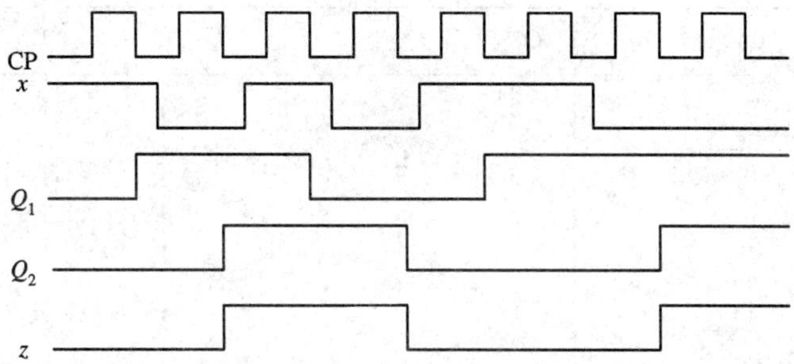

图 6－9　例 3 时序波形图

6.1.2　异步时序电路分析举例

异步时序电路的分析过程与同步时序电路的分析过程基本相同。由于不同触发器的时钟脉冲不相同，触发器只有在它自己的 CP 脉冲的相应边沿才动作，故异步时序电路分析应写出每一级的时钟方程，具体分析过程比同步时序电路要复杂一些。

［**例 4**］　异步时序电路如图 6－10 所示，试分析其功能。

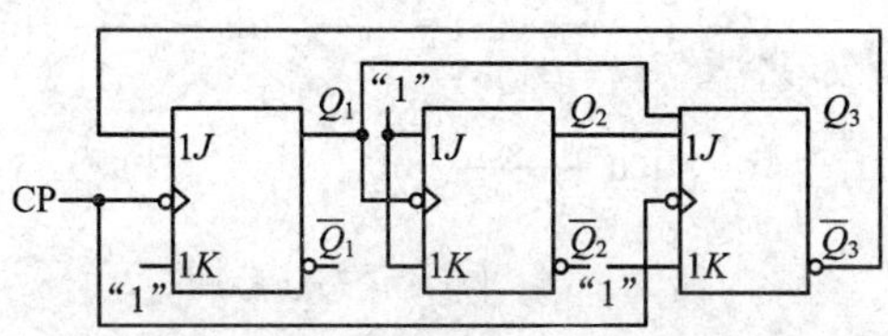

图 6－10　例 4 图

解　由电路可知 $CP_1=CP_3=CP$，$CP_2=Q_1$，因此该电路为异步时序电路。

各触发器的激励方程为

$$J_1=\overline{Q_3^n} \qquad K_1=1$$

$$J_2=K_2=1$$

$$J_3=Q_1^nQ_2^n \qquad K_3=1$$

次态方程和时钟方程为

$$Q_1^{n+1}=\overline{Q_3^n}\,\overline{Q_1^n} \qquad CP_1=CP$$

$$Q_2^{n+1}=\overline{Q_2^n} \qquad CP_2=Q_1$$

$$Q_3^{n+1}=Q_1^nQ_2^n\,\overline{Q_3^n} \qquad CP_3=CP$$

由于各触发器仅在其时钟脉冲的下降沿动作，其余时刻均处于保持状态，故在列电路的状态真值表时必须注意。

(1) 当现态为 000 时，代入 Q_1 和 Q_3 的次态方程中，可知在 CP 作用下 $Q_1^{n+1}=1$，$Q_3^{n+1}=0$，由于此时 $CP_2=Q_1$，Q_1 由 0→1 产生一个上升沿，用符号↑表示，故 Q_2 处于保持状态，即 $Q_2^{n+1}=Q_2^n=0$。其次态为 001。

(2) 当现态为 001 时，$Q_1^{n+1}=0$，$Q_3^{n+1}=0$，此时 Q_1 由 1→0 产生一个下降沿，用符号↓表示，且 $Q_2^{n+1}=\overline{Q_2^n}$，故 Q_2 将由 0→1，其次态为 010。依此类推，得其状态迁移真值表如表 6－4 所示。

表 6－4　例 4 状态迁移真值表

Q_3^n	Q_2^n	Q_1^n	Q_3^{n+1}	Q_2^{n+1}	Q_1^{n+1}	CP_3	CP_2	CP_1
0	0	0	0	0	1	↓	↑	↓
0	0	1	0	1	0	↓	↓	↓
0	1	0	0	1	1	↓	↑	↓
0	1	1	1	0	0	↓	↓	↓
1	0	0	0	0	0	↓	0	↓
1	0	1	0	1	0	↓	↓	↓
1	1	0	0	1	0	↓	0	↓
1	1	1	0	0	0	↓	↓	↓

根据状态真值表可画出状态迁移图如图 6－11 所示，由此可看出该电路是异步五进制递增计数器，且具有自启动能力。

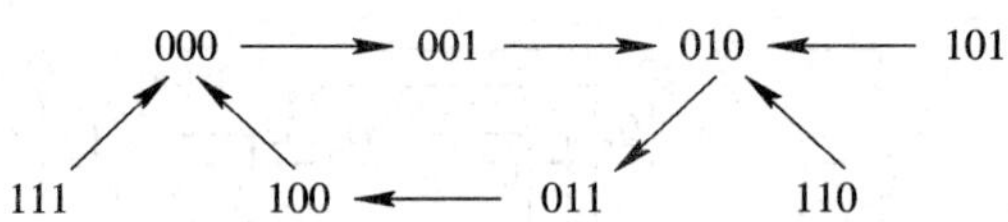

图 6－11　例 4 状态迁移图

如不考虑触发器的迟延时间，其波形图同图 6－2 所示的例 1 波形；如考虑迟延时间，则 Q_1、Q_3 将迟延一个迟延时间 t_{pd}，Q_2 将迟延 2 个 t_{pd}的时间。

6.2　同步时序电路的设计

一般情况下，时序电路的设计比组合电路要复杂。本节只讨论同步时序电路的设计。下面通过举例说明设计的全过程及其步骤。

[例 5]　设计一个串行数据检测器，该电路具有一个输入端 x 和一个输出端 z。输入为一连串随机信号，当出现“1111”序列时，检测器输出信号 $z=1$，对其它任何输入序列，输出皆为 0。

解 (1) 建立原始状态图。直接从设计命题得到的状态图，就是用逻辑语言来表达命题，是设计所依据的原始资料，称为原始状态图。建立原始状态图的过程，就是对设计要求的分析过程，只有对设计要求的逻辑功能有了清楚的了解之后，才能建立起正确的原始状态图。建立原始状态图时，主要遵循的原则是确保逻辑功能的正确性，而状态数的多少不是本步骤考虑的问题，在下一步状态化简中，可将多余的状态消掉。

该序列原始状态的建立过程如下：

① 起始状态 S_0，表示没接收到待检测的序列信号。当输入信号 $x=0$ 时，次态仍为 S_0，输出 z 为 0；如输入 $x=1$，表示已接收到第一个“1”，其次态应为 S_1，输出为 0。

② 状态为 S_1，当输入 $x=0$ 时，返回状态 S_0，输出为 0；当输入 $x=1$ 时，表示已接收到第二个“1”，其次态应为 S_2，输出为 0。

③ 状态为 S_2，当输入 $x=0$ 时，返回状态 S_0，输出为 0；当输入 $x=1$ 时，表示已连续接收到第三个“1”，其次态应为 S_3，输出为 0。

④ 状态为 S_3，当输入 $x=0$ 时，返回状态 S_0，输出为 0；当输入 $x=1$ 时，表示已连续接收到第四个“1”，其次态为 S_4，输出为“1”。

⑤ 状态为 S_4，当输入 $x=0$ 时，返回状态 S_0，输出为 0；当输入 $x=1$ 时，上述过程的后三个“1”与本次的“1”，仍为连续的四个“1”，故次态仍为 S_4，输出为“1”。

上述过程所得原始状态图如图 6－12 所示。列出状态表，如表 6－5 所示。

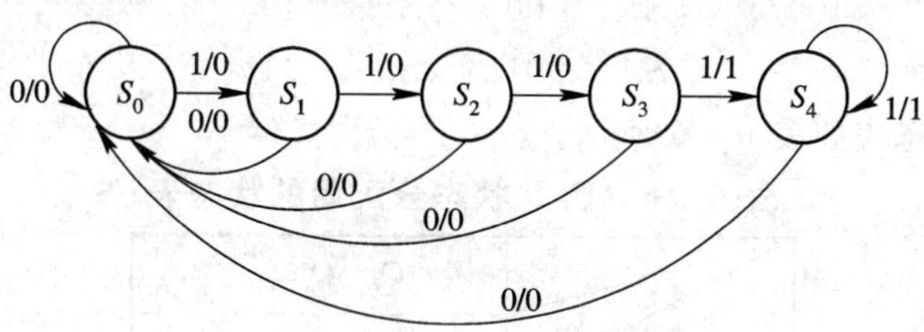

图 6－12 例 5 原始状态图

表 6－5 例 5 状态表

现态＼输入	次态/输出	
	0	1
S_0	$S_0/0$	$S_1/0$
S_1	$S_0/0$	$S_2/0$
S_2	$S_0/0$	$S_3/0$
S_3	$S_0/0$	$S_4/1$
S_4	$S_0/0$	$S_4/1$

(2) 状态化简。在做原始状态图时，为确保功能的正确性，遵循“宁多勿漏”的原则。因此，所得的原始状态图或状态表可能包含有多余的状态，使状态数增加，将导致下列结果：

① 系统所需触发器级数增多；

② 触发器的激励电路变得复杂；

③ 故障增多。

因此，状态化简后减少了状态数，这对降低系统成本和电路的复杂性及提高可靠性均有好处。

状态化简就是将等价的状态进行合并，用最少的状态，完成所需完成的逻辑功能。

如果两个状态在相同的输入条件下，有相同的输出和相同的次态，则该两个状态是等价的，可以合并为一个状态。如果仅是输出相同，次态不相同，则要看这两个次态是否等价，如次态等价则这两个状态也等价，如次态不等价则这两个状态也就不等价。

考察表 6－5 中的 S_3、S_4 是等价的，可合并为一个状态并用 S_3 代替，其余均不等价。这样，状态由 5 个变为 4 个，用 S_0、S_1、S_2、S_3 表示。

(3) 状态分配。状态分配是指将化简后的状态表中的各个状态用二进制代码来表示，因此，状态分配有时又称为状态编码。电路的状态通常是用触发器的状态来表示的。

由于 $2^2=4$，故该电路应选用两级触发器 Q_2 和 Q_1，它有 4 种状态："00"、"01"、"10"、"11"，因此对 S_0、S_1、S_2、S_3 的状态分配方式有多种。分配方案不同，设计结果也不一样。最佳状态分配方案是：逻辑电路简单，且电路具有自启动能力。如何寻找最佳状态分配方案，人们做了大量研究工作，然而至今还没有找到一种普遍有效的方法。有的学者提出了状态分配中的一些规则，可以作为状态分配时的参考，读者可以参考有关资料。对该例状态分配如下：

$$S_0——00 \qquad S_1——10$$
$$S_2——01 \qquad S_3——11$$

则状态分配后的状态表如表 6－6 所示。

表 6－6　例 5 状态分配后的状态表

$Q_2^n Q_1^n$ \ x	$Q_2^{n+1}Q_1^{n+1}/z$ 0	1
0 0	0 0/0	1 0/0
0 1	0 0/0	1 1/0
1 0	0 0/0	0 1/0
1 1	0 0/0	1 1/1

(4) 确定激励方程和输出方程。根据状态分配后的状态迁移表，利用次态卡诺图求得各触发器的次态方程，再与触发器的标准特征方程比较，即可求得各触发器的输入激励方程，如图 6－13 所示。

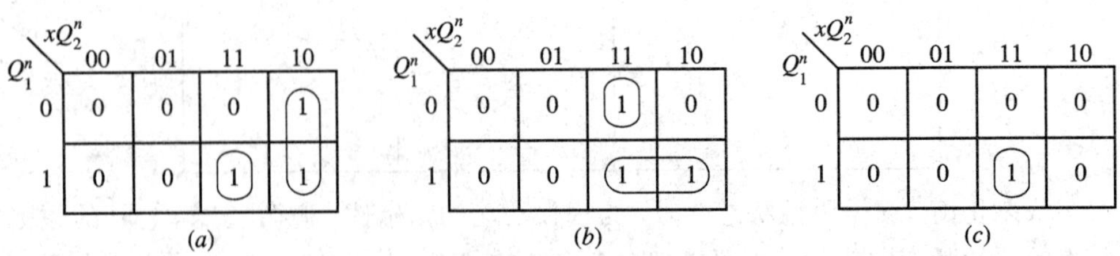

图 6－13　例 5 激励方程、输出方程的确定

(*a*) Q_2^{n+1}；(*b*) Q_1^{n+1}；(*c*) z

在求每一级触发器的次态方程时，应与标准的特征方程一致，这样才能获得最佳激励函数。JK 触发器标准特征方程为

$$Q^{n+1} = J\,\overline{Q^n} + \overline{K}Q^n$$

则求 Q_2^{n+1} 时应得

$$Q_2^{n+1} = \alpha\,\overline{Q_2^n} + \beta Q_2^n$$

两式相比得

$$J = \alpha, \quad K = \bar{\beta}$$

所以，在求 Q_2^{n+1} 时不将 $x\,\overline{Q_2^n}Q_1^n$ 和 $xQ_2^nQ_1^n$ 合并为 xQ_1^n，而直接得 $xQ_2^nQ_1^n$。同理求 Q_1^{n+1} 时直接得 $xQ_2^n\,\overline{Q_1^n}$。注意，此时是利用卡诺图确定最佳激励方程，使电路图最简，不是用它来进行函数化简。因此原则是求哪一级的次态方程，必须在保留该级变量的前提下尽可能使方程简单。

故

$$Q_2^{n+1} = x\,\overline{Q_2^n} + xQ_1^nQ_2^n$$

$$J_2 = x \quad K_2 = \overline{xQ_1^n}$$

$$Q_1^{n+1} = xQ_2^n\,\overline{Q_1^n} + xQ_1^n$$

$$J_1 = xQ_2^n \quad K_1 = \overline{x}$$

输出方程由卡诺图得

$$z = xQ_2^nQ_1^n$$

(5) 画出逻辑图。

根据上述激励方程和输出方程，可得检测电路的逻辑图如图 6 - 14 所示。

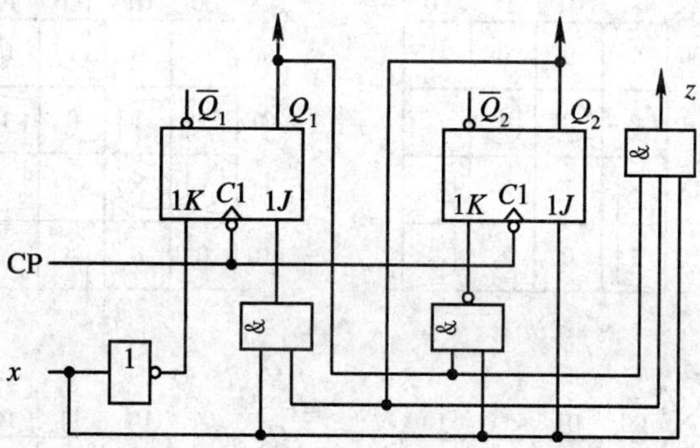

图 6 - 14 例 5 逻辑图

在有些时序电路的命题中，就确定了状态数和状态的分配关系。如计数器的设计就属于此类命题。

[例 6] 用 JK 触发器设计一个 8421BCD 码加法计数器。

解 该题的题意中即明确有 10 个状态，且是按 8421BCD 加法规律进行状态迁移的，因为 $2^3<10<2^4$，所以需要四级触发器，其状态迁移真值表如表 6 - 7 所示，由状态表做出每一级触发器的卡诺图。

表 6－7　例 6 状态迁移真值表

Q_4^n	Q_3^n	Q_2^n	Q_1^n	Q_4^{n+1}	Q_3^{n+1}	Q_2^{n+1}	Q_1^{n+1}
0	0	0	0	0	0	0	1
0	0	0	1	0	0	1	0
0	0	1	0	0	0	1	1
0	0	1	1	0	1	0	0
0	1	0	0	0	1	0	1
0	1	0	1	0	1	1	0
0	1	1	0	0	1	1	1
0	1	1	1	1	0	0	0
1	0	0	0	1	0	0	1
1	0	0	1	0	0	0	0
1	0	1	0	×	×	×	×
1	0	1	1	×	×	×	×
1	1	0	0	×	×	×	×
1	1	0	1	×	×	×	×
1	1	1	0	×	×	×	×
1	1	1	1	×	×	×	×

由此获得每一级触发器的次态方程式，再由此得到每一级触发器的激励方程。以上过程如图 6－15 所示。

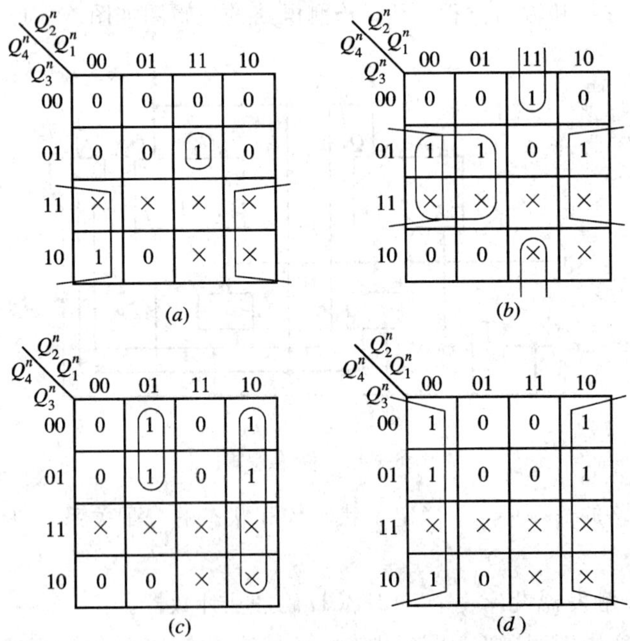

图 6－15　确定激励函数的次态卡诺图

(*a*) Q_4^{n+1}；(*b*) Q_3^{n+1}；(*c*) Q_2^{n+1}；(*d*) Q_1^{n+1}

由图 6 - 15(a)～(d)可得

$$Q_4^{n+1}=Q_1^nQ_2^nQ_3^n\overline{Q_4^n}+\overline{Q_1^n}Q_4^n$$

$$Q_3^{n+1}=Q_1^nQ_2^n\overline{Q_3^n}+\overline{Q_1^n}Q_3^n+\overline{Q_2^n}Q_3^n=Q_1^nQ_2^n\overline{Q_3^n}+\overline{Q_1^nQ_2^n}Q_3^n$$

$$Q_2^{n+1}=Q_1^n\overline{Q_4^n}\,\overline{Q_2^n}+\overline{Q_1^n}Q_2^n$$

$$Q_1^{n+1}=\overline{Q_1^n}$$

由此得各触发器的激励函数为

$$J_4=Q_1^nQ_2^nQ_3^n \qquad K_4=Q_1^n$$

$$J_3=Q_1^nQ_2^n \qquad K_3=Q_1^nQ_2^n$$

$$J_2=Q_1^n\overline{Q_4^n} \qquad K_2=Q_1^n$$

$$J_1=K_1=1$$

由激励方程得逻辑图，如图 6 - 16 所示。

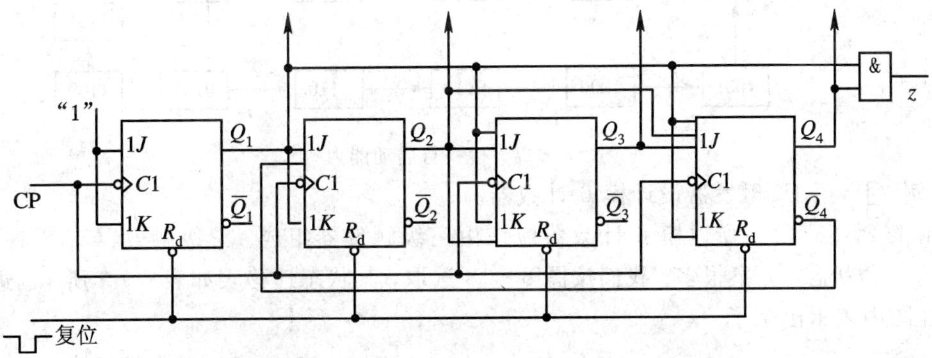

图 6 - 16　8421BCD 码加法计数器逻辑图

这类计数器由于状态没用完，存在多余状态，此例 $2^4=16$ 有 16 个状态，只用了 10 个状态，余下的 6 个状态为多余状态，这样就存在一个自启动和自校正问题。

自启动即指当电源合上以后，电路能否进入所用的状态之中的任一状态。如能进入即称该电路有自启动能力；如不能进入则称该电路不具有自启动能力。

通常，计数器正常工作时，由于干扰等原因，使状态离开正常计数序列，跑到没用的状态，如该例的 1010～1111 这 6 个状态。电路经过若干节拍后能自动返回正常计数序列的，称该电路具有自校正能力；若到了 1010～1111 状态后，它们自身成为一个无效计数序列，不能返回正常计数序列，则称该电路不具有自校正能力。

具有自启动能力的计数器自然也具有自校正能力。

因此，对该例还应检查它是否具有自启动能力。其方法是，按设计中所得的次态方程，逐个将 1010～1111 这 6 个状态代入，求得次态，即可获得该电路自启动能力的结论，如表 6 - 8 所示。画出该电路的全部状态迁移图，即可看出该电路具有自启动能力，如图 6 - 17 所示。

表 6-8 检查自启动问题

Q_4^n	Q_3^n	Q_2^n	Q_1^n	Q_4^{n+1}	Q_3^{n+1}	Q_2^{n+1}	Q_1^{n+1}
1	0	1	0	1	0	1	1
1	0	1	1	0	1	0	0
1	1	0	0	1	1	0	1
1	1	0	1	0	1	0	0
1	1	1	0	1	1	1	1
1	1	1	1	0	0	0	0

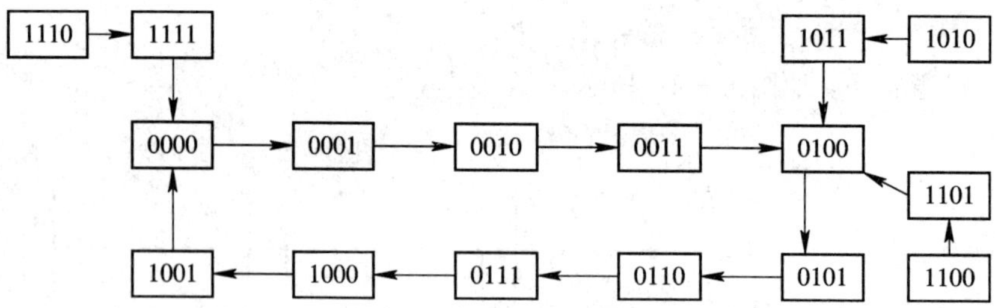

图 6-17 检查自启动能力

［例 7］ 用 JK 触发器设计模 6 计数器。

由于 $2^2<6<2^3$，所以模 6 计数器应该由三级触发器组成。三级触发器有 8 种状态，从中选 6 种状态，方案很多。我们按图 6-18 选取，其状态迁移表如表 6-9 所示。进位关系也在图中表示出来了。

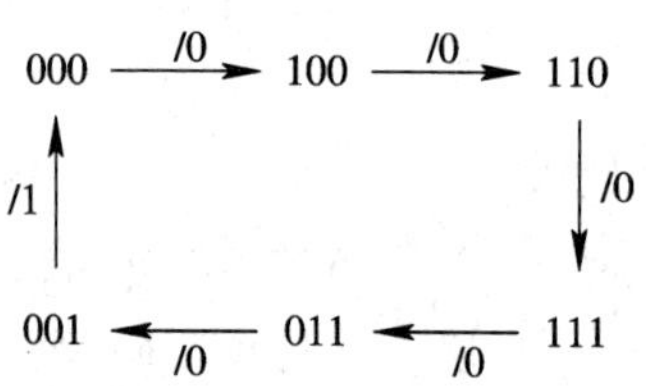

图 6-18 模 6 计数器状态迁移图

表 6-9 状态迁移表

Q_3^n	Q_2^n	Q_1^n	Q_3^{n+1}	Q_2^{n+1}	Q_1^{n+1}	C
0	0	0	1	0	0	0
1	0	0	1	1	0	0
1	1	0	1	1	1	0
1	1	1	0	1	1	0
0	1	1	0	0	1	0
0	0	1	0	0	0	1

按上述状态关系画出各级触发器卡诺图，选用 JK 触发器，得到各级触发器的次态方程，再获得各触发器的激励函数，从而得到逻辑图，如图 6-19 所示。

$$Q_3^{n+1}=\overline{Q_1^n}\,\overline{Q_3^n}+\overline{Q_1^n}Q_3^n$$

$$Q_2^{n+1}=Q_3^n\,\overline{Q_2^n}+Q_3^nQ_2^n$$

$$Q_1^{n+1}=Q_2^n\,\overline{Q_1^n}+Q_2^nQ_1^n$$

$$C=\overline{Q_2^n}Q_1^n$$

激励方程为

$$J_3=\overline{Q_1^n},\qquad K_3=Q_1^n$$

$$J_2=Q_3^n,\qquad K_2=\overline{Q_3^n}$$

$$J_1=Q_2^n,\qquad K_1=\overline{Q_2^n}$$

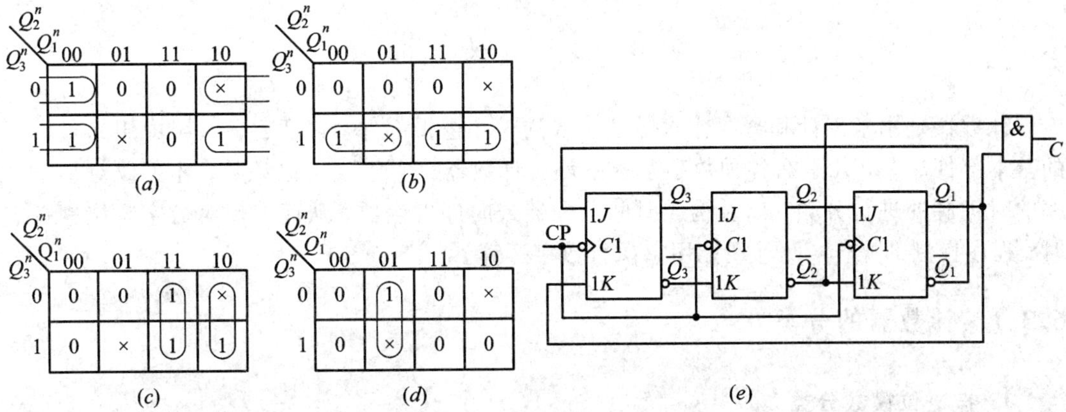

图 6-19　模 6 计数器激励函数的确定和逻辑图

(a) Q_3^{n+1}；(b) Q_2^{n+1}；(c) Q_1^{n+1}；(d) C；(e) 逻辑图

检查自启动能力，把未用状态(010，101)代入上述次态方程，得到它们的状态变化情况，如表 6-10 和图 6-20 所示。

表 6-10　未用状态迁移关系

Q_3^n	Q_2^n	Q_1^n	Q_3^{n+1}	Q_2^{n+1}	Q_1^{n+1}	C
0	1	0	1	0	1	0
1	0	1	0	1	0	0

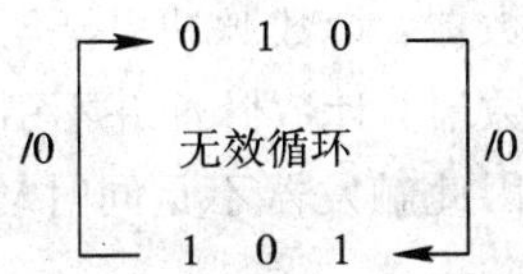

图 6-20　例 7 自启动能力检查

由上看出，电路无自启动能力。为了使电路具有自启动能力，可以修改状态转换关系，即切断无效循环，引入有效的计数循环序列。我们切断 101→010 的转换关系，强迫它进入 110。根据新的状态转换关系，重新设计。由于 Q_2^{n+1} 和 Q_1^{n+1} 的转换关系没变，只有 Q_3^{n+1} 改变了，故只要重新设计 Q_3 级即可，如图 6-21(a)所示。

$$
\begin{aligned}
Q_3^{n+1} &= \overline{Q_2^n}Q_3^n + \overline{Q_1^n}Q_3^n + \overline{Q_1^n}\,\overline{Q_3^n} \\
&= \overline{Q_1^n}\,\overline{Q_3^n} + \overline{Q_1^nQ_2^n}Q_3^n
\end{aligned}
$$

$$
J_3 = \overline{Q_1^n}, \quad K_3 = Q_1^nQ_2^n
$$

修改后具有自启动能力的模 6 计数器如图 6-21(b)所示。

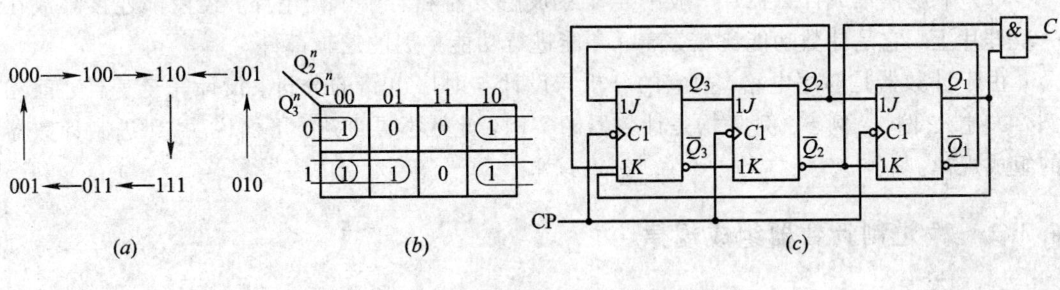

图 6-21　具有自启动能力的模 6 计数器

6.3 计 数 器

计数器是用来累计和寄存输入脉冲个数的时序逻辑部件。它是数字系统中用途最广泛的基本部件之一，几乎在各种数字系统中都有计数器。它不仅可以计数，还可以对某个频率的时钟脉冲进行分频，以及构成时间分配器或时序发生器，从而实现对数字系统进行定时、程序控制的操作，此外还能用它执行数字运算。

6.3.1 计数器的分类

1. 按进位模数分类

所谓进位模数，就是计数器所经历的独立状态总数，即进位制的基数。

(1) 模 2 计数器：进位模数为 2^n 的计数器均称为模 2 计数器，其中 n 为触发器级数。

(2) 非模 2 计数器：进位模数非 2^n，用得较多的如十进制计数器。

2. 按计数脉冲输入方式分类

(1) 同步计数器：计数脉冲引至所有触发器的 CP 端，使应翻转的触发器同时翻转。

(2) 异步计数器：计数脉冲并不引至所有触发器的 CP 端，有的触发器的 CP 端是其它触发器的输出，因此触发器不是同时动作。

3. 按计数增减趋势分类

(1) 递增计数器：每来一个计数脉冲，触发器组成的状态就按二进制代码规律增加。这种计数器有时又称加法计数器。

(2) 递减计数器：每来一个计数脉冲，触发器组成的状态就按二进制代码规律减少。有时又称为减法计数器。

(3) 双向计数器：又称可逆计数器，计数规律可按递增规律，也可按递减规律，由控制端决定。

4. 按电路集成度分类

(1) 小规模集成计数器：由若干个集成触发器和门电路，经外部连线，构成具有计数功能的逻辑电路。

(2) 中规模集成计数器：一般用 4 个集成触发器和若干个门电路，经内部连接集成在一块硅片上，它是计数功能比较完善，并能进行功能扩展的逻辑部件。

由于计数器是时序电路，故它的分析与设计与时序电路的分析、设计完全一样，前述例 2、例 3、例 4，例 6、例 7 均是计数器的实例，此处不再重述。下面说明 2^n 进制计数器的组成规律。

6.3.2 2^n 进制计数器组成规律

1. 2^n 进制同步加法计数器

同步计数器其时钟端均接至同一个时钟源 CP，每一触发器在 CP 作用下同时翻转。最低位每来一个时钟脉冲就翻转一次，其它各位在其全部低位均为“1”时，低位向高位进位，在 CP 的作用下才翻转。用 JK 触发器实现，其各级 J、K 关系如下：

$$
\begin{aligned}
&J_0=K_0=1\\
&J_1=K_1=Q_0^n\\
&J_2=K_2=Q_0^nQ_1^n\\
&J_3=K_3=Q_0^nQ_1^nQ_2^n=J_2Q_2^n\\
&J_4=K_4=Q_0^nQ_1^nQ_2^nQ_3^n=J_3Q_3^n\\
&\quad\vdots\\
&J_m=K_m=Q_0^nQ_1^n\cdots Q_{m-2}^nQ_{m-1}^n=J_{m-1}Q_{m-1}^n
\end{aligned}
$$

以四位为例，其逻辑图如图 6 - 22 所示。

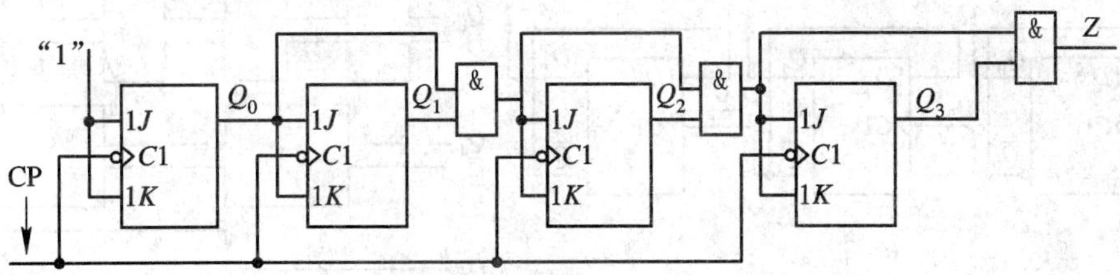

图 6 - 22　同步四位二进制加法计数器

2. 2^n 进制同步减法计数器

最低位触发器每来一个时钟脉冲就翻转一次，而高位触发器只有在低位全部为 0，低位需向高位借位时，在时钟脉冲的作用下才产生翻转。用 JK 触发器实现，其各级 J、K 关系如下：

$$
\begin{aligned}
&J_0=K_0=1\\
&J_1=K_1=\overline{Q_0^n}\\
&J_2=K_2=\overline{Q_0^n}\,\overline{Q_1^n}\\
&J_3=K_3=\overline{Q_0^n}\,\overline{Q_1^n}\,\overline{Q_2^n}=J_2\,\overline{Q_2^n}\\
&J_4=K_4=\overline{Q_0^n}\,\overline{Q_1^n}\,\overline{Q_2^n}\,\overline{Q_3^n}=J_3\,\overline{Q_3^n}\\
&\quad\vdots\\
&J_m=K_m=\overline{Q_0^n}\,\overline{Q_1^n}\cdots\bar{Q}_{m-2}^n\bar{Q}_{m-1}^n=J_{m-1}\bar{Q}_{m-1}^n
\end{aligned}
$$

其逻辑图请读者自己画出。

3. 2^n 进制异步加法计数器

每一级触发器均组成 T′触发器，即 $Q^{n+1}=\overline{Q^n}$，故 JK 触发器 $J=K=1$，D 触发器 $D=\bar{Q}^n$。最低位触发器每来一个时钟脉冲翻转一次，低位由 1→0 时向高位产生进位，高位翻转。对下降沿触发的触发器，其高位的 CP 端应与其邻近低位的原码输出 Q 端相连，即 $CP_m=Q_{m-1}$；对上升沿触发的触发器，其高位的 CP 端应与其邻近低位的反码输出 $\bar{Q}$ 端相连，即 $CP_m=\bar{Q}_{m-1}$。以三位为例，其逻辑图和波形图如图 6 - 23 和图 6 - 24 所示。

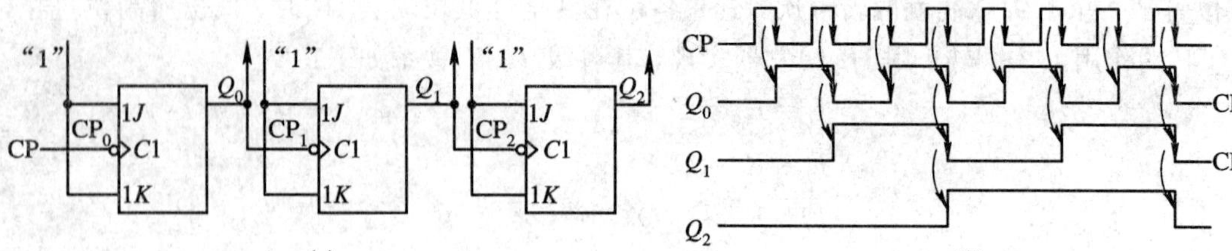

(*a*) (*b*)

图 6 - 23　三位二进制异步加法计数器的逻辑图和波形图(下降沿)

(*a*) 逻辑图；(*b*) 波形图

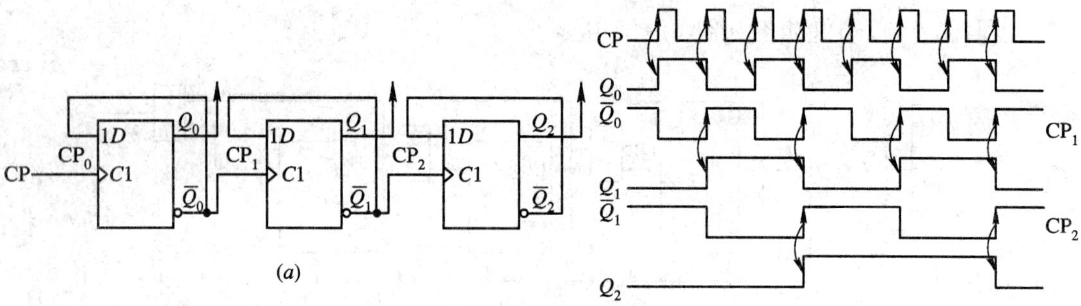

(*a*) (*b*)

图 6 - 24　三位二进制异步加法计数器的逻辑图和波形图(上升沿)

(*a*) 逻辑图；(*b*) 波形图

4. 2^n 进制异步减法计数器

每一级触发器仍组成 T′触发器。最低位触发器每来一个时钟脉冲翻转一次，低位由 0→1 时向高位产生借位，高位翻转。对下降沿触发的触发器，其高位 CP 端应与其邻近低位的反码端 $\overline{Q}$ 相连，即 $CP_m=\overline{Q}_{m-1}$；对上升沿触发的触发器，其高位 CP 端应与其邻近低位的原码端 Q 相连，即 $CP_m=Q_{m-1}$。以三位为例，其逻辑图和波形图如图 6 - 25 和图 6 - 26 所示。

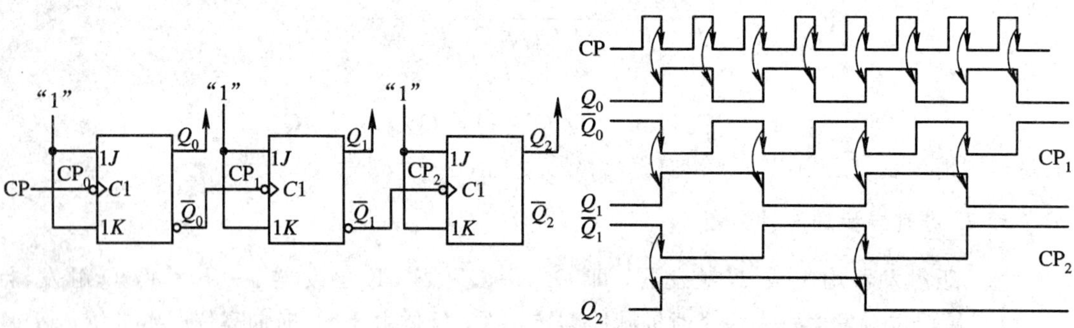

(*a*) (*b*)

图 6 - 25　三位二进制异步减法计数器的逻辑图和波形图(下降沿)

(*a*) 逻辑图；(*b*) 波形图

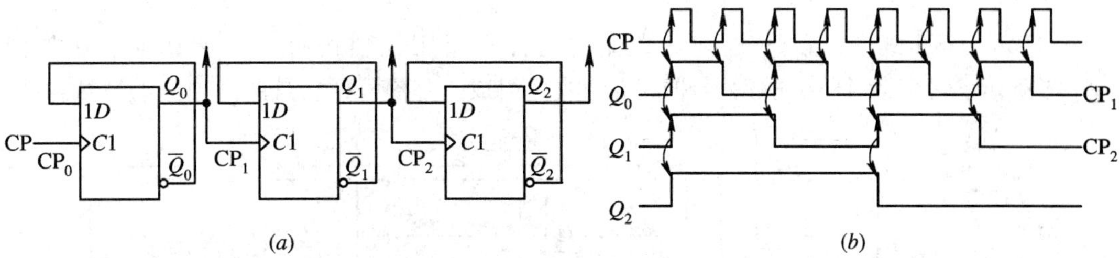

图 6-26　三位二进制异步减法计数器的逻辑图和波形图(上升沿)

(a) 逻辑图；(b) 波形图

6.3.3　集成计数器功能分析及其应用

目前，TTL 和 CMOS 电路构成的中规模计数器品种较多，应用广泛。它们可分为异步、同步两大类，通常集成计数器为 BCD 码十进制计数器和四位二进制计数器，并且还可分为可逆计数器和不可逆计数器。另外，按预置功能和清零功能还可分为同步预置、异步预置，同步清零和异步清零。这些计数器功能比较完善，可以自扩展，通用性强。另外，还可以以计数器为核心器件，辅以其它组件实现时序电路的设计。表 6-11 列出了几种常用 TTL 型 MSI 计数器型号及工作特点。

表 6-11　常用 TTL 型 MSI 计数器

类型	名　称	型号	预置	清零	工作频率/MHz
异步计数器	二-五-十进制计数器	74LS90	异步置 9 高	异步　高	32
		74LS290	异步置 9 高	异步　高	32
		74LS196	异步　低	异步　低	30
	二-八-十六进制计数器	74LS293	无	异步　高	32
		74LS197	异步　低	异步　低	30
	双四位二进制计数器	74LS393	无	异步　高	35
同步计数器	十进制计数器	74LS160	同步　低	异步　低	25
		74LS162	同步　低	同步　低	25
	十进制可逆计数器	74LS190	异步　低	无	20
		74LS168	同步　低	无	25
	十进制可逆计数器(双时钟)	74LS192	异步　低	异步　高	25
	四位二进制计数器	74LS161	同步　低	异步　低	25
		74LS163	同步　低	同步　低	25
	四位二进制可逆计数器	74LS169	同步　低	无	25
		74LS191	异步　低	无	20
	四位二进制可逆计数器(双时钟)	74LS193	异步　低	异步　高	25

下面将介绍常用集成计数器的功能及扩展应用。

1. 异步集成计数器 74LS90

74LS90 异步式二-五-十进制计数器的内部逻辑图及惯用符号和新标准画法如图 6-27 所示。它由 4 个 JK 触发器和 2 个与非门组成。由图可见它是两个独立的计数器。

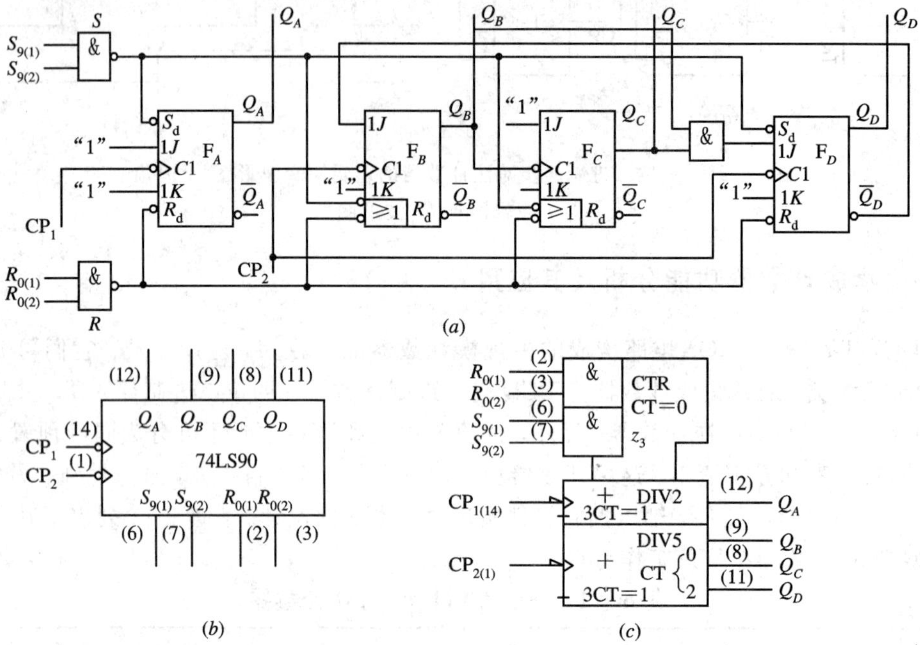

图 6-27　74LS90 计数器

(a) 逻辑图；(b) 惯用符号；(c) 新标准画法

触发器 A 构成模 2 计数器，对 CP_1 计数；触发器 B、C、D 组成异步模 5 计数器，对 CP_2 计数。将这两个独立的计数器组合起来可组成一个十进制计数器。若将 Q_A 的输出接至 CP_2 端，计数脉冲由 CP_1 输入，则构成 2×5 的十进制计数器。该十进制计数器的状态迁移表如表 6-12 所示，状态 $Q_DQ_CQ_BQ_A$ 输出 8421BCD 码。若将 CP_1 接至 Q_D 的输出端，计数脉冲由 CP_2 输入，则构成 5×2 的十进制计数器。该十进制计数器的状态迁移表如表 6-13 所示，其状态 $Q_AQ_DQ_CQ_B$ 的输出是 5421BCD 码。最高位输出是对称的方波脉冲。连接关系如图 6-28 所示。

表 6-12　状态迁移表

CP_1	Q_D	Q_C	Q_B	Q_A
0	0	0	0	0
1	0	0	0	1
2	0	0	1	0
3	0	0	1	1
4	0	1	0	0
5	0	1	0	1
6	0	1	1	0
7	0	1	1	1
8	1	0	0	0
9	1	0	0	1

表 6-13　状态迁移表

CP_2	Q_A	Q_D	Q_C	Q_B
0	0	0	0	0
1	0	0	0	1
2	0	0	1	0
3	0	0	1	1
4	0	1	0	0
5	1	0	0	0
6	1	0	0	1
7	1	0	1	0
8	1	0	1	1
9	1	1	0	0

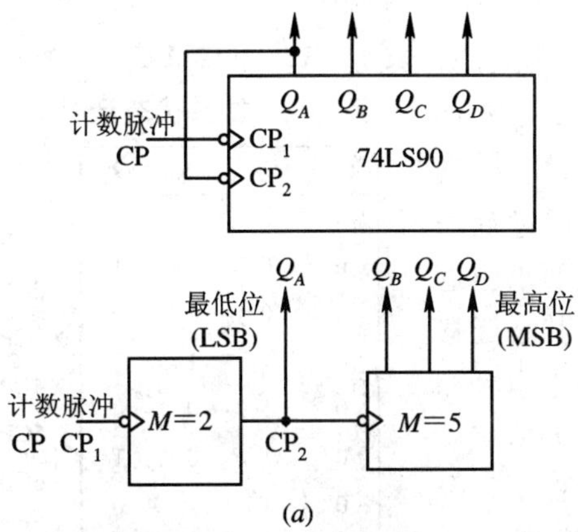

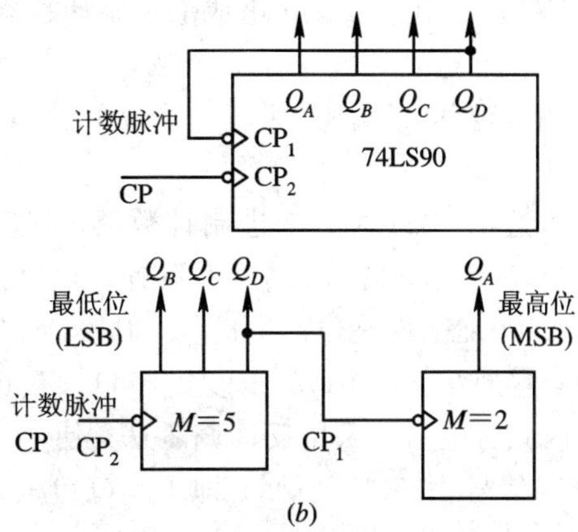

图 6－28　74LS90 组成十进制计数器的两种方法

(*a*) 8421BCD 码计数方式；(*b*) 5421BCD 码计数方式

74LS90 的功能表如表 6－14 所示，具体可归纳如下。

(1) 直接复零。当 $R_{0(1)}$、$R_{0(2)}$ 全是高电平时，$S_{9(1)}$、$S_{9(2)}$ 为低电平，通过与非门 R 使各触发器 R_d 端均为低电平，触发器输出均为零，实现清零功能，由于清零功能与时钟无关，故这种清零称为异步清零。

表 6－14　功　能　表

输入						输出			
$R_{0(1)}$	$R_{0(2)}$	$S_{9(1)}$	$S_{9(2)}$	CP_1	CP_2	Q_D	Q_C	Q_B	Q_A
1	1	0	ϕ	ϕ	ϕ	0	0	0	0
1	1	ϕ	0	ϕ	ϕ	0	0	0	0
0	ϕ	1	1	ϕ	ϕ	1	0	0	1
ϕ	0	1	1	ϕ	ϕ	1	0	0	1
$\overline{R_{0(1)}R_{0(2)}}=1$		$\overline{S_{9(1)}S_{9(2)}}=1$		CP	0	二进制计数			
				0	CP	五进制计数			
				CP	Q_A	8421 码十进制计数			
				Q_D	CP	5421 码十进制计数			

(2) 置 9(输出为 1001)。当 $S_{9(1)}$、$S_{9(2)}$ 全为高电平时，门 S 输出低电平，使触发器 A、D 的 S_d 端及触发器 B、C 的 R_d 端为低电平，使输出为 1001，实现置 9 功能。它也是异步方式置 9。

(3) 计数。当 $R_{0(1)}$、$R_{0(2)}$ 及 $S_{9(1)}$、$S_{9(2)}$ 输入为低电平时，门 R、门 S 输出为高电平，各 JK 触发器恢复正常功能，实现计数功能。使用时，务必按功能表的要求，使 R_0、S_9 各输入端的电平满足给定的条件，在输入时钟脉冲的下降沿计数。

(4) 功能扩展。中规模集成计数器设置诸多输入端的另一主要目的是为了扩展其功能，即通过外部不同方式的连接，组成任意进制的计数器。

［例 8］ 用 74LS90 组成七进制计数器。

解 七进制计数器有 7 个独立状态。可由十进制计数器采用一定的方法使它跳越 3 个无效状态而得到，即反馈归零法。

若选用 8421BCD 十进制计数器，其反馈归零过程如表 6－15 所示，当第 7 个 CP 脉冲作用时按计数要求应返回至 0000 态，向高位产生进位。但按 74LS90 的状态迁移规律，它的状态由 0110 迁移至 0111，不可能返回至 0000 态。因此在电路上采用反馈归零法，使电路强迫归零，反馈归零信号由 0111 引回，即 $R=Q_CQ_BQ_A$。当在第 7 个 CP 脉冲作用下，状态由 0110→(0111)→0000，显然 0111 仅是由 0110→0000 的过渡状态。其连接图和波形图如图 6－29 所示。

表 6－15 8421BCD 十进制计数器状态迁移表

Q_D	Q_C	Q_B	Q_A	
0	0	0	0	
0	0	0	1	1CP
0	0	1	0	2CP
0	0	1	1	3CP
0	1	0	0	4CP
0	1	0	1	5CP
0	1	1	0	6CP
(0	1	1	1)	7CP

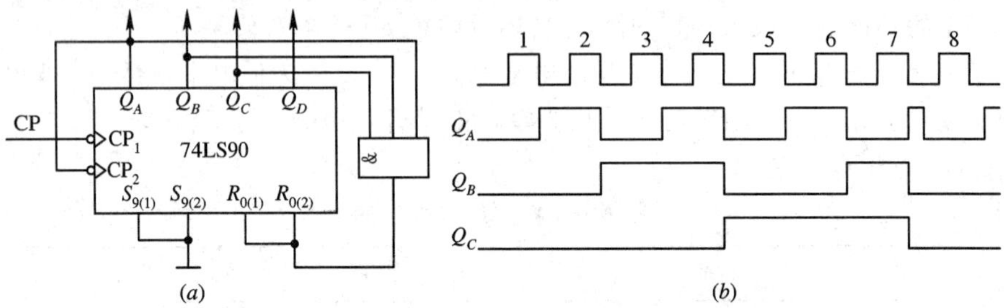

图 6－29 74LS90 组成的 8421BCD 七进制计数器

(*a*) 电路连接图；(*b*) 波形图

若采用 5421BCD 十进制计数器，其反馈归零过程如表 6－16 所示，当第 7 个 CP 脉冲作用时，状态由 1001 通过 1010 返回至 0000 态，故 1010 态是过渡态，反馈归零信号由 $Q_AQ_DQ_CQ_B=1010$ 引回，即 $R=Q_AQ_C$。其电路图和波形图如图 6－30 所示。

表 6－16 5421BCD 十进制计数器状态迁移表

Q_A	Q_D	Q_C	Q_B	
0	0	0	0	
0	0	0	1	1CP
0	0	1	0	2CP
0	0	1	1	3CP
0	1	0	0	4CP
1	0	0	0	5CP
1	0	0	1	6CP
(1	0	1	0)	7CP

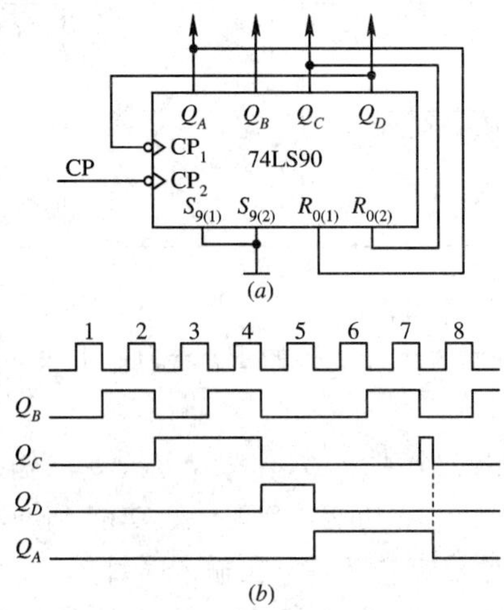

图 6－30 74LS90 组成的 5421BCD 七进制计数器

(*a*) 电路连接图；(*b*) 波形图

这种功能扩展是利用反馈使计数器复零，从而将大模数计数器改接为小模数计数器。由于 74LS90 是异步清零，在引入反馈复零信号时，一定要多出一个状态，称为过渡态。如上例七进制计数器，只需 7 个状态 0～6 即可，7 是过渡态。

计数器功能扩展除上述扩展外，还可能通过级联方式，增大计数模，如两级 74LS90 级联可扩展为一百进制计数器。当然它也可扩展为 8421BCD 或 5421BCD 计数器，其扩展电路如图 6－31 所示。在此基础上可组成大于 10、小于 100 的计数器。如组成二十四进制计数器，在一百进制基础上，采用反馈归零法即可。二十四进制状态数为 0～23，考虑到过渡状态，则反馈归零信号引至 24，高位计至 2 且低位计至 4 时，计数器归零。电路如图 6－32 所示。图中反馈归零信号通过基本触发器引至复零端。其原因是，由于各触发器翻转速度不一致，如按例 8 的方法，有的复位快的触发器输出立即将复位信号撤销，使复位慢的触发器来不及清零，从而造成计数规律错误。通过基本触发器后，将反馈复位信号锁存，使每一级触发器都能可靠地清零，直到下一个计数脉冲(高电平)到来，才将复位信号撤销，并在计数脉冲的下降沿再次开始计数。

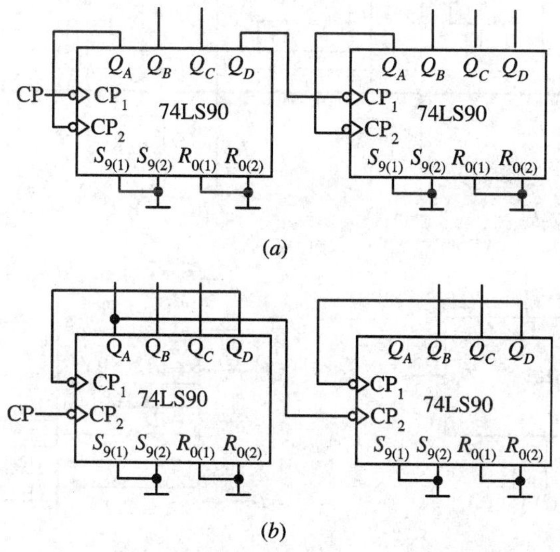

图 6－31　用 74LS90 扩展为一百进制计数器

(a) 8421BCD；(b) 5421BCD

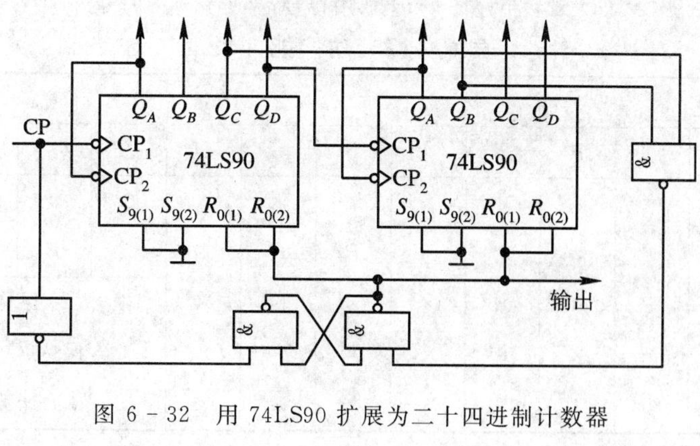

图 6－32　用 74LS90 扩展为二十四进制计数器

2. 同步式集成计数器 74LS161

图 6-33 为 74LS161 同步四位二进制可预置计数器的电路图和符号图。它由四级 JK 触发器和若干控制门组成。表 6-17 是它的功能表，从表中可知它有如下功能：

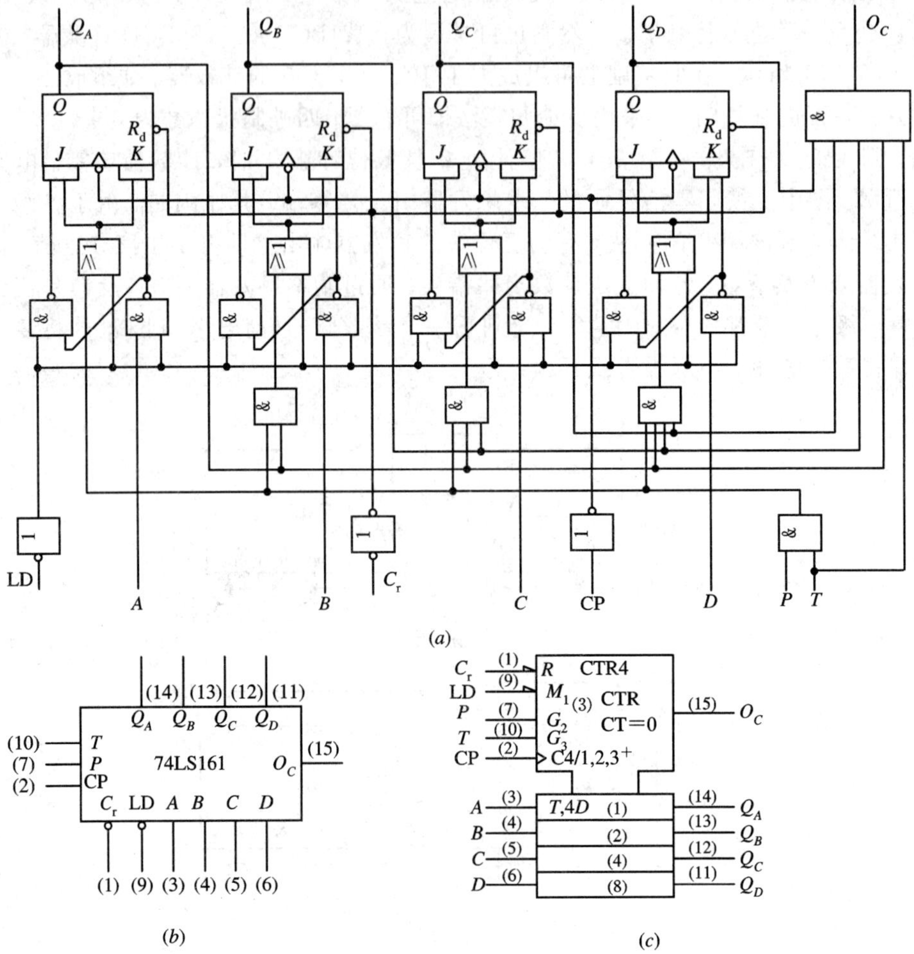

图 6-33　74LS161 计数器

(*a*) 逻辑电路图；(*b*) 惯用符号；(*c*) 新标准符号

表 6-17　功　能　表

输　入									输　出			
CP	C_r	LD	P	T	A	B	C	D	Q_A	Q_B	Q_C	Q_D
×	0	×	×	×	×	×	×	×	0	0	0	0
↑	1	0	×	×	A	B	C	D	A	B	C	D
×	1	1	0	×	×	×	×	×	保持			
×	1	1	×	0	×	×	×	×	保持($O_C=0$)			
↑	1	1	1	1	×	×	×	×	计数			

(1) 异步清零。当清零控制端 $C_r=0$ 时，立即清零，与 CP 无关。

(2) 同步预置。当预置端 LD=0，而 $C_r=1$ 时，在置数输入端 A、B、C、D 预置某个数据，在 CP 上升沿的时刻，才将 $ABCD$ 的数据送入计数器。因此预置数时必须在 CP 作用下进行。

(3) 保持。当 LD$=C_r=1$ 时，只要控制端 P、T 中有低电平，就使每级触发器 $J=K=0$，处于维持态。

(4) 计数。当 LD$=C_r=P=T=1$ 时，电路是模 2^4 同步递增计数器。在时钟信号 CP 送入时，电路按自然二进制数序列转换，即由 0000 → 0001 → … → 1111。当 $Q_DQ_CQ_BQ_A=1111$ 时，进位输出端 O_C 送出高电平的进位信号，即 $O_C=Q_DQ_CQ_BQ_A\cdot T=1$。

(5) 功能扩展。与 74LS90 一样，74LS161 也可使用异步清零端 C_r，采用反馈归零法，使它成为任意进制计数器。在此不再叙述。图 6 - 34 是变模计数器，它是利用多路开关，即十六选一 74LS150 来选择模数。工作原理请读者自行分析。

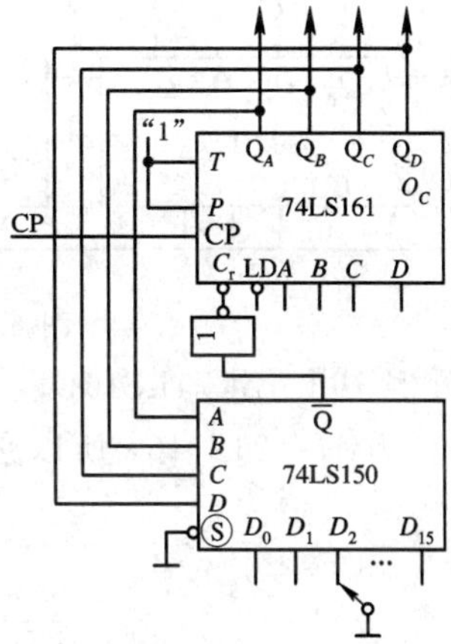

图 6 - 34　由 74LS161 与 74LS150 组成变模计数器

74LS161 有预置端，我们可以利用同步预置端，采用反馈预置法组成任意进制计数器。下面举例说明这种功能扩展的方法。

[例 9]　用 74LS161 的同步预置端构成十进制计数器。

解　我们选择状态，可以选前 10 个状态，也可以选后 10 个状态，还可以选中间任意连续的 10 个状态。

选前 10 个状态，则后 6 个状态无效，当计数 $N=9$，计数器输出为 $Q_DQ_CQ_BQ_A=1001$，经过与非门反馈给同步预置端，使 LD=0。再来一个时钟 CP，计数器将 $DCBA=0000$ 的数预置进计数器，电路如图 6 - 35(a)所示。如选后 10 个状态，首先对计数器置数“6”(0110)，以此为初态进行计数，当计数 $N=9$，计数器输出为 1111，且进位位 $O_C=1$，将 O_C 反相反馈给 LD 端，使 LD=0，在下一个 CP 到来时，将计数器再次预置为 0110，完成一个循环，电路如图 6 - 35(b)所示。我们也可选中间 10 个状态，前 3 个状态与后 3 个状态均无效，即采用余 3 代码，电路如图 6 - 35(c)所示。

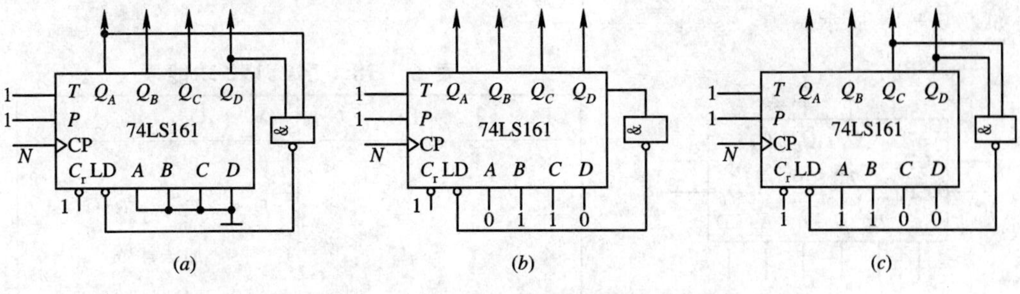

图 6 - 35　由 74LS161 采用反馈预置法组成十进制计数器

(a) 前 10 个状态；(b) 后 10 个状态；(c) 中间 10 个状态

按此法可以组成二至十六之间的任意进制计数器。

同样，可以用若干片 74LS161 实现大于十六进制的计数器。以 4 片 74LS161 组成 2^{16} 进制计数器为例，如图 6－36 所示。这里利用了计数控制端 P、T，这样工作速度高。高位片计数的条件是：必须使 $P=T=1$。所以只有低位片输出为全 1，其 $O_C=1$，高位片在下一个输入计数脉冲时，才接收进位信号，开始计数，否则只能为“保持”状态。

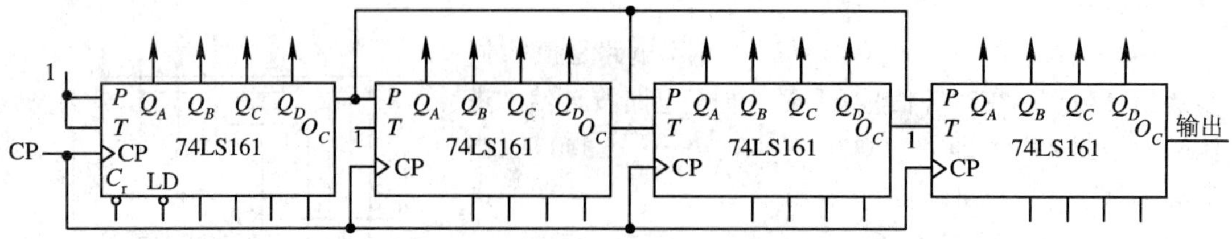

图 6－36　74LS161 级联 16 位二进制计数器

［**例 10**］　用 74LS161 及少量与非门组成由 00000001 到 00011000，$M=24$ 的计数器。

因为 $M=24>16$，所以必须用两片级联而成。运用反馈预置法可得电路如图 6－37 所示。

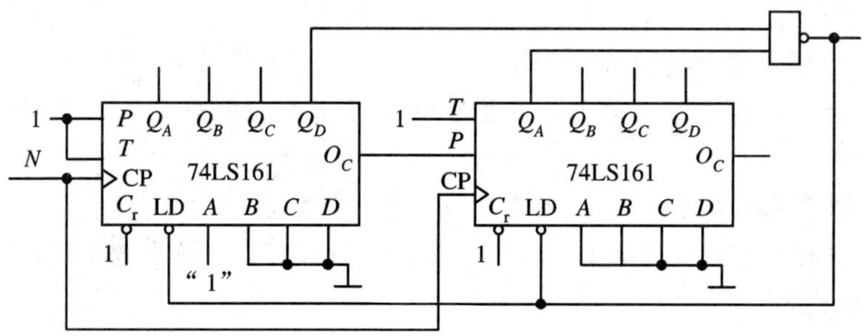

图 6－37　用 74LS161 组成二十四进制计数器

需要指出的是，由于 74LS161 是四位二进制计数器，所以，反馈预置端的数应该是二进制数。对于此题，二十四进制数其最大数码是 23，考虑预置数是 1，所以，反馈预置信号从 24＝00011000 引出。

3. 十进制可逆集成计数器 74LS192

74LS192 是同步、可预置十进制可逆计数器，其传统逻辑符号如图 6－38 所示，功能表如表 6－18 所示。

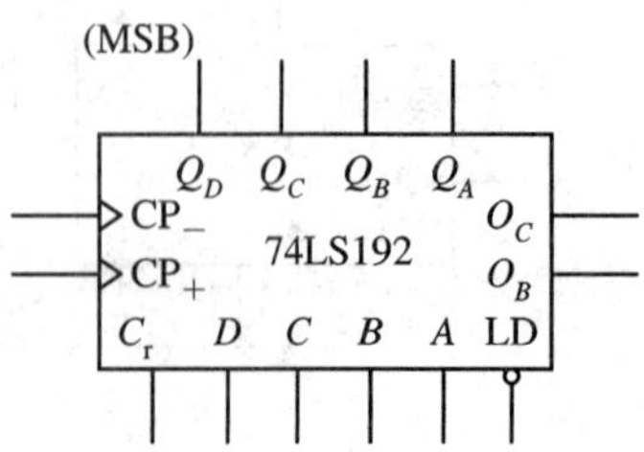

图 6－38　74LS192 符号

表 6－18　74LS192 功能表

CP_+	CP_-	LD	C_r	Q_D	Q_C	Q_B	Q_A
×	×	×	1	0	0	0	0
×	×	0	0	D	C	B	A
↑	1	1	0	加法计数			
1	↑	1	0	减法计数			
1	1	1	0	保　持			

十进制可逆集成计数器74LS192具有以下特点：

(1) 该器件为双时钟工作方式，CP_+是加计数时钟输入，CP_-是减计数时钟输入，均为上升沿触发，采用8421BCD码计数。

(2) C_r为异步清零端，高电平有效。

(3) LD为异步预置控制端，低电平有效，当$C_r=0$，LD=0时预置输入端D、C、B、A的数据送至输出端，即$Q_DQ_CQ_BQ_A=DCBA$。

(4) 进位输出和借位输出是分开的。

O_C是进位输出，加法计数时，进入1001状态后有负脉冲输出。

O_B为借位输出，减法计数时，进入0000状态后有负脉冲输出。

4. 二进制可逆集成计数器74LS169

74LS169是同步、可预置四位二进制可逆计数器，其传统逻辑符号如图6-39所示，功能表如表6-19所示。

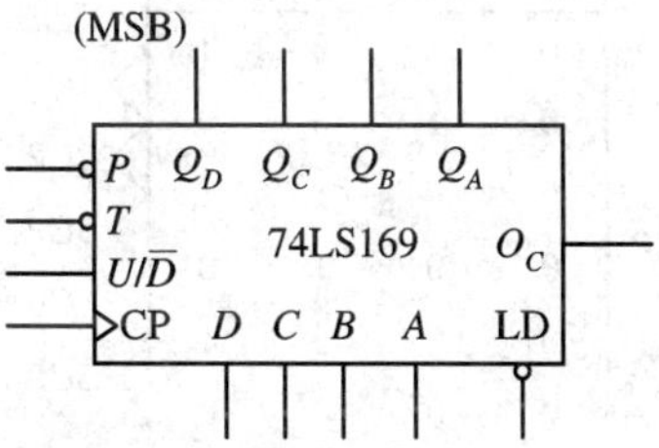

图6-39　74LS169逻辑符号

表6-19　74LS169功能表

CP	P+T	$U/\overline{D}$	LD	Q_D	Q_C	Q_B	Q_A
×	1	×	1	保持			
↑	0	×	0	D	C	B	A
↑	0	1	1	二进制加法计数			
↑	0	0	1	二进制减法计数			

74LS169的特点如下：

(1) 该器件为加减控制型的可逆计数器。$U/\overline{D}=1$时，进行加法计数；$U/\overline{D}=0$时，进行减法计数。模为16，时钟上升沿触发。

(2) LD为同步预置控制端，低电平有效。

(3) 没有清0端，因此清0靠预置来实现。

(4) 进位和借位输出都从同一输出端O_C输出。当加法计数进入1111后，O_C端有负脉冲输出，当减法计数进入0000后，O_C端有负脉冲输出。输出的负脉冲与时钟上升沿同步，宽度为一个时钟周期。

(5) P、T为计数允许端，低电平有效。只有当LD=1，$P=T=0$时，在CP作用下计数器才能正常工作，否则保持原状态不变。

[例11]　分别用74LS192和74LS169实现模6加法计数器和模6减法计数器。

解　(1) 用74LS192实现模6加、减计数器。由于74LS192为异步预置，最大计数值$N=10$，因此，加计数时预置值$=N-M-1=10-6-1=3$，减计数时，预置值$=M=6$。其状态表分别如表6-20(a)、(b)所示，逻辑图如图6-40(a)、(b)所示。

(2) 用74LS169实现模6加、减计数器。由于74LS169为同步置数，最大计数值$N=16$，因此，加计数时预置值$=N-M=16-6=10=(1010)_2$，减计数时预置值$=M-1=6-1=5=(0101)_2$。其状态表分别如表6-20(c)、(d)所示，逻辑图如图6-40(c)、(d)所示。

表 6-20 例 11 状态表

(*a*)

Q_D	Q_C	Q_B	Q_A	
0	0	1	1	
0	1	0	0	1CP
0	1	0	1	2CP
0	1	1	0	3CP
0	1	1	1	4CP
1	0	0	0	5CP
(1	0	0	1)	6CP

← 过渡态 →

(*b*)

Q_D	Q_C	Q_B	Q_A	
0	1	1	0	
0	1	0	1	1CP
0	1	0	0	2CP
0	0	1	1	3CP
0	0	1	0	4CP
0	0	0	1	5CP
(0	0	0	0)	6CP

(*c*)

Q_D	Q_C	Q_B	Q_A	
1	0	1	0	
1	0	1	1	1CP
1	1	0	0	2CP
1	1	0	1	3CP
1	1	1	0	4CP
1	1	1	1	5CP

6CP

(*d*)

Q_D	Q_C	Q_B	Q_A	
0	1	0	1	
0	1	0	0	1CP
0	0	1	1	2CP
0	0	1	0	3CP
0	0	0	1	4CP
0	0	0	0	5CP

6CP

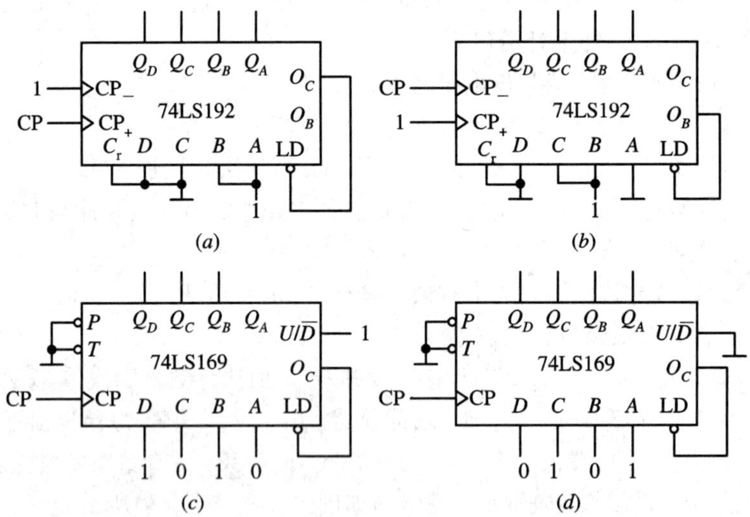

图 6-40 例 11 模 6 计数器

(*a*)、(*c*) 模 6 加法计数器；(*b*)、(*d*) 模 6 减法计数器

6.4 寄存器与移位寄存器

寄存器是用以暂存二进制代码(如计算机中的数据、指令等)的，可分为锁存器、基本寄存器和移位寄存器三类。寄存器能实现对数据的清除、接收、保存和输出等功能，移位寄存器除了上述功能外还具有数据移位功能。

6.4.1 寄存器

寄存器主要由触发器和一些控制门组成，每个触发器应能存放一位二进制码，存放 N 位数码，所以就应具有 N 位触发器。为保证触发器能正常完成寄存器的功能，还必须有适当的门电路组成控制电路。

1. 锁存器

锁存器是由电平触发器完成的，N 个电平触发器的时钟端连在一起，在 CP 作用下能接受 N 位二进制信息。图 6-41 是一个四位锁存器的电路，图中四个电平触发的 D 触发器可以寄存四位二进制数。当 CP 为高电平时，$D_1 \sim D_4$ 的数据分别送入四个触发器中，使输出 $Q_1 \sim Q_4$ 与输入数据一致；当 CP 为低电平时，触发器状态保持不变，从而达到锁存数据的目的。

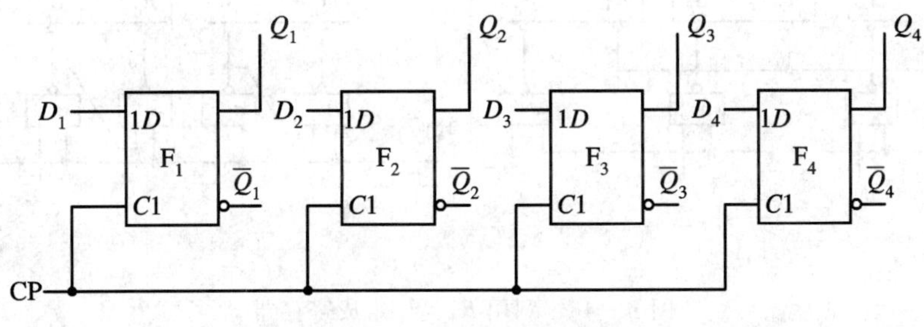

图 6-41 四位锁存器的逻辑图

集成锁存器大多由电平式 D 触发器构成，为便于与总线相连，有些锁存器还带有三态门输出。

从寄存数据角度看，锁存器和寄存器的功能是一致的，其区别仅在于锁存器中用电平触发器，而寄存器中用边沿触发器。用哪一种电路寄存信息，取决于触发信号和数据之间的时间关系。若输入的有效数据的稳定滞后于触发信号，则只能使用锁存器；若输入的有效数据的稳定先于触发信号，则需采用边沿触发的触发器组成的基本寄存器。

2. 基本寄存器

通常所说的寄存器均为基本寄存器。图 6-42 是中规模集成四位寄存器 74LS175 的逻辑图，其功能表如表 6-21 所示。

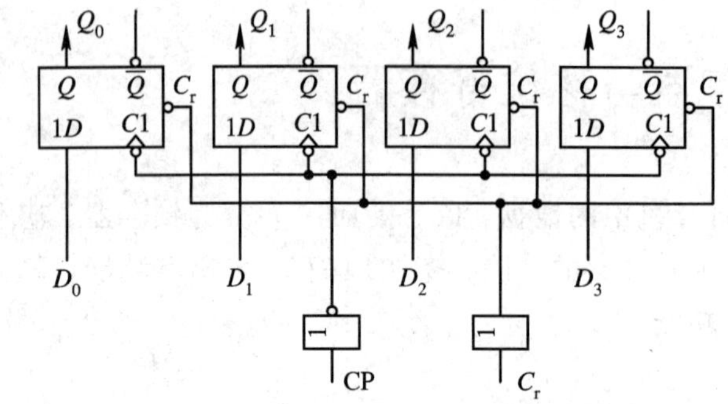

图 6-42　74LS175

表 6-21　功能表

C_r	CP	D	Q	$\overline{Q}$
0	ϕ	ϕ	0	1
1	↑	1	1	0
1	↑	0	0	1
1	0	ϕ	保持	

当时钟脉冲 CP 为上升沿时，数码 $D_0 \sim D_3$ 可并行输入到寄存器中去，因此是单拍式。四位数码 $Q_0 \sim Q_3$ 并行输出，故该寄存器又可称为并行输入、并行输出寄存器。C_r 为 0，则四位数码寄存器异步清零。CP 为 0，C_r 为 1，寄存器保存数码不变。若要扩大寄存器位数，可将多片器件进行级联。

有的寄存器是利用 R_d、S_d 端，而将输入激励端作为它用，图 6-43 即是采用 R_d、S_d 寄存数据的电路。其中，图(a)是双拍式，图(b)是单拍式。

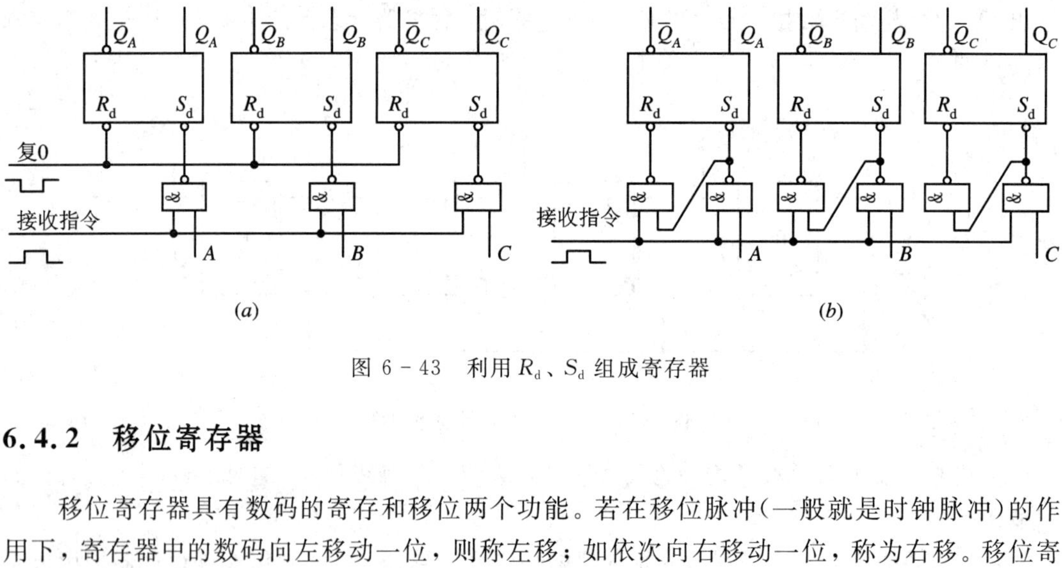

图 6-43　利用 R_d、S_d 组成寄存器

6.4.2 移位寄存器

移位寄存器具有数码的寄存和移位两个功能。若在移位脉冲(一般就是时钟脉冲)的作用下，寄存器中的数码向左移动一位，则称左移；如依次向右移动一位，称为右移。移位寄存器具有单向移位功能的称为单向移位寄存器；既可左移又可右移的称双向移位寄存器。

移位寄存器的设计比较容易，因为它的状态要受移位功能的限制。如原态为 010，当它右移时，其次态只有两种可能：当移进 1 时，则次态为 101；如移进 0，则次态为 001。不可能有其它的次态出现，否则就失去移位功能。以 3 位右移为例，输入信号用 S_R 表示，则状态迁移可用方程表示如下：

$$Q_0^{n+1} = S_R$$
$$Q_1^{n+1} = Q_0^n$$
$$Q_2^{n+1} = Q_1^n$$

用 D 触发器组成时，由于 $Q^{n+1}=D$，故 $D_0=S_R$，$D_1=Q_0^n$，$D_2=Q_1^n$，按此方程连接电路如图 6－44(a)所示。如用 JK 触发器实现，由于其特征方程为 $Q^{n+1}=J\overline{Q}^n+\overline{K}Q^n$，故将移位方程作如下变化

$$Q_0^{n+1}=S_R=S_R(\overline{Q_0^n}+Q_0^n)=S_R\,\overline{Q_0^n}+S_RQ_0^n$$
$$J_0=S_R,\quad K_0=\overline{S}_R$$
$$Q_1^{n+1}=Q_0^n=Q_0^n(\overline{Q_1^n}+Q_1^n)=Q_0^n\,\overline{Q_1^n}+Q_0^nQ_1^n$$
$$J_1=Q_0^n,\quad K_1=\overline{Q_0^n}$$
$$Q_2^{n+1}=Q_1^n=Q_1^n(\overline{Q_2^n}+Q_2^n)=Q_1^n\,\overline{Q_2^n}+Q_1^nQ_2^n$$
$$J_2=Q_1^n,\quad K_2=\overline{Q_1^n}$$

其电路如图 6－44(b)所示。上述关系均可推广，如要组成 m 位右移移位寄存器，则 $D_m=Q_{m-1}^n$ 和 $J_m=Q_{m-1}^n$、$K_m=\overline{Q}_{m-1}^n$。

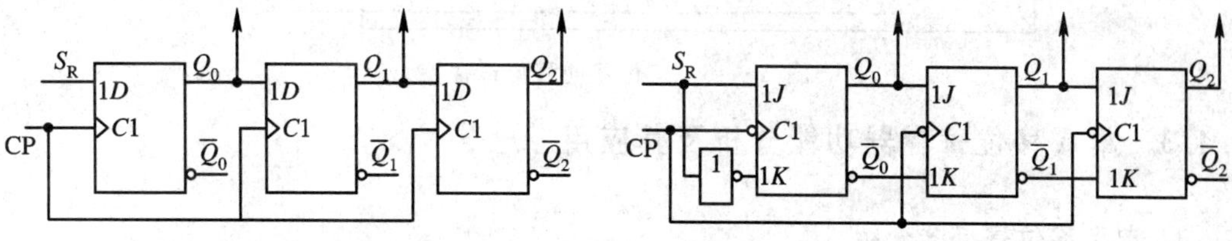

(a) (b)

图 6－44 三位右移寄存器

(a) 用 D 触发器实现；(b) 用 JK 触发器实现

如要组成左移，则

$$D_0=Q_1^n$$
$$D_1=Q_2^n$$
$$D_2=S_L$$
$$J_0=Q_1^n,\quad K_0=\overline{Q}_1^m$$
$$J_1=Q_2^n,\quad K_1=\overline{Q}_2^m$$
$$J_2=S_L,\quad K_2=\overline{S}_L$$

电路连接如图 6－45 所示。

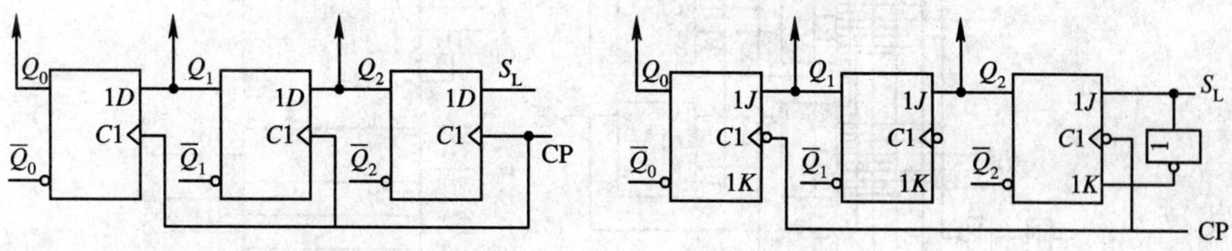

(a) (b)

图 6－45 三位左移寄存器

(a) 用 D 触发器实现；(b) 用 JK 触发器实现

将左、右移三位寄存器结合在一起，加上控制信号 X，就可组成双向移位寄存器，$X=1$ 左移，$X=0$ 右移。以 D 触发器为例，其激励函数为

$$D_2 = XS_L + \overline{X}Q_1^n = \overline{\overline{XS_L} \cdot \overline{\overline{X}Q_1^n}}$$

$$D_1 = XQ_2^n + \overline{X}Q_0^n = \overline{\overline{XQ_2^n} \cdot \overline{\overline{X}Q_0^n}}$$

$$D_0 = XQ_1^n + \overline{X}S_R = \overline{\overline{XQ_1^n} \cdot \overline{\overline{X}S_R}}$$

电路如图 6 - 46 所示。JK 触发器组成的双向移位寄存器电路请读者自行研究。

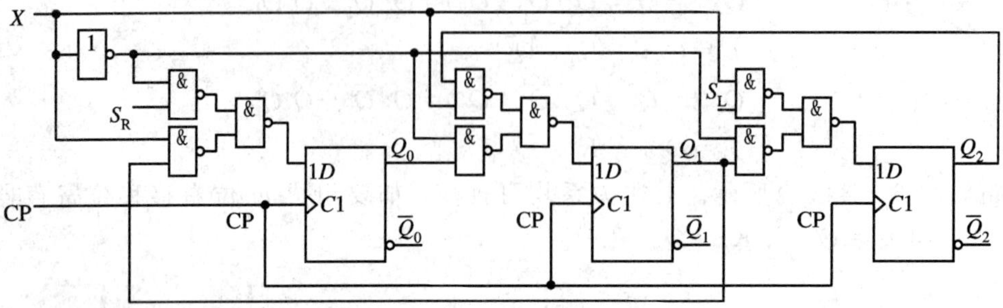

图 6 - 46　三位双向移位寄存器

6.4.3　集成移位寄存器功能分析及其应用

1. 典型移位寄存器介绍

74LS194 是一种典型的中规模集成移位寄存器。它是由 4 个 RS 触发器和一些门电路所构成的 4 位双向移位寄存器。其逻辑图及符号图如图 6 - 47 所示，功能表如表 6 - 22 所示。

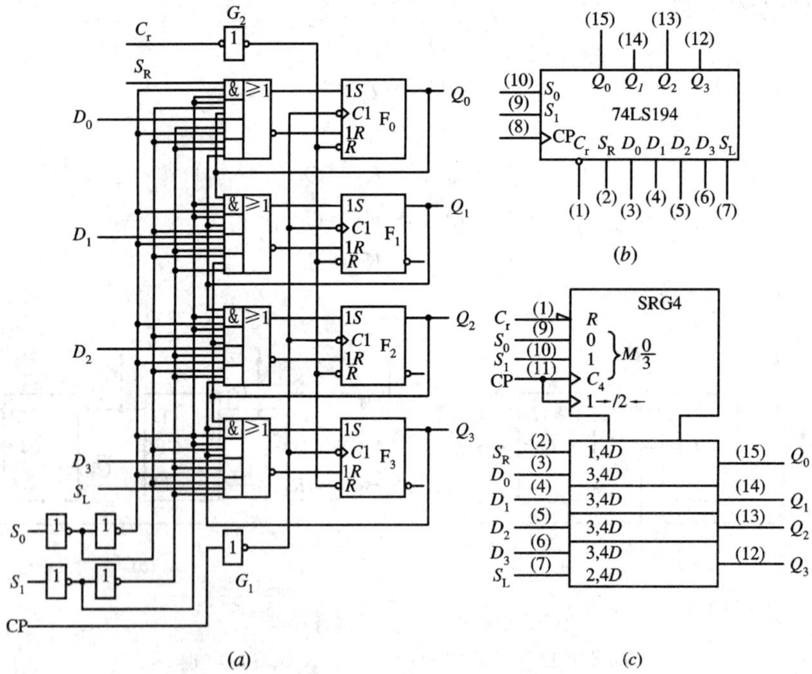

图 6 - 47　74LS194 四位双向通用移位寄存器

(*a*) 逻辑电路图；(*b*) 惯用符号；(*c*) 新标准符号

表 6-22　74LS194 功能表

功能	输入										输出			
	C_r	S_1	S_0	CP	S_L	S_R	D_0	D_1	D_2	D_3	Q_0	Q_1	Q_2	Q_3
清除	0	ϕ	ϕ	ϕ	ϕ	ϕ	ϕ	ϕ	ϕ	ϕ	0	0	0	0
保持	1	ϕ	ϕ	0	ϕ	ϕ	ϕ	ϕ	ϕ	ϕ	保持			
送数	1	1	1	↑	ϕ	ϕ	D_0	D_1	D_2	D_3	D_0	D_1	D_2	D_3
右移	1	0	1	↑	ϕ	1	ϕ	ϕ	ϕ	ϕ	1	Q_0^n	Q_1^n	Q_2^n
	1	0	1	↑	ϕ	0	ϕ	ϕ	ϕ	ϕ	0	Q_0^n	Q_1^n	Q_2^n
左移	1	1	0	↑	1	ϕ	ϕ	ϕ	ϕ	ϕ	Q_1^n	Q_2^n	Q_3^n	1
	1	1	0	↑	0	ϕ	ϕ	ϕ	ϕ	ϕ	Q_1^n	Q_2^n	Q_3^n	0
保持	1	0	0	ϕ	ϕ	ϕ	ϕ	ϕ	ϕ	ϕ	保持			

图 6-47 中，Q_0、Q_1、Q_2、Q_3 是 4 个触发器的输出端；D_0、D_1、D_2、D_3 是并行数据输入端；S_R 是右移串行数据输入端；S_L 是左移串行数据输入端；C_r 是直接清零端，低电平有效；CP 是同步时钟脉冲输入端，输入脉冲的上升沿引起移位寄存器状态转换；S_1、S_0 是工作方式选择端，其选择功能是 $S_1S_0=00$ 为状态保持，$S_1S_0=01$ 为右移，$S_1S_0=10$ 为左移，$S_1S_0=11$ 为并行送数。这些功能的实现是由逻辑图中的门电路来保证的。

2. 移位寄存器的应用

1）在数据传送体系转换中的应用

数字系统中的数据传送体系有两种，具体介绍如下：

① 串行传送体系：每一节拍只传送一位信息，N 位数据需 N 个节拍才能传送出去。

② 并行传送体系：一个节拍同时传送 N 位数据。

在数字系统中，两种传送系统均存在，如计算机主机对信息的处理和加工是并行的，而信息的传播是串行的，因此存在两种数据传送体系的转换。

(1) 串行转换为并行。其转换示意图如图 6-48 所示。以四位为例，如串行输入数为 1011，第 1 个 CP 移进“1”，第 2 个 CP 移进“11”，第 3 个 CP 移进“011”，第 4 个 CP 移进“1011”，此时刻可同时输出即并行输出“1011”。

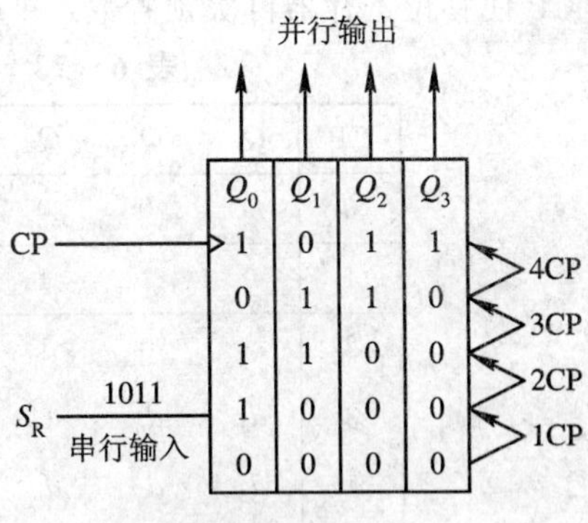

图 6-48　串行转换为并行示意图

(2) 并行转换为串行。其转换示意图如图 6-49 所示。仍以四位为例，如在第 1 个 CP 作用下，并行输入数为 1011，此时从 Q_3 输出，串行输出为“1”；在第 2 个 CP 作用下，移位寄存器的数为 0101，串行输出第 2 个“1”；在第 3 个 CP 作用下，移位寄存器的数为“0010”，串行输出为“0”；在第 4 个 CP 作用下，移位寄存器的数为“0001”，串行输出为“1”，即从 Q_3 将并行数变为串行数输出。

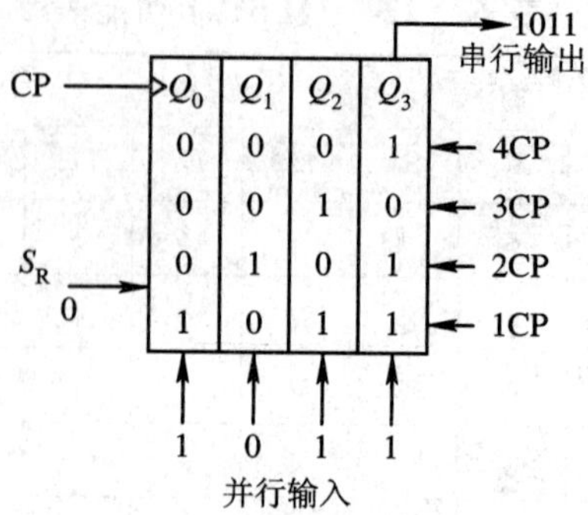

图 6-49　并行转换为串行示意图

［例 12］　用 74LS194 组成七位串行输入转换为并行输出的电路。

解　转换电路如图 6-50 所示，其转换过程的状态变化如表 6-23 所示。具体过程是：串行数据 $d_6 \cdots d_0$ 从 S_R 端输入（低位 d_0 先入），并行数据从 $Q_1 \sim Q_7$ 输出，表示转换结束的标志码 0 加在第（Ⅰ）片的 D_0 端，其它并行输入端接 1。清零启动后，$Q_8=0$，因此 $S_1S_0=11$，第 1 个 CP 使 74LS194 完成预置操作，将并行输入的数据 01111111 送入$Q_1 \sim Q_8$。此时，由于 $Q_8=1$，$S_1S_0=01$，故以后的 CP 均实现右移操作，经过七次右移后，七位串行码全部移入移存器。此时 $Q_1 \sim Q_7 = d_6 \sim d_0$，且转换结束标志码已到达 Q_8，表示转换结束，此刻可读出并行数据。由于 $Q_8=0$，S_1S_0 再次等于 11，因此第 9 个 CP 使移位寄存器再次预置数，并重复上述过程。

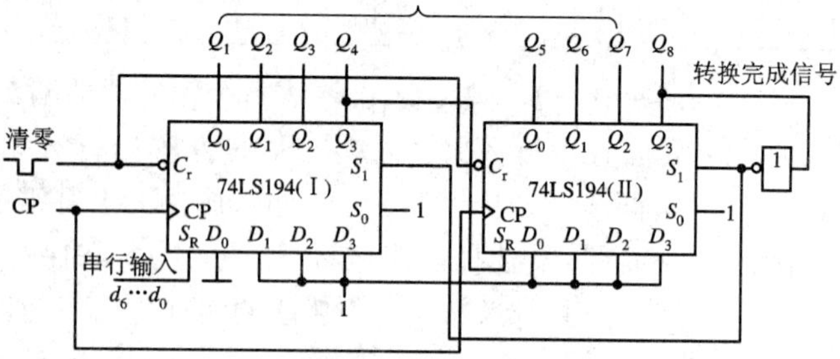

图 6-50　七位串入→并出转换电路

表 6-23　七位串入—并出状态表

CP	Q_1	Q_2	Q_3	Q_4	Q_5	Q_6	Q_7	Q_8	操作
0	0	0	0	0	0	0	0	0	清零
1	0	1	1	1	1	1	1	1	送数
2	d_0	0	1	1	1	1	1	1	右移七次
3	d_1	d_0	0	1	1	1	1	1	
4	d_2	d_1	d_0	0	1	1	1	1	
5	d_3	d_2	d_1	d_0	0	1	1	1	
6	d_4	d_3	d_2	d_1	d_0	0	1	1	
7	d_5	d_4	d_3	d_2	d_1	d_0	0	1	
8	d_6	d_5	d_4	d_3	d_2	d_1	d_0	0	
9	0	1	1	1	1	1	1	1	送数

［**例 13**］ 用 74LS194 组成七位并入—串出转换电路。

解 图 6－51 是转换电路，其转换过程的状态变化如表 6－24 所示。

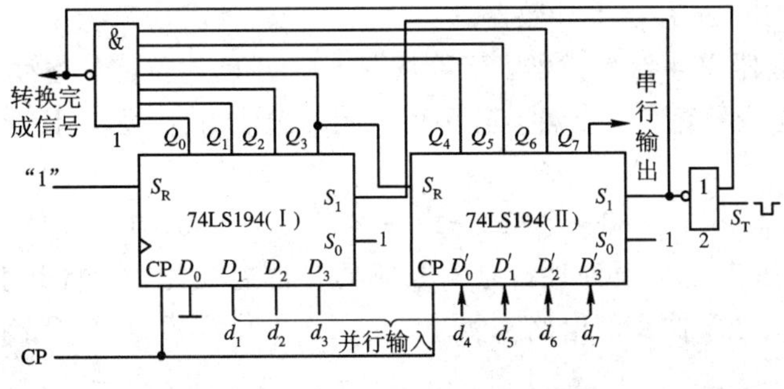

图 6－51 七位并入—串出转换电路

表 6－24 七位并入—串出状态表

CP	Q_1	Q_2	Q_3	Q_4	Q_5	Q_6	Q_7	Q_8	操作
1	0	d_1	d_2	d_3	d_4	d_5	d_6	d_7	送数
2	1	0	d_1	d_2	d_3	d_3	d_5	d_6	右移七次
3	1	1	0	d_1	d_2	d_3	d_4	d_5	
4	1	1	1	0	d_1	d_2	d_3	d_4	
5	1	1	1	1	0	d_1	d_2	d_3	
6	1	1	1	1	1	0	d_1	d_2	
7	1	1	1	1	1	1	0	d_1	
8	1	1	1	1	1	1	1	0	
9	0	d_1	d_2	d_3	d_4	d_5	d_6	d_7	送数

工作时首先使启动信号 $S_T=0$，则两片 74LS194 的 $S_1S_0=11$，第 1 个 CP 来到后执行送数操作，$Q_0\sim Q_7=0d_1d_2d_3d_4d_5d_6d_7$，且 2 门输出为 1。启动后 $S_T=1$，1 门输出为 0，$S_1S_0=01$，移存器执行右移操作，经过七次右移后 $Q_0Q_1Q_2\sim Q_7=11111110$，七位并入代码 $d_1\sim d_7$ 全部从 Q_7 串行输出。此时由于 $Q_0\sim Q_6$ 全为 1，1 门输出为 0(表示转换结束)，使 $S_1S_0=11$，第 9 个 CP 后，移存器又重新置数，并重复上述过程。

2）组成移位型计数器

所谓移位型计数器，就是以移位寄存器为主体构成的同步计数器，它的状态迁移关系除第一级外必须具有移位功能，而第一级可根据需要移进"0"或者"1"。所以，这类计数器的设计，只需对第一级进行设计，而其它各级仍维持移位功能，如图 6－52 所示。由于它的状态迁移关系受移位功能限制，因此，移位型计数器的状态迁移关系不能任意进行，必须满足全状态图所示关系。图 6－53 所示分别为右移三位移位寄存器和四位移位寄存器的全状态图。

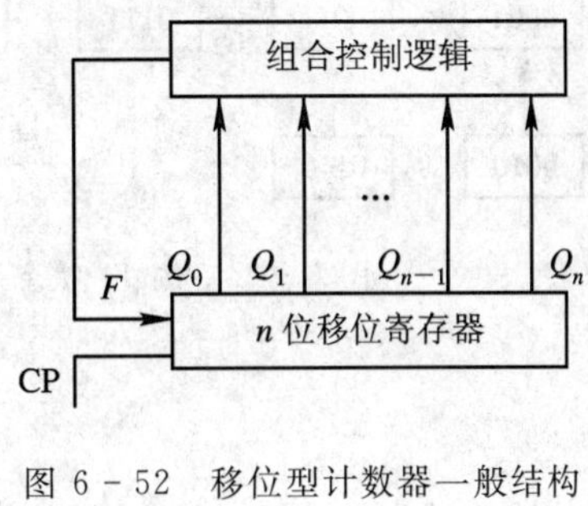

图 6－52 移位型计数器一般结构

移位型计数器的设计方法和步骤与同步计数器的设计方法一样。不同的是，所选状态必须满足全状态图的迁移关系，且只需设计第一级。

[例 14] 设计模 10 移位型计数器。

解 模 10 计数器需 4 级触发器，所以从图 6 - 53 的四位移位寄存器全状态图上选循环周期为 10 的状态迁移序列。当然会有多种不同的选取组合，从中任选一种即可。我们选如下序列：

$$0\to8\to4\to10\to13\to14\to15\to7\to3\to1$$

其余不用的状态可作为无关项处理。为了保证具有自启动能力，将其引入有效循环如图 6 - 54 所示。可以用触发器和门电路来实现，也可选取中规模集成电路来实现。

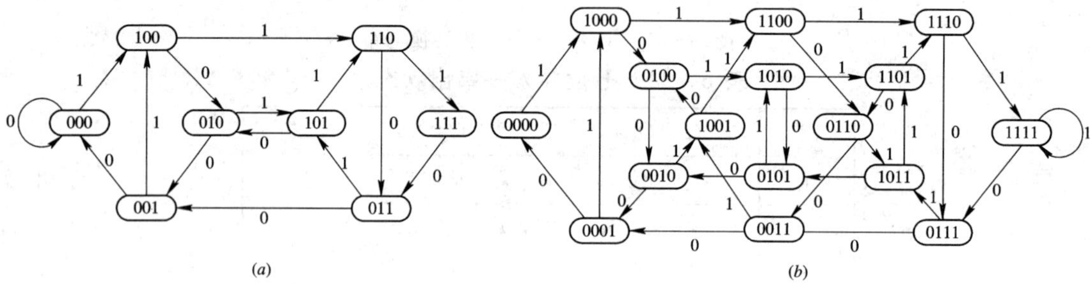

图 6 - 53 移位寄存器的全状态图

(*a*) 三位移位寄存器全状态图；(*b*) 四位移位寄存器全状态图

然后列出状态迁移关系。列此关系时，主要列出反馈函数 F。例如现态是 0000，反馈函数为 1，则次态为 1000，这样就列出了如表 6 - 25 所示的关系。为保证自校正能力，多余项也列出了。

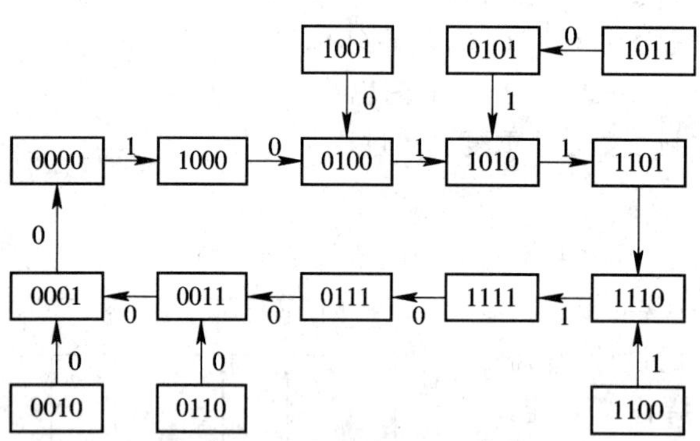

图 6 - 54 例 14 状态迁移图

表 6 - 25 状态迁移关系

Q_0	Q_1	Q_2	Q_3	F
0	0	0	0	1
1	0	0	0	0
0	1	0	0	1
1	0	1	0	1
1	1	0	1	1
1	1	1	0	1
1	1	1	1	0
0	1	1	1	0
0	0	1	1	0
0	0	0	1	0
0	0	1	0	0
0	1	0	1	1
0	1	1	0	0
1	0	0	1	0
1	0	1	1	0
1	1	0	0	1

反馈函数的卡诺图如图 6－55(a)所示。

最后选取器件实现该电路。我们选 74LS194 和八选一多路选择器实现该电路，选择地址变量为 $Q_0Q_2Q_3=A_2A_1A_0$，确定 D_i，如图 6－55(b)所示。

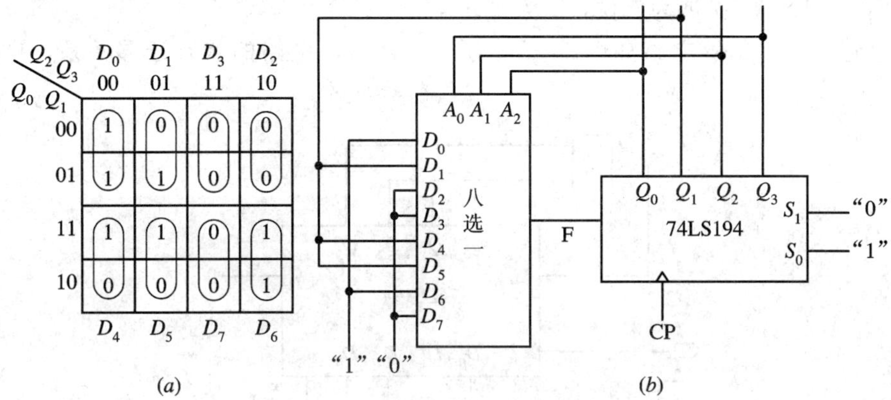

图 6－55　例 14 移位型十进制计数器

移位型计数器中有两种常用计数器，即环型计数器和扭环型计数器。

环型计数器具有如下特点：其进位模数与移位寄存器触发器数相等；结构上其反馈函数 $F(Q_1Q_2\cdots Q_n)=Q_n$。图 6－56 是用 74LS194 构成的四位环型计数器及其状态迁移图。如起始态为 $Q_0Q_1Q_2Q_3=1000$，其状态迁移为 1000→0100→0010→0001，但存在无效循环和死态(如 0 和 15)，即无自启动能力。

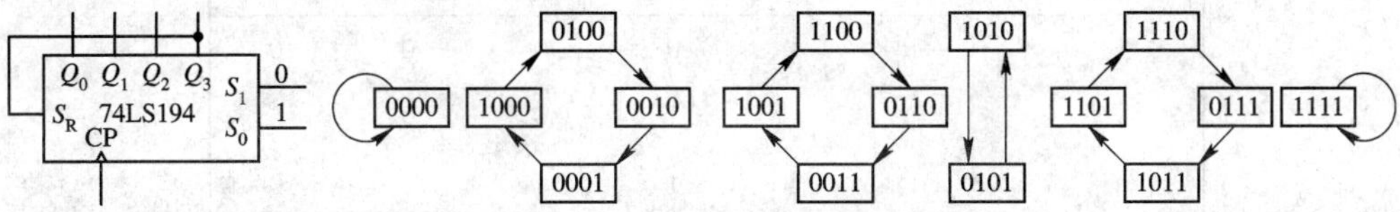

图 6－56　四位环型计数器

由于我们选定环型计数器每个状态只有一个“1”(或选定每个状态只有一个“0”)，故无需译码即可直接用于顺序脉冲发生器。但环型计数器状态利用率低，16 个状态仅利用了 4 个状态。

扭环型计数器又称为约翰逊计数器，其特点是：进位模为移位寄存器触发器级数 n 的 2 倍，即为 $2n$；电路结构上反馈函数 $F(Q_1Q_2\cdots Q_n)=\overline{Q_n}$。图 6－57 是用 74LS194 构成的扭环形计数器，由于存在一个无效循环，故无自启动能力。

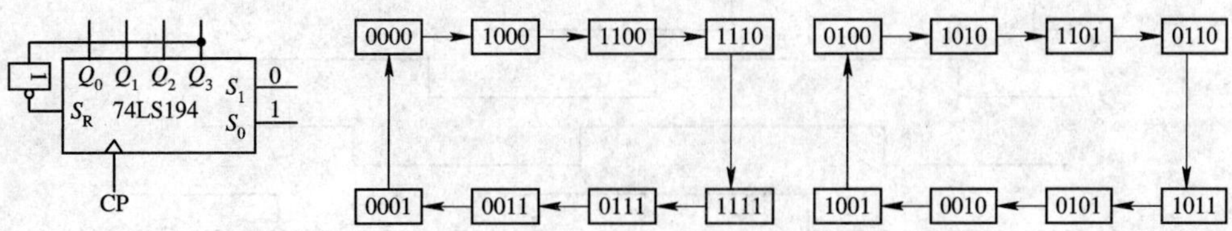

图 6－57　四位扭环型计数器

扭环形计数器可以获得偶数计数器(或称为偶数分频器)，如要获得奇数分频器，其反馈函数由相邻两触发器组成，即 $F=\overline{Q_m Q_{m+1}}$。其规律如下：以右移为例，$F=\overline{Q_0 Q_1}$ 得三分频电路；$F=\overline{Q_1 Q_2}$ 得五分频电路；$F=\overline{Q_2 Q_3}$ 得七分频电路。如要得九分频以上的电路，则应将多片四位 74LS194 扩展为八位，举例如下。

［**例 15**］ 74LS194 电路如图 6－58 所示，列出该电路的状态迁移关系，并指出其功能。

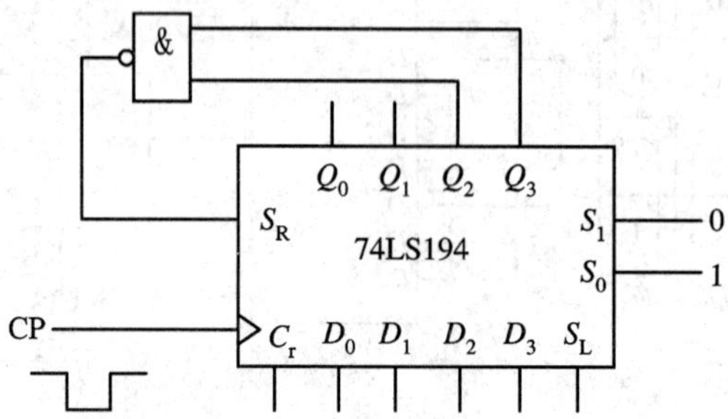

图 6－58 例 15 电路图

解 状态迁移关系如表 6－26 所示，由所得状态迁移关系，可看出是七个状态一循环，故为七分频电路，即 $f_o=\frac{1}{7}f_{CP}$。其波形图如图 6－59 所示。

表 6－26 状态迁移关系

逻辑关系式	$S_R=\overline{Q_2 Q_3}$	Q_0	Q_1	Q_2	Q_3
状态迁移关系	1	0	0	0	0
	1	1	0	0	0
	1	1	1	0	0
	1	1	1	1	0
	0	1	1	1	1
	0	0	1	1	1
	0	0	0	1	1
	1	0	0	0	1

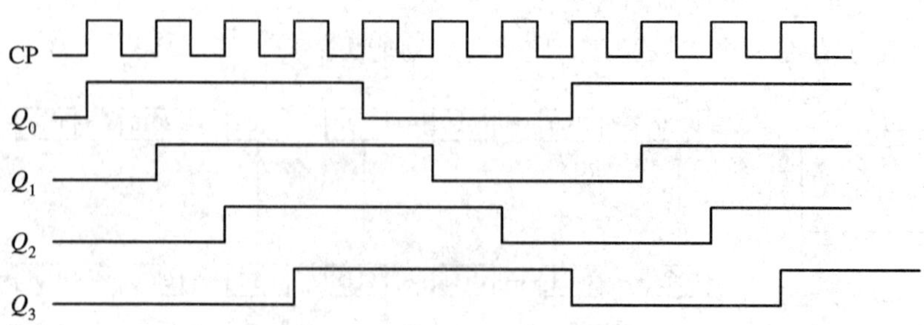

图 6－59 例 15 波形图

图 6 - 60 分别为 3 分频、5 分频、13 分频电路，读者可根据上述介绍的分析方法，对它们进行分析。

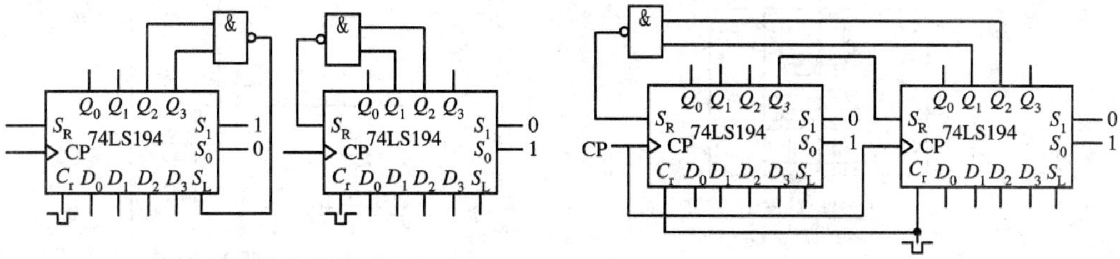

(a) (b) (c)

图 6 - 60 三种奇数分频电路

6.5 序列信号发生器

序列信号发生器是能够循环产生一组或多组 0、1 序列信号的数字电路。一般情况它是由时序电路和组合电路组成的。时序电路保证序列信号长度，组合电路产生所需序列信号。时序电路可以用移位寄存器(移位型序列信号产生电路)，也可用计数器(计数型序列信号产生电路)。组合电路一般选用译码器或数据选择器。

6.5.1 移位型序列信号产生电路

［例 16］ 设计一个产生 101011001 的序列信号产生电路。

解 (1) 首先从图 6 - 53 移位寄存器的全状态图中，选九个状态一循环组成移位型九进制计数器。我们选择：

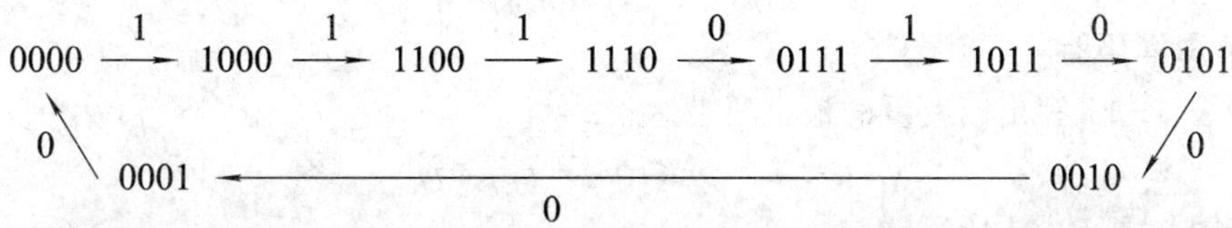

列出状态迁移表。如表 6 - 27 所示，为保证上述迁移关系，关键是保证移位寄存器右移进来的数 S_R，选用四选一(也可选用八选一)数据选择器，选 Q_2Q_3 为地址 A_1A_0，确定出数据输入端 D_i。如图6 - 61(a)所示。九进制计数器如图 6 - 61(b)。

其次用组合电路组成序列信号产生电路，组合电路可以选用数据选择器，也可选用译码器。

1. 选用四选一数据选择器

作出表 6 - 27 中 F 的卡诺图，如图 6 - 62(a)所示。选 Q_0Q_1 为地址 A_1A_0，求出相应的 D_i，即可得出电路如图 6 - 62(b)所示。当然也可选用八选一实现。

表 6-27 状态迁移关系

S_R	Q_0	Q_1	Q_2	Q_3	F
1	0	0	0	0	1
1	1	0	0	0	0
1	1	1	0	0	1
0	1	1	1	0	0
1	0	1	1	1	1
0	1	0	1	1	1
0	0	1	0	1	0
0	0	0	1	0	0
0	0	0	0	1	1

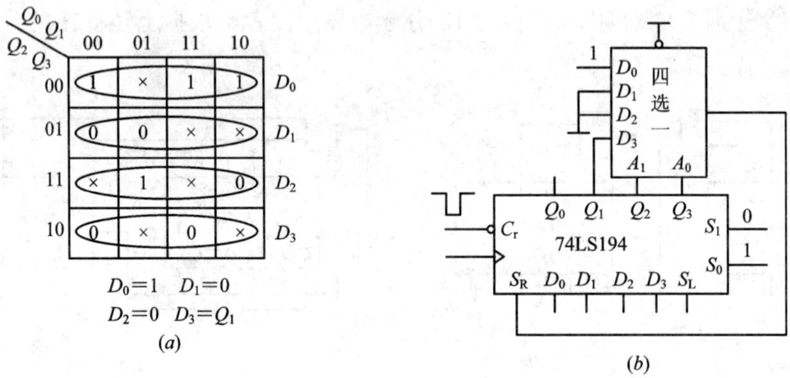

图 6-61　移位型九进制计数器

(a) S_R 卡诺图；(b) 电路图

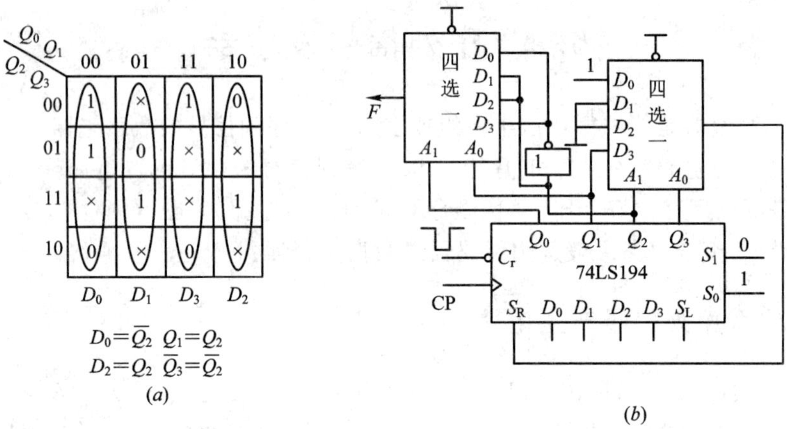

图 6-62　移位寄存器与数据选择器组成的序列信号产生电路

(a) F 卡诺图；(b) 电路图

2. 选用译码器

根据表 6-27 写出四变量的最小项表达式：

$$F=m_0+m_1+m_7+m_{11}+m_{12}$$

画出电路图如图 6-63 所示。

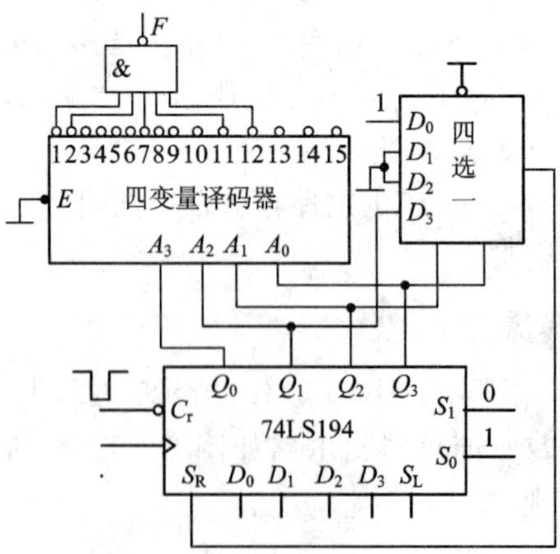

图 6-63　移位寄存和译码器组成序列信号产生电路

由于输出只有五项，故也可用三变量译码器实现。能否实现，关键是地址的选择。为了阅读方便，将表 6-27 重列如表 6-28 和表 6-29 所示。

表 6-28 状态迁移关系

Q_0	Q_1	Q_2	Q_3	F	
0	0	0	0	1	m_0
1	0	0	0	0	
1	1	0	0	1	m_6
1	1	1	0	0	
0	1	1	1	1	m_3
1	0	1	1	1	m_5
0	1	0	1	0	
0	0	1	0	0	
0	0	0	1	1	m_0

（表头上行：A_2 A_1 A_0）

表 6-29 状态迁移关系

Q_0	Q_1	Q_2	Q_3	F
0	0	0	0	1
1	0	0	0	0
1	1	0	0	1
1	1	1	0	0
0	1	1	1	1
1	0	1	1	1
0	1	0	1	0
0	0	1	0	0
0	0	0	1	1

（表头上行：A_2 A_1 A_0）

表 6-28 选 $Q_0Q_1Q_2$ 为地址 $A_2A_1A_0$，其方程为

$$F=m_0+m_3+m_5+m_6$$

其中 $Q_0Q_1Q_2Q_3$ 为 0000、0001 时均为 m_0，输出均为 1，故此解选择合理，可实现。如选 $Q_1Q_2Q_3$，其中 $Q_0Q_1Q_2Q_3$ 为 0000、1000 时均为 m_0，但前者输出为 1，后者输出为 0，故此选择不合理，不能实现该序列码的产生。其电路图请读者自行画出。

6.5.2 计数型序列信号产生电路

［**例 17**］ 设计一个产生 101011001 的序列信号产生电路。

解 首先用 74LS161 设计一个与序列信号长度相等的进制计数器，序列信号长度为 9，故设计一个九进制的计数器。采用反馈予置法。

状态移移如表 6-30，电路如图 6-64 所示。

表 6-30 状态迁移关系

Q_D	Q_C	Q_B	Q_A	F
0	0	0	0	1
0	0	0	1	0
0	0	1	0	1
0	0	1	1	0
0	1	0	0	1
0	1	0	1	1
0	1	1	0	0
0	1	1	1	0
1	0	0	0	1

$LD=\overline{Q_D}$

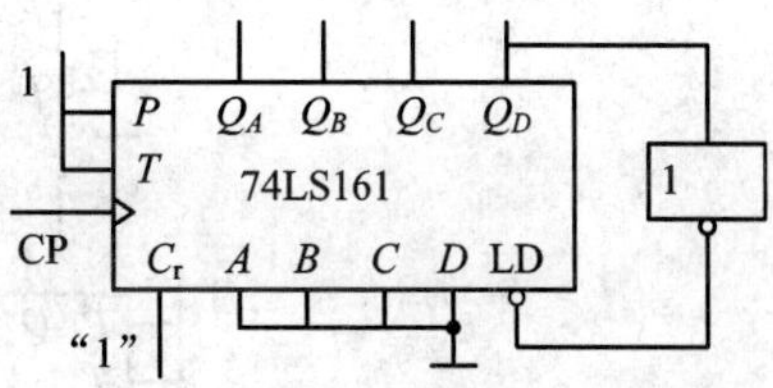

图 6-64 74LS161 组成九进制计数器

然后选用组合电路实现所要求的序列信号。

1. 选用数据选择器

我们选四变量实现，将状态迁移表填入卡诺图中，如图 6-65 所示，选 Q_DQ_C 为地址 A_1A_0，求出 D_n，序列信号产生电路如图 6-65 所示。

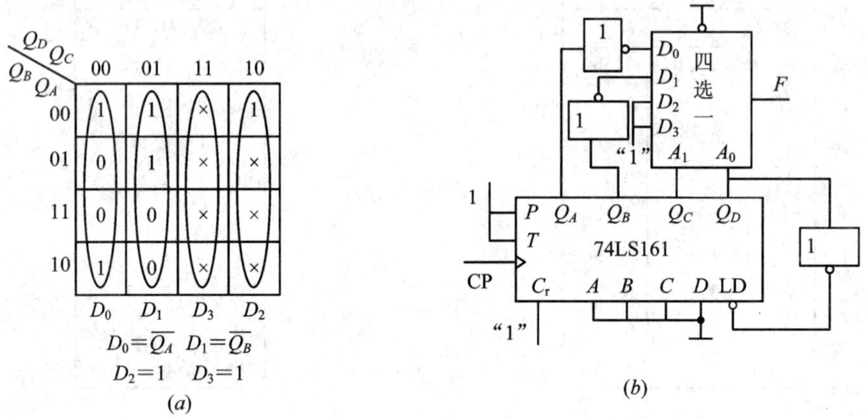

图 6-65　计数器和数据选择器组成序列信号产生电路

2. 选用译码器

由于序列长度为 9，故应选四变量译码器，该题也可选用三变量译码器实现。与前述同理，关键是合理选择地址。如选 $Q_CQ_BQ_A$ 为地址 $A_2A_1A_0$，$F=m_0+m_2+m_4+m_5$，其中 $Q_DQ_CQ_BQ_A=0000$ 和 1000 时都是对应 m_0，此时输出 F 均为 1。故可以产生所需序列。电路如图 6-66 所示。如选 $Q_DQ_CQ_B$ 为地址 $Q_DQ_CQ_BQ_A$ 为 0000，0001 时，前者输出 F 为 1，后者 F 为 0，$Q_DQ_CQ_BQ_A$ 为 0010、0011 时，前者输出 F 为 1，后者 F 为 0，故这种选择不合理，不能产生所需序列。

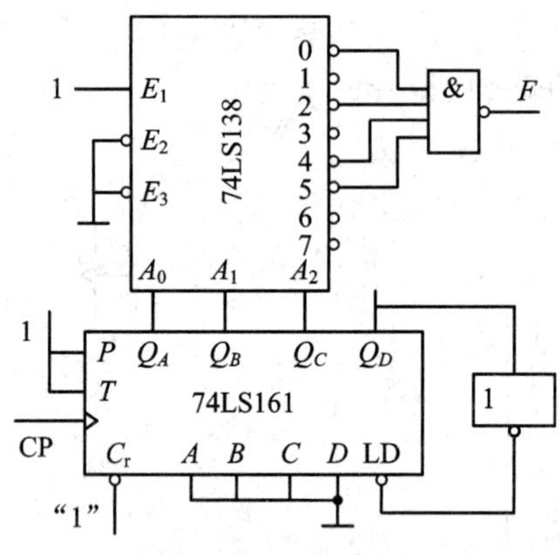

图 6-66　计数器译码器组成序列信号产生电路

练　习　题

1. 某计数器的输出波形如图 6-67 所示，试确定该计数器是模几计数器，并画出状态迁移图。

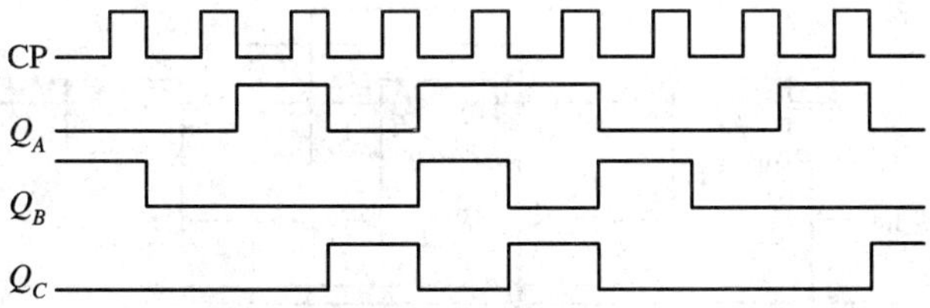

图 6-67　题 1 图

2. 一个计数器由四个主从 JK 触发器组成，已知各触发器的激励方程和时钟方程为

F_1：(LSB)　$CP_1=CP$，$J_1=\overline{Q_4}$，$K_1=1$

F_2：　$CP_2=Q_1$，$J_2=K_2=1$

F_3：　$CP_3=Q_2$，$J_3=K_3=1$

F_4：(MSB)　$CP_4=CP$，$J_4=Q_1Q_2Q_3$，$K_4=1$

要求：(1) 画出该计数器逻辑电路图；

(2) 确定该计数器是模几计数器；

(3) 画出工作波形图(设电路初始态为 0000)。

3. 设计一个计数电路，在 CP 脉冲作用下，三个触发器 Q_A、Q_B、Q_C 及输出 C 的波形图如图 6-68 所示(分别选用 JK 触发器和 D 触发器)。Q_C 为高位，Q_A 为低位。

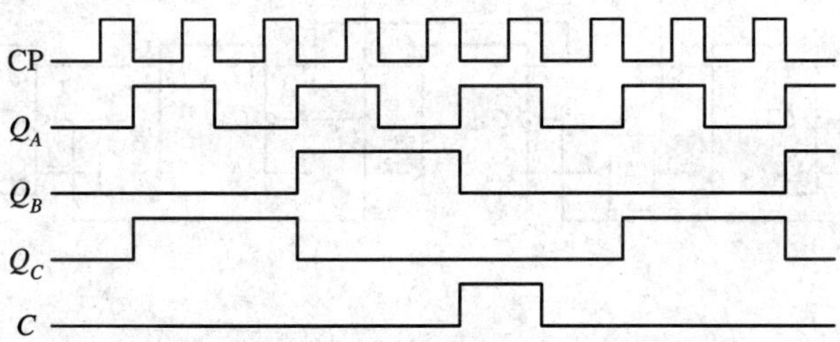

图 6-68　题 3 图

4. 已知某计数器电路如图 6-69 所示。试分析该计数器的性质，并画出工作波形。设电路初始状态为 0。

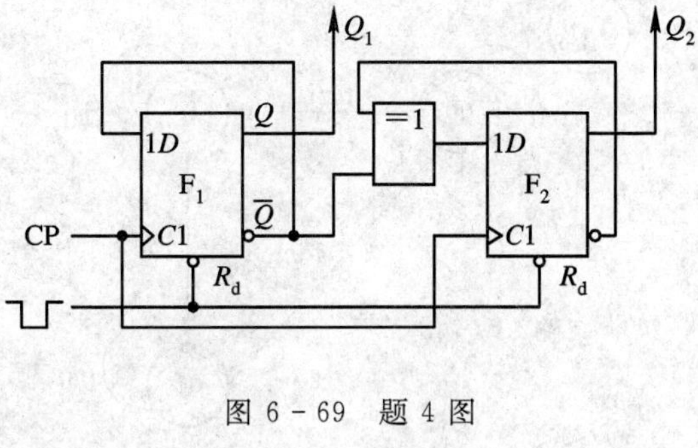

图 6-69　题 4 图

5. 分析图 6-70 所示电路的计数器，判断它是几进制计数器，有无自启动能力。

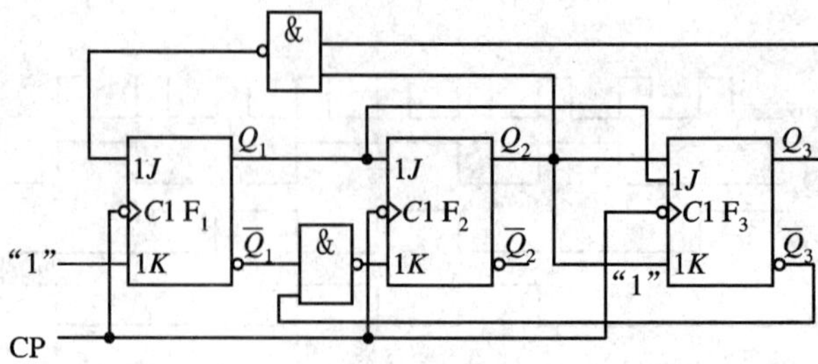

图 6-70　题 5 图

6. 分析图 6-71 所示电路，写出方程，列出状态迁移关系，判断是几进制计数器，有无自启动能力。

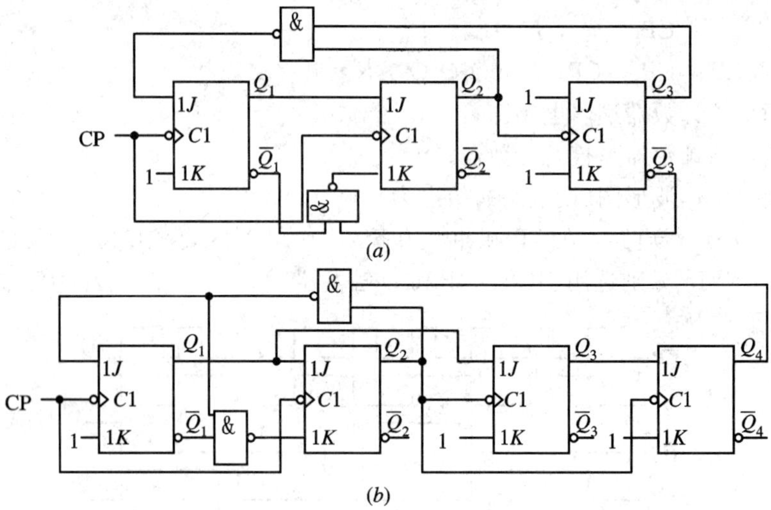

图 6-71　题 6 图

7. 用 JK 触发器设计同步九进制递增计数器。

8. 用 JK 触发器设计同步五进制递减计数器。

9. 某同步时序电路状态迁移图如图 6-72 所示。

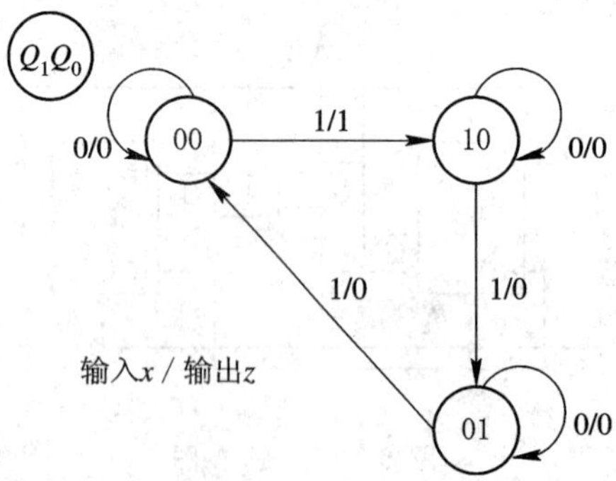

图 6-72　题 9 图

(1) 列出状态迁移表；

(2) 用 JK 触发器实现，确定每级触发器的状态方程、激励函数和输出函数；

(3) 画出逻辑图。

10. 用 74LS90 组成 8421BCD 七进制计数器。

11. 用 74LS90 组成 5421BCD 八进制计数器。

12. 用 74LS90 组成 8421BCD 七十三进制计数器。

13. 用 74LS161 组成十一进制计数器。

14. 用 74LS161 组成起始状态为 0100 的十一进制计数器。

15. 用 74LS161 组成起始状态为全 0 的五十八进制计数器。

16. 74LS161 组成电路如图 6－73 所示，列出状态迁移关系，画出状态迁移图及工作波形图，指出其进位模。

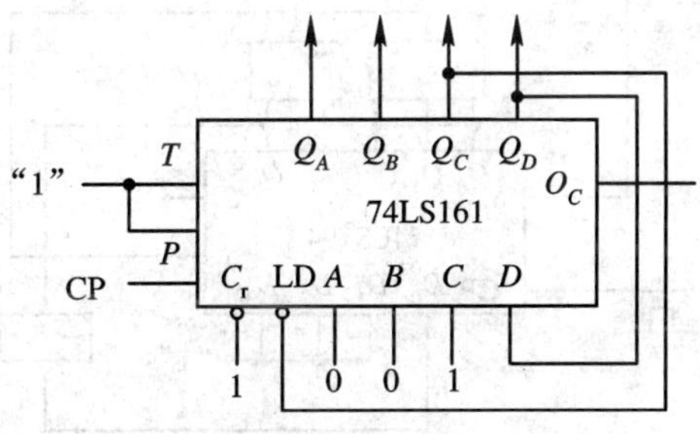

图 6－73　题 16 图

17. 用 74LS194 构成四位扭环型计数器。

18. 用 74LS194 构成六分频、七分频电路。

19. 74LS194 电路如图 6－74 所示。要求：

(1) 列出状态迁移关系；

(2) 指出其分频系数为多少。

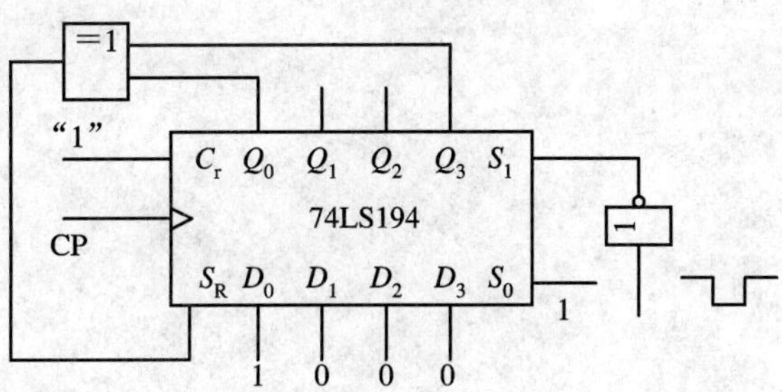

图 6－74　题 19 图

20. 74LS194 与数据选择器电路如图 6－75 所示。要求：

(1) 列出状态迁移关系；

(2) 指出输出 z 的序列。

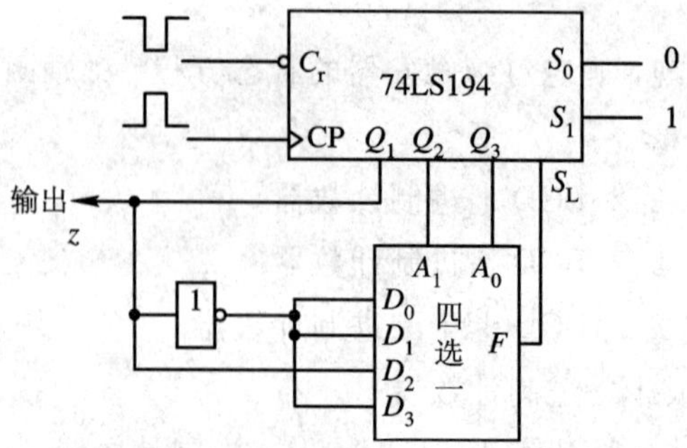

图 6-75　题 20 图

21. 如图 6-76 所示，设 74LS194 的输出初态 $Q_0Q_1Q_2Q_3=1111$，试列出在时钟 CP 作用下 S_1 和 $Q_0Q_1Q_2Q_3$ 的状态迁移表。

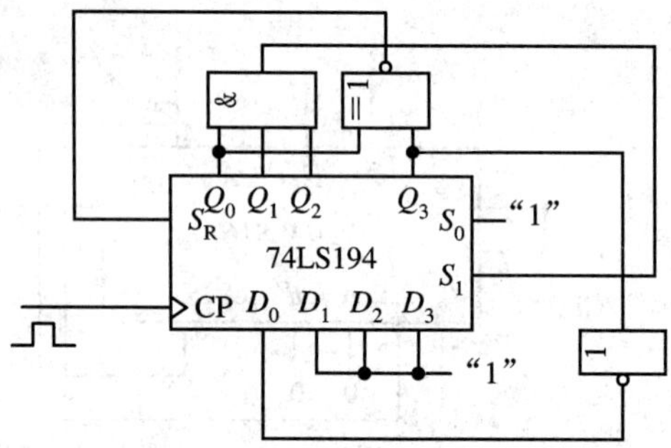

图 6-76　题 21 图

22. 请用 74LS194 和四选一数据选择器设计一个 01101001 序列信号产生电路。

23. 请用 74LS138 和 74LS194 设计一个同时产生 $F_1=101101$ 和 $F_2=001110$ 的序列信号产生电路。

24. 用 74LS161 和四选一数据选择器设计一个 01001100101 序列信号产生电路。

25. 用 74LS161 和 74LS138 实现 $F_1=1100110$ 和 $F_2=01010011$ 双序列信号产生电路。

第七章　脉冲波形的产生与变换

在数字电路或系统中，需要各种脉冲波形，例如时钟脉冲、控制过程中的定时信号等。可采用脉冲信号产生电路或通过变换电路对已有的信号进行变换，来获得需要的脉冲波形，以满足实际系统的要求。

7.1　概　　述

在电路基础课程中我们知道，含有惰性元件 C 或 L 的电路存在暂态过程，即有充放电现象。脉冲波形就是利用惰性电路的充放电而形成的。由于 RC 电路用得较多，下面就以 RC 惰性电路为例讲述脉冲波形产生机理。我们用控制开关位置及时间常数 RC 的方法，即可得到不同的脉冲波形。如图 7－1(a)所示，当时间常数 RC 远小于开关转换时间 T_S 时，便组成微分电路，在电阻上可获得窄脉冲输出。图 7－1(b)组成积分电路。当 $RC \ll T_S$ 时，在电容上可得到矩形波；当 $RC \gg T_S$ 时，在电容上又可得到线性扫描的波形。

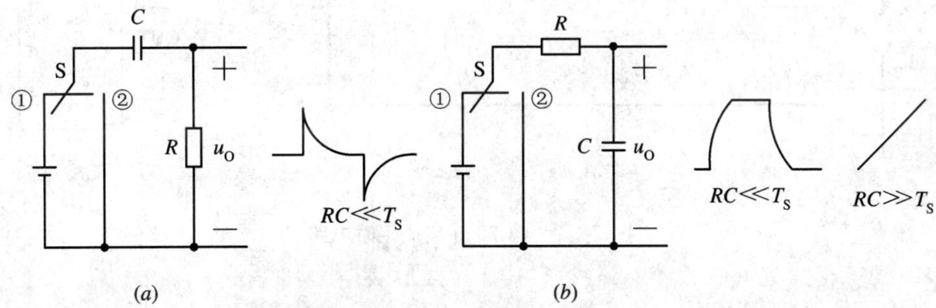

图 7－1　RC 暂态电路波形

由图 7－1 可看出，脉冲形成电路的组成应有两大部分：惰性电路和开关。开关是用来破坏稳态，使惰性电路产生暂态的。开关可用不同的电子器件来完成，如可用运算放大器，分立器件晶体三极管或场效应管，也可以用逻辑门。目前用得较多的是 555 定时电路。

惰性电路产生的暂态过程，对一阶问题而言，可用三要素法来描述，获得电压或电流随时间变化的方程，该方程是脉冲波形计算的重要依据。三要素即起始值 $X(0^+)$、趋向值 $X(\infty)$和时间常数 τ。若三要素已知，则得方程

$$X(t) = X(\infty) + [X(0^+) - X(\infty)]e^{-\frac{t}{\tau}}$$

或

$$t = \tau \ln \frac{X(\infty) - X(0^+)}{X(\infty) - X(t)}$$

本章只讲述555定时电路所构成的脉冲电路，至于其它器件构成的脉冲电路，请读者参阅有关参考书。

7.2　555定时电路

555定时电路是目前应用十分广泛的一种器件，本章仅介绍它在脉冲形成方面的基本电路。555定时电路有TTL集成定时电路和CMOS集成定时电路两类，功能完全一样，不同之处是前者驱动能力大于后者。我们以CMOS集成定时器CC7555为例进行介绍。

7.2.1　基本组成

555集成电路主要由3个5 kΩ电阻组成的分压器、两个高精度电压比较器、一个基本RS触发器、一个作为放电通路的管子及输出驱动电路组成，其结构框图如图7-2所示。

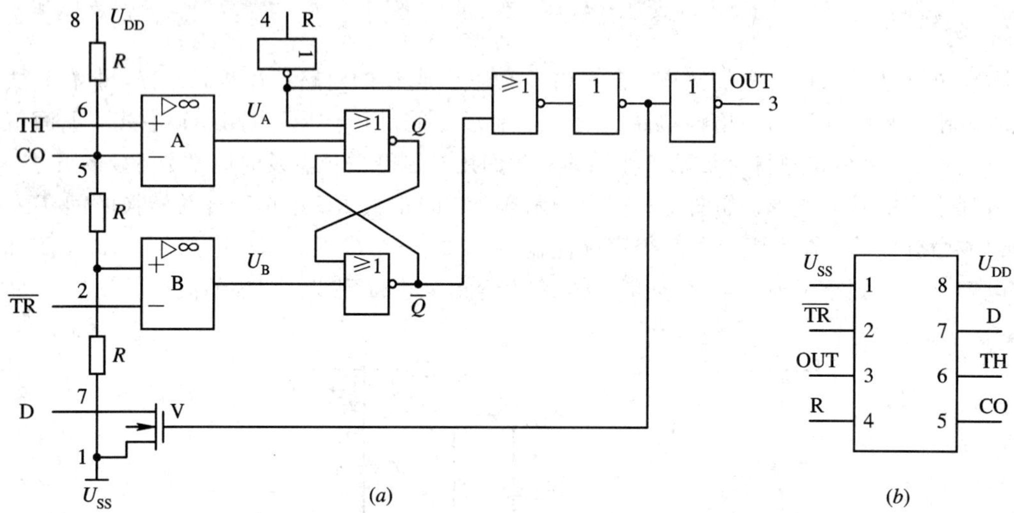

图7-2　CC7555集成定时电路

(a) 逻辑图；(b) 符号表示

1. 分压器

分压器由3个5 kΩ电阻R组成，它为两个电压比较器提供基准电平。当5脚悬空时，电压比较器A的基准电平为$\frac{2}{3}U_{DD}$，比较器B的基准电平为$\frac{1}{3}U_{DD}$。改变5脚的接法可改变比较器A、B的基准电平，如5脚通过电阻10 kΩ接地，则基准电平分别为$\frac{1}{2}U_{DD}$和$\frac{1}{4}U_{DD}$。5脚也可另接小于等于U_{DD}的电源，如采用$\frac{2}{3}U_{DD}$和$\frac{1}{3}U_{DD}$，则5脚通过一个0.01～0.1 μF的电容接地，以防干扰信号影响5脚电压值。

2. 比较器

比较器A、B是两个结构完全相同的高精度电压比较器。A的输入端为引脚6高触发端，当 $U_6 > \frac{2}{3}U_{DD}$ 时，A 输出 U_A 为高电平，即逻辑“1”；当 $U_6 < \frac{2}{3}U_{DD}$ 时，A 输出 U_A 为低电平，即逻辑“0”。B 的输入端为引脚 2 低触发端，当 $U_2 > \frac{1}{3}U_{DD}$ 时，B 输出 U_B 为低电平，即逻辑“0”；当 $U_2 < \frac{1}{3}U_{DD}$ 时，B 输出 U_B 为高电平，即逻辑“1”。A、B 的输出直接控制基本 RS 触发器的动作。

3. 基本 RS 触发器

RS 触发器由两个或非门组成，它的状态由两个比较器输出控制，根据基本 RS 触发器的工作原理，就可以决定触发器输出端的状态。

从图 7－2 可看到，$U_A=0$，$U_B=0$，触发器处于维持态；$U_A=1$，$U_B=0$，触发器为置“0”态，$Q=0$，$\bar{Q}=1$；$U_A=0$，$U_B=1$，触发器为置“1”态；$U_A=1$，$U_B=1$，此时 $Q=\bar{Q}=0$，破坏了触发器的功能，正常使用 555 定时器时，不允许出现这种情况。

R 是专门设置的可从外部进行置“0”的复位端，当 R=0 时，经反相后将或非门封锁，输出为 0，使 $Q=0$，输出 $u_O=0$。

4. 开关放电管和输出缓冲级

放电管 V 是 N 沟道增强型的 MOS 管，其控制栅为 0 电平时截止，为 1 电平时导通。

两级反相器构成输出缓冲级，反相器的设计考虑了有较大的电流驱动能力，一般可驱动两个 TTL 门电路。同时，输出级还起隔离负载对定时器影响的作用。

7.2.2 工作原理及特点

综上所述，我们根据图 7－2 所示电路结构图可以很容易得到 CC7555 定时器的功能表，如表 7－1 所示。

表 7－1 555 定时器功能表

TH(U_6)	$\overline{\text{TR}}$(U_2)	R	OUT(U_O)	D
×	×	低(L)	低(L)	接通
$>\frac{2}{3}U_{DD}$	$>\frac{1}{3}U_{DD}$	高(H)	低(L)	接通
$<\frac{2}{3}U_{DD}$	$>\frac{1}{3}U_{DD}$	高(H)	原状态	原状态
×	$<\frac{1}{3}U_{DD}$	高(H)	高(H)	关断

CC7555 定时器电路具有静态电流较小(80 μA 左右)，输入阻抗极高(输入电流仅为 0.1 μA 左右)，电源电压范围较宽(在 3～18 V 内均正常工作)等特点。其最大功耗为 300 mW。和所有 CMOS 集成电路一样，在使用时，输入电压 u_I 应确保在安全范围之内，即满足下式条件：

$$U_{SS} - 0.5\ \text{V} \leqslant u_I \leqslant U_{DD} + 0.5\ \text{V}$$

555 定时电路除了 CMOS 型之外，还有 TTL 型，如 5G555(NE555)。它的工作原理与 CC7555 没有本质区别，但其驱动电流可达 200 mA。

7.3 单稳态电路

单稳态触发器只有一个稳定状态和一个暂稳态，在外界触发脉冲的作用下，电路从稳态翻转到暂态，然后在暂稳态停留一段时间 T_W 后又自动返回到稳态，并在输出端产生一个宽度为 T_W 的矩形脉冲。T_W 只与电路本身的参数有关，而与触发脉冲无关。通常把 T_W 称为脉冲宽度。

7.3.1 电路组成

图 7-3(*a*)是用 CC7555 构成的单稳态电路，图 7-3(*b*)是其工作波形。图中 *R*、*C* 为外接定时元件，输入触发信号 u_I 加至低触发 $\overline{\mathrm{TR}}$端，由 OUT 端给出输出信号，控制端 CO 不用时一般均通过 0.01 μF 接地，以防干扰。

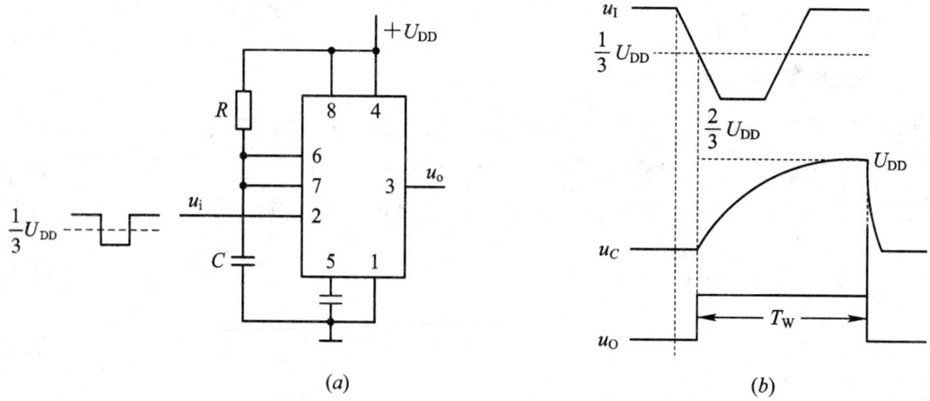

图 7-3 CC7555 构成的单稳态电路

7.3.2 工作原理

静止期：触发信号 u_I 处于高电平，电路处于稳态，根据 555 工作原理知道 u_O 为低电平，放电管 V 导通，定时电容 *C* 两端电压 $u_C=0$。

工作期：外界触发信号 u_I 加进来，要求为负脉冲且低电平应小于$\frac{1}{3}U_{DD}$，使 u_O 为高电平，且放电管截止，电源 U_{DD}通过定时电阻 *R* 对定时电容充电。这是一个暂态问题，只要写出三要素即可。三要素如下：

$$\begin{cases} u_C(0^+) = 0 \\ u_C(\infty) = U_{DD} \\ \tau = RC \end{cases}$$

u_C 不可能充至 U_{DD}。当 u_C 充至大于$\frac{1}{3}U_{DD}$，但小于$\frac{2}{3}U_{DD}$，电路仍处于 u_O =高电平，

放电管仍处于截止状态，电容继续充电。当 $u_C \geqslant \frac{2}{3}U_{DD}$时，$u_O=0$，放电管导通，电容通过放电管很快放电，进入恢复期。由于外界触发脉冲加了进来，电路 u_O 由低电平变为高电平到再次变为低电平这段时间就是暂稳态时间。暂稳态时间 T_W 计算如下：

$$T_W = RC\ \ln\frac{u_C(\infty)-u_C(0^+)}{u_C(\infty)-u_C(T_W)}$$

$$=RC\ \ln\frac{U_{DD}-0}{U_{DD}-\frac{2}{3}U_{DD}} = RC\ \ln 3$$

$$=1.1\ RC$$

显然，改变定时元件 R 或 C 即可改变延迟时间 T_W；通过改变比较器的参考电压也可改变 T_W。在 5 脚 CO 端外接电源或电阻即可改变比较器 A、B 的参考电压。

为了使电路能正常工作，要求外加触发脉冲的宽度 T_{IW}小于 T_W，且负脉冲的数值一定要低于$\frac{1}{3}U_{DD}$。为此，常在输入信号 u_I 和触发电路之间加一微分电路，如图 7－4 所示。

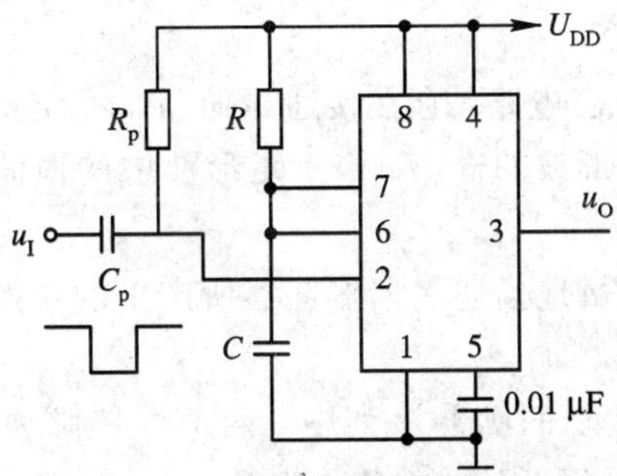

图 7－4　具有微分环节的单稳态电路

恢复期：当放电管 V 导通时，定时电容 C 通过放电管迅速放电，即进入恢复期，恢复到静止期状态。恢复期 T_R 由下式决定：

$$T_R = (3 \sim 5) r_d \cdot C$$

其中 r_d 为放电管导通时呈现的电阻，一般 $R \gg r_d$，所以恢复期很短。

利用单稳态触发器我们也可以获得线性锯齿波。由上述工作原理和输出波形可看出，在电容 C 两端可得到按指数规律上升的电压，为获得线性锯齿波，只要对电容 C 恒流充电即可。故用恒流源代替 R 即可组成线性锯齿波电路。

图 7－5(a)为线性锯齿波电路，其中晶体三极管 V 及电阻 R_e、R_{b1}、R_{b2} 组成恒流源，给定时电容提供恒定的充电电流。电容两端电压随时间线性增长

$$u_C = \frac{1}{C}\int_0^t i_C\ dt = \frac{I_0}{C}t$$

其中，I_0 为恒定电流。电路工作波形如图 7－5(b)所示。实际中为了防止负载对定时电路的影响，u_C 输出常常通过射极输出器输出。

外接电阻 R 的范围为 2 kΩ～20 MΩ，定时电容 C 为 100 pF～1000 μF，因此其单稳态电路的延迟时间 T_W 可由几微秒到几小时，精度可达 0.1%。当然还可以增大 R、C 之值，使延时再增大，但这将导致精度变低。

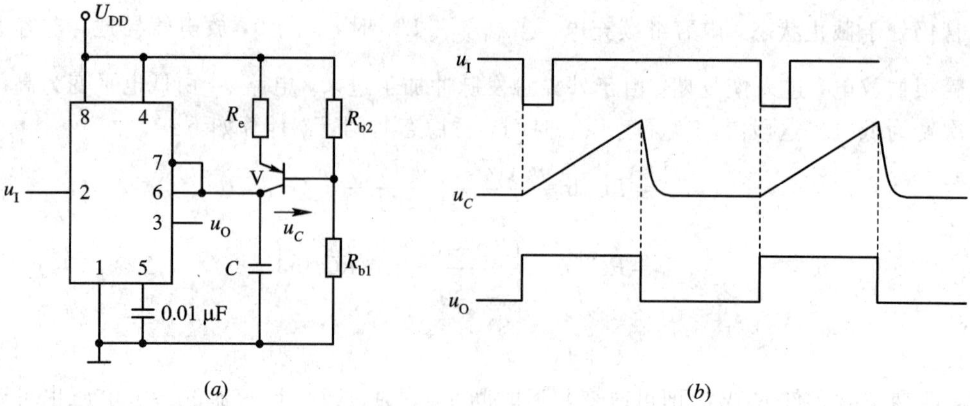

图 7－5　线性锯齿波电路

单稳态电路的主要应用是定时、延时(对输入 u_I 的下降沿而言)和波形变换。

7.4　多谐振荡器

多谐振荡器是一种无稳态电路，它在接通电源后，不需要外加触发信号，电路状态能够自动地不断变换，产生矩形波的输出。由于矩形波中的谐波分量很多，因此这种振荡器冠以“多谐”二字。

在数字电路中，为了定量地描述多谐振荡器所产生的矩形脉冲波形的特性，经常使用如图 7－6 所示的 5 个指标，即：

脉冲周期 T：周期性重复的脉冲序列中，两个相邻脉冲的时间间隔。有时也用频率 $f=1/T$ 表示，f 表示单位时间里脉冲重复的次数。

脉冲幅度 U_m：脉冲电压的最大变化幅度。

脉冲宽度 T_W：从脉冲前沿上升到 $0.5U_m$ 起，到脉冲后沿下降到 $0.5U_m$ 止的一段时间。

上升时间 t_r：脉冲前沿从 $0.1U_m$ 上升到 $0.9U_m$ 所需的时间。

下降时间 t_f：脉冲后沿从 $0.9U_m$ 下降到 $0.1U_m$ 所需的时间。

利用上述指标，就可以大体上把一个矩形脉冲的基本特性表示清楚了。

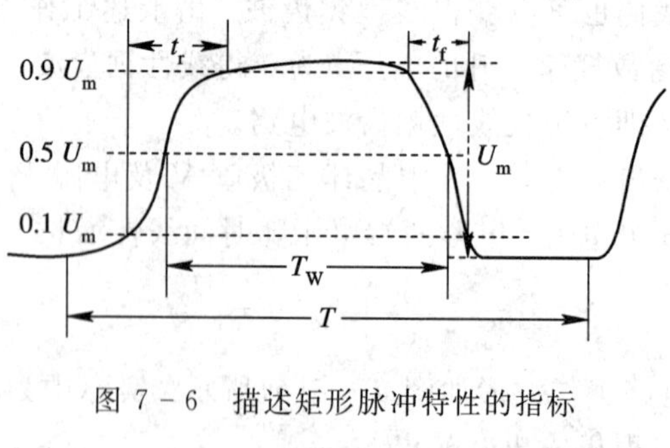

图 7－6　描述矩形脉冲特性的指标

7.4.1　电路组成

图 7－7(a)给出用 CC7555 构成的多谐振荡器。由图可见，除将 A 的高电平触发端

TH 和 B 的低电平触发端$\overline{\mathrm{TR}}$短接外，在放电回路中还串接一个电阻 R_2。电路中 R_1、R_2、C 均是定时元件。图 7－7(b)为工作波形。

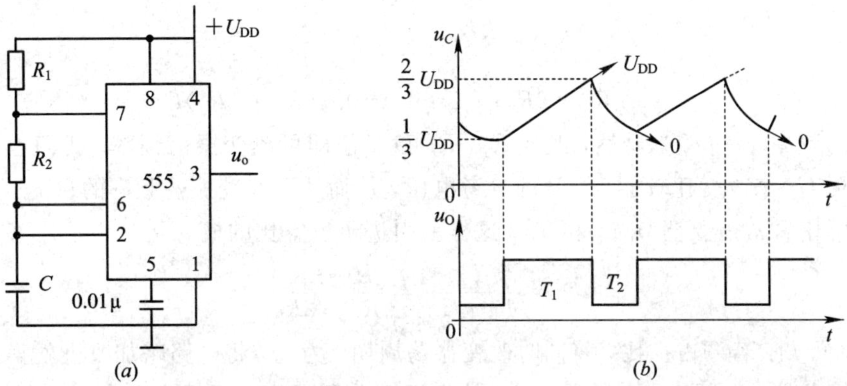

图 7－7　自由多谐振荡器电路及工作波形

7.4.2　工作原理

自由多谐振荡器不具有稳态，只具有两个暂稳态，暂稳态的时间长短由电路的定时元件确定，电路工作就在两个暂稳态之间来回转换。其具体工作过程如下：

由于接通电源前，电容器两端电压 $u_C=0$，u_O 为高电平，放电管 V 处于截止状态。电源电压通过 R_1、R_2 对 C 充电，其暂态过程为

$$\begin{cases} u_C(0^+) = 0 \\ u_C(\infty) = U_{DD} \\ \tau_{充} = (R_1 + R_2)C \end{cases}$$

电容 C 不可能充至 U_{DD}。过程如下：当$\frac{1}{3}U_{DD} \leqslant u_C < \frac{2}{3}U_{DD}$时，状态不变；但当 $u_C \geqslant \frac{2}{3}U_{DD}$时，输出 u_O 为低电平，放电管 V 导通，这段时间我们称为第一暂稳态期。

放电管 V 导通时，电容 C 通过电阻 R_2 和放电管放电，电路进入第二暂稳态期，放电过程为

$$\begin{cases} u_C(0^+) = \frac{2}{3}U_{DD} \\ u_C(\infty) = 0 \\ \tau_{放} = R_2 C \end{cases}$$

电容放电，$\frac{1}{3}U_{DD} < u_C < \frac{2}{3}U_{DD}$时，处于维持状态，输出也不变；但当 C 继续放电，$u_C \leqslant \frac{1}{3}U_{DD}$时，输出 u_O 为高电平，放电管截止，U_{DD}再次对电容充电。如此反复，可输出矩形波形。该电路的振荡周期计算如下：

$$T = T_1 + T_2$$

而 T_1 和 T_2 分别为

$$T_1 = (R_1 + R_2)C \ln \frac{U_{DD} - \frac{1}{3}U_{DD}}{U_{DD} - \frac{2}{3}U_{DD}} = (R_1 + R_2)C \ln 2$$

$$T_2 = R_2 C \ln \frac{0 - \frac{2}{3}U_{DD}}{0 - \frac{1}{3}U_{DD}} = R_2 C \ln 2$$

所以

$$T = (R_1 + 2R_2) \cdot C \ln 2 = 0.7(R_1 + 2R_2)C$$

输出矩形的频率 $f=1/T$。显然，改变 R_1、R_2 和 C 值即可改变振荡频率。我们也可通过改变 5 脚电压 U_5 来改变比较器 A、B 的参考电压，从而达到改变振荡频率的目的。

在实际中常常需要调节 T_1 和 T_2。这样就引进了占空比的概念：

$$D = \frac{T_1}{T_1 + T_2} = \frac{R_1 + R_2}{R_1 + 2R_2}$$

由图 7-7 可知，若调占空比，将同时改变振荡周期。为此，将电路略加改进就得占空比可变的多谐振荡器。如图 7-8 所示，将充放电回路分开了，充电回路为 R_1、VD_1、C，放电回路为 C、VD_2、R_2 和放电管。调节电位器 RP 但不改变 R_1+R_2 值。所以该电路振荡周期为

$$T = (\tau_{充} + \tau_{放}) \ln 2 = (R_1 + R_2)C \times 0.7$$

占空比 D 为

$$D = \frac{T_1}{T_1 + T_2} = \frac{R_1}{R_1 + R_2}$$

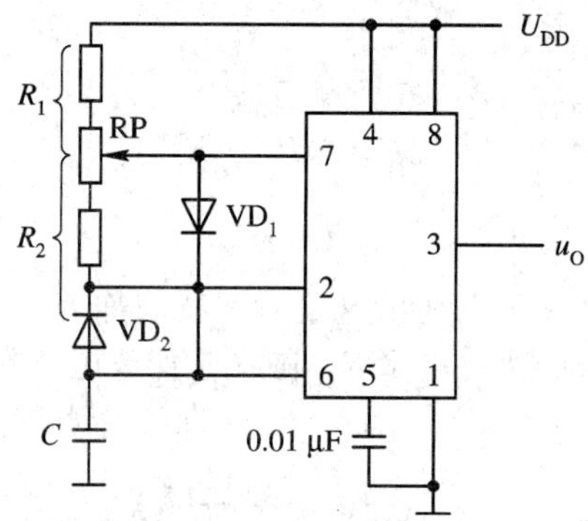

图 7-8 占空比可调振荡器

可利用自由多谐振荡器组成模拟声响电路。如图 7-9(a)所示，A、B 两个 555 电路均为多谐振荡器。如调节振荡器 A 振荡频率 $f_A=1$ Hz，振荡器 B 振荡频率 $f_B=1$ kHz，由于 A 输出接至 B 的 R 端，故只有 u_{O1} 输出为高电平时，B 振荡器才振荡，u_{O1} 输出为 0 时，B 停止振荡，使扬声器发出 1 kHz 的间歇声响。如将 u_{O1} 改接至 5 脚，则 B 将产生两种频率的信号。当 u_{O1} 为高电平时，u_{O2} 为较低频率信号；当 u_{O1} 为低电平时，u_{O2} 为较高频率信号。这样会产生类似救护车的双频音响电路。如由振荡器 A 的 6 脚引出电容充放电波形(类似线性扫描波形)，通过运算放大器接至振荡器 B 的 5 脚，如图 7-9(b)所示，则 u_{O2} 波形的频率是变化的，将产生类似警车的音响效果。

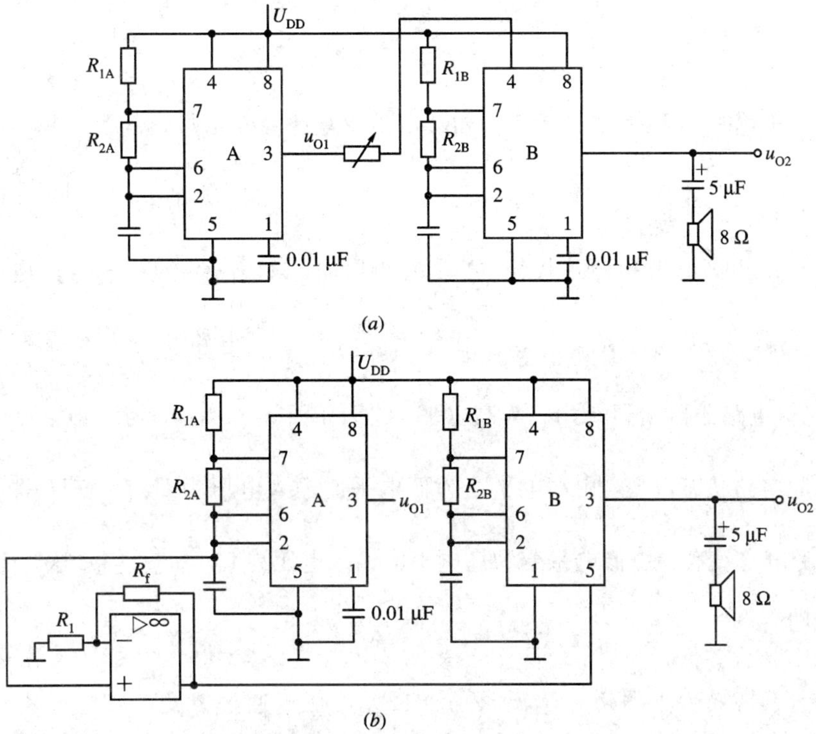

图 7-9　模拟声响电路

7.5　施密特电路

施密特电路具有两个稳定状态，其最主要的应用是，将变化缓慢的输入波形，整形成为适合于数字电路需要的矩形脉冲。由于该电路具有滞回特性，因此抗干扰能力较强。

7.5.1　电路组成

将 555 时基电路 2、6 端连接，即构成施密特电路，如图 7-10(*a*)所示。

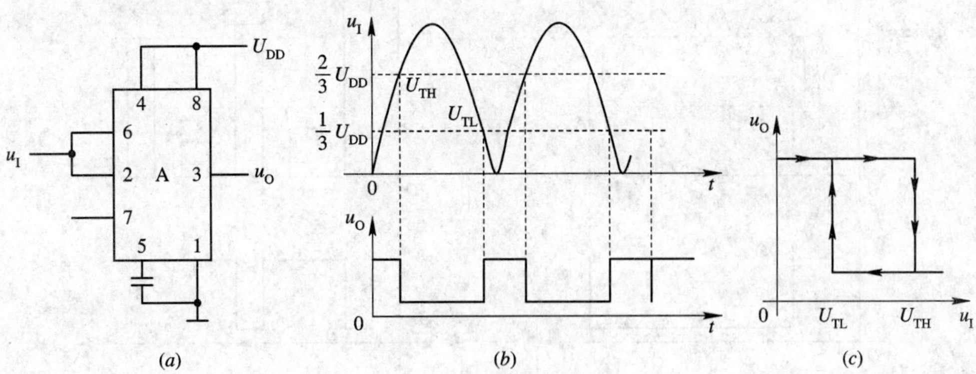

图 7-10　施密特电路

7.5.2 工作原理

当 $u_I<\frac{1}{3}U_{DD}$时，$U_A=0$，$U_B=1$，输出 u_O 为高电平；u_I 增加，满足$\frac{1}{3}U_{DD}<u_I<\frac{2}{3}U_{DD}$时，$U_A=U_B=0$，电路维持不变，即 $u_O=1$；u_I 继续增加，满足 $u_I\geqslant\frac{2}{3}U_{DD}$时，$U_A=1$，$U_B=0$，输出 u_O 由高电平变为低电平；之后 u_I 再增加，只要满足 $u_I\geqslant\frac{2}{3}U_{DD}$，电路不变。如 u_I 下降，只要满足$\frac{1}{3}U_{DD}<u_I<\frac{2}{3}U_{DD}$，由于 $U_A=U_B=0$，电路状态仍维持不变。只有当 $u_I\leqslant\frac{1}{3}U_{DD}$时，电路才再次翻转，$u_O$ 为高电平。波形如图 7－10(*b*)所示。由上可看出，当 u_I 上升时，引起电路状态改变，由高电平变为低电平的输入电压为 $U_{TH}=\frac{2}{3}U_{DD}$；当 u_I 下降时，引起电路状态变化，由低电平变为高电平的输入电压为 $U_{TL}=\frac{1}{3}U_{DD}$。这二者之差称为回差电压，即

$$\Delta U_T = U_{TH} - U_{TL}$$

该电路的电压传输特性如图 7－10(*c*)所示。回差电压可通过改变 5 脚电压达到。一般来讲，5 脚电压越高，回差电压 ΔU_T 越大，抗干扰能力越强，但是这样就降低了触发灵敏度。

7.5.3 主要应用

施密特电路的主要应用有以下几个方面。

1. 波形变换

通过波形变换可以将非矩形波变换为矩形波。

2. 整形

通过整形可以将一个不规则的矩形波转换为规则的矩形波。其应用波形图如图 7－11(*a*)所示。

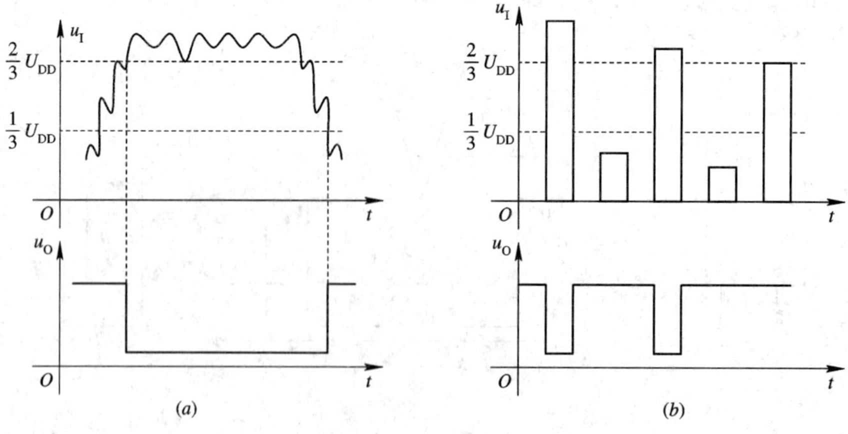

图 7－11 施密特电路应用二例波形图

3. 幅值选择

如果输入是一些随机的脉冲，那么可以通过施密特电路将幅值大于某值的输入脉冲检测出来。其应用波形图如图 7－11(*b*)所示。

练　习　题

1. 如图 7－12 所示的单稳态电路，如果其 5 脚不接电容 0.01 μF，而是外接电源 U'，当 U' 变大和变小时，单稳态电路的输出脉冲宽度如何变化？如 5 脚改接电阻 $R=10\ \text{k}\Omega$ 并接地，其脉冲宽度又作什么变化？

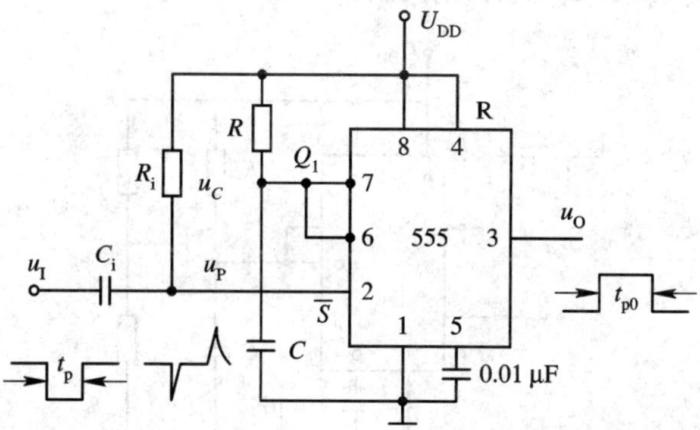

图 7－12　题 1、2 图

2. 电路如图 7－12 所示，已知 $U_{DD}=10$ V，$R=10$ kΩ，$C=0.1$ μF，求输出脉冲宽度 T_W，并对应画出 u_I、u_O、u_C 的波形。

3. 用二级 555 电路构成的单稳电路设计一个实际电路，实现图 7－13 所示输入 u_I 和输出 u_O 的波形关系。并标出定时电阻 R 和定时电容 C 的数值。

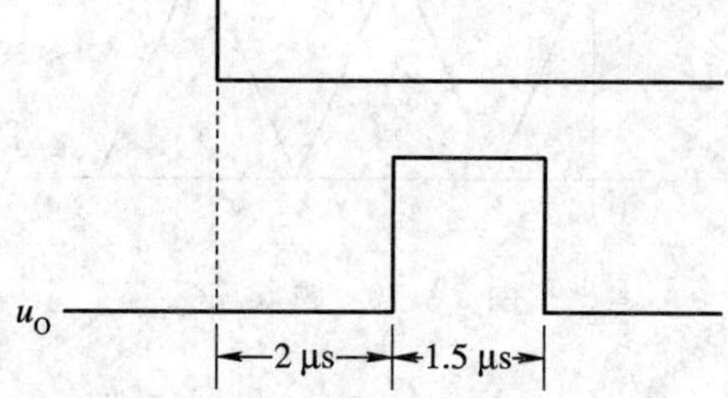

图 7－13　题 3 图

4. 图 7－14 为 555 定时器构成的多谐振荡器，已知 $U_{DD}=10$ V，$C=0.1$ μF，$R_1=20$ kΩ，$R_2=80$ kΩ，求振荡周期 T，并画出相应的 u_I 和 u_O 波形。

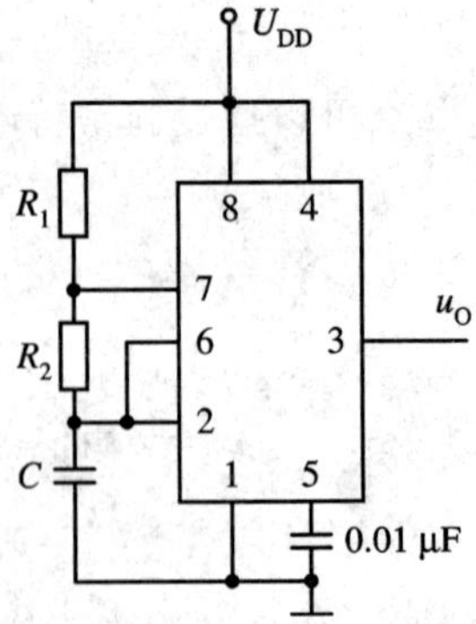

图 7－14　题 4 图

5. 图 7－15 为 555 定时器构成的线性扫描波发生器，已知 $U_{DD}=12$ V，$R_1=R_2=30$ kΩ，$R_e=1$ kΩ，$C=0.1$ μF，求扫描周期。

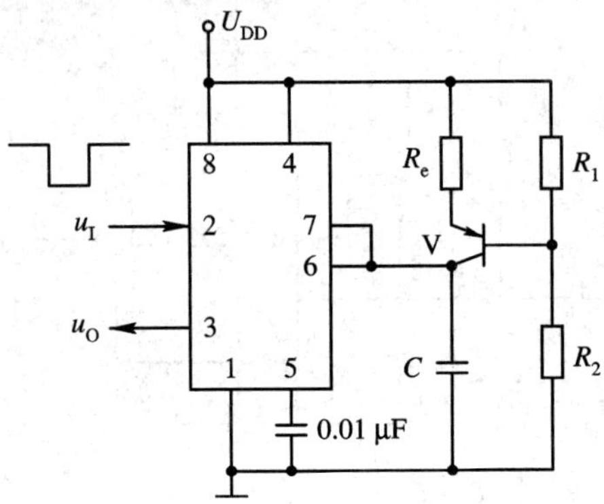

图 7－15　题 5 图

6. 画出由 555 定时器构成的施密特电路的电路图。若输入波形如图 7－16 所示，$U_{DD}=15$ V，试画出电路的输出波形。如 5 脚接 10 kΩ 电阻，再画出输出波形(画图时要与输入波形时间关系对齐)。

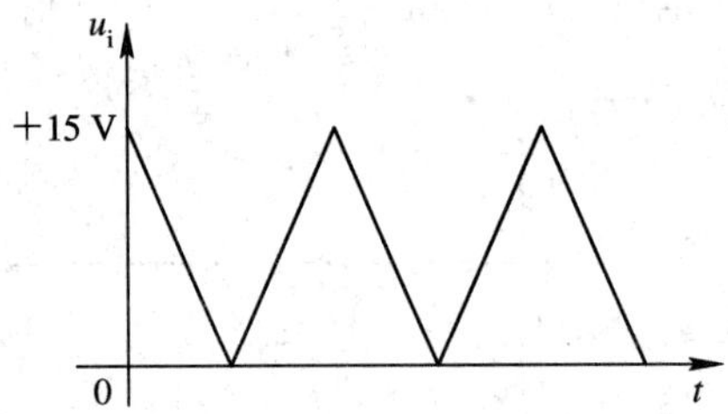

图 7－16　题 6 图

第八章　数/模与模/数转换

随着数字计算机的普及，它在国民经济各部门和国防上已经获得愈来愈广泛的应用，而数/模和模/数转换器则是计算机和用户之间不可缺少的接口部分。

自然界所存在的一些物理量，大量的是模拟量，例如压力、流量、速度、温度、轴角、光通量、位移等。它们是非电模拟量。这些模拟量不能送进数字计算机进行处理，必须先经传感器件将其转换成模拟电信号，再经过放大后送至模拟/数字转换器，将模拟信号转换成数字信号。数字信号经过数字计算机分析处理后，其输出仍是数字信号，所以还必须经过数字/模拟转换器，将数字信号转换成模拟信号后，才能送去控制执行元件。上述过程可用图 8－1 表示。

本章主要介绍数/模转换器 DAC(Digital to Analog Converter)和模/数转换器 ADC (Analog to Digital Converter)的基本工作原理。

为便于教学，首先讨论 DAC，然后再介绍 ADC。

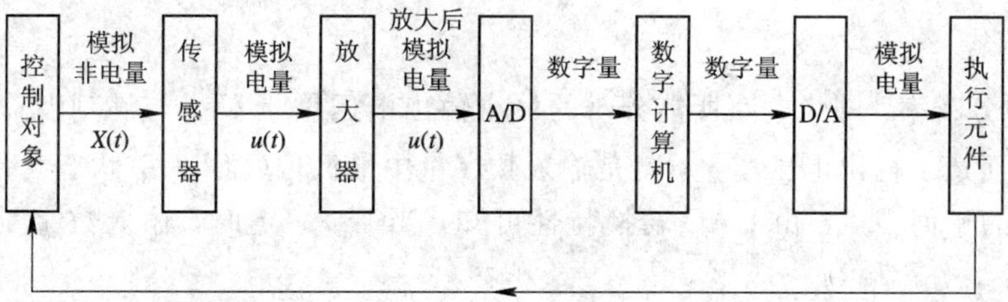

图 8－1　A/D、D/A 转换器在数字系统中的应用

8.1　DAC

DAC 的任务就是将输入的数字信号转换成与输入数字量成正比例的输出模拟量电流 i_O 或电压 u_O。

8.1.1　DAC 的基本概念

1. 转换特性

DAC 电路输入的是 n 位二进制数字信息 $B(B_{n-1}, B_{n-2}, \cdots, B_1、B_0)$，其最低位(LSB)的 B_0 和最高位(MSB)的 B_{n-1} 的权分别为 2^0 和 2^{n-1}，故 B 按权展开后为

$$\begin{aligned} B &= B_{n-1}2^{n-1} + B_{n-2}2^{n-2} + \cdots + B_1 2^1 + B_0 2^0 \\ &= \sum_{i=0}^{n-1} B_i \cdot 2^i \end{aligned}$$

DAC 电路输出的是与输入数字量成正比例的电压 u_O 或电流 i_O，即

$$u_O(\text{或 } i_O) = K \cdot B = K \cdot \sum_{i=0}^{n-1} B_i 2^i$$

式中 K 为转换比例常数。

图 8－2 所示为 DAC 框图。当 $n=3$ 时，DAC 转换电路的输出与输入转换特性如图 8－3 所示，输出为阶梯波。

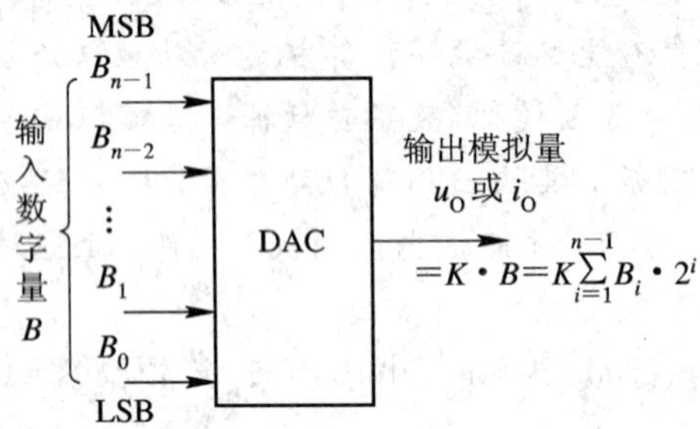

图 8－2 DAC 框图

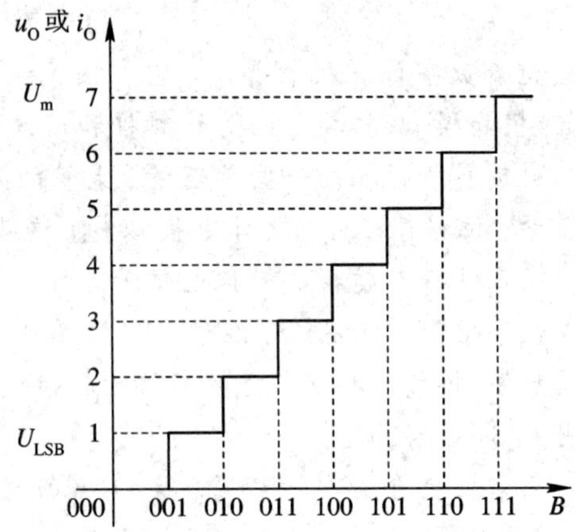

图 8－3 转换特性

2. 分辨率

DAC 的分辨率，即为电路所能分辨的最小输出电压增量 U_{LSB} 与满刻度输出电压 U_{MSB}(U_m)之比。而最小输出电压增量，就是输入数字量中最低位(LSB)B_0 状态变化引起对应输出电压变化的幅值 U_{LSB}。由 DAC 转换特性可知，当 U_m 一定时，输入数字量的位数 n 越多，U_{LSB}越小，分辨率为

$$\text{分辨率} = \frac{U_{LSB}}{U_m} = \frac{1}{2^n - 1}$$

即说明 n 越大，DAC 的分辨能力越高(分辨率越小)。例如，当 $n=10$ 时，DAC 分辨率$=\frac{1}{2^{10}-1}=1‰$；当 $n=11$ 时，DAC 分辨率$=\frac{1}{2^{11}-1}=0.5‰$。

如已知 DAC 的分辨率及满刻度输出电压 U_m，则可得出输入最低位(LSB)B_0 所对应的输出电压增量 U_{LSB}。例如，当 $U_m=10$ V，$n=10$ 时，DAC 的 $U_{LSB}=10\times1‰=10$ mV；当 $n=11$ 时，$U_{LSB}=10\times0.5‰=5$ mV。

实际中有时也常常用位数来表示分辨率。

3. 精度

精度是实际输出值与理论计算值之差。这种差值是由转换过程中的各种误差引起的，主要指静态误差，它包括以下几种误差类型。

(1) 非线性误差：它是由电子开关导通的电压降和电阻网络电阻值偏差产生的，常用满刻度的百分数表示。

（2）比例系数误差：它是参考电压 U_R 偏离标准值引起的误差，也用满刻度的百分数表示。

（3）漂移误差：它是由集成运放漂移产生的误差。增益的改变也会引起增益误差。

4. 转换时间

转换时间也称输出建立时间。它是从输入数字信号时开始，到输出电压或电流达到稳态值时所需要的时间。

此外，还有输入低电平、电源电压范围、基准电压范围、温度系数等参数。

8.1.2 DAC的电路形式及工作原理

1. 权电阻DAC

图8-4是权电阻DAC电路，它由基准电压、电子模拟开关、权电阻网络及求和放大器组成。

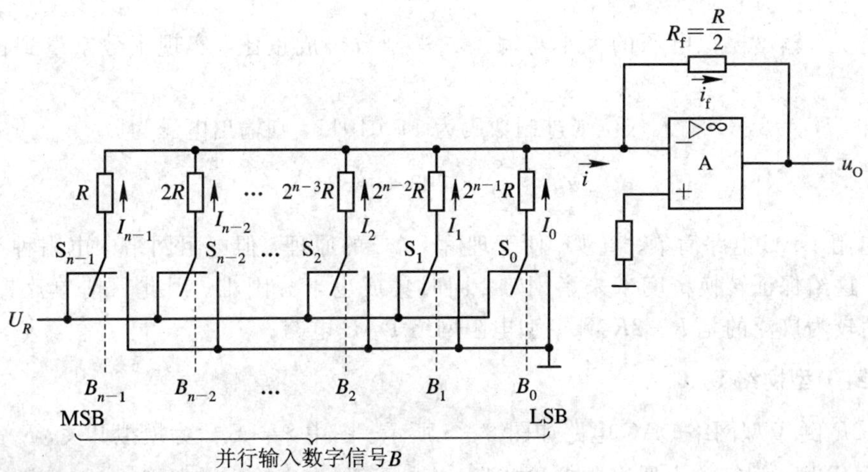

图8-4 权电阻DAC电路

开关的位置由输入数字信号控制，输入信号为“1”，则该位开关位置接 U_R，反之接地。选择权电阻网络中的电阻的阻值时，应该使流过该电阻的电流 I_i 与该位的权值成正比例。这样，由MSB位到LSB位每一位的电阻值是相邻高位的2倍，使各支路电流 I_i 逐位递减1/2。例如，输入二进制代码最高位为 B_{n-1}，其位权为 2^{n-1}，驱动开关 S_{n-1} 连接的权电阻值 $R_{n-1}=2^{n-1-(n-1)}R=2^0R$；最低位为 B_0，其位权为 2^0，驱动开关 S_0 连接的权电阻值为 $R_0=2^{n-1-(0)}R=2^{n-1}R$；对于任意位 B_i，其位权为 2^i，驱动开关 S_i 连接的权电阻值为 $R_i=2^{n-1-(i)}R$，即二进制代码的位权越大，对应的权电阻越小。

集成运算放大器作为求和权电阻网络的缓冲器，使输出模拟信号不受负载变化的影响，将电流转换成电压输出，且可通过改变反馈电阻 R_f 的大小来调节转换系数。

输出模拟电压 u_O 与输入数字量 B_i 的定量关系分析如下：

当输入二进制数码中某一位 $B_i=1$ 时，开关 S_i 接至基准电压 U_R，这时在相应的电阻 R_i 支路上产生电流

$$I_i = \frac{U_R}{R_i} = \frac{U_R}{2^{n-1-i}R} = \frac{U_R}{2^{n-1}R} \cdot 2^i$$

当 $B_i=0$ 时，开关 S_i 接地，电流 $i_i=0$，因此电流表达式应为

$$I_i = \frac{U_R}{2^{n-1}R}B_i 2^i$$

根据叠加原理，总的输出电流为

$$I = \sum_{i=0}^{n-1} I_i = \sum_{i=0}^{n-1} \frac{U_R}{2^{n-1}R}B_i 2^i = \frac{U_R}{2^{n-1}R}\sum B_i \cdot 2^i$$

通过集成运算放大器，输出电压为

$$u_O = -R_f I_f = \frac{-R_f U_R}{2^{n-1}R}\sum B_i \cdot 2^i$$

将 $R_f=\frac{R}{2}$ 代入上式，则得

$$u_O = \frac{-U_R}{2^n}\sum B_i \cdot 2^i$$

由该式可见，输出模拟电压的大小与输入二进制数码成正比，实现了数字量到模拟量的转换。

例如，$U_R=8$ V，输入八位二进制数码为 11001011，则输出电压为

$$u_O = \frac{8}{2^8} \times 203 = 6.34 \text{ V}$$

权电阻 DAC 电路简单、直观，便于理解 DAC 的原理，但电阻网络中电阻种类太多且范围宽，这给保证转换精度带来了困难，同时集成也十分困难。因此目前单片集成 DAC 中，采用较为广泛的是 $R-2R$ 倒 T 型电阻网络 DAC 电路。

2. 倒 T 型网络 DAC

$R-2R$ 倒 T 型网络 DAC 电路如图 8-5 所示。图中 $S_0 \sim S_{n-1}$ 为模拟开关，$R-2R$ 电阻网络呈倒 T 型，运算放大器组成求和电路。模拟开关 S_i 由输入数码 B_i 控制。当 $B_i=1$ 时，S_i 接运算放大器反相输入端，电流 I_i 流入求和电路；当 $B_i=0$ 时，S_i 将电阻 2R 接地。根

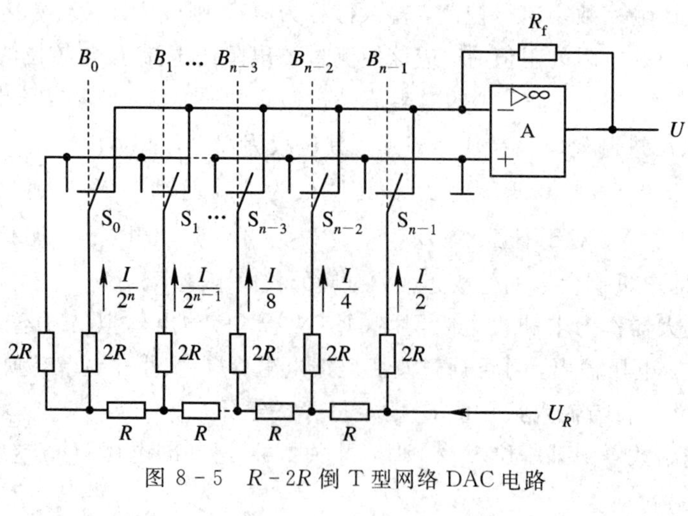

图 8-5 $R-2R$ 倒 T 型网络 DAC 电路

据运算放大器线性运用时的虚接地概念可知，无论模拟开关 S_i 处于何种位置，与 S_i 相连的 $2R$ 电阻均将接地。这样流过 $2R$ 电阻上的电流不随开关位置变化而变化，为确定值。分析 $R-2R$ 电阻网络可以发现，从每个节点向左看的二端网络等效电阻均为 $2R$，流过 $2R$ 支路的电流从高位到低位按 2 的整数倍递减。设由基准电压源提供的总电流为 $I(I=U_R/R)$，则流过各节点的电流从高位至低位依次为 $I/2$、$I/4$、$I/8$、…、$I/2^{n-1}$、$I/2^n$。于是流入运算放大器的总电流为

$$\begin{aligned} I_{\sum} &= B_{n-1}\frac{I}{2^1}+B_{n-2}\frac{I}{2^2}+\cdots+B_1\frac{I}{2^{n-1}}+B_0\frac{I}{2^n} \\ &= \frac{I}{2^n}(B_{n-1}2^{n-1}+B_{n-2}2^{n-2}+\cdots+B_1 2^1+B_0 2^0) \\ &= \frac{I}{2^n}\sum_{i=0}^{n-1}B_i 2^i \end{aligned}$$

运算放大器的输出电压为

$$U=-I_{\sum}R_f=-\frac{IR_f}{2^n}\sum_{i=0}^{n-1}B_i 2^i$$

若 $R_f=R$，并将 $I=U_R/R$ 代入上式，则有

$$U=-\frac{U_R}{2^n}\sum_{i=0}^{n-1}B_i 2^i$$

可见，输出模拟电压正比于数字量的输入。

倒 T 型电阻网络的特点是电阻种类少，只有 R 和 $2R$ 两种。因此，它可以提高制作精度，而且在动态转换过程中对输出不易产生尖峰脉冲干扰，有效地减小了动态误差，提高了转换速度。倒 T 型电阻网络 D/A 转换器是目前转换速度较高且使用较多的一种。

由于模拟开关的存在，当流过各支路的电流稍有变化，或由于模拟开关电压降的差别，就会产生转换误差。为进一步提高 D/A 转换精度，可采用权电流型 DAC，其原理图如图 8-6 所示(以四位为例)。电路中，用一组恒流源代替 $R-2R$ 倒 T 型网络。这组恒流源从高位到低位电流的大小依次为 $I/2$、$I/4$、$I/8$、$I/16$。

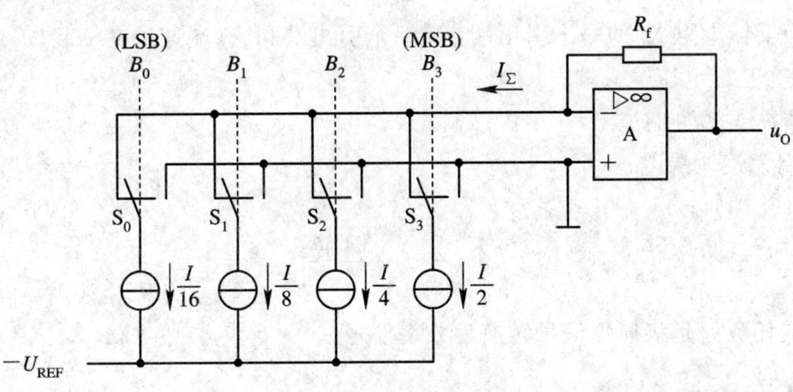

图 8-6　权电流 DAC 原理图

当图 8-6 中的 $B_i=1$ 时，开关接运算放大器的反相输入端，相应权电流流入求和电路；当 $B_i=0$ 时，开关接地。故

$$U_O = -I_{\sum} R_f = -\left(\frac{I}{2}B_3 + \frac{I}{4}B_2 + \frac{I}{8}B_1 + \frac{I}{16}B_0\right)$$
$$= -\frac{I}{2^4}R_f(B_3 2^3 + B_2 2^2 + B_1 2^1 + B_0 2^0)$$
$$= -\frac{I}{2^4}R_f \sum_{i=0}^{3} B_i 2^i$$

扩大至 n 位，则

$$U_O = -\frac{I}{2^n}R_f \sum_{i=0}^{n-1} B_i 2^i$$

采用恒流源电路后，各支路权电流的大小均不受模拟开关导通电阻和压降的影响，这就降低了对模拟开关电路的要求，提高了转换精度。

8.1.3 集成 DAC

目前集成 DAC 很多。采用 $R-2R$ 倒 T 型网络的 DAC 有 DAC0832（八位）、AD7520（十位）、DAC1210（十二位）等。采用权电流的 DAC 有 AD1408、DAC0806、DAC0808。下面只介绍 AD7520。

AD7520 的内部结构图类似于图 8－4，只是它是由 10 个节点的倒置 $R-2R$ 倒 T 型网络等组成，并将运算放大器上的反馈电阻 R_f 也集成在一起，目的是使 R_f 与倒 T 型网络电阻的性能及所处环境保持一致，以提高器件的转换精度。它内部不含运算放大器，使用时需外加。

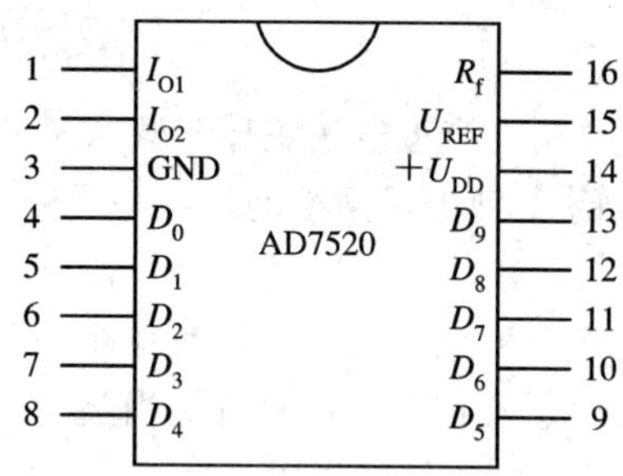

图 8－7　AD7520 引脚图

图 8－7 为 AD7520 的引脚图。其中：

$D_0 \sim D_9$ 为 10 个数码控制位，控制着内部 CMOS 的电流开关。

I_{O1} 和 I_{O2} 为电流输出端。

R_f 端为反馈电阻 R_f 的一个引出端，另一个引出端和 I_{O1} 端连接在一起。

U_{REF} 端为基准电压输入端。

$+U_{DD}$ 端接电源的正端。

GND 端为接地端。

8.2 ADC

ADC 的任务就是将模拟信号转换为数字信号。

8.2.1 ADC 的组成

1. ADC 的两个组成部分及其作用

将模拟量转换为数字量一般需经过采样保持和量化编码两部分电路，如图 8－8 所示。

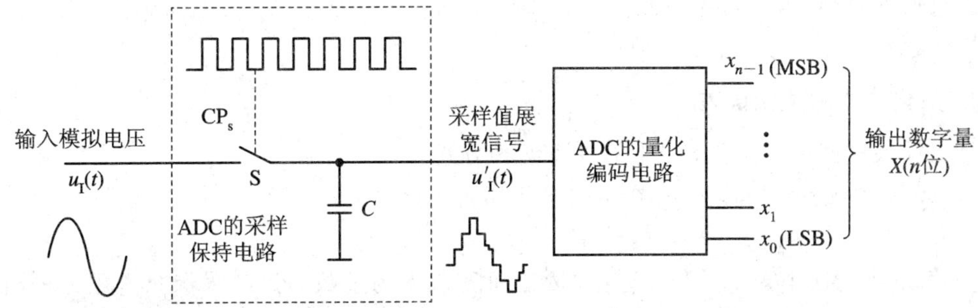

图 8－8　ADC 的组成部分

(1) 采样保持电路。采样保持电路是由受控的理想模拟开关与存储电容 C 组成的。模拟开关由周期性的采样脉冲 CP_s 进行逻辑控制，将模拟量 $u_I(t)$ 转换成时间上离散的模拟量 $u_I'(t)$，然后将采样值暂时存储在电容 C 上，即将 $u_I(t)$ 转换成阶梯状的样值展宽信号 $u_I'(t)$，并将采样值保持到下一个采样脉冲到来之前。在这段保持时间里，采样值通过模数转换电路数字化。图 8－9 为采样保持电路中输入模拟电压采样保持前后的波形举例。采样开关 S 的控制信号 CP_s 的频率 f_s 必须满足公式 $f_s \geqslant 2f_{imax}$（f_{imax} 为输入电压频谱中的最高频率)，即其周期 T_s 很小，而且采样时间 τ 比 T_s 更要小许多，这样就能将采样保持后的 $u_I'(t)$ 不失真地恢复成输入电压 $u_I(t)$。该公式称为采样定理。

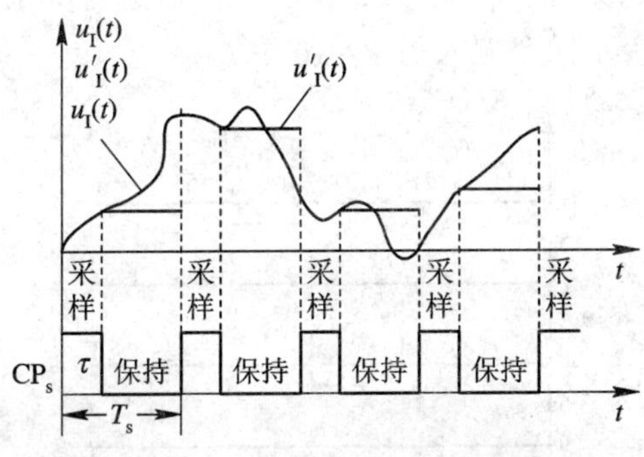

图 8－9　采样保持前后的波形举例

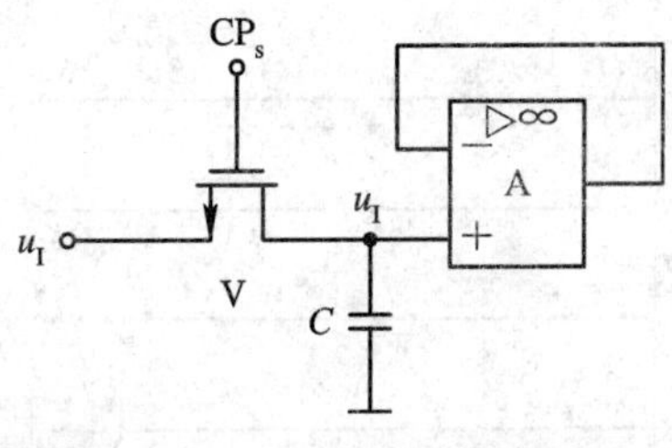

图 8－10　采样保持电路原理图

最简单的采样保持电路如图 8－10 所示。场效应管 V 为采样门，高质量的电容 C 为保持电路，集成运算放大器 A 为跟随器，起缓冲隔离负载的作用。假定 C 的充电时间常数远小于 τ，而且不考虑电容漏电，A 的输入阻抗及 V 的截止阻抗则成为一个理想的采样保持电路。

(2) 量化编码电路。采样保持电路的输出信号 $u_I'(t)$ 虽已成为阶梯状，但其阶梯幅值仍是连续可变的，有无限多个数值，无法与 n 位有限的 2^n 个数字量输出 X 相对应。因此，必须将采样后的值只限于在某些规定个数的离散的电平上，凡介于两个离散电平之间的采样值，就要用某种方式整理归并到这两个离散电平之一上。这种将幅值取整归并的方式及过程称为“量化”。

将量化后的有限个整量值用 n 位一组的某种数字代码（如二进制码、BCD 码或 Gray 码等）对应描述以形成数字量，这种用数字代码表示量化幅值的过程称作“编码”。

无论何种 ADC 电路都不可缺少量化编码电路，它们是最核心的组成部分，其电路形式多样，是本节讨论的重点。

2. 量化方式和量化误差

对采样保持值进行量化，一般有如下两种方式。

(1) 只舍不入法。当输入 u_I 在某两个相邻的量化值之间，即

$$(k-1)\cdot s\leqslant u_I<k\cdot s$$

(式中 s 为量化的最小数量单位，称作"量化间隔"；k 为整数。)这时采取只舍不入的方法，将 u_I 不足一个 s 的尾数舍去，取其原整数，即取 u_I 的量化值为 $u_I^*=(k-1)\cdot s$。如 $s=1$ V，$u_I=2.8$ V 时，$u_I^*=2$ V。

(2) 四舍五入法。当 u_I 的尾数不足$\frac{s}{2}$时，用舍尾取整法得其量化值；当 u_I 的尾数等于或大于$\frac{s}{2}$时，则入整。例如，已知 $s=1$ V，则 $u_I=2.1$ V 时，$u_I^*=2$ V；$u_I=2.7$ V 时，$u_I^*=3$ V。

不论采用何种量化方式，量化过程中必然使被测输入信号与量化值之间有误差，这二值之差称作"量化误差"，即 $\varepsilon=u_I-u_I^*$。不同的量化方式其可能出现的最大量化误差 ε_{max} 不同。用只舍不入法量化时，$\varepsilon_{max}=1\cdot s$，而且 $\varepsilon\geqslant0$；用四舍五入法量化时，$\varepsilon_{max}=\frac{s}{2}$，而且 ε 可以大于 0，也可以小于等于 0。因此，第二种量化方法较好。

由于量化方法不同，最后的编码也可能有差异。图 8－11 表示两种不同的量化方法，其中图(*a*)表示只舍不入的量化方法，图(*b*)表示四舍五入的量化方法。

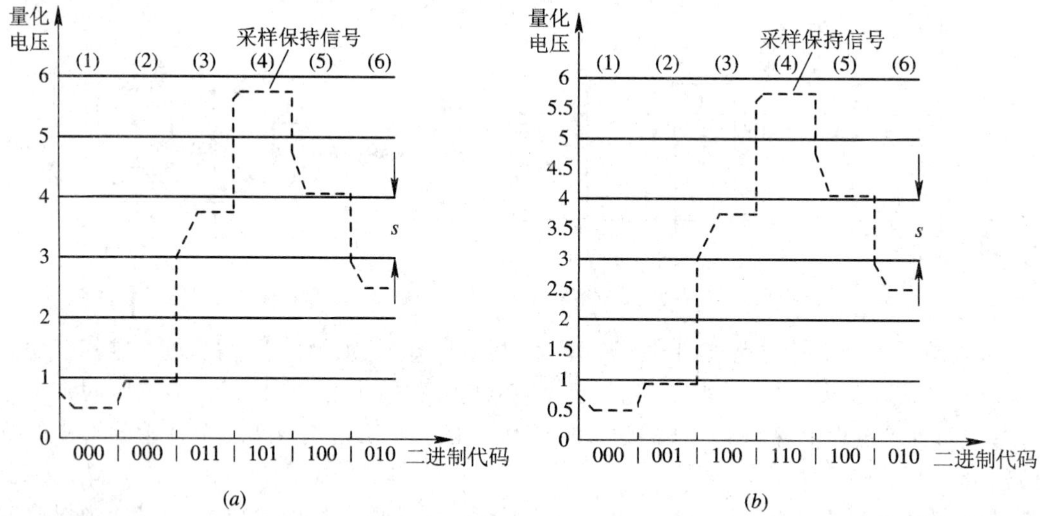

图 8－11 两种量化方法的比较

8.2.2 ADC 电路

模数转换电路的形式很多，通常可以合并为两大类。

(1) 间接法：将采样保持的模拟信号首先转换成与模拟量成正比的时间 T 或频率 F，然后再将中间量 T 或 F 转换成数字量。由于通常采用频率恒定的时钟脉冲通过计数器来

转换，因此也称计数式。这种转换的特点是，工作速度低，转换精度可以作得较高，干扰抑制能力较强。该方法一般在测试仪表中运用得较多。

(2) 直接法：通过一套基准电压与采样保持信号进行比较，从而直接转换数字量。这种转换方法的特点是，工作速度较快，转换精度容易保证。由于此类电路一般均采用数字电路构成，故调整方便。

1. 双积分 ADC

双积分 ADC 又称双斜率 ADC，是间接法的一种，它先将模拟电压 u_I 转换成与之大小对应的时间 T，再在时间间隔 T 内用计数器对固定频率计数，计数器所计的数字量就正比于输入模拟电压。

双积分 ADC 电路如图 8 - 12 所示，它由下列几个主要部分组成。

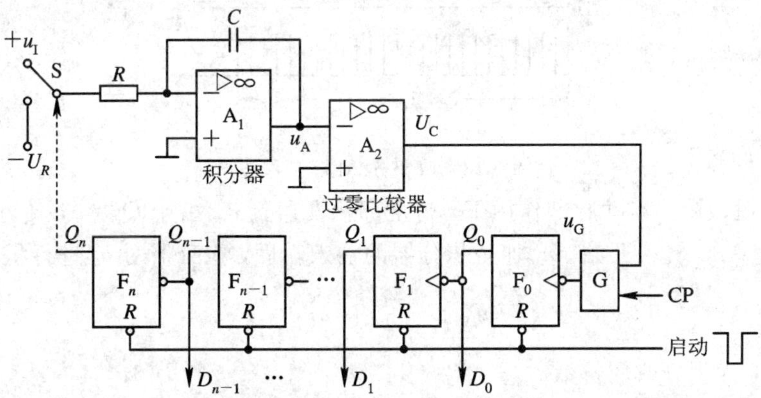

图 8 - 12　双积分 ADC 电路原理图

(1) 积分器：它由运算放大器 A_1 和 RC 积分网络组成，这是转换器的核心。它的输入端接开关 S，开关 S 受触发器 F_n 控制。当 $Q_n=0$ 时，S 接输入电压 u_I，积分器对输入信号电压 u_I 积分；当 $Q_n=1$ 时，S 接基准电压 $-U_R$，积分器对 $-U_R$ 积分。积分器进行了两次方向相反的积分。积分器输出 u_A 接过零比较器。

(2) 过零比较器：当积分器输出 $u_A>0$ 时，比较器输出 $U_C=0$；当 $u_A\leqslant 0$ 时，$U_C=1$。比较器输出作为时钟控制门 G 的控制信号。

(3) 时钟控制门 G：G 门有两个输入端，一个接比较器输出，一个接标准时钟。当过零比较器输出 $U_C=1$ 时，标准时钟通过 G 门加到计数器；当 $U_C=0$ 时，G 门被封锁，计数器停止计数。

(4) 计数器和定时电路：它由 $n+1$ 个触发器构成。$F_0\sim F_{n-1}$ 构成 n 位二进制计数器。计数器在启动脉冲作用下，全部触发器置 0，触发器 F_n 输出 $Q_n=0$，使开关 S 接 u_I，积分器对 u_I 积分，$u_A<0$，经过零比较器，$U_C>0$，G 门开启，n 位二进制计数器开始计数。当计数器输入 2^n 个时钟信号后，触发器 $F_0\sim F_{n-1}$ 状态由 11…11 回到全 0 态，而触发器 F_n 输出 $Q_n=1$，发出定时控制信号，使开关 S 接至基准电源 $-U_R$，积分器反向积分。比较器输出 U_C 仍为 1，时钟信号仍通过 G 门，$F_0\sim F_{n-1}$ 再次从 0 开始计数，直至积分器输出 $u_A\geqslant 0$，使过零比较器输出 $U_C=0$，G 门封锁。此时，计数器所计二进制数即为与输入模拟采样保持信号的平均值成正比的数字量。

下面以 u_I 正极性电压为例，定量说明双积分 ADC 电路的工作情况，工作波形如图 8－13 所示。其工作过程可分为两个阶段。

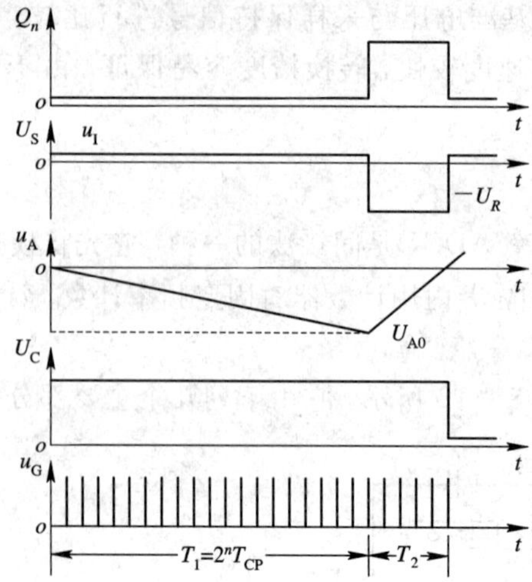

图 8－13　双积分 ADC 工作波形

（1）采样阶段：在启动脉冲作用下，将全部触发器置 0。由于 $Q_n=0$，使开关 S 与输入信号 u_I 连接，A/D 转换开始。u_I 加至积分器的输入端后，积分器对 u_I 进行积分，输出为

$$u_A=-\frac{1}{\tau}\int_0^t u_I\,dt$$

式中，$\tau=RC$，为积分时间常数。

由于 $u_A<0$，过零比较器输出 $U_C=1$，G 门打开，n 位二进制计数器从 0 开始计数，一直到

$$t=T_1=2^nT_{CP}$$

时，触发器 $F_0\sim F_{n-1}$ 又全部回到 0，而触发器 F_n 由 0 翻至 1，$Q_n=1$，开关 S 转接至基准电源 $-U_R$，采样阶段结束。此时

$$u_A=U_{A0}=-\frac{T_1}{\tau}u_I=-\frac{2^nT_{CP}}{\tau}u_I$$

式中 T_{CP} 为时钟脉冲的周期。

（2）比较阶段：开关 S 转接至基准电源 $-U_R$ 后，积分器对 $-U_R$ 进行积分，积分器输出

$$u_A=U_{A0}-\frac{1}{\tau}\int_{T_1}^t(-U_R)\,dt=-\frac{2^nT_{CP}}{\tau}u_I+\frac{U_R}{\tau}(t-T_1)$$

当 $u_A\geqslant 0$ 时，过零比较器输出 $U_C=0$，G 门被封锁，计数器停止计数。假设此时计数器已记录了 N 个脉冲，则

$$T_2=t-T_1=NT_{CP}$$

代入上式得

$$u_A=-\frac{2^nT_{CP}}{\tau}u_I+\frac{U_R}{\tau}NT_{CP}=0$$

求得

$$N = \frac{2^n}{U_R} u_I$$

由此式可见，计数器所计脉冲数 N 与输入电压 u_I 成正比，N 所对应的二进制代码即为数字量的输出，这样就实现了 ADC。

这种转换器具有如下优点：① 最后的转换结果与积分器时间常数 τ 无关，从而消除了由于斜坡电压非线性带来的误差，允许积分电容在一个宽范围内变化，而不影响结果；② 由于输入信号的积分时间 $T_1 = 2^n T_{CP}$ 较长且是固定值，而 $T_2 = NT_{CP} = \frac{2^n}{U_R} T_{CP} u_I = \frac{u_I}{U_R} T_1$ 正比于输入信号在 T_1 内的平均值，这样对叠加在输入信号上的干扰信号有很强的抑制能力；③ 这种转换器不必采用高稳定度的时钟信号源，它只要求时钟源在一个转换周期 $T_1 + T_2$ 内保持稳定即可。这种转换器广泛应用于要求精度较高而转换速度要求不高的仪器中。

还需指出的是，图 8-12 只画了双积分 ADC 的基本环节，它还有其它一些控制电路。如启动脉冲产生电路；在一次转换结束后，第二次转换之前，积分电容放电，使积分器输出回零电路；输入信号电压极性判别电路等。

2. 逐次逼近式 ADC

逐次逼近式 ADC 是直接式 ADC 中最常用的一种。其基本思想是，将大小不同的参考电压与采样保持后的电压 u_I 逐步进行比较，比较结果以相应的二进制代码表示。

图 8-14 表示了四位逐次逼近型 A/D 转换器的原理方框图，它由下列各部分组成。

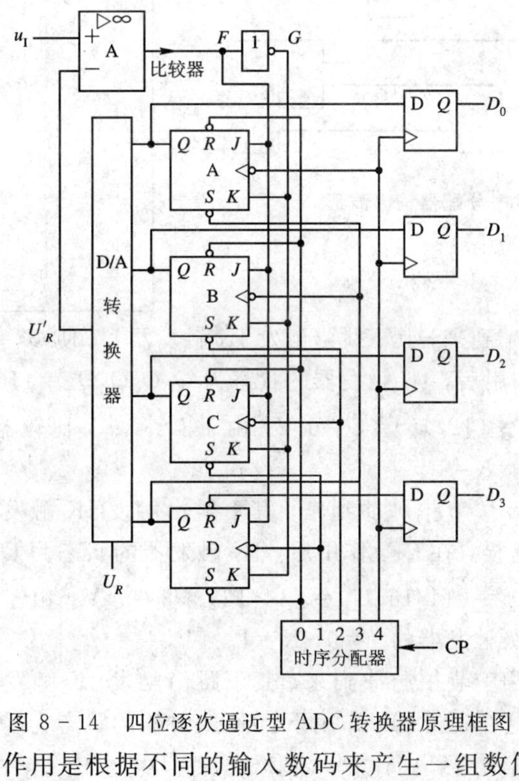

图 8-14　四位逐次逼近型 ADC 转换器原理框图

D/A 转换器：它的作用是根据不同的输入数码来产生一组数值不同的参考电压 U_R'，将其送至电压比较器并与输入模拟信号 u_I 进行比较。D/A 转换器通常采用权电阻或

$R-2R$ 梯形解码网络的结构，输出 U_R' 与输入数码 $Q_DQ_CQ_BQ_A$ 之间的关系如表 8－1 所示。

电压比较器：它的一端输入采样保持电压 u_I，另一端输入 D/A 转换器产生的参考电压 U_R'。当 $U_R'<u_I$ 时，比较器输出 $F=1$；当 $U_R'\geqslant u_I$ 时，比较器输出 $F=0$。

时序分配器：它的作用是产生比较用的节拍脉冲。时序分配器通常由环型计数器构成，在 CP 作用下，产生 $CP_0\sim CP_4$ 的波形输出(如图 8－15 所示)。

JK 触发器：其作用是在节拍脉冲 $CP_0\sim CP_4$ 作用下，记忆前次比较结果，并向 D/A 转换器提供输入数码，以产生参考电压 U_R'。

暂存器：由 D 触发器构成，在节拍脉冲 CP_4 的作用下，记忆最后比较结果，并行输出二进制代码。

下面我们举例说明逐次逼近式 ADC 的工作过程。

假设：D/A 转换器的基准电压 $U_R=8$ V，采样保持信号电压 $u_I=6.25$ V。

首先，在节拍脉冲 CP_0 作用下，使 JK 触发器的状态置为 $Q_DQ_CQ_BQ_A=1000$，则 D/A 转换器输出参考电压 $U_R'=(8/16)U_R$(见表 8－1)，所以 $U_R'=4$ V。由于 $U_R'<u_I$，比较器输出 $F=1$，$G=0$，这样，各级触发器的 $J=1$，$K=0$。

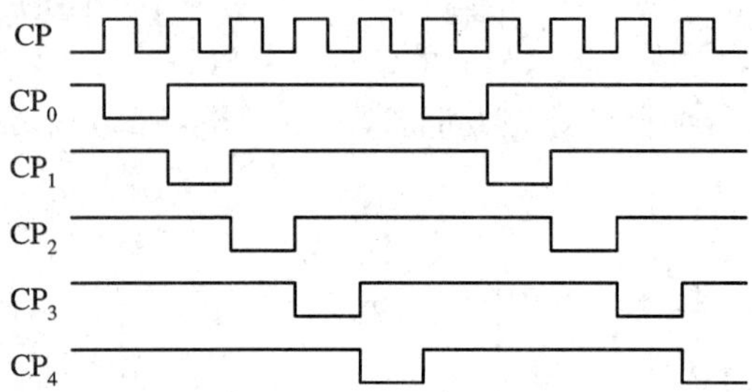

图 8－15　时序分配器输出波形

表 8－1　输出与输入数码的关系

Q_D	Q_C	Q_B	Q_A	U_R'
0	0	0	0	0
0	0	0	1	$(1/16)U_R$
0	0	1	0	$(2/16)U_R$
0	0	1	1	$(3/16)U_R$
0	1	0	0	$(4/16)U_R$
0	1	0	1	$(5/16)U_R$
0	1	1	0	$(6/16)U_R$
0	1	1	1	$(7/16)U_R$
1	0	0	0	$(8/16)U_R$
1	0	0	1	$(9/16)U_R$
1	0	1	0	$(10/16)U_R$
1	0	1	1	$(11/16)U_R$
1	1	0	0	$(12/16)U_R$
1	1	0	1	$(13/16)U_R$
1	1	1	0	$(14/16)U_R$
1	1	1	1	$(15/16)U_R$

接着，节拍脉冲 CP_1 到来，其下跳沿触发 JK 触发器 D，使 $Q_D=1$，同时 CP_1 使触发器 C 置 1。这样，在 CP_1 作用后，JK 触发器的状态为 $Q_DQ_CQ_BQ_A=1100$。D/A 转换器输出参考电压 $U_R'=(12/16)U_R=(12/16)\times 8=6$ V。由于 $U_R'<u_I$，比较器输出 $F=1$，$G=0$，这样，各级触发器的 $J=1$，$K=0$。

CP_1 作用结束后，CP_2 节拍脉冲到来，其下跳沿触发 JK 触发器 C，使 $Q_C=1$。同时 CP_2 使触发器 B 置 1。这样，在 CP_2 作用后，JK 触发器的状态为 $Q_DQ_CQ_BQ_A=1110$。D/A 转换器输出参考电压 $U_R'=(14/16)U_R=(14/16)\times 8=7$ V。由于 $U_R'>u_I$，比较器输出 $F=0$，$G=1$，这样，各级触发器的 $J=0$，$K=1$。

CP_2 作用结束后，CP_3 节拍脉冲到来，其下跳沿触发 JK 触发器 B，使 $Q_B=0$。同时 CP_3 使触发器 A 置 1。这样，在 CP_3 作用下，JK 触发器的状态为 $Q_DQ_CQ_BQ_A=1101$。D/A 转换器输出参考电压 $U_R'=(13/16)U_R=(13/16)\times 8=6.5$ V。由于 $U_R'>u_I$，比较器输出 $F=0$，$G=1$，这样，各级触发器的 $J=0$，$K=1$。

CP_3 作用结束后，CP_4 节拍脉冲到来，其下跳沿触发 JK 触发器 A，使 $Q_A=0$，JK 触发器的状态为 $Q_DQ_CQ_BQ_A=1100$。CP_4 节拍脉冲的上升沿触发暂存器各 D 触发器，将 JK 触发器状态 1100 存入到暂存器中。暂存器的输出 $D_3D_2D_1D_0=1100$，即为输入模拟电压 $u_I=6.25$ V 的二进制代码。

暂存器输出的是并行二进制代码。同时从上面分析中可见，比较器 F 端顺序输出的恰好是 1100 串行输出的二进制代码。

逐次逼近型 ADC 完成一次转换所需的节拍脉冲数为$(n+1)$，其中 n 为二进制代码的位数。所以，完成一次转换所需的时间约为$(n+1)T_{CP}$，其中 T_{CP}为时钟脉冲周期。因此，转换时间随着二进制代码的位数 n 的增加而增加。这种转换器的速度比间接式的要快得多。目前在高速多位的集成 ADC 电路中，这种电路应用较多，它的主要特点就在于电路简单，只用一个比较器，而速度、精度都较高。

3. 并行比较型电路

图 8-16 所示是三位二进制数的并行比较型 ADC 电路。它由电阻分压器(即量化标尺)、比较器、寄存器和编码器四部分组成。

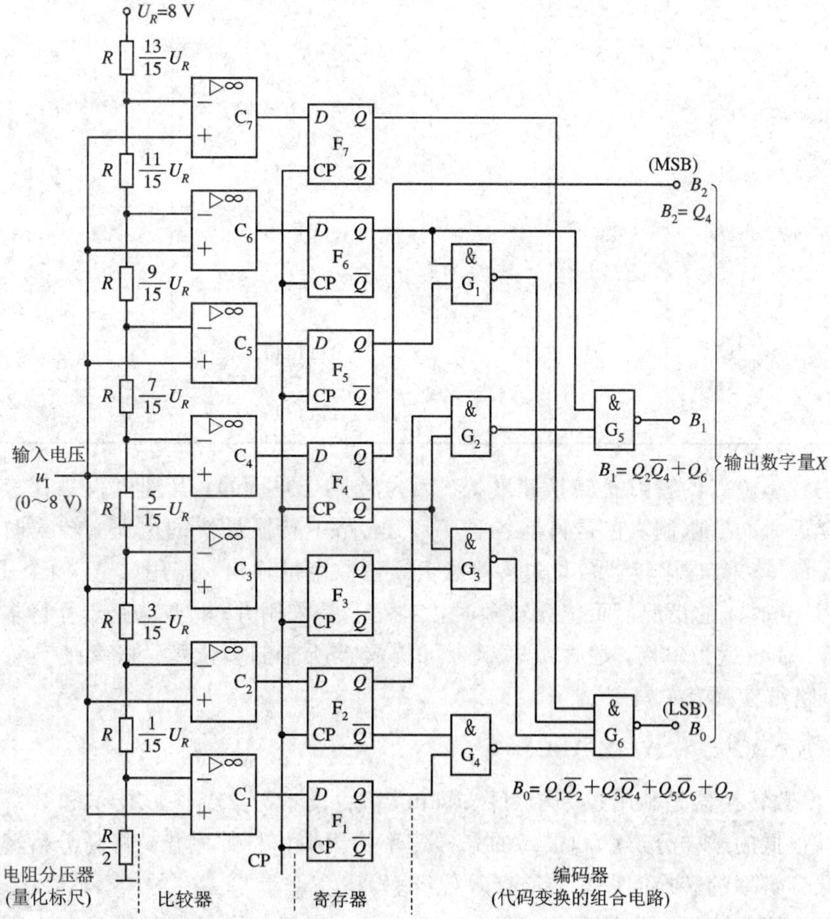

图 8-16 三位二进制数的并行比较型 ADC 电路

输入模拟电压的范围 $u_I=0\sim8$ V，$u_{Im}=8$ V；输出三位二进制代码($n=3$)。采用四舍五入的量化方式，量化间隔 $s=\frac{2u_{Im}}{2^{n+1}-1}=\frac{2}{15}u_{Im}=\frac{16}{15}$ V。量化标尺是用电阻分压器形成 $\frac{1}{15}U_R$，$\frac{3}{15}U_R$，…，$\frac{13}{15}U_R$ 各分度值的，并作为各比较器 $C_1\sim C_7$ 的比较参考电平。因采用四舍五入法量化，第一个比较器的参考电平应取 $\frac{s}{2}=\frac{1}{15}\cdot U_R=\frac{8}{15}$ V。采样保持后的输入电压 u_I 与这些分度值相比较，当 u_I 大于比较参考电平时，比较器输出 1 电平，反之输出 0 电平，从而各比较器输出电平的状态就与输入电压量化后的值相对应。各比较器输出并行送至由 D 触发器构成的寄存器内，再经过编码电路将比较器的输出转换成三位二进制代码 $x_2x_1x_0$。输入电压与代码的对应关系如表 8-2 所示。

表 8-2 输入电压与代码的对应关系

输入模拟电压范围 u_I/V	量化标尺分度值	量化后输出电压	比较器输出 $C_7C_6C_5C_4C_3C_2C_1$	输出二进制编码 $B_2B_1B_0$
$0\leqslant u_I<\frac{1}{15}U_R$	0 s	0	0000000	000
$\frac{1}{15}U_R\leqslant u_I<\frac{3}{15}U_R$	1 s	1	0000001	001
$\frac{3}{15}U_R\leqslant u_I<\frac{5}{15}U_R$	2 s	2	0000011	010
$\frac{5}{15}U_R\leqslant u_I<\frac{7}{15}U_R$	3 s	3	0000111	011
$\frac{7}{15}U_R\leqslant u_I<\frac{9}{15}U_R$	4 s	4	0001111	100
$\frac{9}{15}U_R\leqslant u_I<\frac{11}{15}U_R$	5 s	5	0011111	101
$\frac{11}{15}U_R\leqslant u_I<\frac{13}{15}U_R$	6 s	6	0111111	110
$\frac{13}{15}U_R\leqslant u_I<U_R$	7 s	7	1111111	111

并行比较型电路的特点是转换速度快。因为转换是并行的，其速度仅被比较器及门电路的传输延迟时间所限制。它是目前各种 ADC 电路中转换最快的电路，转换时间仅为数十纳秒。然而其缺点是比较器数量过多，对于 n 位数字量输出，需用(2^n-1)个比较器，因此它一般用于 $n\leqslant4$ 的情况。而位数较多时，工程上常采用并/串型电路，可将多个二至四位并行比较 ADC 适当串接，通过级联组合可扩展至所需的多位数，极大地节省了电路元器件。该电路可参阅有关资料。

4. Σ-Δ ADC(或称 Δ-Σ ADC)

Σ-Δ 模数转换器是利用过采样(Oversampling)技术、噪声整形技术和数字滤波技术从而实现以很低的采样分辨率和很高的采样速率将模拟信号数字化，将高分辨率的转换问题化简为低分辨率的转换问题，增加有效分辨率。

Σ-Δ 模数转换器的原理框图如图 8-17 所示，模拟信号经模拟低通滤波器后变换成带限的模拟信号，然后，模拟 Σ-Δ 调制器以远高于信号频带的奈奎斯特(Nyquist)频率的取样频率（Kf_s）将带限模拟信号量化成信号频谱和量化噪声频谱相分离的低分辨率数字信号，随后数字低通滤波器滤除信号频带以外的量化噪声，并将采样频率降低至奈奎斯特频率（f_s），从而获取高分辨率的数字信号。Σ－Δ 模数转换器由模拟抗混叠低通滤波器、Σ－Δ 调制器、数字低通滤波和采样抽取等几部分组成。

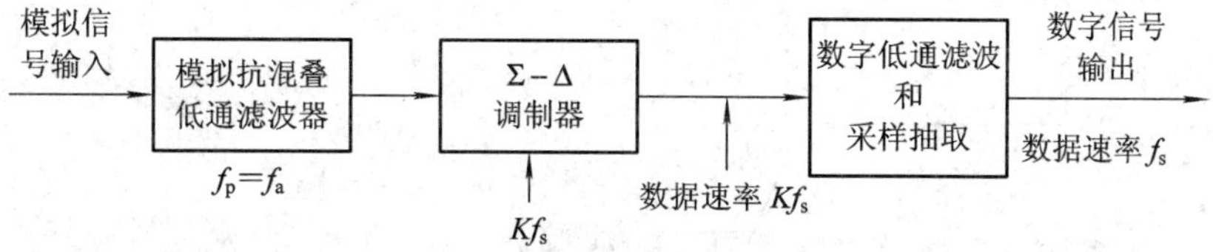

图 8－17　Σ－Δ 模数转换器原理框图

1）抗混叠低通滤波器

根据奈奎斯特采样定律，在对模拟信号进行离散化时，采样频率至少应是将分析信号最高频率的 2 倍，否则可能出现因采样频率不够，使得模拟信号中的高频信号折叠到低频段，从而出现虚假频率成分的现象，即混叠现象。在实际工程测量中，采样频率不可能无限高也无需无限高，因为一般仅关心一定频率范围内的信号成分。为解决频率混叠现象，在对模拟信号进行离散化采样前，采用低通滤波器除高于 1/2 采样频率的频率成分，以避免因频率混叠而对输出造成干扰。

2）Σ－Δ 调制器

Σ－Δ 调制器是 Σ－Δ ADC 的关键部分，包含 1 个积分器、1 个比较器以及 1 个由 1 bit DAC(1 个简单的开关)构成的反馈环。其结构如图 8－18 所示。积分器对误差电压进行求和，其对于输入信号表现为一个低通滤波器，而对于量化噪声则表现为高通滤波。这样，大部分量化噪声就会被推向更高的频段。和前面的简单过采样相比，总的噪声功率没有改变，但噪声的分布发生了变化。反馈 DAC 的作用是使积分器的平均输出电压接近于比较器的参考电平。

Σ－Δ 调制器输出中“1”的密度将正比于输入电压信号。如果输入电压上升，比较器则产生更多数量的“1”，反之亦然。

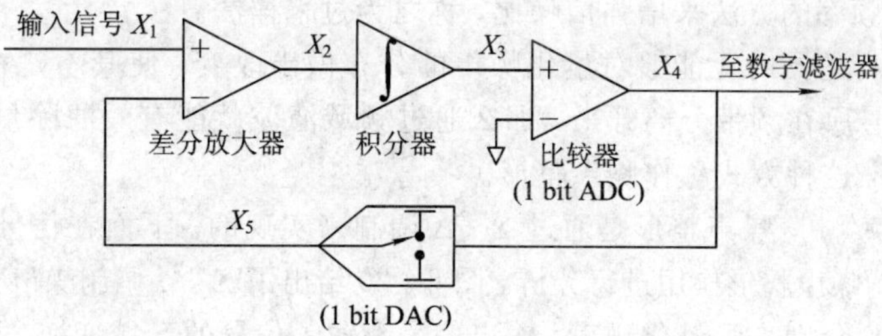

图 8－18　Σ－Δ 调制器结构图

Σ－Δ 调制器具有对量化噪声进行频域整形的作用。理解 Σ－Δ 调制器的这一功能需事先了解量化噪声和过采样技术的概念。

ADC 输入的模拟量是连续的，而输出的数字量是离散的。用离散的数字量表示连续的模拟量，需要经过量化和编码，由于数字量只能取有限位，故量化过程必然会引入误差，即量化误差(也称量化噪声)。首先，考虑传统 ADC 的频域传输频率。设输入一个正弦信号，以频率 f_s 对其进行采样，根据奈奎斯特定理，f_s 至少是输入信号频率的两倍。通过 FFT 分析可知，其结果是一个单音和一系列频率分布于直流(DC)到 $f_s/2$ 间的随机噪声，这些噪声就是量化噪声，如图 8-19 所示。下面对量化噪声的频域分布进行进一步分析。

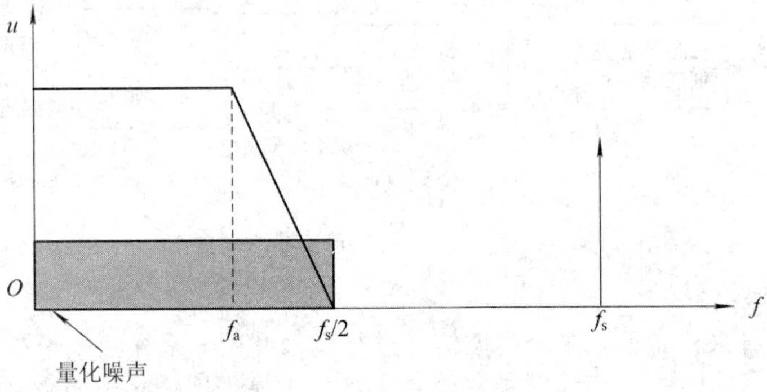

图 8-19　量化噪声分布

数字量用 N 位二进制数表示时，最多可有 2^N 个不同的编码。在将输入模拟信号归一化为 0～1 之间数值的情况下，对应其输出码的一个最低有效位发生变化的最小输入模拟变化量为 $q=1/2^N$。若输入信号的最小幅度大于量化器的量化阶梯 q，则量化噪声的总功率与采样频率 f_s 无关，是一个常数，且功率谱密度为 $0\sim f_s/2$ 频带内均匀分布的白噪声。其在以 $\pm q/2$ 量化单位所划分的各量化电平内的分布是均匀的。量化噪声功率可表示为

$$\sigma_e^2 = E[e^2] = \frac{1}{q}\int_{-q/2}^{q/2} e^2\,\mathrm{d}e = \frac{q^2}{12} \tag{1}$$

由于量化噪声均匀分布在 f_s 宽度的频带内($-f_s/2\sim f_s/2$)，所以量化噪声的功率谱密度可以表示为

$$D(f) = \frac{q^2}{12f_s} = \frac{1}{12\times 2^{2N} f_s} \tag{2}$$

由式(2)可知，要想得到高信噪比的信号，可有两种方法，即增加分辨位数 N 或者采样频率 f_s。当提高采样频率 K 倍，若 $K=2^{2N}$，则相当于提高 N 位的分辨率。Σ-Δ ADC 就采用提高采样频率的方法来增强信噪比，称之为过采样法。

如果在过采样的同时还能够对量化噪声的分布做出改变，使其不是在 f_s 频带内均匀分布，而是与信号所在频带分离开来，那么通过频域滤波就能有效滤除量化噪声，从而进一步提高信噪比，这种方式称作噪声整形。

在 Σ-Δ ADC 中，噪声整形是通过 Σ-Δ 调制来实现的。下面在信号的频率域(S 域)对 Σ-Δ 调制器的噪声整形作用进行分析。图 8-20 给出了 Σ-Δ 调制噪声整形的流程框图。

设 Q、Y 和 X 分别表示量化噪声、输出信号和输入信号的 S 域变换，$H(S)$表示积分器的传递函数($1/S$)，则有

$$Y = \frac{X-Y}{S} + Q \tag{3}$$

整理得

$$Y = \frac{X}{S+1} + \frac{QS}{S+1} \tag{4}$$

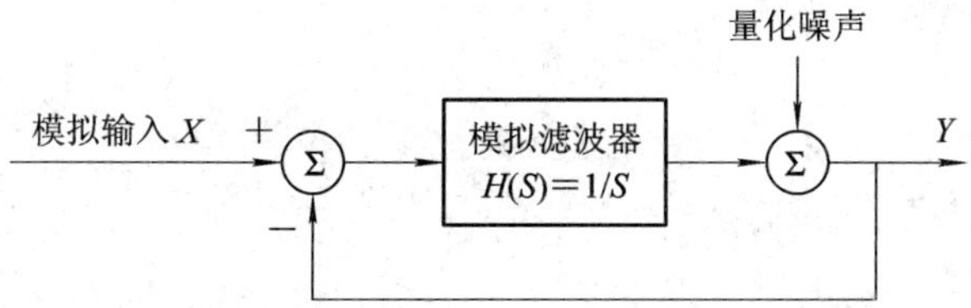

图 8－20　噪声整形流程框图

由式(4)可知，当频率很低($S\to 0$)时，输出 $Y\to X$，且输出信号中量化噪声分量 $QS/(S+1)\to 0$；而当频率很高时，$Y\to Q$，输入信号分量 $X\to 0$。所以总体看来，Σ－Δ 调制器对输入信号具有低通的作用，而对量化噪声具有高通的作用，由此将量化噪声集中到了输出的高频带内，从而改变了噪声频域分布，实现了噪声整形的功能。

3）数字低通滤波和采样抽取

整形之后的输出，低频带($0\sim f_s/2$)内是有用的信号，高频部分($f_s/2\sim Kf_s/2$)是量化噪声，如图 8－21(*a*)所示。再通过数字低通滤波器，就可以有效滤除量化噪声，从而提高信噪比，如图 8－21(*b*)所示。同时，为了便于传输和存储，且要求在无混叠情况下还原原始信号，会对滤波之后的输出信号从过采样频率 Kf_s 降低到奈奎斯特频率 f_s。

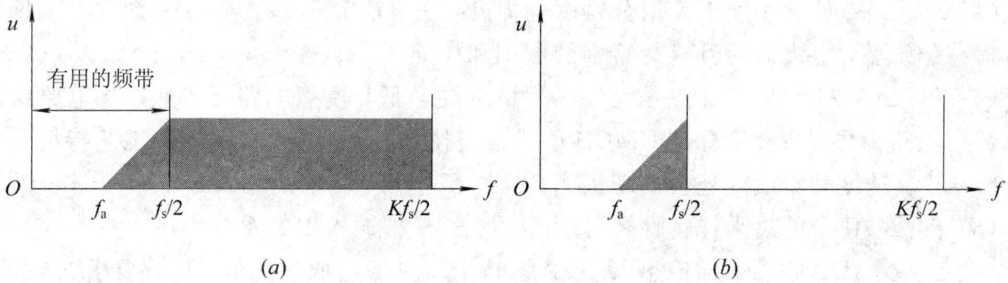

图 8－21　数字低通滤波前后频带示意图

(*a*) 噪声整形后；(*b*) 数字低通滤波后

数字抽样滤波器可以很好地实现数字低通滤波的这些功能。这种滤波器通过对输入的每 M 个数字抽样一个数据的重采样方法，使输出速率低于原来的过采样速率。合适选择 M 值，就可以得到信噪比高，又满足还原信号的频率条件的输出信号。其原理如图 8－22 所示。

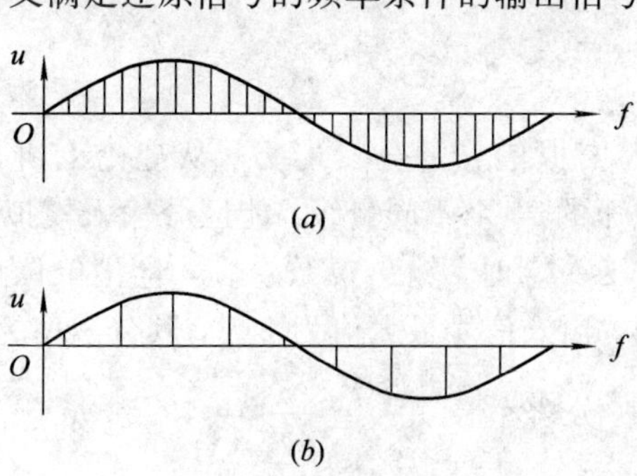

图 8－22　数字抽样滤波原理(M=3)

(*a*) 抽采样；(*b*) 抽样后

在相同的过采样速率 Kf_s 条件下，M 越大，滤波半径($Kf_s/(2M)$)越小，噪声滤除越明显，获得信噪比就越高，如图 8-23 所示。

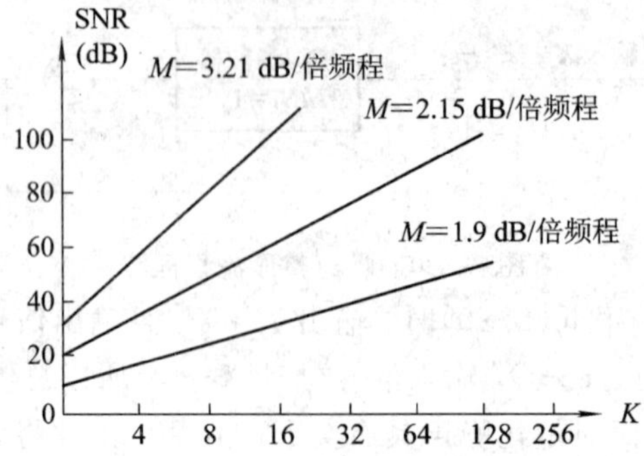

图 8-23 SNR～M 关系示意图

Σ-Δ ADC 的特点是：与几种传统 ADC 相比，过采样 Σ-Δ 模数转换器由于采用了过采样技术和 Σ-Δ 调制技术，增加了系统中数字电路的比较，减少了模拟电路的比例，且易于与数字系统实现单片集成，因而能够以较低的成本实现高精度的模数转换，适应了大规模集成电路(Very Large Scale Integrated circuites，VLSI)技术发展的要求。Σ-Δ ADC 存在的主要特点可归纳如下：

（1）Σ-Δ ADC 利用速率换取分辨率的提升，是目前分辨率最高的一类 ADC。即使进一步提高分辨率，也无需对其进行特别的微调和校准。

（2）Σ-Δ ADC 的突出优点是元件匹配精度要求低，模拟电路元件很少，电路组成主要以数字电路为主，适合于标准 CMOS 单片集成技术，制作成本低。随着工艺特征尺寸的进一步减少，速度和集成度还会不断提高。

（3）Σ-Δ ADC 的过采样特性还可用于“平滑”模拟输入中的系统噪声。

（4）Σ-Δ ADC 的过采样倍率 K 至少是 16 倍，一般会取更大值。这就要求 Σ-Δ 调制器内部模拟电路的工作速率要远远大于最终的数据速率。此外，数字滤波器的设计也是一个挑战，并会消耗很大的硅片面积。由此推断，在不远的将来，速度最高的高分辨率 Σ-Δ 调制型 ADC 的带宽也不太可能高出几 Msps 太多。

8.2.3 ADC 的主要技术指标

1. 分辨率

分辨率指 ADC 对输入模拟信号的分辨能力。从理论上讲，一个 n 位二进制数输出 ADC 应能区分输入模拟电压的 2^n 个不同量级。能区分输入模拟电压的最小值为满量程输入的 $1/2^n$。在最大输入电压一定时，输出位数愈多，量化单位愈小，分辨率愈高。例如，ADC 输出为八位二进制数，输入信号最大值为 5 V，其分辨率为

$$分辨率 = \frac{U_m}{2^8} = \frac{5}{256} = 19.53\ \text{mV}$$

2. 转换误差

转换误差通常是以输出误差的最大值形式给出的。它表示 ADC 实际输出的数字量和理论上的输出数字量之间的差别，常用最低有效位的倍数表示。如给出相对误差小于等于

±LSB/2，这就表明实际输出的数字量和理论上应得到的输出数字量之间的误差小于最低位的半个字。

3. 转换速度

转换时间是指 ADC 从转换信号到来开始，到输出端得到稳定的数字信号所经过的时间。此时间与转换电路的类型有关。不同类型的转换器，其转换速度相差很大。并行 ADC 转换速度最高，八位二进制输出的单片 ADC 其转换时间在 50 ns 内，逐次逼近型 ADC 转换速度次之，一般在 10～50 μs，也有的可达数百纳秒。双积分式 ADC 转换速度最慢，其转换时间约在几十毫秒至几百毫秒间。实际应用中，应从系统总的位数、精度要求、输入模拟信号的范围及输入信号极性等方面综合考虑 ADC 的选用。

8.2.4 集成 ADC

单片集成 ADC 中，逐次比较型使用较多，下面介绍 ADC0801。

ADC0801 是较流行的中速廉价型单通道八位全 MOS A/D 转换器，它内部含时钟电路，只要外接一个电阻和一个电容就可由自身提供时钟信号，允许模拟输入信号是差动的或不共地的电压信号。图 8 - 24 为此电路的引脚图。图中：

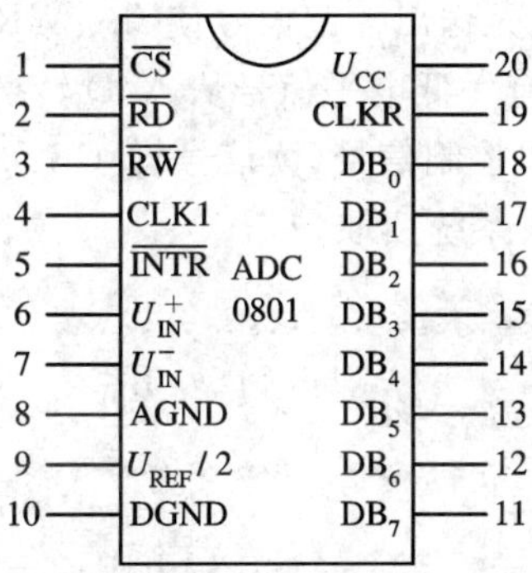

图 8 - 24 ADC0801 引脚图

$\overline{CS}$、$\overline{RD}$、$\overline{RW}$是数字控制输入端，$\overline{CS}$和$\overline{RW}$用来控制 A/D 的启动，$\overline{CS}$和$\overline{RD}$用来读 A/D 转换的结果。

CLKI 和 CLKR 是时钟电路引出端，两端外接一对电阻和电容即可产生 A/D 转换所要求的时钟。

$\overline{INTR}$是 A/D 转换结束信号输出端，如将$\overline{INTR}$与$\overline{CS}$、$\overline{RW}$相连接，则此 A/D 转换器处于自动循环转换状态。

U_{IN}^{+}和 U_{IN}^{-}为被转换电压信号的输入端。

AGND 和 DGND 为模拟接地端和数字接地端，分开设置是为了防止数字信号对模拟信号的干扰。

$U_{REF}/2$ 为参考电压的输入端，其值对应输入电压范围的二分之一。如此脚悬空，则由内部的分压电路设置成 $+U_{CC}/2$，此时对应的输入电压范围为 0～$+U_{CC}$。

图 8 - 25 是 ADC0801 电路的典型应用。此电路中，RC 组成时钟电路，振荡频率 $f_{CLK}=(1/1.1)RC$，典型值 $R=10$ kΩ、$C=150$ pF 时，$f_{CLK}=640$ kHz，对应的转换时间约

为 100 μs。

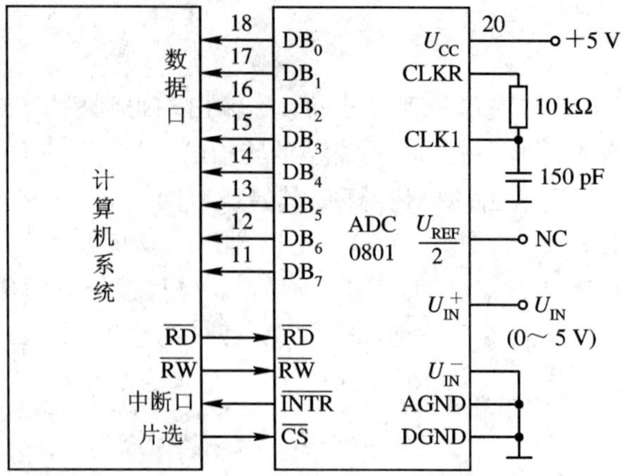

图 8-25　ADC0801 电路典型应用

由于单端输入范围为 0～5 V，因而将 U_{IN}^{-}接地，U_{IN}^{+}接输入信号，$U_{REF}/2$ 端悬空(使用内部分压电路提供的参考电压)。

ADC801 的工作过程如下：先送出控制信号使$\overline{CS}$、$\overline{WR}$为低电平，从而启动 A/D 转换器；当 A/D 转换器转换结束时有一低电平信号从 A/D 转换器的$\overline{INTR}$端口输出；与之相连的系统得到这一信号后便可送出控制信号(读信号)使$\overline{CS}$、$\overline{RD}$为低电平，这时，转换后的数据便出现在 DB_7～DB_0 端口上供系统读取。

练　习　题

1. 在权电阻 DAC 中，若 $n=6$，并选 MSB 权电阻 $R_5=10$ kΩ，试问应选取其它各位权电阻的阻值为多少？

2. T 型电阻 DAC，$n=10$，$U_R=-5$ V，当输入下列值时，求输出电压 u_O。

(1) $B_1=0000000000$

(2) $B_2=0000000001$

(3) $B_3=1000000000$

(4) $B_4=1001010101$

(5) $B_5=1111111111$

3. T 型电阻 DAC，$n=10$，$U_R=-5$ V，要求输出电压 $u_O=4$ V，试问输入的二进制数应是多少？为了获得 20 V 的输出电压，有人说，其它条件不变，增加 DAC 的位数即可，你认为怎样？

4. T 型电阻 DAC 中，$n=10$，若 $B_9=B_7=1$，其余位均为 0，在输出端测得电压 $u_O=3.125$ V，问该 DAC 的基准电压 $U_R=$？

5. 已知某 DAC 电路，最小分辨电压 $u_{LSB}=5$ mV，满刻度输出电压 $U_m=10$ V，试求该电路输入数字量的位数 n 应是多少？基准电压 U_R 应是多少？

如另一 DAC 电路 $n=9$，$U_m=5$ mV，试求最小分辨电压 U_{LSB}、分辨率和基准电压 U_R。

6. 某双积分型 ADC 电路中，计数器由四片十进制集成计数器 T210 组成，它的最大计数容量 $N_1=(5000)_{10}$，计数脉冲的频率 $f_C=25$ kHz，积分器 $R=100$ kΩ，$C=1$ μF，输入电压范围 $u_I=0\sim5$ V。试求：

(1) 第一次积分的时间 T_1；

(2) 积分器的最大输出电压 $|U_{omax}|$；

(3) 当 $U_R=\pm10$ V 时，若计数器的计数值 $N_2=(1740)_{10}$，表示输入电压 u_I 为多大？

7. 逐次逼近型八位 ADC 电路中，若 $U_R=5$ V，输入电压 $u_I=4.22$ V，试问其输出 $B_7\sim B_0=$？如果其它条件不变，仅改用 10 位 DAC，那么输出数字量又会是多少？请写出两种情况下的量化误差。

第九章 半导体存储器和可编程逻辑器件

半导体存储器是当今数字系统特别是计算机系统中不可缺少的组成部分，它可用来存储大量的二进制信息和数据。半导体存储器按集成度划分属于大规模集成电路。

另一类功能特殊的大规模集成电路是20世纪70年代后期发展起来的可编程逻辑器件PLD(Programmable Logic Device)。前面各章介绍的中小规模集成电路器件性能好、价格低，但是如用这些器件构成一个大型复杂的数字系统，则存在系统功耗高、占用空间大和系统可靠性差等问题。PLD较好地解决了上述问题，并在工业控制和产品开发等方面得到了广泛的应用。PLD是一种可以由用户定义和设置逻辑功能的器件。该类器件具有结构灵活、集成度高、处理速度快和可靠性高等特点。本章仅介绍几种典型的PLD的基本结构和性能比较，更进一步的讨论请读者参阅相关的专业书籍。

9.1 半导体存储器

半导体存储器的种类很多，按采用元件来分，有双极型和MOS型两大类。

双极型存储器以双极型触发器为基本存储单元，其工作速度快，但功耗大，主要用于对速度要求高的场合；MOS型存储器以MOS触发器或电荷存储结构为存储单元，它具有集成度高、功耗小、工艺简单等特点，主要用于大容量存储系统中。目前数字系统中主要选用MOS型存储器。按存取信息方式划分，有只读存储器ROM(Read-Only Memory)和随机存取存储器RAM(Random Access Memory)两大类。

只读存储器ROM在正常工作时只能读出信息，而不能写入信息。ROM的信息是在制造时用专门的写入装置写入的并可长期保留，即断电后器件中的信息不会消失，因此也称为非易失性存储器。ROM又可分为掩膜ROM、可编程ROM(Programmable Read-Only Memory，简称PROM)和可擦除的可编程ROM(Erasable Programmable Read-Only Memory，简称EPROM)。

随机存取存储器RAM正常工作时可以随时写入或读出信息，但断电后器件中的信息也随之消失，因此也称为易失性存储器。RAM又可分为静态存储器SRAM(Static Random Access Memory)和动态存储器DRAM(Dynamic Random Access Memory)两类。DRAM的存储单元结构非常简单，其集成度远高于SRAM，但它的存取速度不如SRAM快。

存储器的存储容量和存取时间是反映系统性能的两个重要指标。存储容量指存储器所能存放的信息的多少，存储容量越大，说明存储的信息越多，系统的功能越强。存储器的容量一般用字数N和字长M的乘积即$N\times M$来表示，如1 K×8表明该存储器有1024个存储单元，每一单元存放八位二进制信息。存取时间一般用读/写周期来描述。读/写周期越短，即存取时间越短，存储器的工作速度就越高。

9.1.1 只读存储器(ROM)

ROM 的一般结构如图 9-1 所示。它主要由地址译码器、存储矩阵及输出缓冲器组成。

存储矩阵是存放信息的主体，它由许多存储单元排列组成。每个存储单元存放一位二进制代码(0 或 1)，若干个存储单元组成一个字。地址译码器有几条地址输入线 $A_0 \sim A_{n-1}$，则译码器输出线有 2^n 条 $W_0 \sim W_{2^n-1}$，每一条译码输出线 W_i 称为“字线”，它与存储矩阵中的一个“字”相对应。因此，每当给定一组输入地址时，译码器只有一条输出字线 W_i 被选中，即 $W_i=1$，该字线可以在存储矩阵中找到一个相应的字，并将字中的 m 位信息 $D_{m-1} \sim D_0$ 送至输出缓冲级。此时三态控制端使缓冲级工作，读出 $D_{m-1} \sim D_0$ 的数据。每条输出线 D_i 又称为“位线”，每个字中信息的位数称为“字长”。

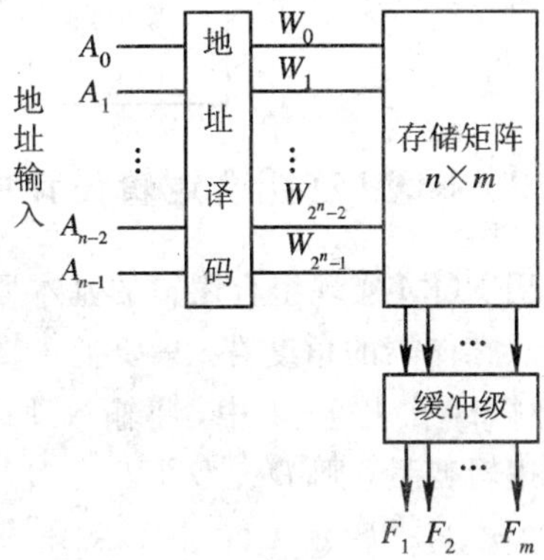

图 9-1 n 字 m 位 ROM 结构

ROM 的存储单元可以用二极管构成，也可用双极型三极管或 MOS 管构成。

输出缓冲级是 ROM 的数据读出电路，通常用三态门构成，它不仅可以实现对输出数据的三态控制，以便与系统总线连接，还可提高存储器的负载能力。

图 9-2 是具有两位地址输入和四位数据输出的 ROM 结构图，其存储单元用二极管构成。图中 $W_0 \sim W_3$ 四条字线分别选择存储矩阵中的四个字，每个字存放四位信息。制作时，若在某个字的某一位存入“1”，则在该字的字线 W_i 与位线 D_j 之间接入二极管；反之，就不接二极管。

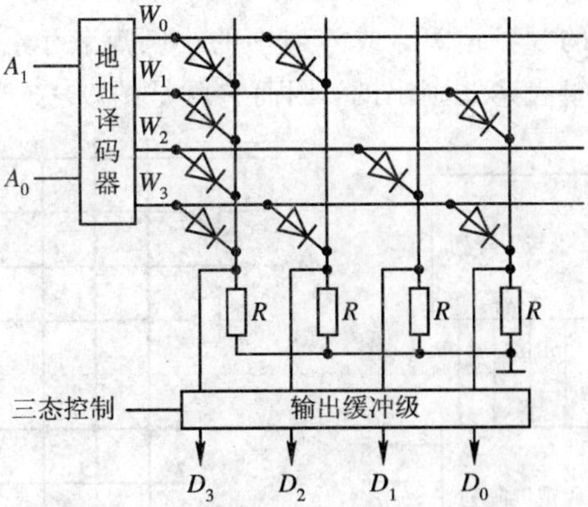

图 9-2 二极管 ROM 结构图

读出数据时，首先输入地址码，同时输出缓冲级三态控制端，使输出缓冲级工作，则在数据输出端 $D_3 \sim D_0$ 可以获得该地址对应字中所存储的数据。例如，当 $A_1A_0=00$ 时，$W_0=1$，$W_1=W_2=W_3=0$，所以 W_0 被选中，读出 W_0 对应字中的数据 $D_3D_2D_1D_0=1100$。当 A_1A_0 为 01、10、11 时，依次读出的数据是 1001、1010、1101。该 ROM 存储的数据如表 9-1 所示。

表 9-1　图 9-2 ROM 的数据表

A_1	A_0	D_3	D_2	D_1	D_0
0	0	1	1	0	0
0	1	1	0	0	1
1	0	1	0	1	0
1	1	1	1	0	1

9.1.2　ROM 在组合逻辑设计中的应用

用 ROM 实现组合逻辑的基本原理可从"存储器"和"与或逻辑网络"两个角度来理解。

从存储器的角度看，只要把逻辑函数的真值表事先存入 ROM，便可用 ROM 实现该函数。例如，在表 9-1 中，将输入地址 A_1A_0 视为输入变量，而将 D_3、D_2、D_1、D_0 视为一组输出逻辑变量，则 D_3、D_2、D_1、D_0 就是 A_1、A_0 的一组逻辑函数。

$$D_3=\overline{A}_1\overline{A}_0+\overline{A}_1A_0+A_1\overline{A}_0+A_1A_0=m_0+m_1+m_2+m_3$$

$$D_2=\overline{A}_1\overline{A}_0+A_1A_0=m_0+m_3$$

$$D_1=A_1\overline{A}_0=m_2$$

$$D_0=\overline{A}_1A_0+A_1A_0=m_1+m_3$$

可见，用 ROM 实现组合逻辑函数时，具体的做法就是将逻辑函数的输入变量作为 ROM 的地址输入，将每组输出对应的函数值作为数据写入相应的存储单元中即可，这样按地址读出的数据便是相应的函数值。

从与或逻辑网络的角度看，ROM 中的地址译码器形成了输入变量的所有最小项，即实现了逻辑变量的"与"运算。ROM 中的存储矩阵实现了最小项的"或"运算，即形成了各个逻辑函数，如上所述。基于这一分析，可以把 ROM 看做是一个与或阵列，如图 9-3 所示，其中(a)为 ROM 的框图，(b)为 ROM 的符号矩阵图。在图 9-3(b)中，与阵列中的小圆点表示各逻辑变量之间的"与"运算，或阵列中的小圆点表示各最小项之间的"或"运算。该图中的小圆点是根据逻辑表达式画出的，因而它就是图 9-2 所示 ROM 的符号矩阵图。

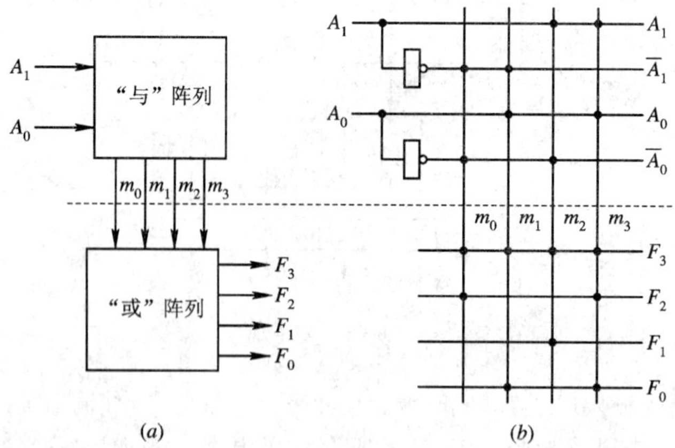

图 9-3　ROM 的与或阵列图

(a) 框图；(b) 符号矩阵

由上可知，用 ROM 实现逻辑函数时，需列出它的真值表或最小项表达式，然后画出 ROM 的符号矩阵图。工厂根据用户提供的符号矩阵图，便可生产出所需的 ROM。利用 ROM 不仅可实现逻辑函数(特别是多输出函数)，而且可以用作序列信号发生器和字符发生器，以及存放各种数学函数表(如快速乘法表、指数表、对数表及三角函数表等)。下面举例说明这些应用。

用 ROM 实现逻辑函数一般按以下步骤进行：

(1) 根据逻辑函数的输入、输出变量数，确定 ROM 容量，选择合适的 ROM。

(2) 写出逻辑函数的最小项表达式，画出 ROM 阵列图。

(3) 根据阵列图对 ROM 进行编程。

[例 1] 用 ROM 实现四位二进制码到格雷码的转换。

解 (1) 输入是四位二进制码 $B_3 \sim B_0$，输出是四位格雷码，故选用容量为 $2^4 \times 4$ 的 ROM。

(2) 列出四位二进制码转换为格雷码的真值表，如表 9-2 所示。由表可写出下列最小项表达式：

$$G_3 = \sum(8, 9, 10, 11, 12, 13, 14, 15)$$

$$G_2 = \sum(4, 5, 6, 7, 8, 9, 10, 11)$$

$$G_1 = \sum(2, 3, 4, 5, 10, 11, 12, 13)$$

$$G_0 = \sum(1, 2, 5, 6, 9, 10, 13, 14)$$

(3) 可画出四位二进制码转换为格雷码的转换器的 ROM 符号矩阵，如图 9-4 所示。

表 9-2 四位二进制码转换为格雷码的真值表

二进制数(存储地址)				格雷码(存放数据)			
B_3	B_2	B_1	B_0	G_3	G_2	G_1	G_0
0	0	0	0	0	0	0	0
0	0	0	1	0	0	0	1
0	0	1	0	0	0	1	1
0	0	1	1	0	0	1	0
0	1	0	0	0	1	1	0
0	1	0	1	0	1	1	1
0	1	1	0	0	1	0	1
0	1	1	1	0	1	0	0
1	0	0	0	1	1	0	0
1	0	0	1	1	1	0	1
1	0	1	0	1	1	1	1
1	0	1	1	1	1	1	0
1	1	0	0	1	0	1	0
1	1	0	1	1	0	1	1
1	1	1	0	1	0	0	1
1	1	1	1	1	0	0	0

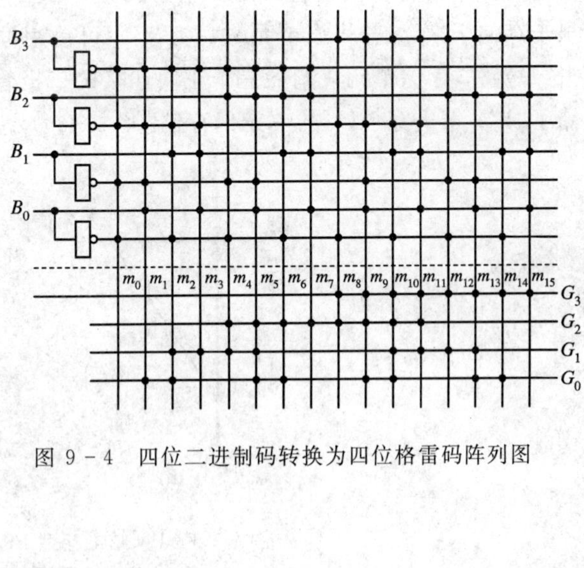

图 9-4 四位二进制码转换为四位格雷码阵列图

9.1.3 ROM的编程及分类

ROM的编程是指将信息存入ROM的过程。根据编程和擦除的方法不同，ROM可分为掩膜ROM、可编程ROM(PROM)和可擦除的可编程ROM(EPROM)三种类型。

1. 掩膜ROM

掩膜ROM中存放的信息是由生产厂家采用掩膜工艺专门为用户制作的，这种ROM出厂时其内部存储的信息就已经“固化”在里边了，所以也称固定ROM。它在使用时只能读出，不能写入，因此通常只用来存放固定数据、固定程序和函数表等。

2. 可编程ROM(PROM)

PROM在出厂时，存储的内容为全0(或全1)，用户根据需要，可将某些单元改写为1(或0)。这种ROM采用熔丝或PN结击穿的方法编程，由于熔丝烧断或PN结击穿后不能再恢复，因此PROM只能改写一次。

熔丝型PROM的存储矩阵中，每个存储单元都接有一个存储管，但每个存储管的一个电极都通过一根易熔的金属丝接到相应的位线上，如图9-5所示。用户对PROM编程是逐字逐位进行的。首先通过字线和位线选择需要编程的存储单元，然后通过规定宽度和幅度的脉冲电流将该存储管的熔丝熔断，这样就将该单元的内容改写了。

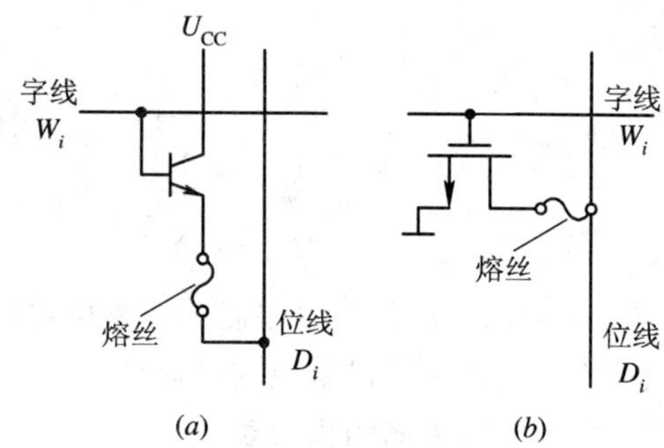

图9-5 熔丝型PROM的存储单元

采用PN结击穿法的PROM的存储单元原理图如图9-6(a)所示，字线与位线相交处由两个肖特基二极管反向串联而成。正常工作时二极管不导通，字线和位线断开，相当于存储了“0”。若将该单元改写为“1”，可使用恒流源产生约100～150 mA电流，使VD_2击穿短路，存储单元只剩下一个正向连接的二极管VD_1(见图9-6(b))，相当于该单元存储了“1”；未击穿VD_2的单元仍存储“0”。

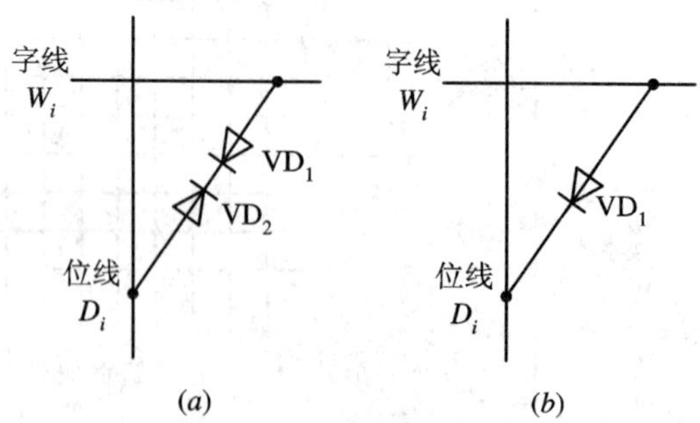

图9-6 PN结击穿型PROM的存储单元

3. 可擦除的可编程 ROM(EPROM)

这类 ROM 利用特殊结构的浮栅 MOS 管进行编程，ROM 中存储的数据可以进行多次擦除和改写。

最早出现的是用紫外线照射擦除的 EPROM(Ultra-Violet Erasable Programmable Read-Only Memory，简称 UVEPROM)。不久又出现了用电信号可擦除的可编程 ROM (Electrically Erasable Programmable Read-Only Memory，简称 E^2PROM)。后来又研制成功的快闪存储器(Flash Memory)也是一种用电信号擦除的可编程 ROM。

(1) EPROM 的存储单元采用浮栅雪崩注入 MOS 管(Floating-gate Avalanche-Injuction Metal-Oxide-Semiconductor，简称 FAMOS 管)或叠栅注入 MOS 管(Stacked-gate Injuction Metal-Oxide-Semiconductor，简称 SIMOS 管)。图 9-7 是 SIMOS 管的结构示意图和符号，它是一个 N 沟道增强型的 MOS 管，有 G_f 和 G_c 两个栅极。G_f 栅没有引出线，而是被包围在二氧化硅(SiO_2)中，称之为浮栅，G_c 为控制栅，它有引出线。若在漏极 D 端加上约几十伏的脉冲电压，使得沟道中的电场足够强，则会造成雪崩，产生很多高能量的电子。此时若在 G_c 上加高压正脉冲，形成方向与沟道垂直的电场，便可以使沟道中的电子穿过氧化层面注入到 G_f，于是 G_f 栅上积累了负电荷。由于 G_f 栅周围都是绝缘的二氧化硅，泄漏电流很小，所以一旦电子注入到浮栅之后，就能保存相当长的时间(通常浮栅上的电荷 10 年才损失 30%)。

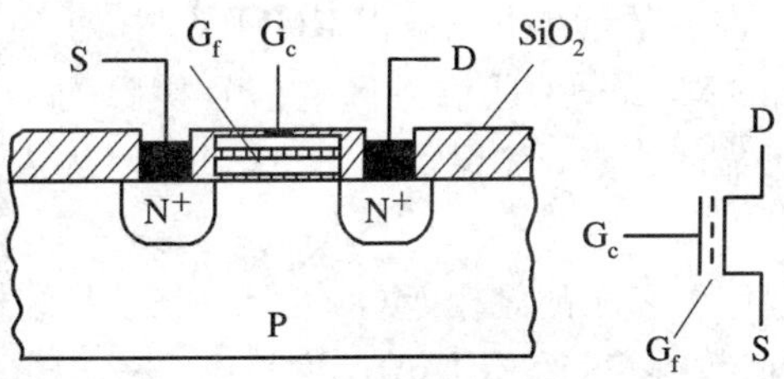

图 9-7　SIMOS 管的结构和符号

如果浮栅 G_f 上积累了电子，则使该 MOS 管的开启电压变得很高。此时给控制栅(接在地址选择线上)加+5 V 电压时，该 MOS 管仍不能导通，相当于存储了“0”；反之，若浮栅 G_f 上没有积累电子，MOS 管的开启电压较低，因而当该管的控制栅被地址选中后，该管导通，相当于存储了“1”。可见，SIMOS 管是利用浮栅是否积累负电荷来表示信息的。这种 EPROM 出厂时为全“1”，即浮栅上无电子积累，用户可根据需要写“0”。

擦除 EPROM 的方法是将器件放在紫外线下照射约 20 分钟，浮栅中的电子获得足够能量，从而穿过氧化层回到衬底中，这样可以使浮栅上的电子消失，MOS 管便回到了未编程时的状态，从而将编程信息全部擦去，相当于存储了全“1”。

对 EPROM 的编程是在编程器上进行的，编程器通常与微机联用。

(2) E^2PROM 的存储单元如图 9-8 所示，图中 V_2 是选通管，V_1 是另一种叠栅 MOS 管，称为浮栅隧道氧化层 MOS 管(Floating-gate Tunnel Oxide MOS，简称 Flotox 管)，其结构如图 9-9 所示。Flotox 管也是一个 N 沟道增强型的 MOS 管，与 SIMOS 管相似，它也有两个栅极——控制栅 G_c 和浮栅 G_f，不同的是 Flotox 管的浮栅与漏极区(N^+)之间有一小块面积极薄的二氧化硅绝缘层(厚度在 2×10^{-8}m 以下)的区域，称为隧道区。当隧道区的电场强度大到一定程度(大于 10^7 V/cm)时，漏区和浮栅之间出现导电隧道，电子可以双向通过，形成电流。这种现象称为隧道效应。

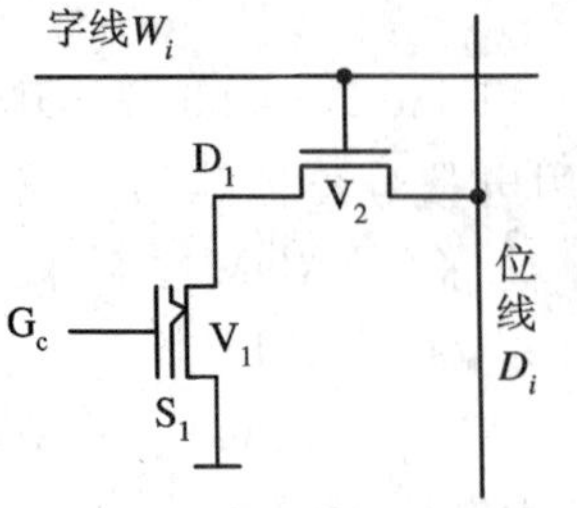

图 9-8 E²PROM 的存储单元

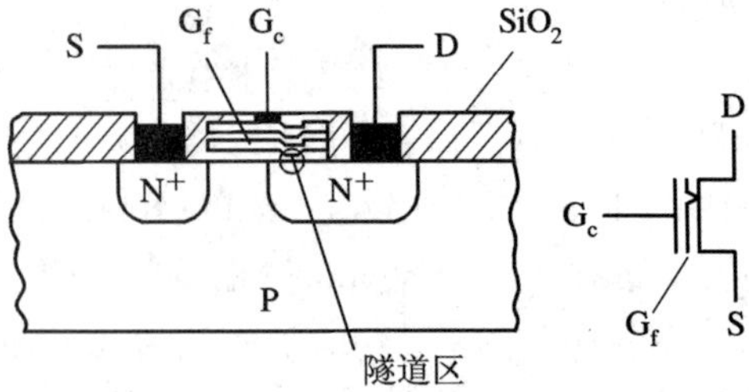

图 9-9 Flotox 管的结构和符号

在图 9-8 电路中，若使 $W_i=1$，D_i 接地，则 V_2 导通，V_1 漏极(D_1)接近地电位。此时若在 V_1 控制栅 G_c 上加 21 V 正脉冲，通过隧道效应，电子由衬底注入到浮栅 G_f，脉冲过后，控制栅加+3 V 电压，由于 V_1 浮栅上积存了负电荷，因此 V_1 截止，在位线 D_i 读出高电平"1"；若 V_1 控制栅接地，$W_i=1$，D_i 上加 21 V 正脉冲，使 V_1 漏极获得约+20 V 的高电压，则浮栅上的电子通过隧道返回衬底，脉冲过后，正常工作时 V_1 导通，在位线上则读出"0"。可见，Flotox 管是利用隧道效应使浮栅俘获电子的。E^2PROM 的编程和擦除都是通过在漏极和控制栅上加一定幅度和极性的电脉冲实现的，虽然已改用电压信号擦除了，但 E^2PROM 仍然只能工作在它的读出状态，作 ROM 使用。

(3) 快闪存储器(Flash Memory)是新一代电信号擦除的可编程 ROM。它既吸收了 EPROM结构简单、编程可靠的优点，又保留了 E^2PROM 用隧道效应擦除快捷的特性，而且集成度可以做得很高。

图 9-10(*a*)是快闪存储器采用的叠栅 MOS 管示意图。其结构与 EPROM 中的SIMOS 管相似，两者区别在于浮栅与衬底间氧化层的厚度不同。在 EPROM 中氧化的厚度一般为 30～40 nm，在快闪存储器中仅为 10～15 nm，而且浮栅和源区重叠的部分是源区的横向扩散形成的，面积极小，因而浮栅一源区之间的电容很小，当 G_c 和 S 之间加电压时，大部分电压将降在浮栅一源区之间的电容上。快闪存储器的存储单元就是用这样一只单管组成的，如图 9-10(*b*)所示。

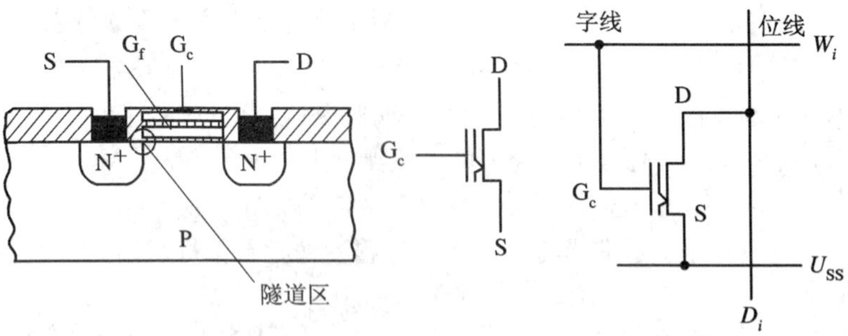

(*a*) (*b*)

图 9-10 快闪存储器

(*a*) 叠栅 MOS 管；(*b*) 存储单元

快闪存储器的写入方法和 EPROM 相同，即利用雪崩注入的方法使浮栅充电。

在读出状态下，字线加上+5 V，若浮栅上没有电荷，则叠栅 MOS 管导通，位线输出低电平；如果浮栅上充有电荷，则叠栅管截止，位线输出高电平。

擦除方法是利用隧道效应进行的，类似于 E^2PROM 写 0 时的操作。在擦除状态下，控制栅处于 0 电平，同时在源极加入幅度为 12 V 左右、宽度为 100 ms 的正脉冲，在浮栅和源区间极小的重叠部分产生隧道效应，使浮栅上的电荷经隧道释放。但由于片内所有叠栅 MOS 管的源极连在一起，因而擦除时是将全部存储单元同时擦除，这是不同于 E^2PROM 的一个特点。

快闪存储器具有集成度高、容量大、成本低和使用方便等优点，目前已有 64 兆位的产品问世。

9.1.4 随机存取存储器(RAM)

随机存取存储器也称随机存储器或随机读/写存储器，简称 RAM。RAM 工作时可以随时从任何一个指定的地址写入(存入)或读出(取出)信息。根据存储单元的工作原理不同，RAM 分为静态 RAM 和动态 RAM。

1. 静态随机存储器(SRAM)

1) 基本结构

SRAM 主要由存储矩阵、地址译码器和读/写控制电路三部分组成，其框图如图 9－11 所示。

存储矩阵由许多存储单元排列组成，每个存储单元能存放一位二进制值信息(0 或 1)，在译码器和读/写电路的控制下，进行读/写操作。

地址译码器一般都分成行地址译码器和列地址译码器两部分，行地址译码器将输入地址代码的若干位 $A_0 \sim A_i$ 译成某一条字线有效，从存储矩阵中选中一行存储单元；列地址译码器将输入地址代码的其余若干位($A_{i+1} \sim A_{n-1}$)译成某一根输出线有效，从字线选中的一行存储单元中再选一位(或 n 位)，使这些被选中的单元与读/写电路和 I/O(输入/输出端)接通，以便对这些单元进行读/写操作。

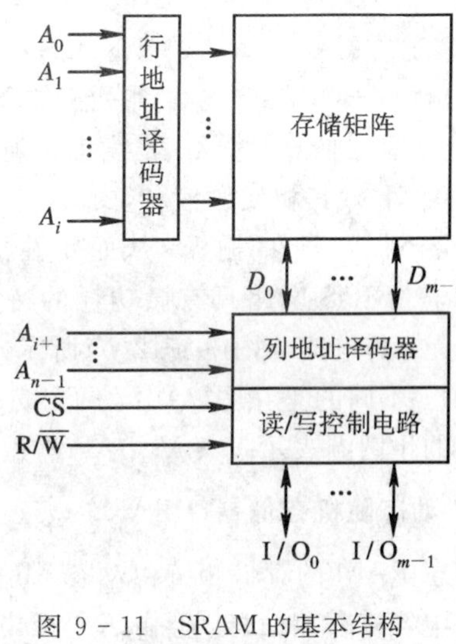

图 9－11 SRAM 的基本结构

读/写控制电路用于对电路的工作状态进行控制。$\overline{CS}$称为片选信号。当$\overline{CS}=0$ 时，RAM 工作；$\overline{CS}=1$ 时，所有 I/O 端均为高阻状态，不能对 RAM 进行读/写操作。$R/\overline{W}$ 称为读/写控制信号。$R/\overline{W}=1$ 时，执行读操作，将存储单元中的信息送到 I/O 端上；当 $R/\overline{W}=0$ 时，执行写操作，加到 I/O 端上的数据被写入存储单元中。

2）SRAM 的静态存储单元

静态 RAM 的存储单元如图 9-12 所示。图 9-12(*a*)是由六个 NMOS 管(V_1～V_6)组成的存储单元。V_1、V_2 构成的反相器与 V_3、V_4 构成的反相器交叉耦合组成一个 RS 触发器，可存储一位二进制信息。Q 和 $\bar{Q}$ 是 RS 触发器的互补输出。V_5、V_6 是行选通管，受行选线 X(相当于字线)控制。当行选线 X 为高电平时，Q 和 $\bar{Q}$ 的存储信息分别送至位线 D 和位线 $\bar{D}$。V_7、V_8 是列选通管，受列选线 Y 控制，列选线 Y 为高电平时，位线 D 和 $\bar{D}$ 上的信息被分别送至输入输出线 I/O 和 $\overline{\text{I/O}}$，从而使位线上的信息同外部数据线相通。

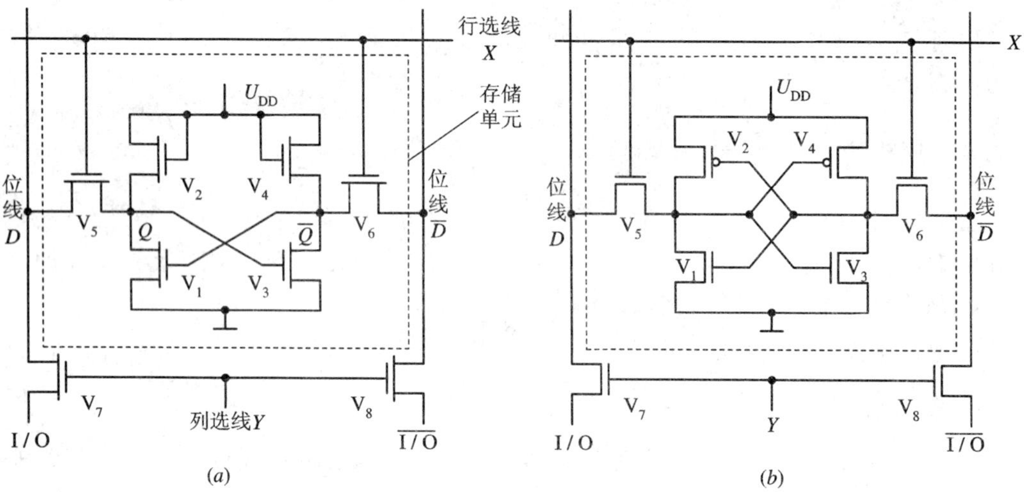

图 9-12　SRAM 存储单元

(*a*) 六管 NMOS 存储单元；(*b*) 六管 CMOS 存储单元

读出操作时，行选线 X 和列选线 Y 同时为“1”，则存储信息 Q 和 $\bar{Q}$ 被读到 I/O 线和 $\overline{\text{I/O}}$线上。写入信息时，X、Y 线也必须都为“1”，同时要将写入的信息加在 I/O 线上，经反相后$\overline{\text{I/O}}$线上有其相反的信息，信息经 V_7、V_8 和 V_5、V_6 加到触发器的 Q 端和 $\bar{Q}$ 端，也就是加在了 V_3 和 V_1 的栅极，从而使触发器触发，即信息被写入。

由于 CMOS 电路具有微功耗的特点，目前大容量的静态 RAM 中几乎都采用 CMOS 存储单元，其电路如图 9-12(*b*)所示。CMOS 存储单元结构形式和工作原理与图 9-12(*a*)相似，不同的是在图(*b*)中，两个负载管 V_2、V_4 改用了 P 沟道增强型 MOS 管，图中用栅极上的小圆圈表示 V_2、V_4 为 P 沟道 MOS 管，栅极上没有小圆圈的为 N 沟道 MOS 管。

2. 动态随机存储器(DRAM)

动态 RAM 的存储矩阵由动态 MOS 存储单元组成。动态 MOS 存储单元利用 MOS 管的栅极电容来存储信息，但由于栅极电容的容量很小，而漏电流又不可能绝对等于 0，所以电荷保存的时间有限。为了避免存储信息的丢失，必须定时地给电容补充漏掉的电荷。通常把这种操作称为“刷新”或“再生”，因此 DRAM 内部要有刷新控制电路，其操作也比静态 RAM 复杂。尽管如此，由于 DRAM 存储单元的结构能做得非常简单，所用元件少，功耗低，因而目前已成为大容量 RAM 的主流产品。

动态 MOS 存储单元有四管电路、三管电路和单管电路等。四管和三管电路比单管电路复杂，但外围电路简单，一般容量在 4 K 以下的 RAM 多采用四管或三管电路。图 9-13(*a*)

为四管动态 MOS 存储单元电路。图中，V_1 和 V_2 为两个 N 沟道增强型 MOS 管，它们的栅极和漏极交叉相连，信息以电荷的形式储存在电容 C_1 和 C_2 上，V_5、V_6 是同一列中各单元公用的预充管，ϕ 是脉冲宽度为 1 μs 而周期一般不大于 2 ms 的预充电脉冲，C_{O1}、C_{O2} 是位线上的分布电容，其容量比 C_1、C_2 大得多。

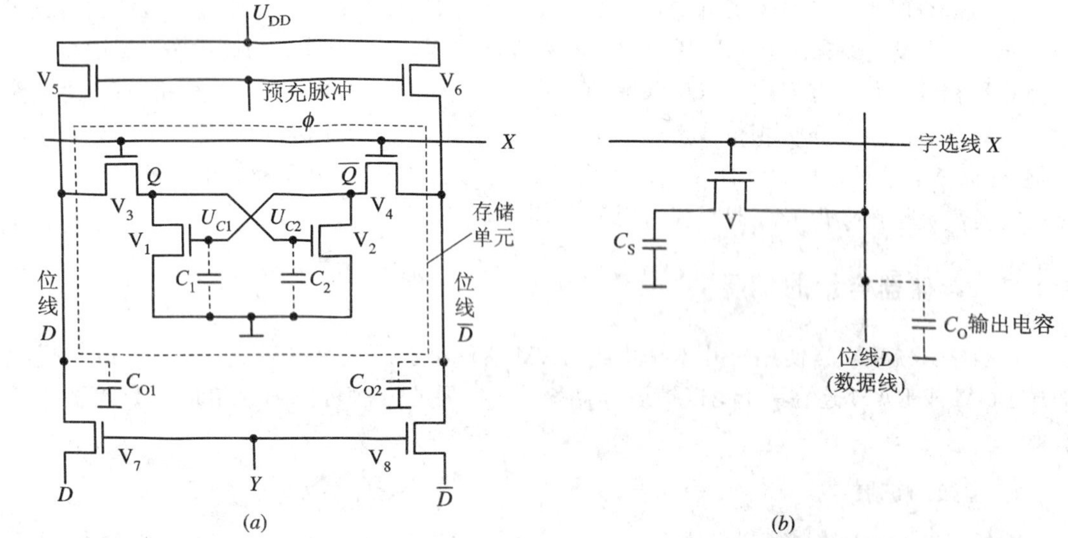

图 9 - 13　动态 MOS 存储单元

(a) 四管动态 MOS 存储单元；(b) 单管动态 MOS 存储单元

若 C_1 被充电到高电位，C_2 上没有电荷，则 V_1 导通，V_2 截止，此时 $Q=0$，$\overline{Q}=1$，这一状态称为存储单元的 0 状态；反之，若 C_2 充电到高电位，C_1 上没有电荷，则 V_2 导通，V_1 截止，$Q=1$，$\overline{Q}=0$，此时称为存储单元的 1 状态。当字选线 X 为低电位时，门控管 V_3、V_4 均截止。在 C_1 和 C_2 上电荷泄漏掉之前，存储单元的状态维持不变，因此存储的信息被记忆。实际上，由于 V_3、V_4 存在着泄漏电流，电容 C_1、C_2 上存储的电荷将慢慢释放，因此每隔一定时间要对电容进行一次充电，即进行刷新。两次刷新之间的时间间隔一般不大于 20 ms。

在读出信息之前，首先加预充电脉冲 ϕ，预充管 V_5、V_6 导通 … U_{DD} 向位线上的分
布电容 C_{O1}、C_{O2} 充电，使 D 和 $\overline{D}$ 两条位线都充到 U_{DD}。预 … 消失后，V_5、V_6 截止，
C_{O1}、C_{O2} 上的信息保持。 … V_3、V_4 导通，若原来存储单元处

要读出信息时，该单元被选中(X、Y 均 … C_2 上无电荷，V_2 截止，这样 C_{O1} 经
于 0 状态($Q=0$，$\overline{Q}=1$)，即 C_1 上有 … V_2 截止无放电回路，所以经 V_4 对 C_1 充
V_3、V_1 放电到 0，使位线 D 为 … 仍为 $\overline{D}=1$，$D=0$；反之，若原存储信息为 1
电，补充了 C_1 漏掉的电 … 电后 C_{O2} 经 V_4、V_2 放电到 0，而 C_{O1} 经 V_3 对 C_2 补充
($Q=1$，$\overline{Q}=0$)，… 可见位线 D、$\overline{D}$ 上读出的电位分别与 C_2、C_1 上的电位相
充电，读出 … 实际上也进行了一次补充充电，即刷新。
同 … 单元被选中，V_3、V_4 导通，Q 和 $\overline{Q}$ 分别与两条位线连通。若需要
… 加高电位，D 上加低电位。这样 $\overline{D}$ 上的高电位经 V_4 向 C_1 充电，使

$\bar{Q}=1$，而 C_2 经 V_3 向 D 放电，使 $Q=0$，于是该单元写入了 0 状态。

图 9-13(b)是单管动态 MOS 存储单元，它只有一个 NMOS 管和存储电容器 C_S，C_O 是位线上的分布电容($C_O \gg C_S$)。显然，采用单管存储单元的 DRAM，其容量可以做得更大。写入信息时，字线为高电平，V 导通，位线上的数据经过 V 存入 C_S。

读出信息时也使字线为高电平，V 管导通，这时 C_S 经 V 向 C_O 充电，使位线获得读出的信息。设位线上原来的电位 $U_O=0$，C_S 原来存有正电荷，电压 U_S 为高电平，因读出前后电荷总量相等，所以有 $U_S C_S = U_O(C_S + C_O)$，因 $C_O \gg C_S$，所以 $U_O \ll U_S$。例如，读出前 $U_S=5$ V，$C_S/C_O=1/50$，则位线上读出的电压将仅有 0.1 V，而且读出后 C_S 上的电压也只剩下0.1 V，这是一种破坏性读出。因此每次读出后，要对该单元补充电荷进行刷新，同时还需要高灵敏度读出放大器对读出信号加以放大。

9.1.5 存储器容量的扩展

在数字系统中，当使用一片 ROM 或 RAM 器件不能满足存储容量要求时，必须将若干片 ROM 或 RAM 连在一起，以扩展存储容量。扩展的方法可以通过增加位数或字数来实现。

1. 位数的扩展

存储器芯片的字长多数为一位、四位、八位等。当实际存储系统的字长超过存储器芯片的字长时，需要进行位扩展。

位扩展可以利用芯片的并联方式实现，图 9-14 是用八片 1024×1 位的 RAM 扩展为 1024×8 位 RAM 的存储系统框图。图中八片 RAM 的所有地址线、R/$\overline{W}$、$\overline{CS}$分别对应并接在一起，而每一片的 I/O 端作为整个 RAM 的 I/O 端的一位。

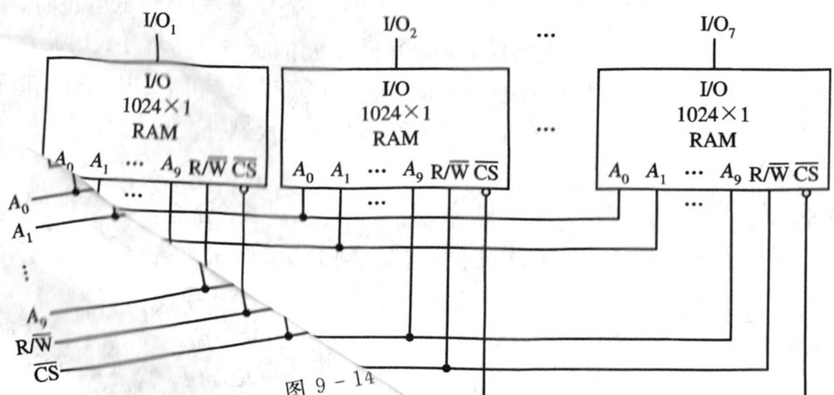

图 9-14 ……连接法

ROM 芯片上没有读/写控制端 R/$\overline{W}$，……片出端的连接方法与 RAM 相同。

2. 字数的扩展

字数的扩展可以利用外加译码器控制芯片的片……1024×8 位……图 9-15 是用字扩展方式将四片 256×8 位的 RAM 扩展为……RAM 的……图中，译码器的输入是系统的高位地址 A_9、A_8，其输出是各片 RAM 的……01，则

RAM(2)片的$\overline{CS}$=0，其余各片 RAM 的$\overline{CS}$均为 1，故选中第二片。只有该片的信息可以读出，送到位线上，读出的内容则由低位地址 $A_7 \sim A_0$ 决定。显然，四片 RAM 轮流工作，任何时候，只有一片 RAM 处于工作状态，整个系统字数扩大了四倍，而字长仍为八位。

ROM 的字扩展方法与上述方法相同。

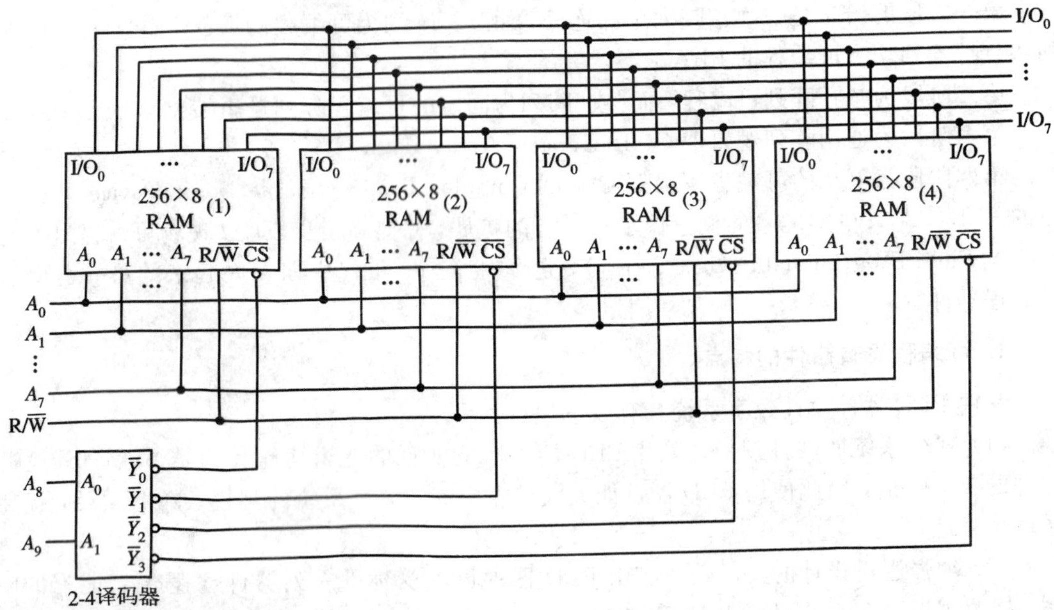

图 9-15　RAM 的字扩展

9.2　可编程逻辑器件 PLD

可编程逻辑器件 PLD 是数字系统设计可采用的最新一代器件。随着半导体技术的飞速发展，数字技术可以说已经历了四代，即分立元件、小规模集成电路 SSI、中规模集成电路 MSI 和大规模集成电路 LSI。

SSI/MSI 标准器件如 74 和 54 系列的 TTL 器件，74CH 和 CD4000 系列的 CMOS 器件等等，是目前世界上用得最广泛的集成器件。芯片本身价格低廉，性能好，但集成度低，功能有限，灵活性较差。在构成系统时，存在大量芯片间的连线，且要采用各种不同功能的芯片，最终导致系统可靠性差，费用高，功耗高，体积大。

LSI 如微处理器，它具有其它器件难以匹敌的灵活性，且用户可以随心所欲地靠它来实现各种不同的逻辑功能。这类器件大多是用软件配置来实现功能，因此在某些场合下，这类器件的速度太低，满足不了要求。此外，这类器件开发费用高，而且还要用 SSI/MSI 设计相应的接口电路。

PLD 器件可以弥补上述器件存在的缺陷和不足，它给数字系统设计者提供一系列功能强、速度高和灵活性大的新型器件。

1. PLD 器件的发展概况

PLD 是 20 世纪 70 年代发展起来的一种新型逻辑器件。实际上，它主要是一种“与或”

两级结构的器件，其最终逻辑结构和功能由用户编程决定。PLD 器件包括 PROM、可编程阵列逻辑器 PAL(Programmable Array Logic)、GAL 等多种结构。

第一个 PLD 器件即可编程只读存储器(PROM)，于 20 世纪 70 年代初期制成。至今已经历了几个发展阶段。

第一阶段的产品是把“与”阵列全部连好，而“或”阵列为可编程的熔丝 PROM；“与”阵列和“或”阵列均为可编程的 PLA。

第二阶段为“与”阵列可编程，而“或”阵列为固定的可编程阵列逻辑器 PAL。

第三阶段为通用阵列逻辑器 GAL(Generic Array Logic)。

第四阶段为复杂的可编程逻辑器 CPLD(Complex Programmable Logic Device)，将简单的 PLD(PAL、GAL 等)的概念作了进一步的扩展，并提高了集成度。现场可编程门阵列 FPGA(Field Programmable Gate Array)，是 20 世纪 80 年代中期发展起来的另一类型的可编程器件。

2. 可编程逻辑器件的特点

利用 PLD 器件设计数字系统具有以下优点：

(1) 减少系统的硬件规模。单片 PLD 器件所能实现的逻辑功能大约是 SSI/MSI 逻辑器件的 4～20 倍，因此使用 PLD 器件能大大节省空间，减小系统的规模，降低功耗，提高系统可靠性。

(2) 增强逻辑设计的灵活性。使用 PLD 器件可不受标准系列器件在逻辑功能上的限制，修改逻辑可在系统设计和使用过程的任一阶段中进行，并且只需通过对所用的某些 PLD 器件进行重新编程即可完成，给系统设计者提供了很大的灵活性。

(3) 缩短系统设计周期。由于 PLD 用户的可编程特性和灵活性，用它来设计一个系统所需时间比传统方法大大缩短。同时，在样机设计过程中，对其逻辑功能的修改也十分简便迅速，无需重新布线和生产印制板。

(4) 简化系统设计，提高系统速度。利用 PLD 的“与”、“或”两级结构来实现任何逻辑功能，比用 SSI/MSI 器件所需逻辑级数少，这不仅简化了系统设计，而且减少了级延迟，提高了系统速度。

(5) 降低系统成本。使用 PLD 器件设计系统，由于所用器件少，系统规模小，器件的测试及装配工作量大大减少，可靠性得到提高，加上避免了修改逻辑带来的重新设计和生产等一系列问题，所以有效地降低了系统的成本。

9.2.1 PLD 的电路简介

前面各章已经介绍了逻辑电路的一般表示方法，但那些方法并不适合于描述 PLD 的内部结构和功能。为此，下面将介绍一种新的逻辑表示法——PLD 表示法。这种表示法在芯片内部的配置和逻辑图之间建立了一一对应的关系，并将逻辑图和真值表结合起来，构成了一种紧凑而易于识读的表达形式。

1. 基本门电路的 PLD 表示法

图 9－16 表示 PLD 的典型输入缓冲器。如用真值表表示，它的两个输出是其输入的原码和反码。

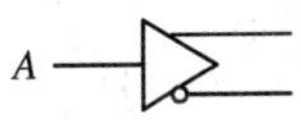

A	B	C
0	0	1
1	1	0

图 9－16　PLD输入缓冲器

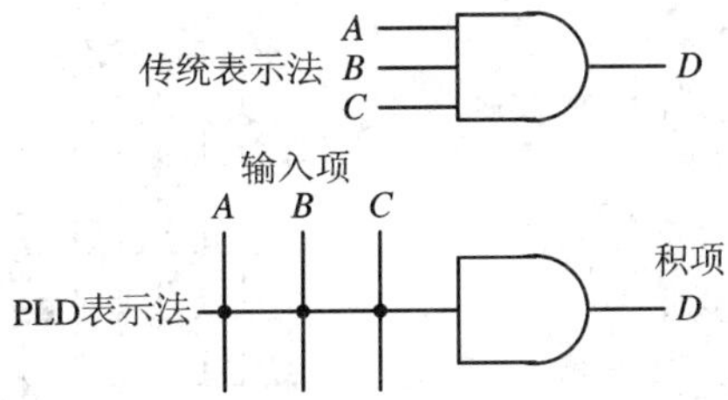

图 9－17　与门表示法

图 9－17 给出与门的两种表示法：传统表示法和 PLD 表示法。传统表示法中的与门的三个输入 A，B 和 C，在 PLD 表示法中称为三个输入项；而多输入与门的输出 D 称为“积项”。或门也有类似的表示。

图 9－18 给出了 PLD 的三种连接方式：实点连接表示硬线连接，即固定连接，不能够通过编程改变；×连接表示可编程互连，即可通过用户编程实现接通连接；交叉点无×和实点，表示无任何连接，称断开连接。

图 9－19 给出了与门的四种情况：$L_1=A\cdot\overline{A}\cdot B\cdot\overline{B}=0$，表示输入被编程接通，这种表示要求在输入处均打×；但为了简化只在与门符号内打×，而输入则不再打×，如 L_2 所示；$L_3=1$，表示与门全部输入项均不接通，保持悬浮的“1”状态；$L_4=A\overline{B}$，表示输入 A、$\overline{B}$ 为硬线连接。

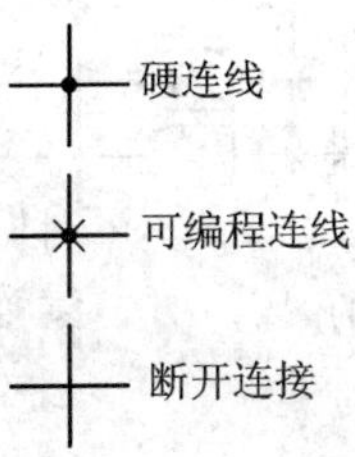

图 9－18　PLD 连接法

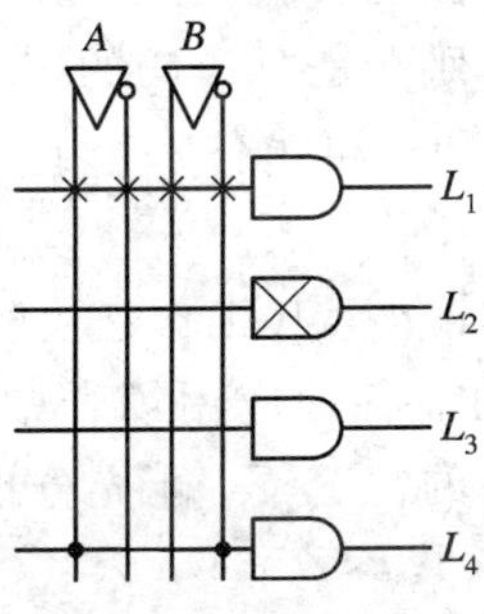

A B	L_1	L_2	L_3	L_4
0 0	0	0	1	0
0 1	0	0	1	0
1 0	0	0	1	1
1 1	0	0	1	0

图 9－19　与门的省缺情况

2. PROM 电路的 PLD 表示法

图 9－20 表示 PROM 基本结构，它由固定的与阵列和可编程的或阵列组成。与阵列是“全译码”阵列，即输入 $I_0\sim I_2$ 的全部可能组合都有一个积项。因此，当有 n 个输入时，就有 $2n$ 个输入项，2^n 个积项。由于全译码方式使与阵列以 2^n 增长，因而使 PROM 成为一个规模大而昂贵的器件。而 2^n 大小的与阵列，使 PROM 的开关时间加长，因而 PROM 一般比其它 PLD 器件慢。再有，大多数逻辑函数不需要使用输入的全部可能组合，因为其中许多组合是无效的或不可能出现的，这就使得 PROM 的与阵列不能得到充分利用。

PROM 除了用于随机逻辑设计中，其最早的和主要的用途还在存储器方面，现在市场上可买到的 PROM 器件的密度从 64 位至 1 百万位不等。

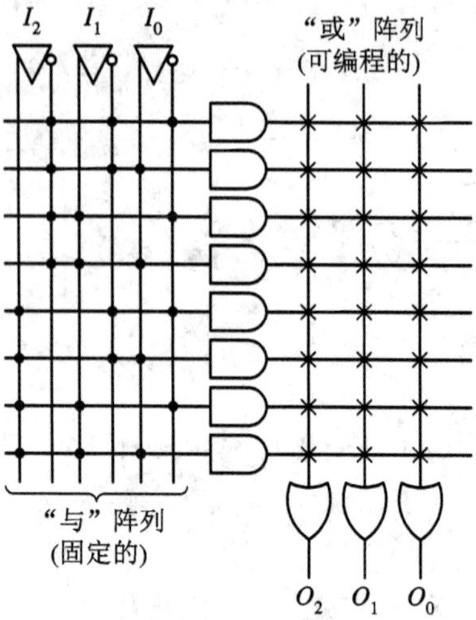

图 9-20 PROM 电路的 PLD 表示法

3. FPLA 电路的 PLD 表示

现场可编程逻辑阵列 FPLA(Field Programmable Logic Array)是在 20 世纪 70 年代中期设计出来的，是处理逻辑函数的一种更有效的方法，如图 9-21 所示。FPLA 的基本结构类似于 PROM。然而，它的与阵列和或阵列都是可编程的。为了提供一种规模较小，较快速的阵列，FPLA 中的与阵列不是全译码的，而是"部分译码"的，而且其积项可由任一个或全部"或"项所共用。

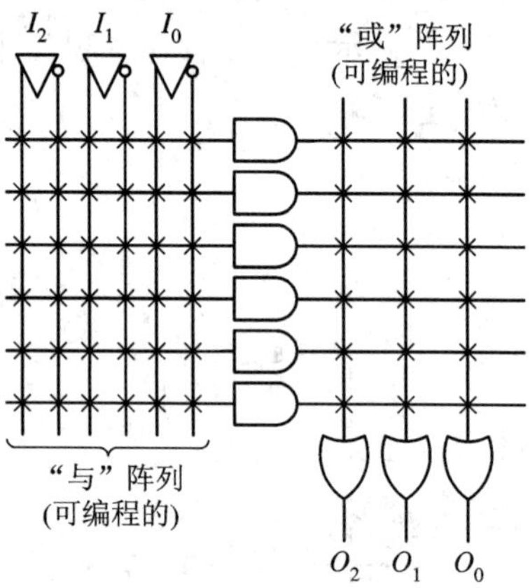

图 9-21 FPLA 电路的 PLD 表示法

FPLA 由于阵列规模较小，其工作速度比 PROM 快，因而广泛地用在各种应用场合中，尤其在各输出函数很类似的情况下，能充分地利用各个共用积项。

双重的可编程阵列使得完成用户任务变得轻而易举，因为它能控制该器件的全部功能。

对于市场上买得到的 FPLA 器件，过去没有合用的编程工具，器件的价格高，用这些器件处理数据的速度偏低。现在，所有这些方面都已取得了很大的改进。

[**例 2**] 试用 FPLA 实现例 1 要求的将四位二进制码转换为格雷码的转换电路。

解 用卡诺图对表 9-2 进行化简，如图 9-22 所示，则得

$$G_3 = B_3$$
$$G_2 = \overline{B}_3 B_2 + B_3 \overline{B}_2$$
$$G_1 = \overline{B}_2 B_1 + B_2 \overline{B}_1$$
$$G_0 = \overline{B}_1 B_0 + B_1 \overline{B}_0$$

式中共有 7 个乘积项，它们是

$$P_0 = B_3 \qquad P_1 = \overline{B}_3 B_2 \qquad P_2 = B_3 \overline{B}_2$$

$$P_3 = \bar{B}_2 B_1 \qquad P_4 = B_2 \bar{B}_1$$

$$P_5 = \bar{B}_1 B_0 \qquad P_6 = B_1 \bar{B}_0$$

用这些乘积项表示式，可得

$$G_3 = P_0$$

$$G_2 = P_1 + P_2$$

$$G_1 = P_3 + P_4$$

$$G_0 = P_5 + P_6$$

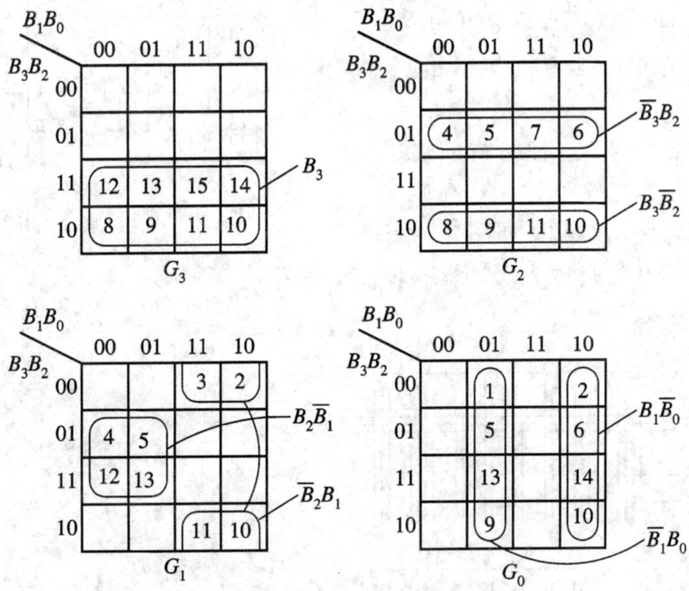

图 9-22　例 2 化简的卡诺图

根据上式可画出 FPLA 的阵列结构，如图 9-23 所示。

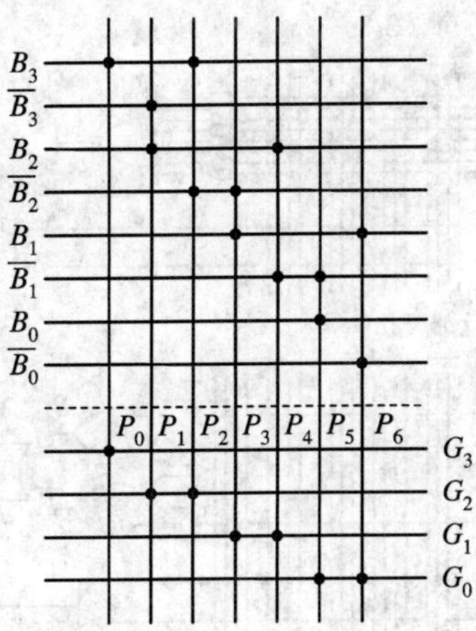

图 9-23　例 2 的 FPLA 阵列图

4. PAL 电路

可编程阵列逻辑器件 PAL，是 20 世纪 70 年代后期推出的 PLD 器件。它采用可编程与门阵列、固定连接或门阵列和输出电路三部分组成的基本结构形式，一般采用熔丝编程技术实现与门阵列的编程。图 9-24 是 PAL 编程前的结构图，它的每个输出信号包含两个与项。

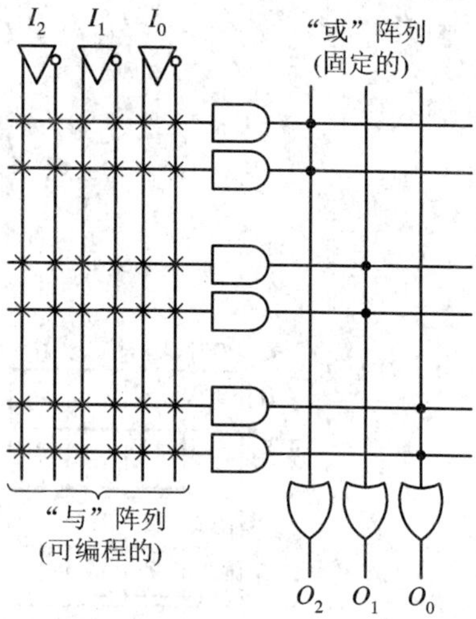

图 9-24　PAL 的基本结构

PAL 有许多产品型号，不同型号的器件其内部与阵列的结构基本上是相同的，但输出电路的结构和反馈方式却不相同，常见的有以下几种：

(1) 专用输出结构。这种结构的输出端只能输出信号，不能兼作输入，例如四个乘积项的或非门输出结构，如图 9-25(*a*)所示。输入信号 *I* 经过输入缓冲器与输

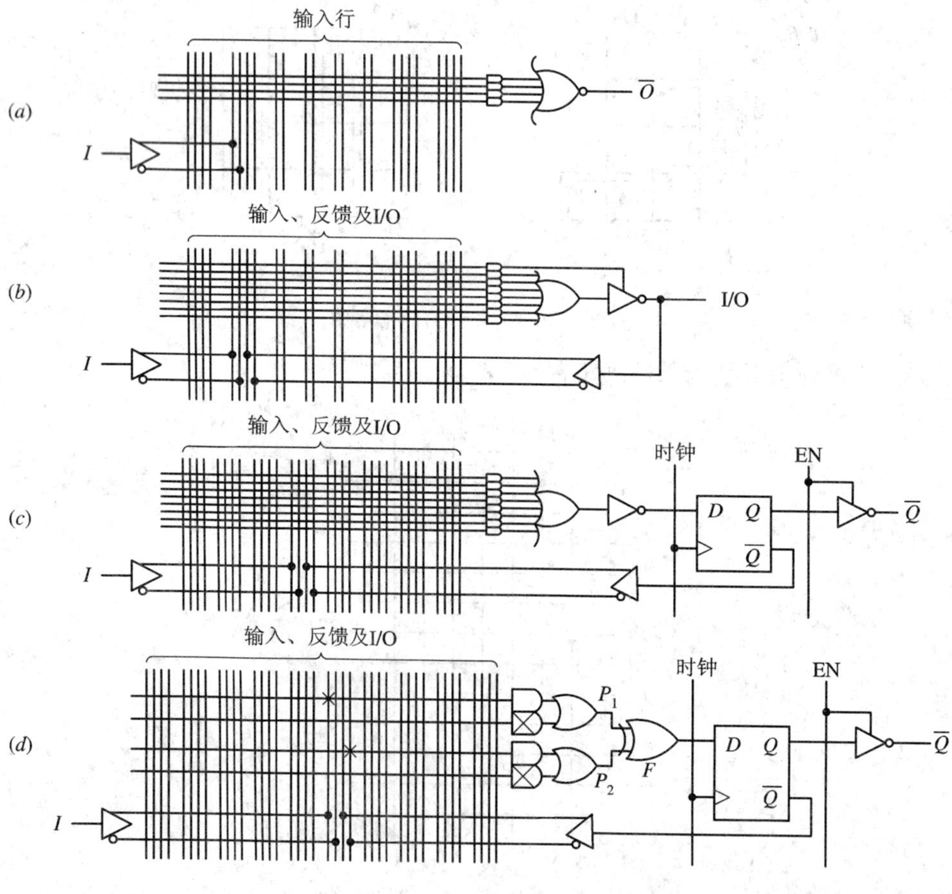

图 9-25

入行相连。图中的输出部分采用或非门，输出用 $\overline{O}$ 标记，表示低电平有效。若输出部分采用或门，则高电平有效。有的器件还用互补输出的或门，则称为互补型输出。这种输出结构只适用于实现组合逻辑函数。目前常用的产品有 PAL10H8(10 输入、8 输出、高电平有效)、PAL10L8、PAL16C1(16 输入、1 输出、互补型)等。

(2) 可编程 I/O 结构。可编程 I/O 结构如图 9-25(*b*)所示，图中或门经三态缓冲器由 I/O 端引出，三态门受最上一个与门所对应的乘积项控制，I/O 端的信号也可经过缓冲器反馈到与阵列的输入端。

当最上一个与门输出为“0”时，三态门禁止，输出呈高阻状态，I/O 引脚作输入使用；当与门输出为“1”时，三态门被选通，I/O 引脚作输出用。这种结构的产品有 PAL16L8、PAL20L10 等。

(3) 寄存器输出结构。寄存器输出结构如图 9-25(*c*)所示。这种结构输出端有一个 D 触发器，在时钟上升沿作用下先将或门的输出(输入乘积项的和)寄存在 D 触发器，当使能信号 EN 有效时，Q 端的信号经三态缓冲器反相后输出，输出低电平有效。触发器的 $\overline{Q}$ 端还可以通过反馈缓冲器送至与阵列的输入端，因而这种结构 PAL 能记忆原来的状态，从而实现时序逻辑功能。这种结构的 PAL 产品有 PAL16R4、PAL168 等。

(4) 异或型输出结构。异或型输出结构如图 9-25(*d*)所示。其输出部分有两个或门，它们的输出经异或门进行异或运算后再经 D 触发器和三态缓冲器输出。这种结构不仅便于对与或逻辑阵列输出的函数求反，还可以实现对寄存器状态进行维持操作。例如图 9-25(*d*)中，$P_1=I$，$P_2=0$，$F=P_1\oplus P_2$。当 $I=0$ 时，$D=F=0\oplus Q=Q$，所以 $Q^{n+1}=Q^n$，即时钟来到时触发器状态保持不变；当 $I=1$ 时，$D=F=1\oplus Q=\overline{Q}$，所以 $Q^{n+1}=\overline{Q}^n$。这种结构的产品有 PAL20x4、PAL20x8 等。

PAL 具有如下所述三个优点：

(1) 提高了功能密度，节省了空间。通常一片 PAL 可以代替 4～12 片 SSI 或 2～4 片 MSI。同时，虽然 PAL 只有 20 多种型号，但可以替代 90%的通用 SSI、MSI 器件，因而进行系统设计时，可以大大减少器件的种类。

(2) 提高了设计的灵活性，且编程和使用都比较方便。

(3) 有上电复位功能和加密功能，可以防止非法复制。

5. GAL 电路

PLA 器件的发展给逻辑设计带来了很大的灵活性，但它还存在着不足之处：一方面，它采用熔丝连接工艺，只能一次性编程，因而使用者要承担一定的风险；另一方面，PAL 器件输出电路结构的类型繁多，会给用户带来不便。

GAL 是 Lattice 公司于 1985 年首先推出的新型可编程逻辑器件。它采用了电擦除、电可编程的 E^2CMOS 工艺制作，可以用电信号擦除并反复编程上百次。GAL 器件输出端设置了可编程的输出逻辑宏单元 OLMC(Output Logic Macro Cell)，通过编程可以将 OLMC 设置成不同的输出方式。这样，同一型号的 GAL 器件可以实现 PAL 器件所有的各种输出电路工作模式，取代了大部分 PAL 器件，因此称为通用可编程逻辑器件。

4) GAL 器件的特点

GAL 器件有以下优点：

① 采用电擦除工艺和高速编程方法，使编程改写变得方便、快速，整个芯片改写只需数秒钟，一片可改写100次以上。

② 采用高性能的 E^2CMOS 工艺，保证了 GAL 的高速度和低功耗。存取速度为 12～40 ns，功耗仅为双极性 PAL 器件的 1/2 或 1/4(90 mA 或 45 mA)，编程数据可保存 20 年以上。

③ 采用可编程的输出逻辑宏单元(OLMC)，使得 GAL 器件对复杂逻辑门设计具有极大的灵活性。GAL16V8 可以仿真或代替 20 脚的 PAL 器件约 21 种。

④ 可预置和加电复位全部寄存器，具有 100%的功能可测试性。

⑤ 备有加密单元，可防止他人抄袭设计电路。

⑥ 备有电子标签(ES)，方便了文档管理，提高了生产效率。

正由于 GAL 器件具有这些优点，因此 GAL 器件出现后很快得到普遍应用。但 GAL 和 PAL 一样都属于低密度 PLD，其共同缺点是规模小，每片相当于几十个等效门电路，只能代替 2～4 片 MSI 器件，远达不到 LSI 和 VLSI 专用集成电路的要求。另外，GAL 在使用中还有许多局限性，如一般 GAL 只能用于同步时序电路，各 OLMC 中的触发器只能同时置位或清零，每个 OLMC 中的触发器和或门还不能充分发挥其作用，且应用灵活性差等。这些不足之处，都在高密度 PLD 中得到了较好的解决。

6. 高密度可编程逻辑器件

通常将集成密度大于 1000 个等效门/片的 PLD 称为高密度可编程逻辑器件(HDPLD)，它包括可擦除可编程逻辑器件 EPLD、复杂可编程逻辑器件 CPLD 和现场可编程门阵列 FPGA 三种类型。

20 世纪 90 年代以后，高密度可编程逻辑器件在集成密度、生产工艺、器件的编程和测试技术等方面发展都十分迅速。目前 HDPLD 的集成密度一般可达数千和上万门，CPLD 和 FPGA 的集成度最多已可达 25 万等效门。CPLD 的最高工作速度已达 180 MHz，FPGA 的门延迟已小于 3 ns。可编程集成电路的线宽已发展到 0.35 μm，甚至已达到深亚微米级。在系统可编程技术、边界扫描技术的出现也使可编程器件在编程技术、测试技术和系统可重构技术方面有了很快的发展。目前世界各著名半导体器件公司，如 Xilinx、Altera、Lattice、AMD、Atmel 等，均可提供各种不同类型的 EPLD、CPLD 和 FPGA 产品。众多公司的竞争促进了可编程集成电路技术的提高，使其性能不断完善，产品日益丰富。EPLD 和 CPLD 两种器件，其基本结构形式和 PAL、GAL 相似，都由可编程的与阵列、固定的或阵列和逻辑宏单元组成，但集成规模都比 PAL 和 GAL 大得多。

EPLD 是 20 世纪 80 年代中期 Altera 公司推出的新型可擦除、可编程逻辑器件。它采用了 UVEPROM 工艺，以叠栅注入 MOS 管作为编程单元，所以不仅可靠性高，可以改写，而且集成度高、造价便宜。目前 EPLD 产品的集成度最高已达 1 万门以上。EPLD 的结构与 GAL 相似，它大量增加了输出逻辑宏单元的数目，提供了更大的与阵列，而且增加了对 OLMC 中触发器的预置和异步置 0 功能，因此它的 OLMC 要比 GAL 中的 OLMC 有更大的使用灵活性。EPLD 保留了逻辑块的结构，内部连线相对固定，即使是大规模集成容量器件，其内部延时也很小，因而有利于器件在高频率下工作，但 EPLD 内部的互连能力很弱，FPGA 出现后它曾受到冲击，直到 CPLD 出现后才有所改变。

CPLD是在EPLD基础上发展起来的器件。与EPLD相比，它增加了内部连线，对逻辑宏单元和I/O单元都作了重大改进。CPLD采用E^2CMOS工艺制作，有些CPLD内部还集成了RAM、FIFO或双口RAM等存储器，兼有FPGA的特性，许多CPLD还具备在系统编程能力，因此它比EPLD功能更强，使用更灵活。

目前各公司生产的EPLD和CPLD产品都有各自的特点，但总体结构大致相同，它们至少包含了三种结构：可编程逻辑宏单元，可编程I/O单元，可编程内部连线。

FPGA是20世纪80年代中期出现的高密度可编程逻辑器件。与前面讨论过的可编程器件相比，FPGA不受与或阵列结构上的限制以及含有触发器和I/O端数量上的限制，可以靠内部的逻辑单元以及它们的连接构成任何复杂的逻辑电路，更适合实现多级逻辑功能，并且具有更高的密度和更大的灵活性。目前FPGA已成为设计数字电路或系统的首选器件之一。

9.2.2 PLD的开发

PLD的开发是指利用开发系统的软件和硬件对PLD进行设计和编程的过程。

开发系统软件是指PLD专用的编程语言和相应的汇编程序或编译程序。

低密度PLD早期使用汇编型软件，如PALASM、FM等。这类软件不具备自动化简功能，只能用化简后的与或逻辑表达式进行设计输入，而且对不同类型的PDL兼容性较差。20世纪80年代以后出现了编译型软件，如ABEL、CUPL等。这类软件功能强、效率高，可以采用高级编程语言输入，具有自动化简和优化设计功能，而且兼容性好，因而很快得到推广和应用。高密度PLD出现以后，各种新的EDA工具不断出现，并向集成化方向发展。这些集成化的开发系统软件(软件包)可以从系统设计开始，完成各种形式的设计输入，并进行逻辑优化、综合和自动布局布线以及系统仿真、参数测试、分析等芯片设计的全过程工作。高密度PLD的开发系统软件可以在PC机或工作站上运行。目前能在PC机上运行的常用软件有Xilinx公司的XACT 5.0 Foundation、Lattice公司的ISP Synario System和Altera公司的MAX+PLUSⅡ等。

开发系统的硬件部分包括计算机和编程器。编程器是对PLD进行写入和擦除的专用装置，能提供写入或擦除操作所需要的电源电压和控制信号，并通过并行接口从计算机接收编程数据，最终写入PLD中。

1. 可编程逻辑器件的设计过程

可编程逻辑器件的设计流程如图9-26所示，它主要包括设计准备、设计输入、设计处理和器件编程四个步骤，同时包括相应的功能仿真、时序仿真和器件测试三个设计验证过程。

(1) 设计准备。采用有效的设计方案是PLD设计成功的关键，因此在设计输入之前首先要考虑两个问题：① 选择系统方案，进行抽象的逻辑设计；② 选择合适的器件，满足设计的要求。

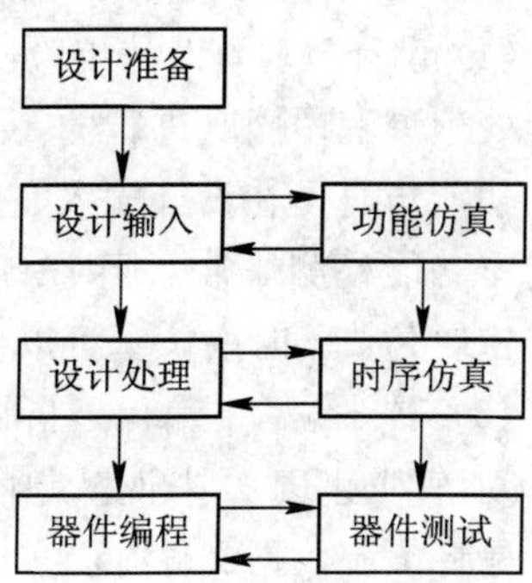

图9-26　PLD设计流程

对于低密度PLD，一般可以进行书面逻辑设计，将电路的逻辑功能直接用逻辑方程、真值表状态图或原理图等方式进行描述，然后根据整个电路输入、输出端数以及所需要的资源(门、触发器数目)选择能满足设计要求的器件系列和型号。器件的选择除了应考虑器件的引脚数、资源外，还要考虑其速度、功耗以及结构特点。

对于高密度 PLD，系统方案的选择通常采用“自顶向下”的设计方法。首先在顶层进行功能框图的划分和结构设计，然后再逐级设计低层的结构。一般描述系统总功能的模块放在最上层，称为顶层设计；描述系统某一部分功能的模块放在下层，称为底层设计。底层模块还可以再向下分层。这种“自顶向下”和分层次的设计方法使整个系统设计变得简洁和方便，并且有利于提高设计的成功率。目前系统方案的设计工作和器件的选择都可以在计算机上完成，设计者可以采用国际标准的两种硬件描述语言 VHDL 或 Verilog 对系统级进行功能描述，并选用各种不同的芯片进行平衡、比较，从而选择最佳结果。

(2) 设计输入。设计者将所设计的系统或电路以开发软件要求的某种形式表示出来，并送入计算机的过程称为设计输入。它通常有原理图输入、硬件描述语言输入和波形输入等多种方式。

原理图输入是一种最直接的输入方式，它大多数用于对系统或电路结构很熟悉的场合，但系统较大时，这种方法的相对输入效率较低。

硬件描述语言是用文本方式描述设计，它分为普通的硬件描述语言和行为描述语言。普通硬件描述语言有 ABEL - HDL、CUPL 等，它们支持逻辑方程、真值表等逻辑表达方式。行为描述语言是指高层硬件描述语言 VHDL 和 Verilog，它们有许多突出的优点，如语言的公开可利用性，便于组织大规模系统的设计，有很强的逻辑描述和仿真功能，而且输入效率高，在不同的设计输入库之间转换也非常方便。

(3) 设计处理。从设计输入完成以后到编程文件产生的整个编译、适配过程通常称为设计处理或设计实现。它是器件设计中的核心环节，是由计算机自动完成的，设计者只能通过设置参数来控制其处理过程。在编译过程中，编译软件对设计输入文件进行逻辑化简、综合和优化，并适当地选用一个或多个器件自动进行适配和布局、布线，最后产生编程用的编程文件。

编程文件是可供器件编程使用的数据文件。对于阵列型 PLD 来说，编程文件是指产生熔丝图文件即 JEDEC(简称 JED)文件，它是电子器件工程联合会制定的标准格式；对于 FPGA 来说，编程文件是指生成位流数据文件(Bitstream Generation)。

(4) 设计校验。设计校验过程包括功能仿真和时序仿真，这两项工作是在设计输入和设计处理过程中同时进行的。

功能仿真是在设计输入完成以后的逻辑功能验证，又称前仿真。它没有延时信息，对于初步功能检测非常方便。时序仿真在选择好器件并完成布局、布线之后进行，又称后仿真或定时仿真。时序仿真可以用来分析系统中各部分的时序关系以及仿真设计性能。

(5) 器件编程。编程是指将编程数据放到具体的 PLD 中去。

对阵列型 PLD 来说，是将 JED 文件“下载(Down Load)”到 PLD 中去；对 FPGA 来说，是将位流数据文件“配置”到器件中去。

器件编程需要满足一定的条件，如编程电压、编程时序和编程算法等。普通的 PLD 和一次性编程的 FPGA 需要专用的编程器完成器件的编程工作。基于 SRAM 的 FPGA 可以由 EPROM 或微处理器进行配置。ISP 在系统编程器件则不需要专门的编程器，只要一根下载编程电缆就可以了。

2. 在系统可编程技术和边界扫描技术

1）在系统可编程技术

在系统可编程(In-System Programmable，简称 ISP)技术是 20 世纪 80 年代末 Lattice 公司首先提出的一种先进的编程技术。所谓“在系统编程”，是指对器件、电路板或整个电子系统的逻辑功能可随时进行修改或重构。这种重构或修改可以在产品设计、制造过程中的每个环节，甚至在交付用户之后进行。支持 ISP 技术的可编程逻辑器件称为在系统可编程逻辑器件(ispPLD)。

ispPLD 不需要使用编程器，只需要通过计算机接口和编程电缆，直接在目标系统或印刷线路板上进行编程。一般的 PLD 只能插在编程器上先进行编程，然后再装配，而 ispPLD 则可以先装配，后编程。因此 ISP 技术有利于提高系统的可靠性，便于系统板的调试和维修。

ISP 技术是一种串行编程技术，其编程接口非常简单。例如，Lattice 公司的 ispLSI、ispGAL 和 ispGDS 等 ISP 器件，它们只有五根信号线：模式控制输入 MODE、串行数据输入 SDI、串行数据输出 SDO、串行时钟输入 SCLK 和在系统编程使能输入$\overline{\text{ispEN}}$。PC 机可以通过这五根信号线完成编程数据传递和编程操作。其中，编程使能信号$\overline{\text{ispEN}}=1$ 时，ISP 器件为正常工作状态；$\overline{\text{ispEN}}=0$ 时，所有 IOC 的输出均被置为高阻，与外界系统隔离，这时才允许器件进入编程状态。当系统具备多个 ispPLD 时，还可以采用菊花链形式编程，如图 9 - 27 所示。图中，多个器件进行串联编程，从而可以实现用一个接口完成多芯片的编程工作，达到高效率编程。

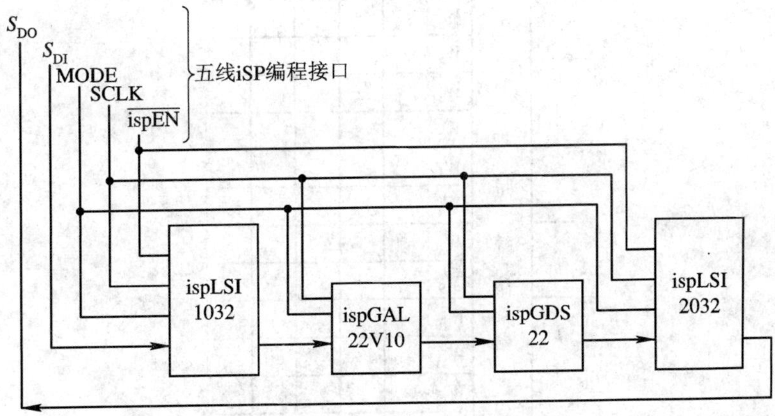

图 9 - 27　多个 ispPLD 的编程

基于 SRAM 的现场可编程技术实际上也具备与 ISP 技术一样的效能，ISP 技术也支持现场可编程。无论现场可编程还是在系统可编程，都可以实现系统重构。现场可编程和在系统可编程是可编程逻辑器件的发展方向，由此也可以预见未来的硬件将不再是固定的结构，而是灵活的结构，具备软件的某些特性，可以在运行状态下根据需要重新配置硬件功能。

2）边界扫描测试技术

边界扫描测试技术主要用来解决芯片的测试问题。

20 世纪 80 年代后期，对电路板和芯片的测试出现了困难。以往在生产过程中对电路板的检验是由人工或测试设备进行的，但随着集成电路密度的提高，集成电路的引脚也变得越来越密，测试变得很困难。例如 TQFP 封装器件，管脚的间距仅有 0.6 mm，这样小的空间内几乎放不下一根探针。

同时，由于国际技术的交流和降低产品成本的需要，也要求为集成电路和电路板的测试制订统一的规范。

边界扫描技术正是在这种背景下产生的。IEEE1149.1 协议是由 IEEE 组织联合测试行动组(JTAG)在 20 世纪 80 年代提出的边界扫描测试技术标准，用来解决高密度引线器件和高密度电路板上的元件的测试问题。

标准的边界扫描测试只需要四根信号线，能够对电路板上所有支持边界扫描的芯片内部逻辑和边界管脚进行测试。应用边界扫描技术能增强芯片、电路板甚至系统的可测试性。

练　习　题

1. 图 9-28 是一个已编程的 $2^4 \times 4$ 位 ROM，试写出各数据输出端 D_3、D_2、D_1、D_0 的逻辑函数表达式。

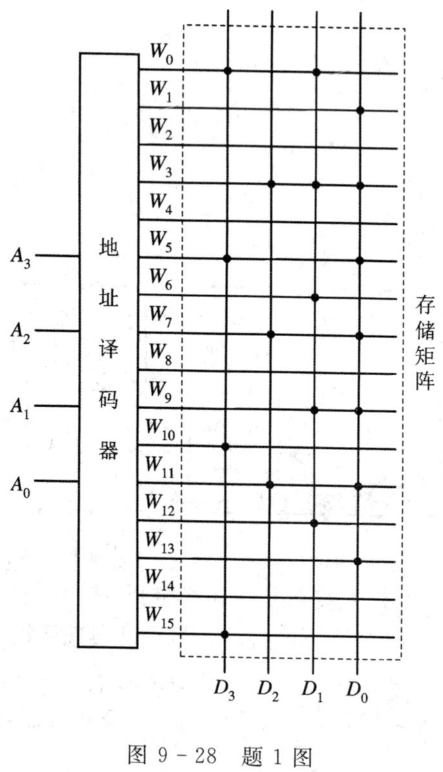

图 9-28　题 1 图

2. 试问一个 256×4 位的 ROM 应有地址线、数据线、字线和位线各多少根?

3. 用一个 2-4 译码器和四片 1024×8 位的 ROM 线组成一个容量为 4096×8 位的 ROM，画出连接图。(ROM 芯片的逻辑符号如图 9-29 所示，$\overline{CS}$为片选信号)

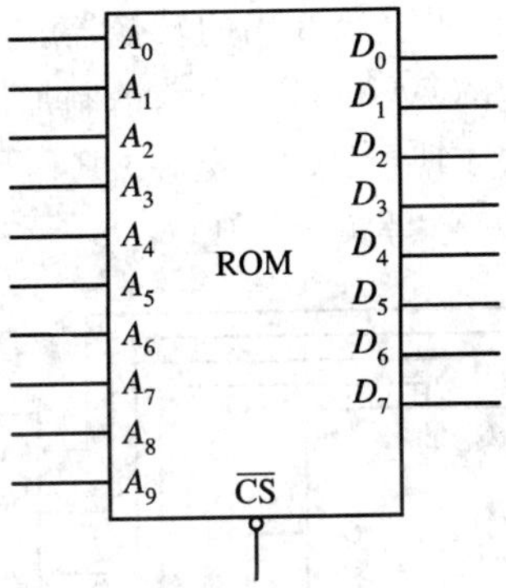

图 9-29 题 3 图

4. 确定用 ROM 实现下列逻辑函数所需的容量:

(1) 比较两个四位二进制数的大小及是否相等的逻辑函数。

(2) 两个三位二进制数相乘的乘法器。

(3) 将八位二进制数转换成十进制数(用 BCD 码表示)的转换电路。

5. 图 9-30 为 256×4 位 RAM 芯片的符号图，试用位扩展的方法组成 256×8 位 RAM，并画出逻辑图。

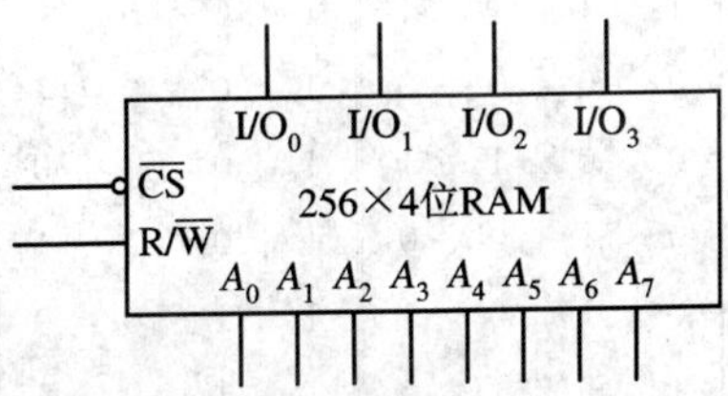

图 9-30 题 5 图

6. 已知 4×4 位 RAM 如图 9-31 所示。如果把它们扩展成 8×8 位 RAM,

(1) 试问需要几片 4×4 RAM;

(2) 画出扩展电路图(可用少量与非门)。

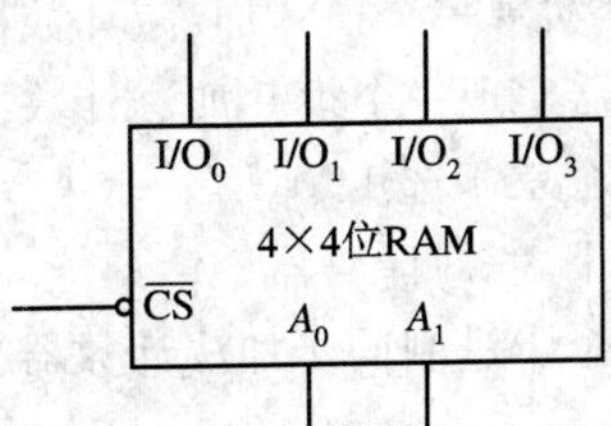

图 9-31 题 6 图

7. 试用 ROM 实现下列多输出函数:

$$F_1 = \overline{A}\overline{B} + A\overline{B} + BC$$

$$F_2 = \sum(3, 4, 5, 6)$$

$$F_3 = \overline{A}\overline{B}\overline{C} + \overline{A}\overline{B}C + \overline{A}BC + ABC$$

8. 试用 ROM 实现 8421BCD 码至余 3 码的转换器。

9. 图 9-32 是用 16×4 位 ROM 和同步十六进制加法计数器 74LS161 组成的脉冲分频电路，ROM 的数据表如表 9-4 所示。试画出在 CP 信号连续作用下 D_3、D_2、D_1、D_0 输出的电压波形，并说明它们和 CP 信号频率之比。

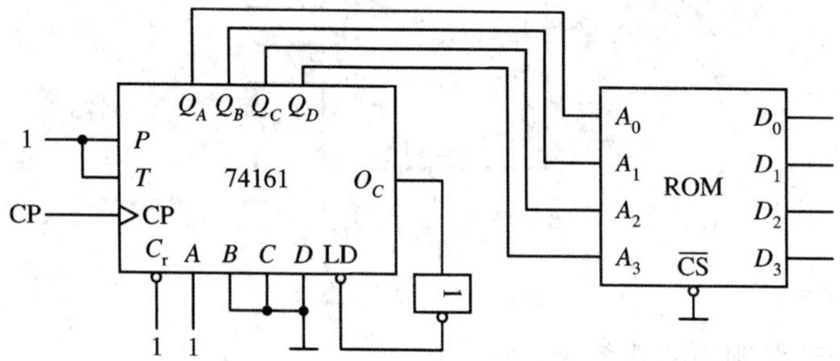

图 9-32　题 9 图

表 9-4　ROM 的数据表

地址输入				数据输出				地址输入				数据输出			
A_3	A_2	A_1	A_0	D_3	D_2	D_1	D_0	A_3	A_2	A_1	A_0	D_3	D_2	D_1	D_0
0	0	0	0	1	1	1	1	1	0	0	0	1	1	1	1
0	0	0	1	0	0	0	0	1	0	0	1	1	1	0	0
0	0	1	0	0	0	1	1	1	0	1	0	0	0	0	1
0	0	1	1	0	1	0	0	1	0	1	1	0	0	1	0
0	1	0	0	0	1	0	1	1	1	0	0	0	0	0	1
0	1	0	1	1	0	1	0	1	1	0	1	0	1	0	0
0	1	1	0	1	0	0	1	1	1	1	0	0	1	1	1
0	1	1	1	1	0	0	0	1	1	1	1	0	0	0	0

10. 试用 FPLA 实现上述第 7 题之多输出函数。

11. 试用 FPLA 实现上述第 8 题之码组转换电路。

12. 试用 FPLA 和 D 触发器实现一个模 8 加/减计数器。

13. 试用 FPLA 和 JK 触发器实现一个模 9 加法计数器。

14. 试用 GAL16V8 实现一个三 4 选 1 MUX。

15. 试用 GAL16V8 实现一个 3-8 译码器。

16. 试用 GAL16V8 设计一个十进制同步加法计数器。

附录一　常用逻辑符号对照表

名　称	国标符号	曾用符号	国外流行符号
与门	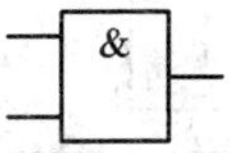	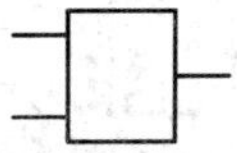	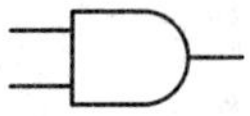
或门	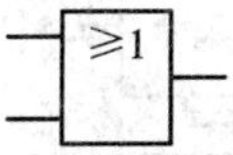	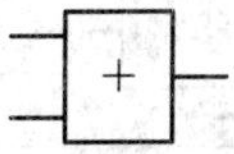	
非门	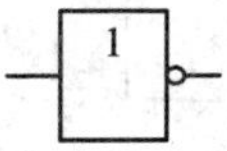	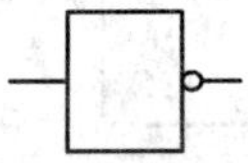	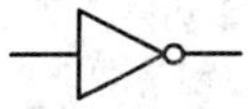
与非门	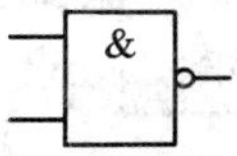	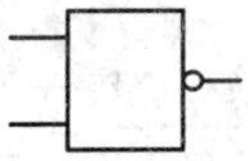	
或非门	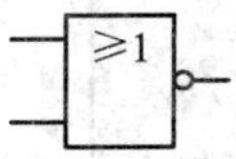	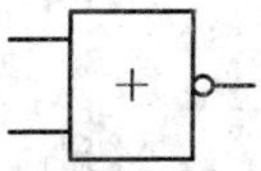	
与或非门	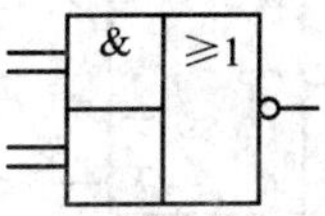	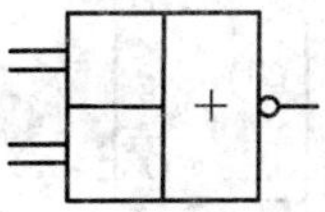	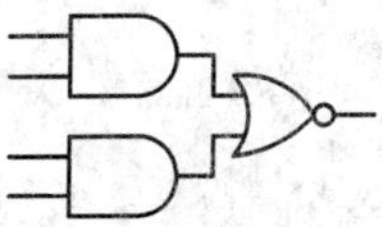
异或门	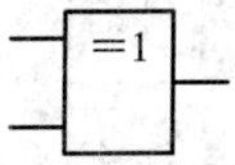	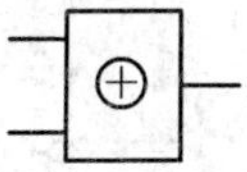	
同或门	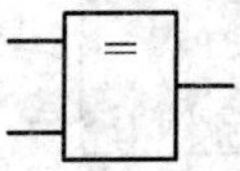	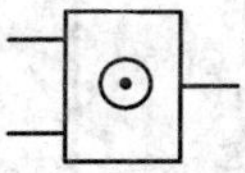	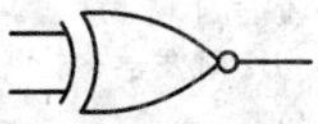
集电极开路的 与门	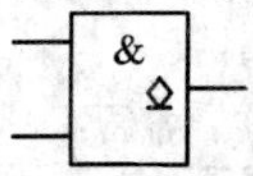	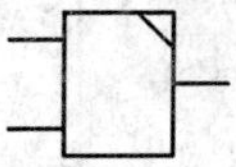	
三态输入的 非门	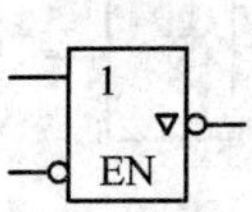	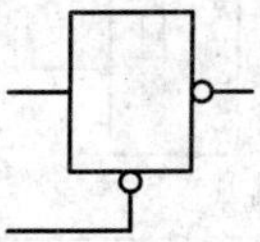	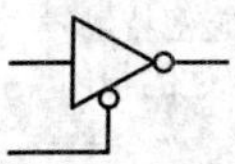

续表

名 称	国标符号	曾用符号	国外流行符号
传输门	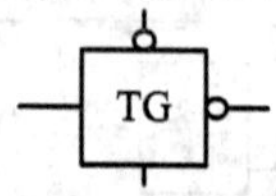	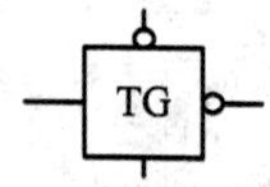	
双向模拟开关	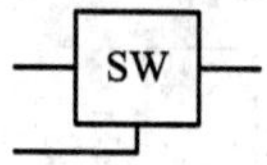	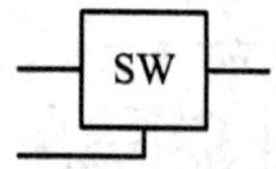	
半加器	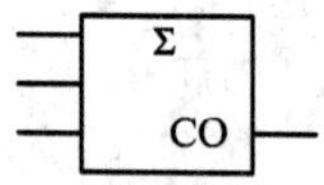	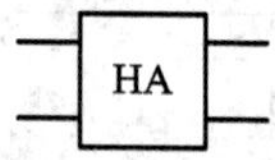	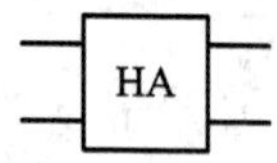
全加器	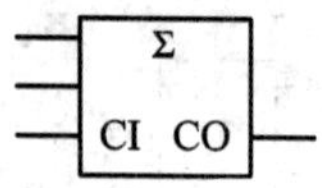	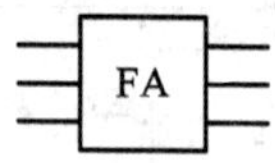	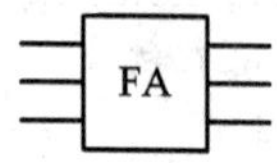
基本RS触发器	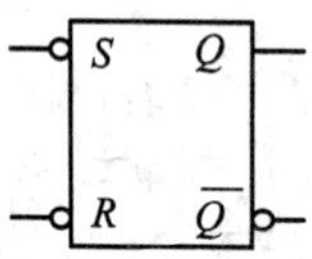	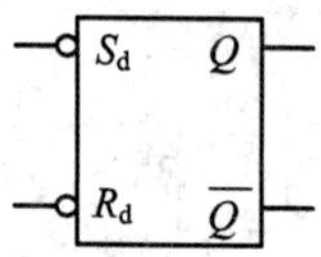	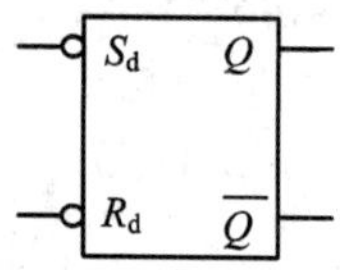
同步 RS 触发器	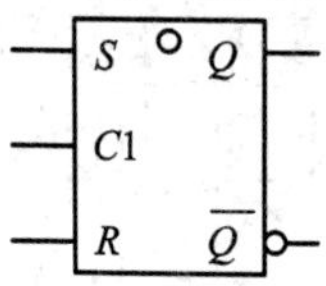	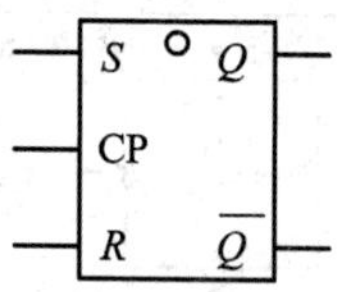	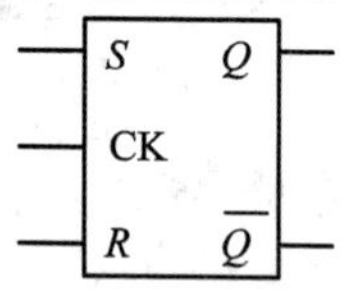
边沿(上升沿) D 触发器	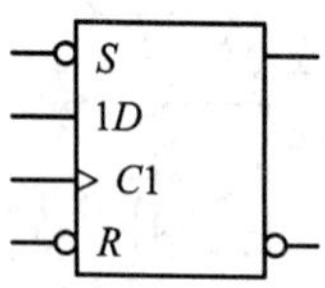	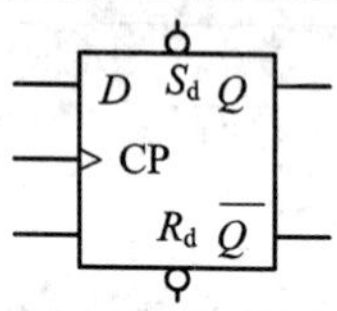	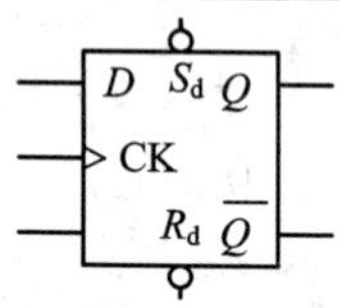
边沿(下降沿) JK 触发器	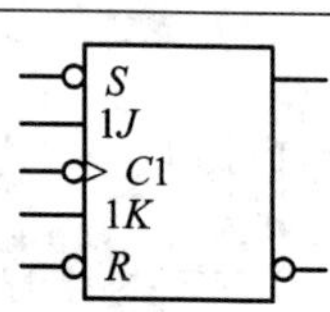	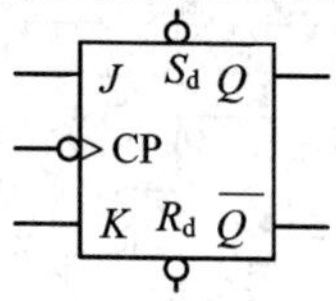	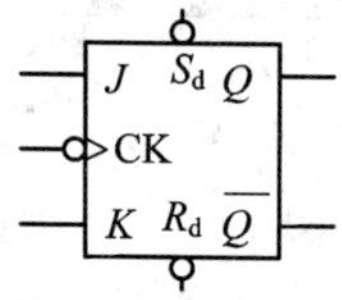
脉冲触发(主从) JK 触发器	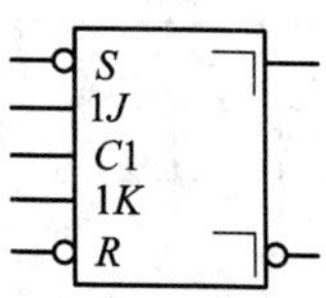	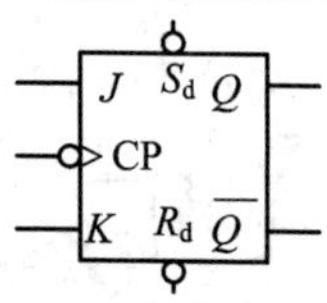	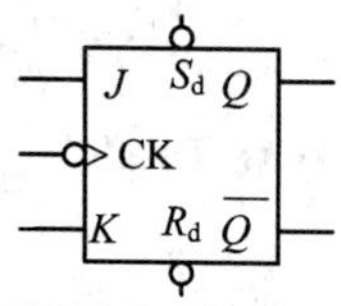
带施密特触发 特性的与门	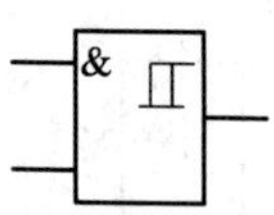	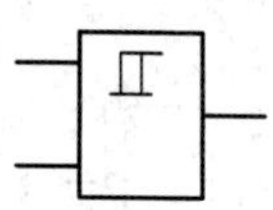	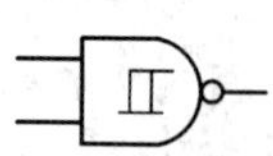

附录二　数字集成电路的型号命名法

1. TTL 器件型号组成的符号及意义

第 1 部分		第 2 部分		第 3 部分		第 4 部分		第 5 部分	
型号前缀		工作温度范围		器件系列		器件品种		封装形式	
符号	意　义	符号	意　义	符号	意　义	符号	意义	符号	意　义
CT	中国制造的 TTL 类型	54	−55℃～+125℃		标准	阿拉伯数字	器件功能	W	陶瓷扁平
SN	美国 TEXAS 公司产品	74	0℃～+70℃	H	高速			B	塑封扁平
				S	肖特基			F	全密封扁平
				LS	低功耗肖特基			D	陶瓷双列直插
				AS	先进肖特基			P	塑料双列直插
				ALS	先进低功耗肖特基			J	黑陶瓷双列直插
				FAS	快捷先进肖特基				

示例：

CT 74 LS 00 P
(1) (2) (3) (4) (5)
(5) 塑料双列直插封装
(4) 器件品种：四 2 输入与非门
(3) 器件系列：低功耗肖特基
(2) 温度范围：0℃～70℃
(1) 中国制造 TTL 类型

SN 74 S 195 J
(1) (2) (3) (4) (5)
(5) 黑陶瓷双列直插封装
(4) 器件品种：四位并行移位寄存器
(3) 器件系列：肖特基
(2) 温度范围：0℃～70℃
(1) 美国 TEXAS 公司产品

2. ECL、CMOS 器件型号组成符号及意义

第 1 部分		第 2 部分		第 3 部分		第 4 部分	
器件前缀		器件系列		器件品种		工作温度范围	
符号	意　义	符号	意　义	符号	意义	符号	意　义
CC	中国制造的 CMOS 类型	40	系列符号	阿拉伯数字	器件功能	C	0℃～70℃
CD	美国无线电公司产品	45				E	−40℃～85℃
TC	日本东芝公司产品	145				R	−55℃～85℃
CE	中国制造 ECL 类型					M	−55℃～125℃

示例：

CC 40 25 M
(1) (2) (3) (4)
(4) 温度范围：−55℃～125℃
(3) 器件品种：3 输入与非门
(2) 器件系列
(1) 中国制造 CMOS 器件

CE 10 131
(1) (2) (3)
(3) 器件品种：双主从 D 触发器
(2) 器件系列
(1) 中国制造 ECL 器件

参 考 文 献

[1] 罗朝杰. 数字逻辑设计基础. 北京：人民邮电出版社，1982.

[2] (美)纳尔逊(Neslon，V. P.)，等. 数字逻辑电路分析与设计. 英文影印本. 北京：清华大学出版社，1997.

[3] 王毓银. 脉冲与数字电路. 3版. 北京：高等教育出版社，1999.

[4] 杨颂华，等. 数字电子技术基础. 西安：西安电子科技大学出版社，2000.

[5] 康华光. 电子技术基础(数字部分). 5版. 北京：高等教育出版社，2006.

[6] 丁嘉种，等. 可编程逻辑器件PLD——基本原理·设计技术·应用实例. 北京：学苑出版社，1990.

[7] 杨晖，张凤言. 大规模可编程逻辑器件与数字系统设计. 北京：北京航空航天大学出版社，1998.